U0227288

大河春潮

——改革开放四十年治黄事业发展巡礼

水利部黄河水利委员会　编著

黄河水利出版社

图书在版编目（CIP）数据

大河春潮：改革开放四十年治黄事业发展巡礼／水利部
黄河水利委员会编著. —郑州：黄河水利出版社，2018.12
　ISBN 978－7－5509－2208－2

　Ⅰ.①大…　Ⅱ.①水…　Ⅲ.①黄河－河道整治－成就
Ⅳ.①TV882.1

中国版本图书馆CIP数据核字（2018）第266493号

出　版　社：黄河水利出版社　　　　　　　　网址：www.yrcp.com
　　　　　　　地址：河南省郑州市顺河路黄委会综合楼14层　邮编：450003
发行单位：黄河水利出版社
　　　　　　　发行部电话：0371-66026940、66020550、66028024、66022620（传真）
　　　　　　　E-mail：hhslcbs@126.com
承印单位：河南瑞之光印刷股份有限公司
开本：787mm×1092mm　1／16
印张：24
字数：470千字　　　　　　　　　　　　印数：1—3300
版次：2018年12月第1版　　　　　　　　印次：2018年12月第1次印刷

定价：128.00元

《大河春潮——改革开放四十年治黄事业发展巡礼》
编辑委员会

前　言

　　以 1978 年党的十一届三中全会召开为标志，中国开启了改革开放的历史征程。潮起东方万象新。40 年来，中国共产党团结带领人民，坚决破除阻碍国家和民族发展的思想束缚和体制障碍，开辟了中国道路，释放了中国活力，凝聚了中国力量，书写了国家和民族发展的壮丽史诗。党的十八大以来，以习近平同志为核心的党中央以巨大的政治勇气和强烈的责任担当，全面深化改革，扩大对外开放，掀开了改革开放新的历史篇章。

　　40 年来，在党和国家的坚强领导下，治黄事业在历史前进的逻辑中前进、在时代发展的潮流中发展。黄委历任领导班子带领全河上下朝乾夕惕、孜孜以求，确立了适应不同时期特点的治黄思路，续写了岁岁安澜的历史奇迹，保障了流域及相关地区供水安全，筑牢了山川秀美的生态屏障，维护了奔流不息的黄河健康生命，搭建了黄河联通世界的桥梁，构建了系统性、协同性更强的治黄体制机制，实现了化害为利、造福人民的目标，流域人民走上了富裕安康的广阔道路。同时，规范管理和加快发展一体推进，提升了治黄管理现代化水平，交出了温暖幸福的民生答卷。

　　回顾历史，是为了汲取前行的力量，更好地面向未来。为纪念改革开放 40 周年，按照上级有关精神和部署，黄委策划编辑了《大河春潮——改革开放四十年治黄事业发展巡礼》一书。本书以业务板块为单元，联系时代背景，总结和分析结合，叙事和议论结合，力图多角度、全景式呈现改革开放中波澜壮阔的治河实践。黄委党组高度重视，多次提出指导意见。机关各部门、委属各单位抽出精干力量，数易其稿并认真审核把关，一些

1

部门和单位的负责同志直接参与书稿写作。值此书稿付梓之际，谨向为本书的编写出版贡献了心血与智慧的领导、专家和参与编写人员表示衷心感谢。

鉴于时间紧迫，编写水平有限，本书难免存在不当或疏漏之处，悬望广大读者指正。

编　者

2018 年 12 月

目 录

奋楫潮头逐浪高

——改革开放40年治黄事业发展综述

　　今年是改革开放40周年，起始于1978年的深刻变革，历史性地改变了泱泱大国的发展进程。40年来，在中国共产党领导下，中华儿女在改革中奋楫潮头，华夏神州在开放中融通世界，我们快速走过了西方几百年的发展道路，书写了光照时代的华美篇章，迎来了中华民族伟大复兴的光明前景。

　　乘着改革开放东风，人民治黄事业一步步攻坚克难、一次次破浪前行，续写了岁岁安澜的历史奇迹，树立了造福人民的巍巍丰碑，走出了一条从人水相争向人水和谐转变，从除害兴利向维护河流健康生命、支撑经济社会可持续发展跨越，从传统治河向现代治河迈进的成功道路，为世界大河治理与保护提供了典范。

　　一条河流可以映照出整个国家的发展脉络。治黄改革发展40年的进程，是中国改革开放阔步前进的重要见证。

承前启后、继往开来，丰富发展治黄思路

"观念决定思路，思路决定出路"。改革开放以来的黄委历任领导班子，坚持用辩证唯物主义观点认识黄河特殊河情、把握治黄基本规律，以改革创新魄力应对黄河出现的新情况、新问题，在不同时期提出因时而化、应势而新的治河思路，成为引领治黄事业前进的重要纲领。

到 1978 年，人民治黄已走过 30 多年历程。在筚路蓝缕中起步的这一事业，历经艰难曲折而不辍前行，取得了辉煌成就。三门峡等水利枢纽建成发挥作用，黄河水利水电资源得到开发，战胜了 1958 年等多次大洪水，实现了黄河伏秋大汛不决口。但安澜中有隐忧，黄河下游防洪标准偏低，河道逐年淤高等问题十分突出，洪水威胁远未解除。

改革开放初期，国家工作重点转移到以经济建设为中心上来，百业并举、百废复兴，治黄首要任务是确保黄河防洪不出现闪失，为改革开放保驾护航。20 世纪 80 年代黄委提出：治黄总的指导思想是"除害兴利，综合利用，使黄河水沙资源在上、中、下游都有利于生产"，在措施上要实行"拦、排、放"相结合，并提出了开展调水调沙的设想。在此基础上，"上拦下排、两岸分滞"处理洪水，"拦、调、排、放、挖"处理泥沙的基本方略日渐成熟完备，至今仍在治黄实践中发挥着重要指导作用。

随着流域经济社会的快速发展及人口的不断增长，加之相当一段时期内较为粗放的发展模式，黄河承载负荷超过自身极限。20 世纪 90 年代后期，以下游断流为标志，流域生态系统呈现整体恶化趋势，黄河新老问题纵横交织，面临空前生存危机，1998 年 163 位院士联名呼吁：行动起来，拯救黄河，引发海内外广泛关注。

"唯其艰难，方显勇毅"。黄委领导班子清醒认识面临的形势和问题，审时度势，积极探索，1999 年，按照国家授权实施黄河水量统一调度，并研究提出《黄河的重大问题及其对策》报告和 10 个专题报告，紧紧抓住防御黄河洪水灾害、缓解缺水断流、综合治理生态环境等重大问题，根据国家实施可持续发展战略的要求和治黄实际，绘制了黄河治理开发保护蓝图。

2004 年，黄委落实党的十六届三中全会提出的"全面发展、协调发展和可持续发展的科学发展观"，明确了"维持黄河健康生命"的治河新理念。据此建立"1493"治河体系。开展"三条黄河"建设，完善了新时期下游治理方略，开创性地进行了调水调沙、小北干流放淤、降低潼关高程等探索与实践，进一步丰富了黄河治理和流域管理思路。

2013 年，黄河健康状况已有较明显改善，国家加快在黄河流域的战略布局。根据流域各省（区）经济社会可持续发展和生态建设新需求，黄委提出了"治河

为民，人水和谐"治河理念，更加注重统筹水资源开发利用与节约保护，更加注重统筹治水治沙治滩与惠民利民安民，更加注重统筹流域水生态保护与区域发展。

2017 年，生态文明建设已化为全国上下的共识和行动，在习近平总书记治水重要讲话精神指引下，黄委提出了"维护黄河健康生命，促进流域人水和谐"的治河思路，统筹治黄和黄委自身建设，以"规范管理、加快发展"为抓手，确保黄河安澜无恙、奔流不息，更好地服务流域经济社会可持续发展，让流域山川更秀美、人水更和谐、生活更美好。

在不同时期的水利工作方针和治黄思路引领下，黄委开展了多轮次规划修编。1997 年，《黄河治理开发规划纲要》通过国家计委和水利部的联合审查，纲要对干流梯级工程布局进行了调整，形成了以龙羊峡、刘家峡、黑山峡、碛口、古贤、三门峡和小浪底等七大枢纽为主体的干流骨干工程体系。2002 年 7 月，国务院批复的《黄河近期重点治理开发规划》，明确了防洪减淤、水资源利用及保护、水土保持生态建设三个方面的基本思路和总体布局，将《黄河重大问题及其对策》主要研究成果以规划形式固定下来。2013 年，国务院批复的《黄河流域综合规划（2012—2030 年）》，明确了 2020 年、2030 年治黄任务和目标，提出构建水沙调控、防洪减淤、水土流失综合防治等"六大体系"。经过长期努力，形成了以流域规划为主线，综合规划和专业规划为重点，专项规划为补充，定位清晰、功能互补、协调衔接的治黄规划体系，保证了治黄改革发展航程行稳致远。

"计熟事定，举必有功"。治河思路和规划体系的不断完善，有力地指导了各个时期治黄事业的发展。经过黄河建设者和流域人民共同努力，黄河已逐步从"沉疴缠身"中摆脱出来，焕发出新的生机。

坚守河防、抗御洪水，捍卫悬河两岸改革开放果实

40 年来，全河上下朝乾夕惕、孜孜以求，着力推进防汛抗旱制度化、科学化、现代化进程。黄河防汛实现质的飞跃：更加注重灾害风险化解，更加倚重科学调度、综合防控，拥有更加精干专业的抢险队伍，建成更加完备和牢固的防洪工程，工程和非工程措施并举，下游防洪标准由改革开放前的几十年一遇提升到近千年一遇，黄河频繁决口改道的历史一去不复返。

1982 年汛期，黄河遭遇中华人民共和国成立后仅次于 1958 年的大洪水，花园口站出现 15300 立方米每秒的洪峰流量，河南、山东 30 万军民众志成城、顽强拼搏，东平湖分洪运用，将这场大洪水平稳护送入海，保障了党的十二大顺利召开。1996 年 8 月，黄河中游突现 3 次强降雨过程，花园口洪峰流量达到 7600 立方米每秒。由于河道淤积，洪水呈现"高水位、大漫滩"的特点，经过 20 多天 200 多万人次艰苦奋战，保证了黄河大堤安然无恙，最大限度降低了滩区群众

损失。这一时期，黄河防汛组织体系经历了与时俱进的嬗变，黄河防汛总指挥部1983年、1996年两次进行机构调整，以行政首长负责制为核心的各项责任制逐步确立，军民联防作用有效发挥。但小浪底工程、标准化堤防还未建成，技术手段依然薄弱。依靠强大的动员能力和流域各方团结抗洪的决心和行动，在多次与洪水"短兵相接"的斗争中化险为夷，确保了黄河大堤不决口。

进入新千年，受人类活动和气候变化影响，流域极端天气多发重发。

2003年，黄河中下游遭遇罕见"华西秋雨"天气，连续发生7次强降雨过程。黄委正确处理整体防洪和局部救灾、小浪底水库安全和下游抢险、防洪和蓄水等多重矛盾，联合调度运用干支流水库，在战胜秋汛洪水的同时充分发挥了调度效益。2012年，面对上游洪水过程持续2个多月，黄河干流先后形成4场编号洪峰的严峻局面，黄委按照"上控、中防、下调"的思路处理洪水，实现防洪减淤、蓄水兴利的多赢目标。2018年，黄河汛期来水明显偏多，7～8月兰州至托克托区间偏多81.2%，兰州以上、山陕区间偏多50%左右。上游先后出现3场编号洪水，全河大流量持续整个汛期。黄委科学研判、果断决策，实施干支流水库群水沙联合调度，提前防洪预泄，有效拦洪削峰，确保了防洪和滩区安全。利用上游来水成功实施万家寨、三门峡、小浪底水库水沙调控运用，小浪底水库排沙4.32亿吨，入海沙量2.60亿吨。龙羊峡水库蓄水首次达到正常蓄水位2600米，为下个调水年度储备了充足水源。这一时期，防洪工程和技术手段突飞猛进，黄河防汛现代化步伐铿锵：小浪底等骨干枢纽投入运用，标准化堤防建设大规模开展，防汛抗旱指挥、防汛会商决策支持等系统建成发挥作用，全河第一座数字化水文站、第一座全要素在线监测水文站等陆续建成，卫星通信、无人机航测等新技术新装备得到应用推广，黄河防汛更加"耳聪目明"。黄河防总防汛任务扩展到上游，

增加了成员单位，团结治河内涵不断拓展。依靠成熟的分工合作机制和调度决策支撑体系，黄河防总运筹帷幄、决胜千里，应对不同类型洪水的调度经验不断积累，洪水威胁得到有效控制，洪水资源得到科学利用，为流域改革开放顺利实施提供了更有力保障。

改革开放推动经济发展和工程条件改善，治水治沙治滩实现统筹推进。

2002年以来，黄委调度骨干水库实施19次调水调沙和2018年防洪运用，共排沙10.92亿吨，下游河道最小过流能力由1800立方米每秒恢复到4200立方米每秒，遏制了河淤、水涨、堤高的恶性循环。争取了滩区运用补偿政策，滩区综合治理措施不断优化。2014年3月，习近平总书记前往兰考东坝头段考察黄河，了解滩区群众生产生活情况。2015年初，滩区居民迁建计划在河南、山东两省启动，黄河滩区群众有望摆脱洪水威胁，走上彻底脱贫路。

凌汛是黄河不同于其他众多江河的显著特点，素来难测难守。改革开放以来，治黄工作者为防御凌汛灾害进行了艰苦努力。2000年小浪底水库投入运用后，基本解除了下游凌汛威胁。内蒙古防凌应急分洪区和标准化堤防工程、海勃湾水库，以及凌情立体监测体系为防凌提供了更加有效的保障。在实践中总结出的"上控、中分、下泄"措施已成为确保黄河防凌安全的关键举措。

科学调控、泽被两岸，实现兴水护河共赢共进

国脉连着水脉，国兴则河兴。改革开放过程中，伴随着国家综合实力增强和发展方式调整，黄河水资源管理利用经历了认识和实践上的递进，从向河流过度索取到纠正人类不合理行为、开展生态文明建设，在不断研究水资源可持续利用途径，适应经济社会发展大逻辑的过程中，统筹兴水与护河，助推流域走上绿色发展之路。

大兴水利是改革开放惠及民生的重要举措。40年来，一大批引黄工程建成使用，通过自流引水、提水灌溉、节水改造，流域灌溉面积由中华人民共和国成立初期的1200万亩增加到1.26亿亩，昔日大片苦瘠之地变成今日高产良田。同时保障了沿黄大中城市和众多能源基地供水安全，1978年以来，屡向天津、河北、青岛应急调水，解受水区燃眉之急。黄河水电资源得到有序开发，水电装机增长到2200万千瓦。黄河以占全国2%的河川径流量，养育了全国12%的人口，灌溉了15%的耕地，创造了14%的国内生产总值。

改革开放使发展活力充分释放，河流开发利用率节节攀升，涉河经济活动日益频繁。国家高度重视人类影响加剧侵害河流的问题。1984年《中华人民共和国水污染防治法》出台；1987年国务院在黄河首次进行大江大河流域初始水权分配；1994年黄河流域开始实施取水许可制度。但总体来看，流域水资源统一管理的格

局仍未形成，对高耗水、高污染产业的管控手段仍比较薄弱。20世纪90年代黄河断流时间、河长不断增加，工农业生产蒙受巨大损失，下游沿河十余座城市、几千个村庄居民生活用水受到严重影响，下游生态环境恶化。1985年到1995年，黄河水质经历了急剧下降的十年。

世纪之交的黄河，已难堪重负、疲态尽显。唯有给涉河经济社会活动划出界限，才能保障黄河永续造福中华民族。1999年，根据国家授权，黄委开始实施黄河水量统一调度，逐步形成国家统一分配水量，省（区）负责配水用水，用水总量和断面流量双控制，重要取水口和骨干水库统一调度的模式，同时大力推进农业、工业、城市生活节水，开创全国水权转让与交易先河。推行最严格水资源管理制度，行政、法律、工程、科技、经济等手段综合运用，优化水资源配置。20世纪70年代开始并愈演愈烈的断流问题得到解决，黄河实现连续19年不断流。万里长河河畅其流、水复其动，重新以完整的生命形态展现在世人面前。统一调度将近20年间，4100亿立方米水量滋养干旱缺水的西北华北大地，浇灌千里沃野、输入厂矿企业、泽被千家万户，充盈河口湿地、白洋淀等生态脆弱区，为经济社会快速发展提供了动力源泉，为满足人民群众美好生活向往提供了水源保障，为生态环境重焕活力注入了"生命之水"。

这一时期黄河"旱涝交替、旱涝急转"特性表现更加显著，黄委坚持防汛抗旱两手抓两手硬，精心组织、精细调度，战胜了2008年到2009年冬春连旱、2011年流域性干旱、2014年前汛期中下游历史罕见伏旱、2015年胶东半岛持续干旱，化解了城乡供水危机，为粮食增产丰收提供了水资源保障。

黄委在水利系统率先建立水污染事件快速反应机制，率先启动流域入河排污口全面核查，建成第一座高含沙河流水质自动监测站，通过联合执法、协同治污，入黄排污总量基本得到控制。在经济高速增长的情况下，流域Ⅰ～Ⅲ类水河长占比由2000年的38.7%提高到2017年的69.9%。

同一时期，黄委负责组织实施的黑河与黄河水量统一调度花开并蒂、交映生辉。2000年8月21日，实施了黑河历史上第一次干流省际调水，统一调度18年来年均进入下游水量（正义峡断面）11.18亿立方米，较20世纪90年代增加了3.40亿立方米。尾闾东居延海实现连续14年不干涸，统一调度配合流域近期治理措施，黑河逐渐走出断流和生态恶化的梦魇。

党的十八大、十九大对实现经济社会发展和生态环境保护协同共进提出了更高要求。黄委认真落实绿色发展理念，在功能性不断流、河湖健康评估、生态调度、水资源承载能力监测预警等方面开展了探索实践，引黄入冀补淀助力雄安新区水城共融，向乌梁素海生态补水打造北疆靓丽风景线。同时，牢牢守住水资源、水环境承载能力红线，倒逼发展方式转变，让河湖休养生息，促进了流域经济社会可持续发展。

多措并举、治本清源，遏制黄土高原水土流失

"善救弊者，必塞其起弊之原"。黄河泥沙为患，根在黄土高原；当地百姓贫困，根在水土流失。40 年来，有关各方把握政策机遇，因地制宜、分类施策，同心同向推进治沙源、挖穷根。水土流失治理理念由"战天斗地"转变为充分依靠自然修复，治理方式由缺乏统一规划的分散治理走向国家主导的规范治理，减少入黄泥沙措施由"全面撒网"到有的放矢，山光水浊的黄土高原迈进山川秀美的新时代。

20 世纪 80 年代初，黄河中游水土保持委员会重建伊始即提出以小流域为单元，统一规划，分期实施，综合治理。随着农村联产承包责任制渐次推开，河曲农村首开"户包治理小流域"的先例，社会基本经济单元与水土流失自然单元紧密结合，开创了"千家万户治理千沟万壑"的崭新局面。中央投资实施了小流域试点、三川河等"四大片"重点治理项目和水土保持治沟骨干工程。20 世纪 90 年代，国务院批复《黄土高原水土保持专项治理规划》，黄土高原水土保持列入国家经济开发和国土整治重点项目；国家利用世行贷款实施的两期黄土高原水土保持项目取得明显成效；黄土高原地区率先推出"拍卖四荒"重大举措；启动了淤地坝产权制度改革。顶层设计与群众智慧相结合，国家投入与市场手段相配套，形成了"山顶植树造林戴帽子，山坡退耕种草披褂子，山腰兴修梯田系带子，沟底筑坝淤地穿靴子"的立体防护模式，创造性推进了治荒治沙治穷进程。1997 年后，党中央提出"再造一个山川秀美的西北地区"，在黄河流域提出并率先实施"退耕还林（草）、封山绿化、以粮代赈、个体承包"政策，黄土高原水土流失防治进入全面加速阶段。在黄河水土保持生态工程、黄土高原水保世行贷款等重点项目带动下，水土流失加快走向集中治理、规模治理。"以支流为骨架，县域为单位，小流域为单元，山水田林路统筹规划，梁峁坡沟川综合治理"的模式日渐成熟完备，形成了可复制可推广的经验，为全国水土保持生态建设注入了新的生机和活力。21 世纪初期，国务院决策推广试点经验，全面启动退耕还林工程，更加注重依靠生态自我修复能力，坚持抓大不放小、抓封不放治，水土保持逐步纳入国家基本建设程序管理。新的《水土保持法》实施后，流域机构水保监管的法律地位更加明确。这一时期，黄委在几代人工作的基础上，锁定了黄土高原水土流失优先治理的重点区域，对粗泥沙实施 "靶向"治理，着手构建更具针对性的拦沙工程。

党的十八大以来，生态文明建设引领水土流失高标准系统治理。以坡耕地水土流失综合治理、病险淤地坝除险加固等重点工程为龙头，累计完成新增水土流失治理面积 6.3 万平方千米，治理小流域 2200 多条，加固淤地坝 1600 多座。"绿水青山"与"金山银山"相融相生，助力 250 多万人脱贫。黄委扎实推进生产建设项目"天地一体化"、重点工程"图斑精细化"监管，黄土高原地区主要水土

流失类型区水保监测网络体系建设初见成效。探索建立监督检查联动机制，连年实现在建部批项目水保监督检查全覆盖，开展了大规模"四不两直"（不发通知、不打招呼、不听汇报、不用陪同接待、直奔现场、直面责任人）淤地坝安全度汛暗访督查、国家水土保持重点工程督查，有力推动了水土流失治理从数量扩张型到质量效益型的重大转变。

截至目前，黄土高原完成初步治理水土流失面积 22 万多平方千米，建成淤地坝 5.9 万多座，建设基本农田 550 万公顷。近 20 多年间平均每年拦减入黄泥沙 4 亿多吨。昔日"三跑地"变成保土、保水、保肥的"三保田"，水利水保设施的修建，解放了生产力，促进了第二、三产业发展，人民群众获得感不断增强。黄土高原地区生态环境实现了从"整体恶化、局部好转"到"整体好转、局部良性循环"的转变，林草植被覆盖率普遍增加 10% ~ 30%，绿色成为黄土高原的厚重底色。

抢抓机遇、实干苦干，铸就黄河安澜的"铜墙铁壁"

改革开放以来，治黄投入不断加大，掀起了一个又一个建设高潮。建设方式由"肩挑手扛"转变为机械化作业，工程布局向科学化、系统化发展，干成了一批多年想干却没有条件干的大型工程，到 2016 年，干支流五级以上堤防超过 1.7 万公里，龙羊峡、刘家峡、小浪底等水利枢纽总库容达到 600 亿立方米，夯实了治黄工程体系的"四梁八柱"。

筑堤束河是治理黄河运用最早也是最基础的措施。改革开放初期，在国家压缩基本建设规模的大背景下，黄委全力争取政策支持，黄河下游防洪基建投资保持增长，第三次黄河大修堤接续开展。到 1985 年复堤完成，共培修堤防近 1300 千米，下游大堤与 1949 年相比平均增高约 4 米。1996 年后，组织实施了第四次堤防培修工程，下游堤防高度和抗渗能力不足堤段大大缩减。1998 年"三江"大水之后，国家部署"抓紧加固堤防、建设高标准堤防"，水利基础设施投资进入新的高峰期，黄河大堤土质复杂、筑基不实、老口门众多等隐患痼疾的消除提上日程。2002 年 7 月，集防洪保障线、抢险交通线、生态景观线于一体的标准化堤防建设开工。如今两道"水上长城"巍然屹立黄河两岸，为实现"堤防不决口"目标再添沉甸甸的砝码。济南黄河标准化堤防工程登上"鲁班奖"领奖台，治黄工程建设水平再攀新高度。

坚持问题导向补短板。黄委不失时机推进河道整治、沁河下游治理、河口治理等防洪薄弱环节全面补强。20 世纪 90 年代始，河道整治工程密集上马。中游禹潼河段得到治理，控导了河势、保护了滩岸和村庄。下游陶城铺以下弯曲性河道河势得到控制，高村至陶城铺的过渡性河段河势得到基本控制，高村以上游荡性河段缩小了游荡范围。沁河下游防洪形势明显改观。积极探索下游"二级悬河"

治理措施，加大了河槽断面排洪能力。实施了东平湖综合治理，提高了工程强度，消除了堤防隐患，为防御超标准洪水提供了更加牢靠的"后手棋"。在河口地区截支堵汊、修堤导流、清障疏浚，保障了清水沟流路稳定行河40余年。

在巩固"下排"措施的同时，国家加快在骨干枢纽建设上布局落子。1994年9月，几代黄河人翘首以盼的小浪底枢纽工程开工，开创了在多沙河流上复杂地质条件下建设高坝大库的成功范例。2000年，小浪底水库投入运用，辅之以三门峡等水库，可使花园口千

年一遇洪峰削减到22600立方米每秒。40年来，龙羊峡、万家寨、河口村水库等一批干支流枢纽工程相继建成；三门峡水库经过改建，运用方式得到优化，工程效益持续发挥；陆浑水库除险加固、故县水库复建等任务陆续完成，黄河水沙调控体系初具雏形。

治黄工程布局由蓝图化为现实，扎实细致的前期工作功不可没。尤其是近年来，黄委主动适应前置条件不断增多的形势，建立动态跟踪的前期工作机制，全面发力与重点突破相结合，事关长远的重点项目迈出关键步伐：古贤水利枢纽可研成果通过水利部审查；黑山峡河段开发论证转入项目建议书阶段；南水北调西线一期工程项目建议书编制完成。

党的十八大以来，党中央国务院把水利摆在基础设施网络建设的首要位置，国家共安排黄委水利工程建设项目99个，工程概算总投资175.63亿元，其中黄河下游近期防洪工程、黄河下游防洪工程、黄藏寺水利枢纽等项目纳入国家172项节水供水重大水利工程项目并落地实施。

为使工程持久发挥效益，流域管理机构坚持建管并重，推进工程管理目标考核、管理范围划界确权，推动工程管理难点治理，创新隐患排查技术，开展了大规模病险水库和涵闸除险加固，持续改善了工程面貌。

依法治河、科技兴河，推进黄河治理体系和治理能力现代化

改革开放以来，依法治国的时代潮流滚滚向前，治黄法规体系建设随之开启并日臻完善，法治成为护佑黄河的坚强盾牌；在"科学技术是第一生产力"重要论断指引下，治黄科研工作者聚焦黄河自然规律和经济社会发展规律，融合研究、攻坚克难，治黄科研成为事业发展的有力支点。

1988 年，新中国第一部规范水事活动的基本法《中华人民共和国水法》出台，我国涉水法规体系建设迈出具有标志性意义的一步。

2006 年，黄河治理开发的第一个国家行政法规《黄河水量调度条例》施行，调度实践经验和措施以法律形式固定下来。2004 年实施的《黄河河口管理办法》，使河口进入依法治理新阶段。2009 年实施的《黑河干流水量调度管理办法》，成为西北内陆河水资源调度的第一个部门规章。黄委还锲而不舍推进《黄河法》立法进程，制定了与国家涉水法规配套的委级规范性文件。山东、河南两省相继颁布实施黄河防汛、河道管理、工程管理的地方性法规。几十年磨剑筑盾，治河管河已初步实现有法可依。

1989 年，按照水利部建立水利执法体系有关要求，山东德州、河南焦作修防处在全河率先成立水政监察机构。历经"两化"达标、"八化"建设、水利综合执法改革等实践锻造，全河水政监察队伍发展到 121 支。借助公安、国土、交通、林业等部门，形成了专职水政监察大队为主，黄河派出所等多部门配合，流域区域联动的水行政执法新格局。累计查处各类水事案件 11000 多起，妥善调处了水事纠纷，维护了良好的水事秩序。

按照"谁执法谁普法"的责任制要求，黄委将治黄工作、黄河文化、法治实践相融合，网络载体、固定阵地、面对面宣传相呼应，先后七次获全国普法先进单位。

1978 年全国科学大会召开，迎来了"科学的春天"。春风吹拂下的治黄科研，满庭芳菲、硕果累累。

基础和应用研究取得长足进展。水沙变化内在机理、黄土高原土壤侵蚀规律、泥沙运动规律等研究，为掌握黄河水沙特性提供了基础依据；小浪底水库减淤技术、水沙调控体系联合运用、防洪防凌关键技术、省界断面流量等研究，为制定有关规划和防洪抗旱减灾提供了有力支撑；黄河长治久安、下游长远防洪形势和对策、滩区综合治理模式和安全建设等研究，提高了重大战略研究的前瞻性；河口三角洲生态、流域生态补偿机制、水权水价水市场等研究，为治黄统筹经济社会和生态环境提供了新思路。

科研攻关创新破难。基本摸清了黄河洪水、泥沙的来源及其时空分布特点；初步掌握了水沙在河道的演进规律和冲淤特性；深化了人类活动和气候变化对黄

河水沙变化影响的认识；在水沙调控、水库调度、游荡性河道整治、水生态保护、水文测报等治黄关键技术方面实现了新的突破，振动式测沙仪、堤防隐患探测等一大批先进实用的技术和设备得到推广。

形成了人才辈出、硕果累累的可喜局面。截至目前，在职职工中专业技术人才达到 12450 人，占在职职工总人数的 54.3%，副高级以上职称人数 3277 人，占在职职工总人数的 26.3%，其中正高级职称超过 700 人。治黄科研奖项不断刷新纪录，黄委流域治理和综合管理成效得到世界认同，荣获新加坡李光耀水源荣誉大奖。"黄河调水调沙理论与实践""黄河水量统一管理与调度" 项目成果分别获国家科技进步一等奖和二等奖。

在治黄科研的方法和手段上，开展了"原形黄河、数字黄河、模型黄河"建设，"三条黄河"相互联动、互为印证。新时期，黄委加快信息化赶超步伐，稳步推进"数字黄河"向"智慧黄河"升级发展。"黄河一张图""一个数据库"等信息化"六个一"工程建设取得明显实效，"大平台共享、大数据慧治、大系统共治"的格局初步形成，有力推动了黄河治理体系和治理能力现代化。

与时偕行、锐意进取，深化治黄体制机制改革

"物不因不生，不革不成"。40 年来，黄委坚持用改革的办法解决发展中的问题，深化重点攻坚、优化机构设置、理顺职责关系，构建了监管更加有力、运行更加高效，流域管理与区域管理更加协同的体制机制。

在各方面改革中，机构和职能优化首当其冲。"文化大革命"结束后，通过山东和河南河务局等单位回归黄委建制等措施，工作重点重新转移到正确轨道上来。在改革不断深化的进程中，黄委先后经历了机构升格副部级、2002 年机构改革、多次"三定"方案核定、事业单位分类改革等全局性深刻变革，治黄组织机构不断完善；物资供应、后勤管理、经济管理等职能陆续从机关剥离，实现了政事分开、事企分开、管办分离；流域机构水行政主管职能扩展至西北内陆河，直管河段延伸至小北干流，新增了水量统一调度等职能，流域管理由下游逐步转变为全流域综合管理，职责定位更加清晰。

"事业成败，关键在人"。面对"文化大革命"后治黄干部队伍青黄不接的情况，黄委遵循"革命化、年轻化、知识化、专业化"方针，突出抓好干部培养选拔，一批批优秀中青年干部走上领导岗位。1997 年开始，黄委党组积极探索公开选拔领导干部工作，推行以岗位管理为中心的聘用制度。2002 年干部任用条例颁布实施后，黄委党组持续推动民主、公开、平等、择优的干部选任体系建立健全。党的十八大以来，黄委党组严格执行修订后的干部任用条例，坚持好干部标准，树立正确选人用人导向，加强领导班子和干部队伍建设，提高选拔任用工作科学

化水平，加大干部培养交流锻炼力度，着力打造忠诚干净担当的干部队伍。

"不破不立，不止不行"。20世纪90年代，项目法人责任制、招标投标制、建设监理制"三项制度"改革在治黄工程建设中正式实施。沿用自明清的黄河工程管理体制也迎来了改革洗礼。2005年至2006年，黄委先后对65个水管单位进行了管养分离改革，工程管理单位、维修养护企业、施工企业并驾齐驱格局形成。自此，治黄工程"修、防、管、营"四位一体的体制走入历史，适应市场经济要求的建设管理体制应运而生、顺势成长。

"改革永远在路上"。党的十八届三中全会吹响全面深化改革号角，黄委按照中央和水利部统一部署，对涉河水行政审批分类合并。以市级河务局为试点，推进养护企业与水管单位脱钩，开展基层单位纪检监察体制试点改革，推行工程建设EPC总承包和代建制，治黄改革大踏步向深水区和攻坚期挺进。

"河长制推进河常治"。全面推行河湖长制，是党的十八大后中央为解决我国复杂水问题采取的重大改革举措。黄委成立领导小组，围绕"协调、指导、监督、监测"职能制定工作意见；建立了全国第一个流域河湖长制沟通平台，开展河湖长制工作督导检查，按照一省一单方式督促问题整改落实；将直管河湖存在问题列入"一河一策"实施方案，督促开展专项执法检查和整治行动。河湖长制从见河长到见行动再到见成效，一步一个脚印在黄河全面推开。

敞开胸襟、兼容并蓄，让黄河疾步走向世界

以开放促改革、促发展，是治黄不断取得新成就的法宝。黄委"走出去""引进来"并行并举，技术、资源、人才双向互动，为治黄改革发展增添了新活力、拓展了新空间，古老的母亲河在与世界的交汇碰撞中激荡出时代浪花，绚丽绽放在改革开放大潮之中。

改革开放后，利用外资、借助外脑，迅速成为治黄工作追赶先进的重要手段。40年来，15亿美元外资投入治黄建设。世行为小浪底水利枢纽建设提供贷款10亿美元，51个国家的承包商参与建设，建设程序与国际接轨，为这座世纪工程打上了"世界"标签。世行贷款1.5亿美元，加快了黄土高原水土流失治理；亚行贷款1.5亿美元，助力黄河下游防洪项目实施……黄委先后与30多个国家和地区签订科技合作协议，中欧流域管理、中荷河口三角洲生态需水量研究、联合国教科文组织气候变化与水资源管理等一批合作项目，让流域机构站在国际水利发展前沿，以崭新视角研究黄河、把脉治黄，为黄河管理能力提升提供了源源不断的推力。

经过改革开放的洗礼积淀，黄河以更加自信的姿态步入国际和海外水事活动舞台。2003年起，连续五届流光溢彩的黄河国际论坛，吸引了五大洲80多个国

家和地区的专家学者论道黄河，河流治理智慧在这里融汇升华，维护河流健康生命理念从这里传播世界。黄委数次派出代表团参加世界水论坛、澳大利亚国际河流研讨会等重大水事活动，发出黄河声音、交流治河经验，为治黄赢得了国际声誉。举办海峡两岸多沙河流整治与管理研讨会，促进了两岸水利学术互动与合作。黄委成为中国第一批加入世界水理事会的成员单位、中欧水资源交流平台的发起单位，成为 20 多个国际组织的重要合作伙伴，在推动联合国涉水议题落实方面发挥着越来越重要的作用。

国家"走出去"战略和"一带一路"倡议，打开了黄委在国际水利建设市场开疆拓土的通道。以 1989 年黄委勘测规划设计院首次中标国外工程项目（尼泊尔巴格曼迪灌溉工程）为起点，南美洲 "厄瓜多尔的三峡"——辛克雷水电站，非洲 "纸币水电站"几内亚凯乐塔水电站，大洋洲巴布亚新几内亚瑞木镍钴项目道桥，亚洲的越南门达水电站、马来西亚明光坝、巴基斯坦纳塔尔水电站……一个个工程如同一面面旗帜，展示着黄河治理者的实力和形象，推动着中国技术标准的国际化。

国际合作迫切需要与国际接轨人才。2001 年起，黄委利用国外合作方优势培训资源，选派 14 批 300 余名青年科技干部赴西方发达国家学习。一大批留学归国人员或投身科研一线、或走上领导岗位，赋予了治黄工作更广阔的国际视野，推动着对外交流合作的扩大。在不断借鉴、吸收的基础上，黄委将具有黄河特色的管理经验回馈于世界，先后为印度、巴基斯坦、缅甸等"一带一路"沿线国家开展技术培训，为其综合管理实践提供指导和帮助。

规范管理、加快发展，增强单位自身实力

黄委的经济工作随改革破茧、伴改革发展，也因改革而壮大。40 年来，黄委综合经营工作从无到有，从零散单一、竞争力弱、管理粗放，到规模经营、优势突出、规范管理，为稳定职工队伍、保障治黄主业发展、改善生产生活条件发挥了巨大作用，成为治黄事业不可分割的重要组成部分。

计划经济体制下，黄委水利事业费实行"统收统支、收支两条线"的管理办法。随着体制改革的深入，事业经费不足问题开始显现，开展综合经营成为大势所趋。20 世纪 80 年代初，黄委提出了发展黄河综合经营的设想，部分单位开始积极尝试。随后全河各级都建立综合经营管理机构，形成了自上而下的领导管理体系，黄委综合经营范围开始向工业、科技咨询服务等行业扩展。1988 年，全河水利综合经营会议召开，1990 年 10 月黄委成立综合经营管理局，对经济工作的领导显著加强，抓经济的力度不断加大，各级对经济工作有了新的更深入的认识。1991 年底全河综合经营总产值达 1.31 亿元，较 1985 年提高了两倍多。

1992年，邓小平同志发表南方谈话，思想领域的进一步解放，推动了经济领域的活跃和繁荣，黄委综合经营事业随之快速成长，基本形成了以土石方施工为龙头，以农业为基础，工业、科技咨询、房地产开发、商业服务全面发展的局面。这一阶段，全河各级单位认清自身优势、抢抓发展机遇。其间，2003年2月黄委经济发展管理局正式成立后，指导委属单位调整产业结构，完善经济工作考核体系。一批具有行业影响力的企业品牌脱颖而出，在深耕治黄沃土的同时，走出流域、迈出国门，在市场经济中经风沐雨。各单位经营队伍依托资源禀赋、"顺着水路找财路"，不断巩固水电、工程施工、供水、勘测设计等优势产业，跨河交通、园林绿化等新产业蓬勃发展。到"十一五"末期全河实现年度经济总收入80.8亿元，是2005年的2.03倍。

党的十八大以来，全面从严治党不断向基层、向企业延伸，对规范管理提出更高要求；我国经济发展步入新常态，经济结构逐步优化升级。黄委主动适应新的形势，施工企业整合、完善企业法人治理结构、抢抓国家加大基础设施投入机遇等一系列措施在深化中落实、在落实中深化。2017年黄委党组提出了"规范管理、加快发展"总体要求，在经济工作方面，抓资金监管、严制度执行、强民主监督，"三箭齐发"规范管理，"争、挣、帮""三策并施"加快发展。稳住了优势、开辟了新源，发展不充分不平衡的问题正逐步得到解决，经济发展质量、企业发展后劲、经济成果的普惠性得到明显提升。

2017年底，全河拥有独资、控股企业176家，从业人员超过10000人。全河经济实力的壮大，使事业进步、单位发展和职工受益相互促进，为进一步办好黄河的事情打下了坚实基础。

不忘初心、坚定信仰，加强党对治黄工作的领导

"木有本而枝茂，水有源而流长"。中国共产党的领导是人民治黄事业发展的本源和根基。改革开放以来特别是党的十八大以来，黄委驰而不息落实党要管党、从严治党要求，为治黄事业发展提供了有力保障。

全河各级始终把党的建设摆在突出位置来抓，确保党的建设、改革发展和治黄工作深度融合、同向而行。强化组织机构保障，先后成立中共黄委纪律检查委员会、中共黄委直属单位委员会，进一步健全全河各级党的组织机构。一手抓思想引领，以开展"讲学习、讲政治、讲正气"党性党风教育活动、保持共产党员先进性教育活动、深入学习实践科学发展观活动等专题教育活动为抓手，着力抓好全面理解和贯彻执行党的路线方针政策教育；一手抓思想政治工作，引导广大党员站稳政治立场、增强政治定力，不断提升干部职工解放思想、奋力改革的自觉性。

党的十八大以来，全面从严治党成为以习近平同志为核心的党中央治国理政

最鲜明的特征。黄委各级对表看齐、令行禁止，从严治党管党步步深入。

坚持把党的政治建设摆在首位。坚决维护习近平总书记党中央的核心、全党的核心地位，坚决维护党中央权威和集中统一领导，树牢"四个意识"，坚定"四个自信"，做到"四个服从"，始终同以习近平同志为核心的党中央保持高度一致。

坚持抓好思想建设这个基础性建设。从党的群众路线教育实践活动到"三严三实"专题教育，再到"两学一做"学习教育，环环相扣，推动党的思想建设向所有基层党组织和全体党员延伸，引导和激励广大党员干部用习近平新时代中国特色社会主义思想武装头脑、凝心聚魂、固本培元，切实把学习成果转化为推动治黄改革发展的强大动力。

坚持从严从实抓好党的组织建设。成立黄委党建工作领导小组，制定党建主体责任清单，委党组"操其要于上"，各级党组织"承其详于下"，层层扛牢抓实主体责任，推进党的建设和治黄业务同频共振。建立黄委党组领导班子成员基层党建工作联系点制度、机关与基层单位党支部结对共建机制，创建"黄河先锋党支部"，强化党支部的战斗堡垒作用。坚持党管干部原则，强化绩效考核与日常监管，开展跨单位和部门双向交流，加快年轻干部培养选拔，形成了风清气正的用人生态。出台《黄委领导干部容错纠错办法（试行）》《黄委领导干部不作为处理办法（试行）》《黄委干部职工干事创业鼓励激励办法（试行）》等，营造了敢于担当、干事创业的氛围。

守住作风和廉洁红线。持之以恒正风肃纪，着力构建预防为先、监督并重、惩防并举的长效机制。将作风建设纳入廉政风险防控体系，强化高风险岗位防控措施；将廉政宣传教育重心转向警示教育，以案说法，用身边事教育身边人。实行"四种形态"报告制度、建立干部廉政档案、在工程建设领域实行"双重监督体制"、开展集中式和异地交叉式纪律审查，实现对关键少数、关键领域监督常态化。打好破除"四风"攻坚战，严肃查处违反中央八项规定精神行为；亮出党

内监督"利器",对委属单位开展"全覆盖"巡察,保证政治信念不动摇、发展方向不跑偏、作风建设不走样。

40年来,黄委持之以恒抓精神文明建设,凝聚精气神、释放正能量、树立新风尚。

文明之花次第盛开。"全国抗震救灾英雄集体""全国五一劳动奖状""全国文明单位""全国三八红旗手""全国关心下一代工作先进集体"……一个个跨越时空、色彩纷呈的精神坐标,见证了改革开放中黄河儿女搏击风浪的良好风貌。

一枝一叶总关情。对口帮扶、大病救助、金秋助学、基层引水安全工程……一项项扶贫济困、心向基层的措施落地落实,先帮后、富帮穷、机关帮基层,治黄改革发展成果惠及全河职工,"黄河一家亲"不仅是嘹亮的口号,更是浓浓的温情传递。

精神之光耀大河。舍身堵漏的抢险队员戴令德、"铁人"泥沙专家赵业安、"独耳英雄"卢振甫,"玛多打冰机"谢会贵,悬崖上的水文站站长田双印……一个个打上了黄河烙印的英模人物,记录着黄河精神凝聚辐射、薪火传承的光辉轨迹,照亮了"人民治黄为人民"的不变初心。

改革开放40年治黄事业进步是全方位的。财务、审计、宣传、安全生产、离退、移民、医疗卫生等工作都在改革开放浪潮中经历风雨、出新求变,不断迈上新台阶。"绛树两歌、黄华二牍",也难以穷尽40年的发展变化。

驻足回望来时路,亦有风雨亦有晴。

40年历经风簸浪淘,40年冲破关山万重;40年屡辟发展新境,40年福荫流域各方。我们比历史上任何时期都接近实现黄河长治久安的目标。

砥砺奋进新征程,同舟共济再出发。

习近平总书记在庆祝改革开放40周年大会上指出,改革开放已走过千山万水,但仍需跋山涉水。随着中国特色社会主义进入新时代,新一轮更大规模、更深层次、更宽领域的改革开放正在开启,治黄工作被赋予了新的历史使命、目标任务和时代内涵。全河干部职工将以习近平新时代中国特色社会主义思想为引领,积极践行"水利工程补短板,水利行业强监管"的水利改革发展总基调,勠力同心"维护黄河健康生命、促进流域人水和谐",将改革开放进行到底、把黄河的事情办得更好,为实现中华民族伟大复兴的中国梦做出新贡献!

黄委办公室　　执笔人:白　波　张焯文　李　萌　侯　娜

创新与嬗变

——改革开放 40 年治黄思路丰富发展历程综述

在改革开放、国家经济社会发展的不同时期和黄河治理开发的不同阶段，治黄工作经历和面临着不同的问题。随着改革开放的不断深入、经济社会发展要求的提高和技术手段的进步，各个时期的治黄重点任务及采取的战略措施也与时俱进、顺势而为。治黄思路和理念在这一历史进程中得到不断传承和创新发展。特别是党的十八大以来，治黄人呼应发展要求、结合黄河实际，提出了"维护黄河健康生命，促进流域人水和谐"的治黄思路，黄河治理开发管理与保护走进新时代。

除害兴利，铸就岁岁安澜新丰碑

20 世纪 80 年代至 90 年代，国家工作重点转移到以经济建设为中心上来，提出了建立社会主义市场经济体制的改革发展总体目标。当时黄河洪水威胁仍被称为"中国之忧患"，特别是 1982 年黄河下游发生 15300 立方米每秒洪水危害、1996 年洪水围困下游滩区 120 万群众，警示着治黄首要任务是确保黄河安澜，为国家改革开放保驾护航。

进入 20 世纪 80 年代，人民治黄已走过 30 多年历程，黄河下游完成了第三次大修堤，三门峡水利枢纽经过两次改建，基本解决了水库泥沙淤积问题，流域灌溉面积发展到 8000 万亩（1 亩 ＝1/15 公顷），龙羊峡、刘家峡水库建成蓄水。当时黄河面临的主要问题：一是黄河安澜中潜伏着危机。花园口千年一遇洪水洪峰流量仍然高达 37000 立方米每秒，百年一遇洪水洪峰流量为 25700 立方米每秒，远超下游设防标准；下游河道主槽严重淤积，游荡加剧，出现"槽高滩低堤根洼"

的不利局面；下游两岸大堤还存在不少薄弱地段和险点。二是水资源供需矛盾和水污染问题开始凸显。20 世纪 80 年代，由于水量调节能力低，断流和弃水并存，用水高峰期黄河下游和部分支流时常断流，严重影响工农业生产，到 90 年代，黄河断流问题日渐突出；在水资源日益紧缺的同时，工业、生活废污水排放量逐年增加，水生态环境恶化，进一步加剧了水资源危机。三是黄土高原水土流失依然严重。特别是水土流失严重的多沙粗沙区，治理难度大，治理进度缓慢。20 世纪 80 年代至 90 年代，黄河下游实测年均来沙量仍有 8 亿吨之多。

根据当时黄河面临的问题及国家改革开放的形势任务，1980 年黄委提出：治黄总的指导思想是"除害兴利，综合利用，使黄河水沙资源在上、中、下游都有利于生产"，在措施上要实行"拦、排、放"相结合。水土保持要坚持土、水、林、草综合治理，农、林、牧全面发展。

1990 年《黄河治理开发规划报告》提出治黄方略：考虑除害与兴利、近期与远景紧密结合，黄河治理开发应采取"拦、调、排、放，综合治理"的方略，全面规划，统筹安排，使水沙在上、中、下游都有利于生产。"拦"主要是上中游地区的水土保持，特别是粗泥沙主要来源地区的重点支流治理。此外，结合兴利，利用干流骨干水库拦减泥沙。"调"是利用干流水库调节水沙过程，减少下游河道的淤积，这是治黄措施的一个新发展。"排"就是利用下游河道输排泥沙入海，通过下游河道将绝大部分来沙输排入海。"放"是指包括上中下游的淤灌、放淤改土等措施，通过利用水沙发展生产，达到拦减下游泥沙的效果。

按照上述理念与思路，当时采取的治黄重大措施主要有：一是继续加强黄河下游防洪工程建设。在完成黄河下游第三次大修堤基础上，根据河道淤积可能发展情况，继续加高加固堤防，重点加高夹河滩以下堤段，加固改建险工坝岸和涵闸工程；加快花园口至高村宽河段河道整治，减小主流游荡范围，护滩保堤，防止滚河；进行滩区安全建设和治理；进行东平湖水库加固及改建；开展河口治理，延长清水沟流路行河年限；结合引黄供水沉沙，淤筑"相对地下河"。二是全力推进小浪底水利枢纽建设。20 世纪 80 年代，小浪底水利枢纽建设正式提到国家议事日程，前期工作全面展开，进行了多方案论证和中美联合设计；1991 年，小浪底工程正式列入国家"八五"计划；1994 年 9 月主体工程开工，下游防洪工程体系逐步完善。三是继续加强黄河流域水土流失防治，进行综合治理。抓基本农田建设，解决农民贫困问题；全面推广以小流域为单元的治理经验；将无定河、皇甫川、三川河、定西县列为国家重点治理区进行治理，逐步对窟野河、孤山川、秃尾河进行重点治理；启动了世界银行贷款黄土高原水土保持项目；建设治沟骨干工程 8000 座。四是逐步开展黄河水资源的统一管理和调度。1987 年国家批复了黄河可供水量分配方案，加强黄河水资源统一管理。五是加速开发黄河水电资源，建设上中游综合利用工程。建成龙羊峡水电站，开工建设李家峡、大峡、万家寨等水利枢纽工程，基本建成黄河上游水电基地。

着力解决三大问题，扬帆黄河健康新征程

世纪之交，黄河断流问题已十分严重，拯救母亲河行动受到海内外关注，解决黄河断流问题已上升到检验国家治理能力的高度。而此时国家经济正快速发展，特别是黄河流域在 2000 年以后，国内生产总值年均增长率高达 13.1%，高于全国平均水平。因此，着力解决当时黄河存在的洪水威胁严重、水资源供需矛盾尖锐、水土流失和水环境恶化等三大问题，尤其是解决好以黄河缺水断流为要因的水资源供需矛盾尖锐问题，有力支撑流域及相关地区经济快速增长，成为重要任务。

这时，人民治黄已实现 50 年岁岁安澜。小浪底水库已建成投入运用，下游稀遇洪水得到有效控制，河床淤积在一定时期内得到缓解；下游两岸临黄大堤完成第四次加高培厚，在部分堤段内开展了放淤固堤；1998 年国家颁布《黄河可供水量年度分配及干流水量调度方案》《黄河水量调度管理办法》，干流水资源初步实现统一调度管理，黄河流域及下游引黄地区灌溉面积发展到 1.1 亿亩；水土流失初步综合治理面积累计达到 18 万平方公里，水利水保措施年均减少入黄泥沙 3 亿吨左右，占黄河多年平均输沙量的 18.8%。

1998 年底，根据党中央、国务院关于加快大江大河大湖治理步伐的精神，以及区域经济快速增长的需求，结合国家实施西部大开发战略要求和黄河的实际情况，针对黄河面临的三大问题，黄委开展了《黄河的重大问题及其对策》研究，提出了防洪减淤、水资源利用及保护、水土保持生态建设三个方面的基本思路。在此基础上，水利部向国务院上报了《关于加快黄河治理开发若干重大问题的意见》。2001 年 12 月 5 日，国务院第 116 次总理办公会议审议并原则同意水利部上报的《关于加快黄河治理开发若干重大问题的意见》，同时要求水利部据此编制《黄河近期重点治理开发规划》报国务院审批。2002 年 7 月，《黄河近期重点治理开发规划》获国务院批复。《黄河近期重点治理开发规划》提出的指导思想是：坚持全面规划、统筹兼顾、标本兼治、综合治理的原则，实行兴利除害结合，开源节流并重，防洪抗旱并举。把防洪作为黄河治理开发的一项长期而艰巨的任务，把水资源的节约和保护摆到突出位置，把水土保持作为改善农业生产条件、生态环境和治理黄河的一项根本措施，持之以恒地抓紧抓好。

《黄河近期重点治理开发规划》提出了解决黄河三个重大问题的基本思路和总体布局。防洪减淤的基本思路为："上拦下排、两岸分滞"，控制洪水；"拦、排、放、调、挖"，处理和利用泥沙。强调解决洪水和泥沙问题，必须采取综合措施。水资源利用及保护的基本思路为：开源节流保护并举，节流为主，保护为本，强化管理。重点建立黄河水资源统一管理调度新体制，逐步形成水资源开发

利用和管护体系。水土保持生态建设的基本思路为：防治结合，保护优先，强化治理。依据以上理念与思路，安排 2010 年前治黄重点措施包括：初步建成黄河防洪减淤体系，基本控制洪水泥沙；大力开展节约用水，逐步建立节水型社会；全面加强流域污染源治理，划定流域水功能区，控制入河污染物总量，加强污染源防治和监测、监督管理；黄土高原地区每年新增治理措施面积 1.21 万平方公里，特别是要加强黄河中游多沙粗沙区的综合治理，使黄土高原地区水土流失治理初见成效。

在《黄河近期重点治理开发规划》实施期间，国家提出要在科学发展观指导下推进经济社会协调发展。这无疑对黄河的社会服务功能和自然生态功能都提出了更高要求。面对仍然存在的黄河问题，为保障流域及相关区域经济社会的可持续发展，黄委在治黄理念和思路上进行了重大理论创新，2004 年提出"维持黄河健康生命"的治河理念，并将其作为黄河治理的最高奋斗目标。水利部也提出把维护河流健康生命作为今后一个时期的重点工作，并要求流域机构担负起河流健康代言人的重任。

"维持黄河健康生命"理念是科学发展观和可持续发展战略在黄河流域管理中的具体体现，其宗旨是：通过调整人类对黄河的行为方式，协调黄河的社会功能和自然功能之间的关系，以逐步恢复和维持黄河的健康生命，为流域及相关地区的人类经济社会发展提供可持续的支持，实现人与黄河的和谐相处。

在"维持黄河健康生命"治黄理念引领下，黄委提出了构建"1493"治河体系，并开展了一系列的治黄重大实践。为确保下游防洪安全，开展了以标准化堤防建设为重点的堤防加高加固工程。为解决黄河下游河道萎缩、排洪能力下降、"二级悬河"加剧的严峻局面，结合黄河小浪底水库投入运用的有利时机，从 2002 年开始进行了三次调水调沙试验，之后于 2005 年开始进入调水调沙的正常运用，下游河道最小平滩流量由 1800 立方米每秒提高到 4000 立方米每秒左右。为缓解流域经济发展用水与河道生态用水的矛盾，持续实施了黄河干流水量统一调度，取得了黄河连续不断流的成绩。为减轻黄河水污染对经济社会发展带来的危害，配合黄河干流水量调度，强化了制度建设和监测能力建设，对黄河的重大水污染事件进行了全过程的监测，并及时发布水质信息。针对黄河水资源利用程度较高、水沙关系更加不协调的问题，利用黄河小北干流有利的地形条件，开展了黄河小北干流放淤试验工作。为改善潼关高程居高不下的局面，还开展了利用桃汛洪水冲刷潼关高程的试验等。

贯彻科学发展观，统筹规划，谱写治河为民新篇章

进入 21 世纪的第一个十年后期，国家全面贯彻以人为本的科学发展观，民

生水利成为治水的"最直接目标"，黄河治理开发保护与管理迈入统筹谋划、治河为民新阶段。

随着国家"十一五""十二五"规划的实施，国力已大大增强，黄河流域经济社会发展战略布局已基本成型，国家在流域西部资源富集地区，推动呼包鄂榆、关中—天水、兰州—西宁、宁夏沿黄经济区加快发展，建设国家重要能源、战略资源接续地和产业集聚区；在流域中部和东部地区，重点推进太原城市群、中原经济区、山东半岛蓝色经济区的发展，加快构建沿陇海、沿京广和沿京九经济带，巩固提升能源原材料基地、现代装备制造及高技术产业基地和综合交通运输枢纽地位。这一时期，国家改革开放进一步深入，西部大开发、促进中部崛起等发展战略进一步推进，流域经济增长速度仍高于全国平均水平。因此，促进流域经济社会可持续发展、科学发展成为这一时期治黄工作首要任务。

这一时期，黄河水沙情势和工程情况有了较大变化，黄河下游实施了大规模标准化堤防建设，通过小浪底水库拦沙和调水调沙遏制了河道淤积，下游中水河槽渐趋稳定；流域灌溉面积发展到 1.2 亿亩，流域用水年平均消耗量约 300 亿立方米，达天然年径流量的 70%，已超过黄河水资源的承载能力；水利水保措施年平均减少入黄泥沙 3.5 亿～4.5 亿吨；黄河干流连续不断流，流域水生态系统有所修复。

为进一步贯彻落实科学发展观，维持黄河健康生命，发展民生水利，促进流域经济社会又好又快发展，按照国务院办公厅转发水利部《关于开展流域综合规划修编工作的意见》要求，黄委编制完成了《黄河流域综合规划》，并于 2010 年 6 月通过水利部审查，2013 年 3 月获国务院批复，这是中华人民共和国成立以来国家批复的第二部系统、全面、综合性的黄河流域规划。

《黄河流域综合规划》在总结人民治黄 60 年成就、经验教训的基础上，针对当时黄河防洪防凌形势依然严峻、水资源供需矛盾十分尖锐、水土流失防治任务依然艰巨、水污染防治和水生态环境保护任重道远、水沙调控体系不完善、流域综合管理相对薄弱等六方面问题，按照这一时期国家发展战略部署，提出的规划指导思想为：以科学发展观为指导，认真贯彻落实《中共中央国务院关于加快水利改革发展的决定》精神，坚持人水和谐的理念，把推动民生水利新发展放在首要位置，把严格水资源管理作为加快转变经济发展方式的战略举措，全面规划、统筹兼顾、标本兼治、综合治理。依据黄河水沙特点和存在的主要问题，以增水、减沙、调控水沙为核心，以保障流域及相关地区的防洪安全、供水安全、粮食安全、生态安全为重点，加强水资源合理配置和保护，实行最严格的水资源管理制度，加快建设节水型社会，强化流域综合管理，维持黄河健康生命，支撑流域及相关地区经济社会的可持续发展。

按照上述指导思想，综合规划对应黄河六大问题提出了六个方面的基本思路。

防洪减淤方面，坚持"上拦下排、两岸分滞"调控洪水和"拦、调、排、放、挖"综合处理泥沙的方针；确定黄河下游河道治理方略为"稳定主槽、调水调沙、宽河固堤、政策补偿"。水资源开发利用方面，坚持节流开源并举，节流优先，适度开源，强化管理，建立水资源合理配置和高效利用体系。水土流失防治方面，坚持防治结合、保护优先、突出重点、强化治理，建立水土流失综合防治体系；按照分区防治的原则，因地制宜配置各种治理措施。水资源和水生态保护方面，坚持保护优先，综合治理，强化监管。水沙调控体系建设方面，坚持综合利用、联合调控，构建以干流的龙羊峡、刘家峡、三门峡、小浪底等骨干水利枢纽为主体，以海勃湾、万家寨水库为补充，与陆浑、故县、河口村等支流控制性水库共同构成的完善的黄河水沙调控工程体系。流域综合管理方面，坚持完善体制机制、建立健全法制，增强管理能力。

综合规划认为，黄河"水少、沙多，水沙关系不协调"的局面将长期存在，治理开发黄河必须立足于这个基本的估计，努力增水、减沙，调控水沙。通过建设骨干水利枢纽，利用拦沙库容拦减泥沙，实施小北干流及其他滩区放淤，减少进入下游河道的泥沙；通过强化节水和实施跨流域调水，有效增加黄河水资源量，基本保障经济社会发展和生态环境用水需求，实现河流生态系统良性循环；黄河下游河道治理以"宽河固堤"格局为基本方案，形成完善的河防工程体系，保持中水河槽排洪输沙功能，使洪水泥沙安全排泄入海；利用完善的黄河水沙调控体系联合运用，科学管理洪水，优化配置水资源，协调水沙关系，控制河道淤积，维持黄河健康生命，谋求黄河长治久安。为实现黄河治理开发与保护的总体目标，需要构建完善的水沙调控体系、防洪减淤体系、水土流失综合防治体系、水资源合理配置和高效利用体系、水资源和水生态保护体系以及流域综合管理体系。这六大体系既相对独立，又相互联系，其中水沙调控体系是防洪减淤体系、水资源合理配置和高效利用体系的核心，是治黄总体布局的关键。

在综合规划"把推动民生水利新发展放在首要位置"的同时，黄委还按照深入贯彻科学发展观和以人为本的总体要求，提出了"治河为民，人水和谐"理念，强调要统筹治河与流域经济社会可持续发展、统筹治水治沙治滩和惠民富民安民。只有把治河为民、人水和谐作为治黄各项工作的出发点和落脚点，融入治黄规划、建设、管理的全过程，才能解决好人民群众最关心、最迫切、最现实的水问题，才能在发展经济的同时，保持良好的自然环境和水生态系统，使黄河更好地造福中华民族。

践行"维护黄河健康生命，促进流域人水和谐"，迈向绿色发展新时代

党的十八大以来，国家改革开放达到新高度，确立统筹推进"五位一体"总

体布局、协调推进"四个全面"战略布局，提出"两个一百年"奋斗目标和实现中华民族伟大复兴的中国梦。强调贯彻创新、协调、绿色、开放、共享的发展理念，把发展作为解决一切问题的基础和关键。根据社会主要矛盾的变化，紧扣满足人民日益增长的美好生活需要，着力解决发展不平衡不充分的突出问题，在决胜全面建成小康社会、全面建设社会主义现代化国家进程中取得了新的成就。国家经济实力有了质的飞跃，国内生产总值超过 12 万亿美元，稳居世界第二位，粮食生产能力达到 6000 亿公斤。黄河流域经济社会发展面临着"一带一路"发展新动力、"西部大开发"新格局等重大历史发展机遇，流域及相关地区加快经济发展的愿望，对黄河防汛和水资源、水生态方面的支撑保障能力提出了新要求。

进入新时代，习近平总书记站在党和国家事业发展全局的战略高度，立足我国基本国情水情和经济社会发展实际，多次就治水兴水发表重要讲话、作出重要指示，提出了"节水优先、空间均衡、系统治理、两手发力"十六字治水方针。新时代、新要求，迫切需要治黄工作主动适应社会主要矛盾转化，顺应时代发展新需求，为实现人民群众对美好生活的向往提供有力支撑。

按照新时代新要求，结合黄河来水来沙显著减少，黄河下游标准化堤防接近完成，防洪能力大大提高，黄河健康状态有所改善等情势变化，以及黄河仍然面临的流域水灾害尚未根治、水资源供需矛盾更加尖锐、水生态损害和水环境污染尚未根本好转等新老问题交织的局面，在 2017 年全河工作会议上，黄委党组系统总结多年治黄理论与实践经验，提出了"维护黄河健康生命，促进流域人水和谐"的治黄思路，把维护黄河健康生命作为流域机构的首要目标、义不容辞的责任，把促进流域人水和谐为治黄工作的最高境界。维护黄河健康生命既是为了实现黄河自身的可持续发展，也是为了让黄河更好地服务流域经济社会和生态发展需求，打造绿水青山，改善流域生态环境，建设美丽黄河，更好地造福沿黄广大人民群众。以维护黄河健康生命为基础，最终实现人与黄河和谐共生，实现经济社会绿色发展。

"维护黄河健康生命，促进流域人水和谐"治黄思路，总体要求是树立新发展理念和社会主义生态文明观，贯彻"节水优先、空间均衡、系统治理、两手发力"十六字治水方针，把握黄河"水少、沙多，水沙关系不协调，生态系统不平衡"的基本河情域情和"水沙显著变化"的新情况，努力"管控水沙，节流开源，修复生态"，妥善解决流域水资源、水环境、水生态、水灾害问题，保障流域及相关地区的防洪安全、供水安全、生态安全。

践行"维护黄河健康生命，促进流域人水和谐"治黄思路，黄委提出了"四个坚持"：

一要坚持统筹兼顾、系统治理，管控好黄河洪水泥沙。要紧紧围绕"两个坚持、三个转变"防灾减灾新理念，抓住黄河洪水泥沙的主要特性，统筹防洪减淤、协调水沙关系、合理配置和优化调度水资源等要求，兼顾上下游、左右岸、开发与保护等关系，治水治沙治滩整体推进，山水林田湖草系统治理，构建完善的防洪减淤、水沙调控体系，处理好黄河洪水和泥沙。既要实现防洪减灾、确保安全的目的，又要稳妥推进洪水泥沙资源化工作，达到趋利避害的效果。

二要坚持节水优先、开源并举，有效破解黄河水资源短缺瓶颈。深刻认识黄河流域资源性缺水的禀赋条件，把全面推进节约用水作为解决水资源供需矛盾的首要措施，紧密结合国家节水行动，不断提高用水效率和效益，加快建设流域节水型社会。要从国家战略大局出发，综合考虑各方面发展需求，准确研判黄河水资源承载极限，在充分节水挖潜的基础上，深入研究并推进包括南水北调西线在内的各种调水入黄方案，从根本上解决黄河缺水制约发展的瓶颈问题。

三要坚持保护为重、防治结合，修复好黄河水生态。要加大对黄河水生态环境的保护力度，促进经济社会发展与水资源水环境承载能力相协调。全面推进黄土高原水土流失综合治理，因地制宜地布设工程措施及生态自我修复措施，促进黄土高原生态修复。加强岸线保护和开发利用管理，促进河湖休养生息。推进黄河生态调度，实现功能性不断流，增强黄河生态功能。强化水功能区和入河排污口管理，严格控制入河排污总量。加强水源涵养区、黄河源区生态保护，恢复绿水青山，为流域人民群众创造美好生活环境。

四要坚持改革引领、创新驱动，推进黄河治理现代化。要落实新发展理念，全面深化治黄改革，坚决破除一切不合时宜的思想观念和体制机制弊端，持开放态度对待增加入黄水量和解决滩区治理等问题的各类方案。树立"大黄河"意识，加强流域统筹，促进河长制与流域管理深度融合，全面推进依法治河与依法行政，深化综合执法改革，强化科技攻关和基础研究。全面提高治黄信息化水平，以信息化倒逼管理规范化，以信息化带动治黄现代化。推动黄河水价形成机制改革，加强对水权交易及实施情况的监督、检查，发挥市场在优化配置水资源中的作用。

"维护黄河健康生命，促进流域人水和谐"治黄思路，在重点措施布局安排上提出，要按照综合规划和"十三五"规划任务，统筹推进各项治黄工作。特别要围绕党中央关于加快水利基础设施建设、推进绿色发展、打赢脱贫攻坚战的决策部署，努力在"一点一线一滩"上重点突破，有所作为。

抓好"一点"，即古贤水利枢纽工程建设。要抓住机遇，把古贤工程开工建设摆在治黄重大工程建设的首要位置，攻坚克难，紧盯不放，力争尽早获批建设。

抓好"一线"，即黄河沿线的防汛安全和水资源管理。要始终高度重视保障防洪安全，重中之重要抓好下游直管河段的防洪安全。针对水资源短缺瓶颈，重点抓好水资源全过程管理，让有限的黄河水发挥最大综合效益。要深入落实最严格的水资源管理制度，强化水资源消耗总量和用水强度刚性约束，加快水资源利用方式根本性转变。

抓好"一滩",即黄河下游滩区综合治理。要根据近年黄河水沙情势变化、下游标准化堤防完工和未来古贤工程开工建设等新情况,加强研究,提出滩区治理的方向和举措,加快解决滩区居民的安全与发展问题,既要确保黄河大堤的防洪安全,又要治河为民,适度提高滩区群众的防洪安全标准,满足滩区群众对生产发展、生活富裕和生态良好的需求,促进人水和谐。

40年改革开放,40年大河嬗变。治黄思路和理念丰富发展的40年,就是不断适应新形势、运用新思维,把握黄河水沙基本规律,顺应黄河水沙情势变化,定重点、聚焦点、攻难点的40年。改革开放初期,应对国家心腹之患的黄河洪水威胁,"除害兴利,综合利用"成为必然选择;随着改革开放的深入、经济社会的快速发展,黄河洪水威胁严重、水资源供需矛盾尖锐、水土流失和水环境恶化三大问题突显出来,《黄河近期重点治理开发规划》实行了兴利除害结合,开源节流并重,防洪抗旱并举原则;21世纪初,在黄河健康生命难以维持时,黄河人创新性提出"维持黄河健康生命"新理念;为进一步落实科学发展观和可持续发展战略,《黄河流域综合规划》坚持全面规划、统筹兼顾、标本兼治、综合治理,以增水、减沙、调控水沙为核心,构建六大体系,以维持黄河健康生命,支撑流域及相关地区经济社会的可持续发展;新时代,治黄工作主动适应社会主要矛盾转化,为实现人民群众对美好生活的向往,把维护黄河健康生命作为流域机构的首要目标、义不容辞的责任,把促进流域人水和谐作为治黄工作的最高境界。

40年继往开来,40年砥砺前行。进入新时代,当前黄河仍然面临新老问题交织的局面,为谋求黄河长治久安,维护黄河健康生命,促进流域人水和谐,在今后长时期内,需要继续加大黄河治理开发与管理保护力度,遵照"节水优先、空间均衡、系统治理、两手发力"十六字治水方针,把握"四个坚持",管控水沙,节流开源,修复生态,构建完善黄河水安全保障体系,为实现人民群众对美好生活的向往提供有力支撑,让黄河永远造福中华民族。

黄委总工办　　执笔人:王祥辉

搞好顶层设计　擘画治黄蓝图
——改革开放 40 年治黄规划计划工作综述

　　中华人民共和国成立以来，党和国家十分重视黄河治理开发保护与管理工作，尤其是改革开放 40 年来，黄河治理开发保护与管理取得了巨大的成就。治黄规划计划工作作为治黄事业发展的基础和龙头、治黄工作的重要保障和前提，坚持以维护黄河健康生命为目标，在投资需求量大、立项难度逐步增加、支付任务日益繁重、遗留问题复杂的严峻形势下，紧紧抓住扩大内需的重大机遇，完善规划体系、深化专题研究、加强前期工作、狠抓投资管理，攻克了对治黄工作影响巨大的热点难题，保障了一大批事关防洪安全、供水安全、粮食安全和生态安全的重点民生水利项目顺利实施，保证了中央水利投资及时发挥效益，圆满完成了各项工作任务。

丰富治黄思路，引领黄河水利规划体系构建

　　黄河是一条流域自然条件复杂、河情十分特殊的河流，对中华民族的繁衍和发展做出了巨大的贡献，但洪水泥沙也给下游沿岸人民群众带来了深重灾难。治理黄河历来是治国安邦的大事，从传说中的大禹治水开始，到贾让三策、王景之治、潘季驯束水攻沙，形成了具有鲜明时代特点的黄河治理方略，为治黄工作积累了丰富的经验。纵观历史，各时期的治河思想无不彰显时代烙印，随着经验的积累、技术的进步、生产力水平的提高、经济实力的增强，治河思想都在经历着形成、发展和演变的过程。

　　改革开放后，治黄思路得到进一步深化和发展，"上拦下排、两岸分滞"处

理洪水、"拦、调、排、放、挖"处理泥沙的基本方略逐步完善。1998 年底，根据党中央、国务院关于加快大江大河大湖治理步伐精神，以及区域经济快速增长的需求，结合国家实施西部大开发战略要求和黄河的实际情况，黄委紧紧抓住防御黄河洪水灾害、缓解缺水断流、综合治理生态环境等重大问题，开展了黄河的重大问题及其对策研究，提出了黄河治理开发的基本思路，制定了《黄河下游断流及其对策报告》《黄河治理开发规划纲要》等。党的十六大以来，党中央相继提出了坚持以人为本，树立全面、协调、可持续的发展观，建设社会主义和谐社会；水利部党组提出了从传统水利向现代水利、可持续发展水利转变的治水新思路。黄委顺应时代要求，结合黄河实际，提出了"维持黄河健康生命"的治河理念和"1493"理论框架，并在这一理念指引下，开展了"三条黄河"建设，进行了调水调沙等轰轰烈烈的探索与实践，极大地丰富了流域管理思路，有力维护了黄河健康生命。2013 年，黄委提出了"治河为民、人水和谐"的治黄思路，把治黄放到经济社会发展全局和生态文明建设大局中去谋划，注重治河为民、人水和谐。2017 年，随着黄河水沙情势变化和经济社会发展，治黄工作面临新形势新挑战，黄委吹响了"维护黄河健康生命，促进流域人水和谐"的战斗号角，把维护黄河健康生命作为流域机构义不容辞的责任，把促进流域人水和谐作为治黄工作的最高境界，同时明确了"规范管理、加快发展"的总体要求。

在不同时期的治黄思路指导下，规划体系不断完善　黄委规计局供图

治黄规划是治黄发展的蓝图和行动纲领，是治黄公共服务和社会管理的重要基础，是安排治黄建设、制定制度与政策、规范水事活动的重要依据。治黄思路的丰富与创新为治黄规划的与时俱进提供了贯穿的主线。1955 年全国人大一届二次会议讨论通过《关于根治黄河水害和开发黄河水利的综合规划的决议》，确定了"除害兴利、综合利用"的方针，指导了此后几十年的水利水电工程建设、灌

区开发和黄土高原水土流失治理工作。

1955年以后，黄河综合治理规划的实施，对于推动黄河建设发挥了十分重要的作用。几十年间，黄河的情况发生了很大变化，同时通过不断研究与实践，对黄河的规律性认识也逐步加深，为此1984年国务院批准《黄河治理开发规划修订任务书》，1996年编制完成，1997年通过国家计委、水利部联合组织的审查。规划在防洪减淤方面提出了"上拦下排、两岸分滞"处理洪水，"拦、排、放、调、挖"综合处理泥沙的基本思路；在水资源利用方面明确了黄河可供水量分配方案；在水土保持方面提出了以多沙粗沙区为重点、以小流域为单元的黄土高原水土流失综合治理思路；在干流梯级工程布局方面提出了以龙羊峡、刘家峡、黑山峡、碛口、古贤、三门峡和小浪底等7大综合利用枢纽为主体的干流骨干工程体系。

1991年到1999年，中央领导同志多次视察黄河，就黄河防洪、小浪底工程建设、黄土高原地区水土流失治理、建设生态农业等问题，做出了一系列重要指示。在此期间，黄河遭遇了"96·8"洪水，下游滩区几乎全部进水，损失严重；黄河断流加剧，1997年创下了断流河段最长、断流天数最多、断流月份最多、首次在汛期出现断流、首次跨年度断流等历年之最。如何从战略高度统筹解决黄河洪水威胁、黄土高原水土流失、水资源供需矛盾尖锐、下游频繁断流、水污染和生态环境持续恶化等一些列重大问题？遵照中央领导指示精神，黄委在《黄河的重大问题及其对策》的基础上，编制完成了《黄河近期重点治理开发规划》。2002年7月14日，国务院批复了《黄河近期重点治理开发规划》。该规划紧紧抓住当前黄河存在的重大问题，坚持"全面规划、统筹兼顾、标本兼治、综合治理"的原则，实行兴利除害结合、开源节流并重、防洪抗旱并举，把黄河下游防洪减淤作为治理重点，把解决黄河流域水资源不足和水污染问题放到突出位置，切实加强黄土高原水土保持工作。

进入新世纪，治黄工作面临着防洪形势仍很严峻、黄土高原水土流失尚未得到有效遏制、水资源供需矛盾更加尖锐、水环境和水生态系统恶化等问题，且流域经济社会快速发展，河流水沙情势和工程情况发生较大变化，新时期治水思路转变提升对流域治理开发保护提出了更高要求。为此，在水利部统一部署下，黄委会同流域省区修编完成新一轮流域综合规划，并于2013年得到国务院批复。该规划明确了2020年、2030年治黄的任务、目标，制定了一系列控制性指标和"红线"，谋划了治黄的总体部署，研究了破解治黄难题的思路和方法，安排了水沙调控、防洪减淤、水土流失综合防治、水资源合理配置和高效利用、水资源和水生态保护以及流域综合管理等"六大体系"的各项措施。

在新一轮流域综合规划编制工作中，黄委总结以往规划实施情况及黄河治理开发与管理实践经验，形成了新的规划工作理念。一是要坚持以人为本，人与自然和谐相处。优先解决人民群众最关心、最直接、最现实的防洪安全、饮水安全等问题，注重生态文明建设，促进人水和谐。二是统筹兼顾，近远结合。既要考虑经济社会发展对黄河治理开发的需求，又要考虑维护黄河健康生命对经济社会发展的约束。统筹协调治理、开发与保护及上下游、左右岸、干支流的关系，正确处理需要与可能、整体和局部、远期和近期的关系。三是水沙兼治，治水治沙并重。统筹考虑防洪与减淤，通过水沙联合调控，塑造协调的水沙关系。四是工程措施与非工程措施并重，加强流域综合管理。既要谋划治理开发的重大措施布局，又要强化流域的社会管理和公共服务职能，完善流域管理的体制、机制、政策法规体系，提高科技支撑能力。五是因地制宜，突出重点。根据流域不同地区自然条件、经济社会发展水平及治理开发现状，有针对性地采取对策措施。

为突出规划的战略地位，充分发挥规划的指导作用，黄委提出构建黄河水利规划体系。结合黄河实际，按照"合理分类、明确关系、完善体系、提出任务、妥善安排"的原则，制定了以战略规划和发展规划为指导，以流域规划为主线，以综合规划和专业规划为重点，以专项规划为补充，以流域、区域两级，综合规划、专业规划、专项规划三类规划为主体的《黄河水利规划体系框架意见》。在该框架下，组织开展了一系列的规划编制和修订工作，涉及规划数量 51 项，其中中长期发展规划 2 项、流域综合规划 11 项、专业规划 15 项、专项规划 23 项，基本形成了治黄规划体系。

迎难而上，持续推进黄委重大项目建设

党的十一届三中全会以后，按照国务院批准的"上拦下排、两岸分滞"的方针，经过现场调查、规划和可行性研究，普遍认为必须采取重大措施，在三门峡以下干流上兴建控制性工程，才能防御黄河特大洪水，保障黄淮海大平原的安全。当时存在着小浪底水利枢纽和桃花峪滞洪工程两种方案，黄委基于从 20 世纪 50 年代初期开始对小浪底水库进行的调查、勘探、规划等大量前期工作，通过几十年的基础工作和综合比较，治黄工作者认为小浪底工程除了具有显著的综合效益优势之外，从宏观角度看，完全符合黄河治理开发总目标的要求，因此更有其重要的战略意义。在 1982 年中共十二大会议期间，王化云在小组讨论会上就黄河防洪问题做了专题发言，黄河的事情引起了中央的高度重视。1983 年 2 月，国家计委和中国农村发展研究中心组织召开了历时 6 天的小浪底水库论证会，会后形成了《关于小浪底水库论证的报告》呈报国务院，认为兴建小浪底水库在整体规划上是非常必要的，但还存在着小浪底工程何时修建、水库开发目标、运用方式等问题没有得到满意解决等问题，难以满足立即作出决策的要求。为此，论证会之后，根据水电部部署，黄委进行了一系列规划、设计试

验和科研工作，并针对小浪底巨大的工程规模、复杂的地质条件，与国际顶尖公司合作完成工程轮廓设计等。经过中国国际工程咨询公司评估，1987年小浪底工程在国家计委正式立项。经过多年的大量基础工作、反复论证和设计研究，小浪底水利枢纽这一对黄河治理开发具有战略意义的关键性工程，终于从蓝图走入实施轨道，并最终于1997年实现大河截流、1999年小浪底水利枢纽正式下闸蓄水、2000年全部完工。

1998年长江、松花江大洪水之后，党中央、国务院加大了大江大河治理的投入。据统计，"九五"期间，黄河防洪工程建设共投资76亿元，是"八五"期间的5.3倍。黄河下游防洪工程建设的重点是堤防加高加固、险点消除、河道整治建设等，先后开展了黄河下游近期防洪工程（1998—2000年）、黄河下游2001年至2005年防洪工程、利用亚行贷款建设黄河下游防洪工程、黄河下游近期防洪工程、黄河下游防洪工程（"十三五"防洪工程）等五期防洪工程建设。根据国务院批复的《黄河近期重点治理开发规划》，要求用10年左右时间初步建成黄河防洪减淤体系，对达不到规划标准的堤防要加高帮宽，堤顶道路硬化，对达不到规划设计要求的险工进行改建加固。为落实这一要求，黄委提出下游两岸大堤要实现集防洪保障线、抢险交通线和生态景观线三种功能于一体，形成标准化堤防体系，确保黄河下游防御花园口22000立方米每秒洪水大堤不决口。鉴于此项建设工程量大、投资多，标准化堤防建设分两期实施。"十三五"防洪工程完成后，下游标准化堤防将全部完成。

在全委上下的共同努力下，黄委重大水利工程前期工作成绩斐然，尤其是近年来围绕水沙调控体系、防洪减淤体系、水资源配置体系等开展了大量的研究、勘探、设计、论证等前期工作，推动一系列防洪工程修建，已初步形成了以中游干支流水库、下游堤防、河道整治、分滞洪工程为主体的"上拦下排、两岸分滞"防洪工程体系，使下游设防标准内洪水得到有效控制，并利用干流水库拦沙和调水调沙，减轻了下游河道淤积，初步恢复了黄河下游中水河槽行洪输沙能力。通过防洪减淤工程建设，扭转了堤防频繁决口的险恶局面，实现70多年伏秋大汛岁岁安澜，保护黄淮海平原经济社会稳定发展。

围绕水沙调控体系，全力推进古贤水利枢纽和黑山峡河段开发前期论证工作。根据国家发展改革委印发的《关于进一步做好黄河古贤水利枢纽前期工作的函》，黄河古贤水利枢纽工程前期工作正式转入可行性研究阶段。目前已完成可行性研究报告编制，并通过水利部组织的技术审查，加强了重大环境制约因素的论证与协调，开展了土地预审等16项前置条件办理。全力推进黑山峡河段开发论证，除甘肃省现场调查外的论证工作基本完成。

围绕防洪减淤体系，以下游防洪工程建设为重点，加快构建黄河防洪减淤体系。在安排实施黄河下游治理"十五"可行性研究、2005年、2006年、2007年各年度实施方案以及黄河下游近期防洪工程的基础上，黄委组织编报了《黄河下游防洪工程建设可行性研究报告》，于2015年8月获得国家发展改革委批复，2015年底初步设计获水利部批复，正在实施。但黄河下游河道仍存在部分河段河势没有得到有效控制，一些防护坝、险工和控导工程强度低、稳定性差。为此，开展了黄河下游河道综合治理工程可行性研究报告编制。同时，编制了《沁河下游河道治理工程可行性研究报告》《金堤河干流河道治理工程（黄委管辖工程）

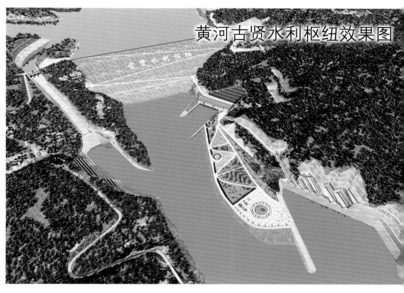

黄河古贤水利枢纽效果图

2018年古贤水利枢纽工程项目可研通过水利部审查　黄委规计局供图

可行性研究报告》《黄河东平湖蓄滞洪区建设可行性研究报告》，均已获得批复，工程建设已经完成或正在实施。为防止东坝头—陶城铺河段"二级悬河"形势的不断加剧，编制完成了《黄河下游东明阎潭—谢寨和范县邢庙—于庄"二级悬河"近期治理工程可行性研究报告》和《黄河下游濮阳梨园—范县邢庙"二级悬河"近期治理工程可行性研究报告》；为解决下游部分河段涵闸引水困难，组织编制完成了《黄河下游引黄涵闸改建工程可行性研究报告》；为进一步提高封丘倒灌区防洪保安水平，开展了《黄河下游新乡贯孟堤改扩建工程可行性研究报告》编制工作。为进一步加强黄河小北干流河段、三门峡库区河段治理，组织编制完成了《黄河禹门口至潼关河段"十三五"治理工程可行性研究报告》《黄河潼关至三门峡大坝河段"十三五"治理工程可行性研究报告》，已经通过水利部组织的技术审查，正在开展前置条件办理。

围绕水资源配置体系，积极推进南水北调西线论证工作。在完成南水北调西线一期工程项目建议书基础上，完成了黄河上中游地区节水潜力研究、新形势下黄河流域水资源供需分析、调入水量配置方案细化研究、调水河流水资源开发利用影响研究、调水对水力发电影响和对调水河流生态环境影响研究6个专题的研究工作。目前，根据水利部安排，正在积极争取开展南水北调西线工程规划方案比选论证。为合理调配黑河中下游生态和经济社会用水，提高黑河水资源利用效率，完成了《黑河黄藏寺水利枢纽项目可行性研究报告》编制，2015年10月得到国家发展改革委批复，工程已于2016年3月开工建设。

强化自身建设，为职工生产生活创造更有利的条件

　　黄委所属各级单位分布在黄河流域沿线，职工工作、生活的场所主要分布在沿黄的青海、甘肃、内蒙古、陕西、山西、河南、山东等省区。人民治黄以来，经过几十年的不断努力，特别是改革开放以来，自身能力建设得到较快发展。围绕能力建设，实施了一批抢险能力建设、科研能力建设、信息化建设、监督监测能力建设、民生工程建设等基础保障项目；建成了具有一定规模和水平的生产生活、科研等业务用房；购置了一批科研、抢险、水质监测、水生态、水土保持监督监测等实验设施设备。职工生产生活条件得到极大的提高和改善，配套设施已初具规模，稳定了治黄队伍。这些必要的自身能力建设项目确保了黄河综合治理开发工作的正常有序开展，有效提高了流域机构管理能力和科研水平，进一步推进了黄河治理能力和治理体系现代化进程，为治黄长远发展奠定了良好的基础。

　　在抢险能力建设方面，实施了聊城、陕西、新乡、菏泽河务局防汛物资仓库建设，新建防汛物资仓库15156平方米，防汛物资的接收、储存、维护和快速调运得到了保障，大大提高了防汛抢险工作效率；实施了济南、陕西、新乡河务局黄河专业机动抢险队建设，新增各类抢险设备843台（套），机动抢险队成为设备充足、装备优良、反应迅速、能征善战的专业化抢险队伍，基本满足黄河防洪工程出现重大险情的抢险抢护需要，具备了必要的跨流域远程应急救护能力，对黄河防汛抢险体系起到了显著的支撑作用。

　　在科研能力建设方面，实施了黄河泥沙重点实验室建设，小浪底至陶城铺模型厅、小浪底库区模型厅、三门峡库区模型厅、黄河口模型试验厅建设，黄河口模型建设，黄河水利科学研究院水工试验厅建设，黄河水利科学研究院水利部堤防安全与病害防治实验室建设，黄河河道整治工程根石探测系统建设等项目，建成试验厅（室）及配套工程建筑面积150712平方米，购置一批试验仪器设备，为黄河治理开发研究提供了基础平台，为研究黄河泥沙、黄河口河床演变、重大水利工程上马前期试验等提供了设施设备保障，为模型黄河建设提供了坚实的基础。

　　在信息化建设方面，实施了水量调度系统、黄委信息管理等级保护、黄委信息资源管理整合与共享、防汛通信设施改造等项目，提升了黄委信息化软硬件水平，基本实现了治黄水利工作信息化，初步建成了运行高效的黄河信息化支撑平台，基本实现了水沙情势可感知、资源配置可模拟、工程运行可掌控、调度指挥可协同的目标，初步实现了水利信息化与治黄业务和综合管理融合发展。黄委综合管理信息资源整合与共享建设，完成现有12个应用资源的整合共享，数据资源共享率达70%；黄河防汛及河道管护通信设施改造项目，建成后将基本满足黄

委各级管理单位防汛及行政办公等业务对电话通信交换和互联互通的需求。

在民生工程建设方面，20世纪90年代开始，建成了一批办公及配套设施，为职工生产生活提供了基本保障。近年来，实施了基层单位危房改建、饮水工程和水电暖改造等项目，基层单位给排水、供电、供暖等配套设施初具规模，新增供暖面积3.78万平方米，职工生产生活条件得到改善，稳定了治黄队伍。如山东、河南、山西、陕西河务局基层单位饮水工程建设，共建设水井231眼，项目实施后解决了山东、河南、山西、陕西河务局所属的344个基层单位、9071名职工饮水安全问题，受益人口达25063人；山东、河南、山西、陕西河务局及上中游管理局危房改建项目，拆除危房63885平方米，新建房屋45238平方米，改善了133个基层单位、2384名职工的生产生活条件。

在监督监测能力方面，实施了水资源监测能力建设、大江大河水文监测系统建设、水政监察项目、黄河省界及重点控制断面水质自动监测站建设、黄河河口三角洲典型区域水生态监测、黄委水土保持监督监测能力建设等项目，新改建了部分水文站、雨量站，购置安装了大量水文水资源和水土保持监测试验仪器设备、监测船和单兵装备，大大提升了黄委水质、水生态、水保监测能力，初步建成了较高自动化水平的水文水资源测报体系，形成了较为完善的水土保持和水资源保护监测体系，初步建立了河源和河口地区生态监测系统。

打牢基础，深化研究基础性战略性问题

在"科学技术是第一生产力"思想的指引下，黄委不断增加科技投入和改进科研手段，通过开展跨部门多学科的联合攻关，在治黄战略研究、深化黄河自然规律探索、黄河治理关键技术问题研究和前期基础工作研究等方面取得了丰硕成果，逐步加深了对黄河基本规律的认识，为黄河治理开发与管理提供了技术支撑。

黄委紧密结合生产实际，相继开展了黄河下游长远防洪形势和对策、黄河下游滩区治理模式和安全建设、黄河干流骨干水库综合利用调度等治黄战略研究，研究成果已应用于黄河流域综合规划修编、黄河流域防洪规划及相关项目前期工作中；开展了水沙变化内在机制、河道冰凌冻融规律、黄土高原土壤侵蚀规律、水库泥沙运动规律、河床演变规律、河口流路演变规律、供水区需水规律等方面的研究，为正确认识和掌握黄河独特的水沙特性提供了基础支撑。围绕黑山峡河段开发关键技术问题、防凌关键技术问题、水沙调控体系联合运用问题、小浪底水库减淤技术问题等，进行联合攻关，为制定有关水利规划提供关键技术依据；充分考虑经济社会系统和生态环境系统的制约，加强黄河经济生态问题、水权水价水市场、流域生态补偿机制、生产力布局与水资源约束、水域纳污能力核定与管理、滩区淹没补偿政策、河口三角洲生态等方面的研究，提高了流域治理开发

与管理的前瞻性、科学性和系统性；黑河干流水量调度方案研究等为国家水安全和水资源配置提供了支撑。

近年来，围绕黄河水沙情势变化对治黄战略提出的新课题和流域经济社会发展对治黄工作提出的新挑战，持续推进治黄重大问题和关键技术研究：一是积极推进黄河治理开发重大问题研究，全面完成黄河黑山峡河段开发方案论证并上报国家发展改革委，转入项目建议书论证阶段，全面开展了 5 项专题论证，基本完成除甘肃省现场调查外的论证工作；在完成南水北调与黄河流域水资源配置关系研究基础上，完成南水北调西线一期工程 6 个专题研究工作；完成了水文设计成果修订，下游河道改造及滩区治理研究、泥沙设计成果研究取得初步成果。二是加强关键技术问题攻关，黄河小浪底拦沙期防洪减淤运用方式研究通过水利部审查，完成黄河干流梯级水库群综合调度方案制定、黄河宁蒙河段防洪防凌形势及对策研究、基于 IQQM 模型的黄河水质水量一体化配置和调度研究；全面开展黄土高原输沙模数分区图及暴雨等值线图修订、中游骨干水库（群）分期洪水调度方案制定研究；积极争取开展黑河流域综合调度方案制定工作。

围绕黄河治理开发与管理的需求，开展了大量的基础业务工作，主要包括基础测量、地质勘察、水利标准修编、水利统计及水利普查等方面，为治黄规划、管理、决策提供了科学依据。在地形测绘方面，先后完成了黄河流域 1∶100 万、1∶25 万地图，先后 4 次施测完成黄河下游河道 1∶5 万地形图；完成了黄河北干流、小北干流、下游河道 1∶1 万比例尺地形图以及伊洛河流域、渭河中下游、三门峡库区、小浪底库区 1∶1 万比例尺地形图，扎陵湖、鄂陵湖等流域内重要湖泊、水库水下地形图，东平湖蓄滞洪区 1∶5000 比例尺水下地形图测量；完成了黄土高原地貌图集、黄河流域地图集及黄河干流系列图册、黄河下游洪水风险（决堤）图、黄河下游防洪工程体系图，黄河下游堤防存在问题分布图、黄河流域水资源开发利用图等多项专题地图；完成了黄河禹门口以下干流 GPS 控制网测量、黄河下游二三等水准网改造及黄河流域重点区域统一高程系统工作；完成了小浪底、三门峡、陆浑、天桥、故县、西霞院、河口村、古贤等大中型水利枢纽工程和南水北调西线工程、黄河河防工程等测量工作。黄河下游蓄滞洪区基础信息测量及复核项目全部完成。黑河干流河道地形图复测和黄河北干流河段 1∶1 万地形图测绘项目基本完成。全面开展刘家峡至托克托河段 GNSS 控制网测量工作。在地质勘察工作方面，先后查勘了黄河干流河道、数十条主要支流河道以及干、支流坝址 300 余处，完成了黄河干支流大中型水利水电工程、黄河下游堤防工程和穿堤建筑物等近百项水利水电工程的地质勘察工作。

上述成果为治黄及其他水利水电工程规划设计提供了翔实的基础性资料，保证了治黄工程规划设计和施工的顺利进行，为治黄规划、管理、决策提供了科学依据。

在基础研究方面还开展了黄河流域干旱区划及旱灾风险评估，完成了黄河下游防洪工程体系图、黄河流域水资源开发利用图等多项专题地图；进行了黄河基础地理信息平台、黄河基本河情信息系统、黄河省际边界河道信息系统、黄河中游多沙粗沙区电子地图系统等多项系统建设。在水利统计标准体系方面，组织开展了《黄委水利统计信息分类及代码》《黄委水利项目统计台账设置标准》《黄河水利统计指标词典》《黄委水利统计管理标准》等标准的研究、编制工作，圆满完成了第一次水利普查。

改革开放40年来，黄委规划计划工作紧抓历史机遇，开拓创新，踏实肯干，取得了丰硕成果。随着治黄规划体系的建立和不断完善、前期工作投入的不断增加、投资计划管理的日益规范，黄河治理开发与管理取得了显著成效，推动了古贤水利枢纽工程、黄河黑山峡河段开发前期工作步伐；在防洪减淤方面，初步形成"拦、调、排、放、挖"处理和利用泥沙的基本思路，基本形成了"上拦下排，两岸分滞"的调控洪水工程体系，初步建成了黄河下游防洪工程体系，实现人民治黄70多年伏秋大汛堤防不决口；水资源开发利用大大提高了流域供水能力，为流域经济社会快速发展提供了水资源支撑；水土保持综合治理有效改善了当地生态环境和人民群众的生活生产条件，减少了入黄泥沙；水污染防治、水资源保护和水生态保护能力得到加强，流域综合管理水平不断提高，有力地促进了流域经济社会的发展，加快了黄河治理体系与治理能力现代化的步伐，揭开了新时代黄河治理开发保护管理的新篇章。

黄委规计局　　执笔人：杨慧娟

阔步依法治河新时代

——改革开放40年黄河水行政管理工作综述

40年前的北京，雨雪过后，光风霁月。党的十一届三中全会以巨大的求实气魄和智慧勇气，推开了中国改革开放的历史之门。

40年后的黄河，岁岁安澜，造福华夏。人民治黄事业以中央治水兴水决策部署为引领，乘着全面深化改革的壮阔东风，迈入依法治河新时代，黄河立法、执法、普法等领域呈现新变革、新发展、新突破。

立法篇：法规体系不断完善，大河之治有法可依

全面依法治国是一个稳步推进的过程，依法治水管河亦是如此。直至1988年我国第一部水法《中华人民共和国水法》出台施行之前，我国涉水领域水法规建设几乎一片空白。而此后，黄委以贯彻实施水法为起点，健全完善黄河水法规建设，形成了涵盖水行政法规、部门规章、流域内地方性法规、黄委规范性文件等内容的黄河水法规体系，不断推进依法治河管河走向纵深。

——水量调度，首开先河。黄河是我国西北、华北地区最重要的供水水源，是黄河流域及相关地区经济社会可持续发展的重要战略保障。但是，黄河自身资源禀赋不足，水资源总量短缺、年际变化大、年内来水及用水时空分布不均。加之经济社会快速发展，用水需求日益扩大，水资源过度开发、污染严重、用水效率低等现象并存，由此导致黄河水资源供需矛盾突出。掠夺性的水资源开发利用，导致黄河承载能力日益下降，自1972年至1999年的27年中，黄河下游有21年出现断流，累计1091天。黄河断流对下游地区经济社会发展和群众生产、生活

造成严重影响，河口三角洲生态环境遭受严重创伤。

当时愈演愈烈的黄河断流现象，在国内外产生不同程度的广泛反响，也引起党和国家的高度重视。在此背景下，1999年，国务院授权黄委开始对黄河水量实施统一调度。依靠工程、技术、行政等措施手段，大河上下众志成城，力挽颓势，当年实现黄河未断流，让衰微的生命之河再度扬起造福人民的风帆。

为巩固实践中行之有效的调度管理措施，水利部、黄委从大局考虑，着眼长远，着力推进黄河水量统一调度法律化、制度化。《黄河水量调度条例》立法工作应时起步。2004年至2006年，黄委先后11次深入流域各省区和用水户调查研究，完成了20多个专题论证，4次征求有关各方意见。水利部先后召开14次协调会、论证会，经过30多次修改完善。2006年7月5日，国务院第142次常务会议审议并通过了《黄河水量调度条例》，2006年7月24日以国务院令第472号正式发布，2006年8月1日起施行。

《黄河水量调度条例》是国务院颁布的我国大江大河第一部行政法规，也是国家针对黄河治理开发保护与管理而出台的第一部法制条例，在治黄史上具有里程碑意义。它为加强黄河水资源管理，促进水资源合理配置、科学调度提供了强有力的法律依据，对缓解供需矛盾，实现黄河水资源的可持续利用，具有重大现实意义和深远历史意义。

根据条例授权，黄委组织开展了条例配套制度建设。2007年11月20日，《黄河水量调度条例实施细则（试行）》由水利部颁布实施。细则根据黄河水量调度实际，对重要水库和省界水文断面流量控制指标和执行标准作出明确规定，量化了执行精度；提出了黄河支流水量调度管理模式，明晰了流域机构与地方政府水行政主管部门责权划分；明确了县级以上人民政府及其水行政主管部门、黄委及其所属管理机构以及水库主管部门或者单位水量调度责任人报送制度，并要求制定调度工作责任制；要

2006年8月，国务院通过的《黄河水量调度条例》正式实施　黄委水政局供图

求建立调度政务公开制度，每年2次向全社会公告水量调度执行情况。细则还对用水计划建议申报和用水统计报送时间、水量调度方案下达时间、使用计划外用水指标办理程序、干流省际和重要控制断面预警流量、重要支流控制断面最小流量指标及保证率等方面作出了具体规定。一系列细化、实化的措施要求，引导着黄河水量统一调度大局持续向好、行稳致远，黄河至今已经连续19年不断流！

——河口管理，有规可依。大河之治，终于河口。黄河口，作为这条世界上罕见的多泥沙河流的吞吐空间和入海通道，它的畅通与安全，不仅关系着当地生产布局、社会发展，而且关乎着黄河健康生命的维护。

自古以来，黄河口就有着频繁淤积、改道、摆动的自然特点。随着21世纪河口地区经济社会的快速发展，当地油田开发、基础设施建设、城市发展、工农业生产热潮蜂拥，对河口三角洲自然生态和入海流路保护提出了新挑战。河口统一管理问题日益凸现，被提上重要议事日程。

2002年初，水利部组织召开黄河河口治理开发高层次研讨会。在统筹研究河口治理策略的同时，明确提出制定《黄河河口管理办法》（以下简称《办法》）。随后，黄委立即组织开展《办法》草拟工作，2002年底呈送水利部。2003年3月，黄河河口问题与治理对策研讨会在东营市召开。来自水利、海洋、环境等方面的院士、专家再次共同呼吁实行黄河河口治理统一管理。各界专家从明确各有关部门在河口治理中的责任和权利、促进河口治理健康有序运行等方面，对河口治理所涉及的河道范围、入海流路、备用流路、海岸线、三角洲水资源统一配置、生态保护等一系列问题提出了意见和建议。在充分征询意见、广泛研讨的基础上，2004年10月，《办法》以水利部令第21号正式颁布实施。

《办法》明确了河口统一管理"主体"及其权限，规定黄委及其所属黄河河口管理机构按照规定权限，负责黄河河口黄河入海河道管理范围内治理开发活动的统一管理和监督检查工作。在清水沟河道和刁口河故道范围内采砂、取土，从事河道整治及建设各类建筑物、构筑物，备用河道的开发利用等活动均需由"管理主体"批准，即便是由建设单位自行管理维护的工程设施，"管理主体"也有权对其防汛和运行情况进行监督检查。对违反《办法》规定的行为，黄委或者其所属的黄河河口管理机构有权依照有关法律法规规定采取行政措施，给予行政处罚。该《办法》的实施，无疑为河口三角洲范围内开发建设活动及工程建设管理明确了章法、提供了遵循，推动黄河河口管理迈入新纪元。

——黑河调水，拯救生态。黑河是我国第二大内陆河，流经青海、甘肃和内蒙古三省区以及东风场区，是滋润河西走廊、涵养下游额济纳绿洲的重要水源，也是这一地区的天然生态屏障。黑河沿程生产生活与生态用水的矛盾由来已久。历史上省区之间用水纷争不断。20世纪60年代以来，随着流域经济社会的快速发展、人口的激增，进入下游额济纳绿洲的水量越来越少，尾闾湖泊相继干涸，生态恶化，沙尘暴频发，一系列问题接踵而至，推动了依法依规调水管水进程。

1997年，经国务院批准，水利部发布《黑河干流水量分配方案》。2000年，水利部颁布《黑河干流水量调度管理暂行办法》，拉开黑河干流水量统一调度的帷幕。暂行办法的实施，对于维护黑河水量调度秩序，保障国务院批准的水量分配方案的完成，发挥了重要作用。

随着黑河流域经济社会发展和水资源供需形势变化，从 2005 年起，黄委着手在原暂行办法基础上组织开展《黑河干流水量调度管理办法》立法工作。2009 年 4 月 15 日，《黑河干流水量调度管理办法》经水利部部务会议审议通过，5 月 13 日由水利部令第 38 号公布实施。

这是我国西北内陆河水资源调度管理方面的第一个部门规章。黄委在贯彻落实中着力完善配套制度建设。2010 年，制定出台《黑河水量调度文书格式（试行）》《黑河取水许可管理实施细则（试行）》，进一步规范和促进黑河水资源管理和调度工作。依法调水，推动了黑河水资源开发利用和生态环境改善迈上新的台阶，近 20 年来，中游节水方兴未艾，下游额济纳绿洲生态良性演替，东居延海连续 14 年不干涸，呈现碧波荡漾、鸥翔鱼跃的美丽景象。

——黄河立法，任重道远。为黄河立法，一直是一个梦想，也是许多关注关爱母亲河的有识之士的共同心声。

多年来，黄河法的立法工作受到党和国家的高度重视以及社会各界的广泛关注。党和国家领导人多次对黄河法立法作出过重要指示。1993 年，水利部向全国人大常委会秘书处报送的立法规划中，首次提出了制定《黄河法》的立法建议。在随后多年中，水利部、黄委以及社会相关机构就《黄河法》立法做了大量工作。黄委组织开展了《黄河法》必要性、可行性研究，先后开展了黄河防汛、水资源保护、河源区管理、河道管理等方面的立法专题研究工作，完成"黄河流域管理与区域管理相结合的体制研究""黄河立法与我国现行环境资源有关法律法规关系研究""自然保护区管理法规与水法律法规关系研究"等成果。2007 年，向水利部报送了将《黄河法》立法列入下一届全国人大立法计划的立法建议报告。2009 年，30 多名全国人大代表提出议案，呼吁尽快制定《黄河法》，以为黄河治理开发与管理工作提供有力的法律保障。目前，黄委依然在积极拓展立法资源，前期工作紧锣密鼓，努力争取《黄河法》立法早日纳入快车道。

在努力推进《黄河法》立法前期工作的同时，黄委积极指导委属单位通过地方人大、政府制定出台有关黄河的地方性法规、规章，取得了突出成绩。《山东黄河河道管理条例》《山东省黄河防汛条例》《山东黄河工程管理办法》《河南省黄河工程管理条例》《河南省黄河防汛条例》《河南省黄河河道管理办法》相继颁布施行，有力推进了依法治河管河。

同时，黄委高度重视配套规范性文件制定工作。多年来，制定颁布了一大批具有指导意义的规范性文件，如《黄河下游河道内片林生产堤清障管理办法》《黄河流域省际水事纠纷预防调处预案（试行）》《黄河流域水事超前管理办法》《黄委实施〈入河排污口监督管理办法〉细则》《黄河干流及支流水利枢纽工程水文监测管理办法》《黄委水文资料使用管理办法（试行）》等，见证了黄河治理体系和治理能力的与时俱进、稳步发展。

执法篇：体制改革不断深化，依法治河彰显威力

从初设水政机构，到借助公安力量，到综合执法改革，黄河水政执法体制建设，伴着我国全面深化改革的节拍，步步走紧、趋向规范，彰显了以改革推进发展、激发活力、赢得进步的法治化历程，昭示着依法治河管河的光明前景。

——执法队伍，成制发展。黄委水政机构建设起步于1988年。30年来，伴随着我国依法治国的深入推进、依法行政的稳步实施，黄河水利执法能力建设历经起步、规范、发展过程，实现了成制化、体系化、规范化。

1989年8月，按照水利部《关于建立水利执法体系的通知》精神，黄委在山东德州修防处、河南焦作修防处开展水利执法试点。山东德州修防处、河南焦作修防处在全河率先成立水政监察所，执法人员持证、着装上岗执法，试点工作于1990年4月通过水利部验收。

1993年至1995年，黄委组织开展了为期三年的水政工作正规化、规范化建设达标活动，65个县级河务局完成了"两化"达标任务，通过黄委考核验收，进一步巩固和完善了水行政执法体系。

1996年，按照水利部《关于开展水政监察规范化建设意见》精神，黄委积极组织开展水政监察"八化"建设，即执法队伍专职化、执法管理目标化、执法行为合法化、执法文书标准化、考核培训制度化、执法统计规范化、执法装备系列化、检查监督经常化。在此"八化"建设过程中，黄委系统原水政监察处、所演变为黄委水政监察总队，黄委直属总队、支队、大队。

在这一体制框架下，经过近年来持续巩固发展，目前黄委系统共成立水政监察队伍121支（其中委总队1支，委直属总队8支，支队30支，大队82支），形成了较为完善的水行政执法体系。这一体系为黄河水利执法提供了有力的组织保证。各级水政监察队伍逐步成为强化流域管理、推进依法行政的重要力量，为推动治黄事业健康发展，保障黄河水事管理秩序做出了突出贡献。

——水利公安，鼎力发展。随着涉河水事活动日益增多，依法管理任务趋重。黄委所属基层单位由于执法手段单一、缺乏强制力，水政监察人员在维护黄河堤防工程建设秩序、清除行洪障碍、禁采铁砂等执法活动中，屡遭围攻和人身伤害，水行政执法难的问题日益凸显。

为解决这一突出难题，2008年10月，委领导带领由委办公室、水政局、人劳局组成的黄河水行政执法体制建设调研组，就新形势下加强黄河水行政执法工作，赴河南、山东基层河务局进行专题调研。根据基层单位实际情况和呼声建议，黄委党组研究提出了恢复基层黄河水利公安设置，为水行政执法工作提供有力支持和保障的工作意见。

2009 年 3 月 20 日，河南省召开省长办公会议，听取黄委关于恢复黄河水利公安设置有关情况汇报。6 月 18 日，河南省公安厅下发《关于筹建黄河沿线治安派出所的通知》，在河南境内黄河沿线设置黄河派出所 21 个，所需警力和编制从当地公安机构调配。

2009 年 8 月 12 日，黄委与山东省政府就山东黄河沿线黄河治安派出所设置问题进行座谈，并达成一致意见。10 月 29 日，山东省机构编制委员会办公室、山东省公安厅、山东河务局联合发出《关于理顺黄河公安管理体制的通知》，在山东省境内沿黄 28 个县（市、区）公安局（分局）各设立 1 个黄河派出所。

2010 年 5 月，河南封丘、山东东平黄河派出所揭牌，山东、河南黄河沿线黄河派出所正式成立。截至 2010 年年底，黄河下游成立黄河派出所 47 个，实际到位正式民警 163 人，协警 300 人，警用车辆 69 辆，办公面积 2.6 万平方米。

黄河派出所的成立为黄河水政执法提供了鼎力支持，在预防发生危及黄河防洪安全的刑事、治安案件，黄河防洪工程设施、防汛抗旱物资、水文监测设施和通信网络设施的保卫，维护治黄机构机关驻地办公、河道管理、黄河防洪工程建设与管理、黄河防汛抢险以及黄河水资源管理与调度过程中的治安秩序，及时发现、制止河道内违法行为，应对重大、应急突发事件，依法处置干扰

水政公安联合巡查河道　黄委水政局供图

执法、暴力抗法行为，侦破和查处涉河刑事、治安案件等方面，发挥了积极的、有效的、不可替代的作用。

据不完全统计，2010 年至 2017 年，黄河派出所查处刑事、治安案件 459 起，刑事拘留 53 人，行政拘留 266 人，警告 1538 人，配合水政监察大队查处各类水事违法案件 6000 余起，取得了良好的执法效果。尤其是在每年汛期和调水调沙期间，在拆除黄河浮桥、打击非法采淘铁砂和清除阻水片林等执法工作中，黄河派出所干警驻守现场维持秩序，起到了强大的震慑作用，为拆除浮桥、巩固禁采铁砂成果和清障工作顺利完成做出了突出贡献。

——综合改革，引领发展。党的十八大以来，随着中央全面深化改革的拓展深入，整合执法主体、推进综合执法成为新的时代课题。2012 年 12 月，水利部

印发《关于全面推进水利综合执法的实施意见》，拉开全国开展水利综合执法示范点建设的序幕。

黄委所属开封河务局被列为全国首批 25 个示范点建设单位之一。黄委党组高度重视，召开专题会议研究部署水利综合执法改革工作，确立了"示范引领—试点带动—全面铺开"的"三步走"顶层设计思路。黄委水政局多次深入基层走访调研，集思广益，牢牢把握政策方向，紧紧扭住"改什么，怎么改"这个牛鼻子，在"解剖麻雀"中全程督导，凝聚共识，上下协同，在人事、建管、财务、规计等部门的大力支持下，各方联动，合力推动改革进程。经过近 5 年努力，2017 年年底全面完成了黄河下游 56 个基层河务局水利综合执法改革任务。

这一综合改革，通过重组专职水政监察队伍，打破原有的"一套人马，两块牌子"的水政执法模式，将水政机构和水政监察大队相对分离，择优选拔精干人员补充执法队伍，56 个基层河务局专职执法人员编制由改革前的 280 人增加到现在的 665 人，整合了执法力量，实现了水政监察队伍专业化、专职化。

通过建章立制、确权明责，构建了由专职水政监察大队、防办、工程管理、运行观测、养护公司、黄河派出所等部门组成的水行政管理与执法联动监管防控体系，解决了执法事权不清、执法责任不落实、执法缺位、推诿扯皮等诸多老大难问题。在日常工作中，各单位将河道巡查、水法规宣传、水事违法行为预防和查处、水行政管理等有机结合，明确划分管理范围，实行网格化管理，实现了横向到边、纵向到底的无缝式监管，执法程序更加明确，部门之间协调更加顺畅，执法监督机制更加健全，形成了以专职水政监察大队为主、多部门配合的水行政执法新格局。

通过配合协作，加强了流域区域联动执法。专职水政监察大队组建后，加强与当地政府行政主管部门执法队伍联合执法，弥补了执法权限的不足。在黄河浮桥管理、河道采砂监管、堤防道路超载现象治理、滩区黏土砖瓦窑场清理等执法活动中，与国土、交通、林业、安监等部门联合执法，提高了执法效能。改革推行以来，在黄河开封段滩区砖窑场治理、郑州段阻水片林清除、新乡段河道非法采砂、焦作段堤防道路车辆超载、河口段河道违章建筑拆除等一大批典型案件中，联合执法队伍果敢出击，迎难而上，迅速破案，极大地遏制了河道水事违法违规行为。

通过改善办公条件，树立了黄河水政执法新形象。精干的执法队伍、规范的标识标志、先进的执法装备、专业的办公环境，为水政监察带来"硬件"新变化。在"软件"升级方面，各单位加强执法人员素质培养，严格规范执法行为，牢固树立文明执法理念，在一个个执法案例中逐步树立起黄河水政执法新形象。

——执法实践，见证发展。依法依规加强黄河河道管理。黄委制定了黄河河道管理巡查报告制度，构建了以水政监察大队日常巡查为主，水政监察支队、总队不定期和定期巡查相结合的河道巡查机制，形成了上下联动新局面。加大执法力度，连年组织开展河湖专项执法检查、河道采砂集中整治、清除阻水片林、浮桥专项检查等专项执法行动，严厉打击水事违法违规行为，依法查处各类水事违法案件11000多起，有力维护了黄河水事秩序。

积极调处省际水事纠纷。从维护社会稳定大局出发，制定印发了《黄河流域省际水事纠纷预防调处预案（试行）》《黄河流域省际水事矛盾纠纷排查化解工作指导意见》，建立完善了省际水事矛盾纠纷排查化解工作机制。近年来，先后调处了泾河陕甘长（武）宁（县）水事纠纷、渭河凤阁岭河段陕甘水事纠纷、晋蒙河（曲）准（格尔）水事纠纷和无定河陕蒙水事纠纷等多起水事纠纷，取得了良好效果。黄委每年通过组织召开黄河流域（片）水政工作座谈会，总结交流河道管理和省际水事矛盾纠纷排查化解工作经验，不断深化流域与区域协作配合，有效维护了省际边界地区社会稳定。

完善优化行政许可服务。按照有关法律法规规定，紧紧抓住审查审批、施工监督和建后管理三个关键环节，加强河道内建设项目管理。在审查审批环节，贯彻落实《中华人民共和国行政许可法》等有关法规规定，按照中央和水利部要求深入推进行政审批"放管服"改革工作，精简行政审批事项，简化涉水行政审批流程，不断提高行政审批效率和服务质量。针对水行政审批事中事后监督管理，制定印发了《黄委水行政审批事中事后监督管理办法》，黄委各级建立了涉河项目管理台账，及时掌握河道内的建设动态。强化对行政审批事项的日常监督检查和定期监督检查，持续开展河道内建设项目专项执法检查，有效维护了河道管理秩序。

普法篇：普法宣教春风化雨，法治精神普照大河

黄委按照中央和国家关于在公民中开展法制宣传教育和全国水利系统法制宣传教育总体部署，坚持普法宣传教育与法治实践相结合，深入开展水法规普法宣传活动，先后被评为"二五""三五""四五""五五""六五"普法全国先进单位，形成了独具黄河特色的普法宣传教育模式。

改革开放以来，黄委积极贯彻落实国家法制宣传教育新理念、新精神，按照水利系统普法规划要求，精心组织，持续加力，不断推进法制宣传教育工作，推出了系列特色各异的普法活动，为法治黄河建设持续奠基。

黄委作为流域管理机构，自觉履行河流代言人角色，站位全局，大力倡导领导干部带头遵法学法守法用法，切实增强依法行政意识，提升依法治河管河能力和水平。制定了《黄委领导干部专业能力建设培训大纲》《黄委职工教育培训规划》，将法律知识纳入重要培训学习内容。建立贯通各级各单位的理论中心组集体学法制度，以此督促提高理论修养、法律素质和依法决策能力。每年不定期通

过采取培训班、专题讲座、以案释法、水行政案件模拟听证会、观看录像、以考促学等多种方式，推进领导干部学法。采取专题讲座、演讲比赛、法治文艺表演、法律知识有奖竞答、网络普法答题等多种形式，调动广大职工学法遵法。

按照"谁执法谁普法"普法责任制要求，认真组织编制落实普法责任制实施方案或办法，将普法责任制建立和落实情况纳入工作考核目标，将"谁执法谁普法"普法责任制由"软任务"变成"硬指标"，做到与其他业务工作同部署、同检查、同落实，形成了党委（党组）统一领导，部门分工负责、各司其职、齐抓共管的工作格局。

连续多年深化开展"法律六进"。组织各级各单位深入沿黄农村、社区、企业、学校等开展宣教活动，把印有普法宣传标语的台历、水杯、雨伞、T恤等纪念品送到群众手中，潜移默化，使法治精神入脑入心。

注重"四个融合"，弘扬黄河法治文化。注重法制宣传与黄河文化、法治实践、社会文化、治黄工作的深度融合，充分发挥文艺的宣传教育功能，创作渔鼓唱词《俺把水法来宣传》、歌曲《黄河卫士之歌》、音乐电视《明珠法制 style》、相声《赞歌献给黄河人》、宣传片《千里之堤，溃于蚁穴》、小说《步步较量》等一批法治文艺精品，在沿黄干部群众中引起强烈反响。发布了黄河法制宣传品牌标识及普法吉祥物，增强了吸引力。

因地制宜，普法固定阵地"遍地开花"。将法治元素与滨河公园、防洪工程、水利风景区、爱国主义教育基地、历史展览馆等巧妙融合，将其建成普法宣传基地。目前，沿河共建设了 178 处普法画廊，设立了 1030 处法制宣传标牌，形成了一道靓丽的普法风景线。

"互联网＋"法制宣传，渐显成效。充分发挥微信、微博、手机客户端等新媒体在普法中的带动、辐射作用；创作了《拆出来的恩情》《黄河卫士》等十几部微电影作品，部分作品荣获部、省、市级微电影竞赛大奖。

深化法治文化建设，丰富普法载体。注重法治文化与黄河文化、地方特色文化的有机结合，积极打造宣传品牌，形成了普法长廊系列群、法治文化示范基地、法治文化艺术作品三大品牌。全河各单位创作了大量书法、戏曲、小品、歌曲等法治文化作品，在堤防路口、工程、沿黄村镇建成普法基地、法治公园 180 余处，普法大屏幕、永久宣传标牌 1040 处，为治黄改革与发展营造良好法治氛围。

展望篇：依法治河任重道远，人水和谐映照未来

面向未来，党的十九大为全面依法治国指明了方向，提供了遵循。黄委水行政执法将继续紧紧围绕治黄中心工作，持续开展水政执法队伍建设，加快推进水政信息化建设步伐，以"河长制"全面实施为契机，进一步完善流域与区域协调

普法宣传进学校、进乡村、进社区　黄委水政局供图

联动机制，切实履行监督管理职责，用执法成效助推全面依法治河管河取得新进展、展现新面貌。

大力推进依法治河管河，为黄河治理开发提供强有力的法治保障。以法治为引领，加快重点领域、薄弱环节水利立法进程，推进水利综合执法和依法行政，坚定不移推进黄河法治建设，加强水资源管理、河湖水域岸线管理、水利工程建设管理和运行管护，推动黄河水利朝着更高质量、更有效率、更加公平、更可持续的方向发展。

创新立法思维，积极构建完备的黄河水法规体系。针对黄河防洪保安、水资源供需矛盾、水生态文明建设、河道管理体制机制等，开展相关前期研究工作。根据需要，推进有关治黄行政法规、规章以及规范性文件的制定。充分利用《立法法》修订后赋予设区市地方立法权的规定，推动出台有关黄河管理的地方性法规规章。坚持依法立法、科学立法、民主立法，不断改进立法技术，提高立法质量，尽早实现完备的黄河水法规体系。

深入开展水法规宣传教育，努力营造良好的治黄法治环境。坚持普治并举，集中宣传与日常宣传并重，力求创新，注重实效，使广大干部群众知法、守法，充分认识依法治河管河的重要性，更加理解和支持黄河水利事业，坚持以河为伴，以河为友，给洪水以出路，还河流以健康，彻底消除人与河争地的现象，为黄河治理开发与管理营造良好的法治环境。

加强水政监察队伍建设，打造一支素质过硬的执法队伍。进一步完善学法用法制度，促进水行政执法人员学法的经常化、制度化。加强法治理念、精神以及运用法治思维、方式能力的培养，进一步增强执法人员素质能力。严格执法人员持证上岗和资格管理制度。严格落实行政执法责任制，加强考评、监督，强化责任追究。大力推进权力清单、责任清单和负面清单，确保水行政权力不越位、不错位、不缺位。规范行政执法程序和流程，加强自由裁量权监督管理，严格执行重大执法决定法制审核制度。加强能力建设，强化卫星遥感、无人机等高新技术应用，提高执法现代化水平。

加大执法力度，严厉打击涉河违法行为。扎实组织实施好河道执法检查活动，严格依法查处水事违法案件。抓住推行河湖长制机遇，加快建立健全流域与区域、黄河部门与其他相关部门之间联合巡查、联动执法工作机制。充分运用信息化手段，加强对重点河段的动态监测，提升执法专业化、信息化水平。各单位要对下级水行政主管部门开展执法检查情况加强监督，对违法案件查处跟踪检查，对重大案件挂牌督办。要在做好专项执法的同时，加大日常巡查和执法监督检查力度，常抓不懈。

强化河道内建设项目管理，严格依法规范涉河开发建设行为。从防洪安全和经济社会发展的角度，研究制定相关技术标准，规范项目审查审批。按照行政审批制度改革要求，进一步提高建设项目行政许可工作效率。要继续加强河道内在建项目的监督管理，努力杜绝未批先建、批小建大、批少建多的违规现象发生。

加强流域与区域的协作配合，共同维护省际边界地区和谐稳定。坚持流域管理与区域管理相结合。对违法违规建设引发纠纷的工程，严格依法予以处置。对个别久议不决的纠纷，限期解决。加强对处理意见、调处协议落实情况的监督检查，使已处理水事纠纷不反弹，新发生水事纠纷及时妥善处理。加强省际边界河道巡查监管，常态化开展水事矛盾纠纷排查化解活动，做到早发现、早制止。完善预防和调处省际水事纠纷的长效机制，有效维护省际边界河段水事秩序。

改革风劲浪潮涌，依法治河阔步行。

站在新的时代高点上，黄委依法治河工作将坚持不忘初心、牢记使命，始终保持昂扬奋进的精神状态，始终坚守护佑安澜的使命担当，为全面推进依法治河管河，共筑流域人水和谐、生态文明的黄河梦而倾力奋斗……

  黄委水政局 执笔人：沈平伟

规范管水　精细调水

——改革开放 40 年黄河水资源管理与调度工作综述

"盛世兴水，润泽神州"。滔滔黄河水，滋养着沃野万里的大河两岸，润泽万物，生生不息。

黄河作为我国西北、华北地区重要的水源，以其占全国 2% 的河川径流量，哺育了占全国 12% 的人口，支撑了占全国 14% 的 GDP，灌溉了全国 15% 的耕地，是沿黄 60 多座大中城市 340 个县（市、区、旗）及众多能源基地的供水生命线，同时还担负着向流域外远距离调水的任务。

回望改革开放 40 年，黄委认真落实党中央治水兴水方针政策和水利部决策部署，水资源管理与调度工作完成了创新发展、稳步推进、规范开展的三级跳，走出了一条高起点谋划、高标准定位、高规格推进、高效率落实的管理之路，黄河水资源成为流域可持续发展的压舱石、生态环境改善的定盘星。

效益？危机？皆因水起

中华人民共和国成立后，党和国家非常重视黄河流域的农田水利事业，通过大规模兴修水利开展引黄灌溉，全河引黄灌区获得了较快发展。截至目前，流域内灌溉面积 9334 万亩，占全国灌溉面积的 9.2%，流域外引黄灌区 3300 万亩，总灌溉面积达到 1.26 亿亩，是中华人民共和国成立初期的 10 倍，在保障国家粮食安全等方面发挥了重要作用。

引黄灌溉为沿黄人民带来巨大效益的同时，也因引黄水量迅猛增长产生了不可忽视的问题。由于黄河流域水资源贫乏、时空分布不均、年际变化大、供需矛盾尖锐，再加上缺乏统一管理，黄河下游干流自 1972 年开始频繁出现断流，至 20 世纪 90 年代断流加剧。据统计，自 1972 年至 1999 年，有 22 年出现断流，平均"四年三断流"。20 世纪 90 年代，几乎年年断流，而且断流时间、断流河长不断增加。断流最严重的 1997 年，断流河长达 704 公里，占下游河道长度的 90%，黄河河口地区累计断流 295 天。在天然径流量大于 10 亿立方米的 7 条支流中，有 5 条出现断流。

断流不仅造成局部地区供水危机，还造成了生态系统的严重破坏和巨大的经济损失。

黄河断流，使以黄河为主要水源的居民生活受到严重影响。1997 年断流，导致下游沿黄地区 130 万人发生饮水困难。20 世纪 70 年代，断流使下游有关地区工业年均损失 1.8 亿元，粮食减产 9 亿公斤；90 年代，工业年均损失 31.5 亿元，粮食减产 20 亿公斤。

黄河断流，造成河道萎缩，"二级悬河"加剧。下游漫滩流量由 20 世纪 80 年代的 6000 立方米每秒左右减少到不足 2000 立方米每秒，形成了"小洪水、高水位、大漫滩"的不利局面。1996 年 8 月黄河下游发生的中常洪水，花园口站洪峰流量仅 7600 立方米每秒，水位却比 1982 年 8 月发生的 15300 立方米每秒的洪水水位还高 0.74 米，淹没面积超过中华人民共和国成立以来历年记录。

黄河断流，导致河口三角洲湿地失去淡水补给，面积萎缩一半，鱼类

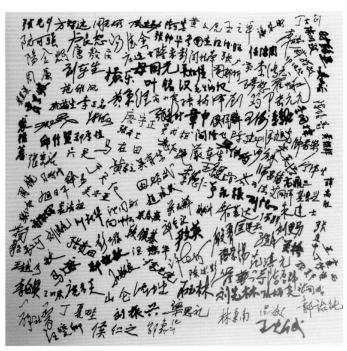

1998 年 163 位院士签名呼吁拯救母亲河　黄委水调局供图

减少 40%，鸟类减少 30%，三角洲草甸植被向盐生植被退化。同时，渤海浅海海域失去重要的饵料来源，生物链发生断裂。

黄河下游日益严峻的断流问题，引起党中央、国务院的高度重视和社会各界的广泛关注，黄河流域水资源管理迫切需要加强。

系统方略，重塑黄河

河流生命的核心是水，命脉在于流动。只有不间断的径流过程存在，才有沿河及尾闾生态系统的良性维持。为缓解河道断流和省（区）间用水矛盾、改变河流面貌，从 20 世纪 80 年代末至 90 年代初开始，黄河流域水资源统一管理被提上了议事日程。

——顶层设计，流域分水开先河。科学合理的水量分配是协调人水关系、处理流域水资源开发利用各利益主体间矛盾的重要措施。

20 世纪 70 年代，黄委开展了黄河水资源开发利用预测研究，1987 年国务院批准了南水北调工程生效前黄河可供水量分配方案。该方案采用的黄河天然径流量为 580 亿立方米，将 370 亿立方米可供水量分配给流域内九省（区）及河北省、天津市，分配输沙、生态等河道内用水 210 亿立方米，较好地考虑了经济社会发展用水，兼顾了河流自身用水需求，为流域水资源开发利用和管理提供了基本依据。方案的批复，使黄河成为我国大江大河首个进行全河水量分配的河流，对我国江河治理与开发、管理与保护具有里程碑意义。

为促进流域水资源的优化配置、合理利用，尽快构建黄河流域覆盖省、市、县的三级水权体系，2006 年黄委率先组织启动了流域市级水权体系建设，依据国务院批准的水量分配方案，组织沿黄省（区）将黄河水量分配指标进一步细化分解到市，并明确了 13 条重要支流的分水指标，成为各地制订国民经济发展规划、重大项目布局的水资源支撑与约束的刚性条件。

按照水利部统一部署，2011 年起黄委开展大通河、渭河、泾河、无定河、洮河、沁河、伊洛河、北洛河 8 条跨省（区）支流水量分配方案编制工作。按照"一河一策""一省一策"原则，经过多层次持续不断协调，目前渭河、无定河、洮河、伊洛河、北洛河 5 条支流水量分配方案经部长办公会议审议通过，支流水量分配即将有据可依。

随着水量分配体系基本确立，最严格的管理保障体系也应运而生。

严字当头，实字托底。2011 年中央一号文件和中央水利工作会议，明确提出实行最严格水资源管理制度，相应划定用水总量、用水效率和水功能区限制纳污"三条红线"。为推动最严格水资源管理制度在黄河流域落地生根，黄委逐步构建了与实行最严格水资源管理制度相配套的黄河水资源管理"四大体系"。

一是法律制度体系。以《黄河水量调度条例》《取水许可和水资源费征收管理条例》为依据，黄委出台了《黄河取水许可管理实施细则》《黄河水权转让管理实施办法》等一系列配套管理办法，水资源管理制度体系基本完备。

二是指标和标准体系。目前流域内大部分省（区）已将国务院分配各省（区）

的黄河分水指标细化落实到各市及干支流，并将国家确定的"三条红线"控制指标细化分解至市、县，同时结合年度水量调度计划，对省（区）年度黄河用水实行总量控制。

三是执行体系。加强流域水资源管理队伍建设，落实了黄河水量调度地方人民政府行政首长负责制和主要管理部门、单位主要领导负责制。按照国务院和水利部要求，建立了严格的逐级考核制度，最严格水资源管理之风吹遍大河上下。

四是技术支撑体系。目前基本建成了黄河水资源管理与调度系统，可实时监控黄河水量、水质、引水和控制性水库运行情况，为实行黄河水资源管理、调度和保护提供技术支撑手段。

为加快推进生态文明建设、全面深化水利改革，黄委按水利部的统一部署，开展黄河流域（片）水资源承载能力监测预警机制试点工作，进一步完善最严格水资源管理制度体系。

为紧紧抓住水资源管理工作核心，抓好水资源配置这个"牛鼻子"，形成了以《黄河可供水量分配方案》为依据、以省（区）细化指标为控制、以最严格水资源管理制度为保障的黄河水资源管理体系，为科学谋划、科学决策、科学部署奠定了管理基础。

——以制为盾，许可管理做表率。治河管河，制度先行。严控总量、管住增量、优化存量、动态管理，"制度之盾"成为黄河水资源管理愈发靓丽的风景。

取水许可制度是我国水资源管理的基本制度，是水量分配方案和用水计划落实的重要抓手。为探索取水许可管理经验，1992 年黄委与内蒙古自治区有关部门共同开展了包头市黄河取水许可管理试点工作，向 24 个取用水户颁发了取水许可证。

按照国务院《取水许可制度实施办法》和水利部授权，黄委 1994 年开始在流域管理中全面实施取水许可制度，负责黄河干流及重要跨省（区）支流取水许可的全额或限额管理。凡直接从黄河干支流取用水的单位和个人，均需按照规定办理审批手续，开启了合法取用黄河水的新局面。

随着引黄用水量的不断增加，从 2002 年起在黄河流域率先实施了取水许可审批总量控制，即许可各省（区）耗水总量不得超过国务院分水指标。当年制定出台的《黄河取水许可总量控制管理办法》更是我国首个规范取水许可总量控制管理的流域性文件。"严控总量"有效控制了引黄用水规模，保障了水量分配方案落实。

求木之长者，必固其根本。2006 年国务院颁布实施《取水许可和水资源费征收管理条例》，将总量控制正式纳入取水许可管理，建立水资源有偿使用制度。2009 年 4 月黄委制定《黄河取水许可管理实施细则》，规范了取水许可程序，加强了监督管理，通过"管住增量"为实施最严格的黄河水资源管理制度奠定了坚实基础。

2011 年建立的黄河水资源管理台账和对接机制，标志着取水许可管理向纵深发展。逐年核算各省（区）黄河分水指标剩余情况，对无余留水量指标或用水超红线的地区进行预警，并实行新增取水的区域限批。近几年，通过采取节水措施、利用非常规水源和水权转让方式解决项目用水问题成为黄委审批取水项目的新常态。

自 1996 年首次完成登记发放取水许可证以来，集中进行了 4 次延续和换发取水许可证工作。每次换证黄委都按照总量控制原则，结合取用水户近五年实际用水情况及用水合理性分析，依据行业用水定额复核许可水量，对没有采取节水措施且实际用水量明显小于许可水量的，适当核减其许可水量，倒逼用水户采取节水措施，达到"优化存量、动态管理"的目的。

审批发证并不是工作的终点。黄委高度重视取水许可事中事后监管工作，2013 年印发了《黄委关于加强黄河水资源监督管理工作的通知》，每年组织委属有关单位和流域内省（区）水行政主管部门开展黄河水资源监管专项检查工作。委属单位不断创新专项检查与日常监管、随机抽查相结合的监管方式，每年对管理范围内取用水户进行全面现场监督检查，及早发现问题，及时纠正违规行为，初步建立了黄河水资源监管长效机制。2018 年印发《黄委关于进一步加强黄河水资源监督检查工作的通知》，进一步规范委属有关单位水资源监督检查工作，积极探索充分发挥河长制（湖长制）作用、提高监管成效的途径，加强与各地（级）河长办的联系和沟通，建立流域与区域相结合的联动督查与信息共享机制。在积极支持合理用水需求的同时，控制盲目"圈水"，监督管理的常态化与规范化的机制基本形成。

每一次制度的完善，都为水资源管理蓝图描绘下生动一笔；每一项许可工作的推进，都是水资源管理征程中一次笃实前行。面对取水许可这一行政职权，黄委始终做到针对重点领域和关键部位制定制度，围绕热点、难点问题完善制度，在改革发展中创新制度，推动了全过程各环节的规范。

——节水优先，水权转让破瓶颈。节水优先，是水资源永续利用的必由之路，是资源性缺水流域的必然选择。要为治黄工作注入节水"基因"，治黄工作在哪里，节水的战场就要在哪里。

从 2002 年起，水利部组织开展了四批共计 100 个全国节水型社会试点建设。黄河流域（片）27 个节水型社会建设试点通过评估验收，其中 26 个试点地区获得"全国节水型社会建设示范区"称号。

为强化用水定额管理，落实"节水优先"，黄委对不符合国家和省（区）用水定额标准的项目，一律不予审批，并且一般采用比国家标准更为严格的用水定额。审批的黄河流域火电厂项目，大多采用空冷机组，百万千瓦发电耗水率一般在 0.1 以下，甚至达到了 0.05，远低于国家定额；煤制油、煤制气项目用水审批的定额标准控制在 6 立方米每吨、5.5 立方米每 1000 标准立方米，均为国家清洁产品低限值。已有取用水户换发取水许可证时，用新的行业用水定额重新核定许可水量。通过定额管理倒逼流域节水和用水结构调整。

节水的目的并不是制约发展，而是优化水资源配置。随着用水量增加，沿黄一些省（区）已无余留黄河水量指标，新增引黄用水项目受到限制。为破解水资源瓶颈，黄委按照"节水、压超、转让、增效""可计量、可考核、可控制"的原则，从供给侧着手，鼓励开展水权转让，培育水市场。

2003 年在宁夏、内蒙古开展的黄河水权转让试点工作，主要思路是：由新增工业项目出资开展灌区节水工程改造，将灌区输水损失水量节约下来，有偿转让给工业企业，在不增加黄河用水指标的前提下，满足新增工业用水需求。为规范黄河水权转让工作，黄委制定了《黄河水权转让管理实施办法》《黄河水权转换节水工程核验办法（试行）》，明确了水权转让原则、可转让水量、转让期限、费用核算等具体指标，规范了水权转让审批程序，建立了技术审查、行政审批、节水工程核验等制度，确保了黄河水权转让在起步阶段就规范运作。

规划先行，谋定而后动。2005 年 4 月，为统筹内蒙古水权转让工作，黄委批复了《内蒙古自治区黄河水权转换总体规划报告》。依据该规划，鄂尔多斯一期水权转让通过渠道衬砌节水改造，近期可转换水量 1.3 亿立方米，节水工程建设已于 2008 年全面完成。2009 年始在鄂尔多斯探索试点喷滴灌和设施农业等高新节水技术，目前鄂尔多斯二期水权转让节水工程也已建设完成。

初期的水权转让，主要是在一个地市内部进行。为深入推进水权转让工作，按照"边节水、边转让、边压超"和"试点先行"工作思路，2014 年选择河套灌区条件较好的沈乌灌域作为盟市间水权转让试点先期开展工作，目前节水工程已全部建设完成。在此基础上，2017 年启动了内蒙古跨盟市水权转让二期工程。

内蒙古跨盟市水权转让一期节水工程　黄委水调局供图

十多年来黄河水权转让从无到有、厚积薄发，截至目前，已批复宁夏、内蒙古水权转让受让水权工业用水项目60多个，已批复转让企业用水指标4亿多立方米，支持了地方经济社会发展。受让水权工业用水项目已投入和计划安排农业节水资金70多亿元，改善了灌区节水工程建设状况，提高了水资源利用效率。内蒙古黄河南岸灌区，水权转让实施前仅分干渠衬砌了12公里，渠系水利用系数仅为0.348，一期水权转让节水工程实施后，共衬砌各级渠道1426.9公里，渠系水利用系数达到了0.636。节水改造后，农业灌溉条件改善，引黄灌区盐碱化情况好转。

节水优先，为提高水资源配置效率与利用效率提供了可能；水权转让，实现了水资源可持续利用与经济社会可持续发展的双赢。

——精细调度，水润万家惠民生。水善利万物而不争，善治水者必兴其利。黄河水调人通过科学分析、精细调度，把黄河之"利"送入千家万户、润泽苍生。

20世纪末，黄河频频断流，沿黄省（区）经济、社会、生态受到严重影响。经国务院批准，从1999年3月开始正式实施黄河水量统一调度，建立了符合黄河特点的流域与行政区域相结合的黄河水资源管理与调度模式，概况起来就是：国家统一分配水量，省（区）负责配水用水，用水总量和断面流量双控制，重要取水口和骨干水库统一调度，有效保障了黄河水量调度的顺利实施。自当年3月11日利津河段恢复过流至年底，利津仅断流8天，第一年调度就大幅度减少了利津断流天数，2000年实现了黄河统一调度以来首次全年不断流。

2006年8月，随着《黄河水量调度条例》的颁布实施，当前调度河段已从刘家峡水库以下干流河段扩展到龙羊峡水库以下全干流河段，并延伸到渭河、沁河等重要支流，调度时段从非汛期扩展到全年。

见之于未萌、识之于未发，黄委与沿黄有关单位通力协作、密切配合，下好先手棋、打好主动仗，有效处置了多次小流量预警事件，及时化解了一次次断流危机。一方面，通过统筹年际和年内水源配置，优化和强化水量实时调度，协调水调与电调、水量调度与防汛调度，实现了黄河连续19年不断流，河流生命从羸弱到复苏，有力支撑了流域经济社会可持续发展。统一调度以来黄河干流年均耗水205亿立方米，最大限度地保障了治黄地区供水安全。另一方面，建立了水量调度管理体制和机制，理顺了调度秩序，超计划用水得到遏制，用水效率显著提高，流域万元工业产值用水量由21世纪初的75立方米下降到目前的8.2立方米。

"察势者明，趋势者智"。大数据、巨系统，精细调度离不开科技支撑。黄委以水利信息化为抓手，依托黄河水资源调度管理系统和黄河流域国家水资源监控能力建设项目，建设了黄河水资源管理与调度系统，提升了黄河水资源管理与调度现代化能力。

黄河水资源管理与调度系统覆盖流域九省（区），在线监测98个雨量站、干支流127个重要水文站、八大控制性水库，干流137个主要取水口的降水、水文、水质和引（退）水信息，监控了全流域许可水量的67%。黄委监管的127个重要水功能区的监测覆盖率由57.4%提高到84%，75个省界水质断面监测覆盖率由45.3%提高到100%，已建61个省界水文断面水位流量信息100%接入，是迄今为止世界上延伸距离最长、辐射范围最大的现代化水量调度管理工程。

这一系统犹如巨大的黄河智库，不仅将黄河水情实时"握在手中"，更为水资源实时监控、快速反应、优化配置提供有力支撑，成功应对了流域洪涝灾害、干旱缺水、生态恶化等问题，为"精细调度"黄河水资源提供了强大科技支撑。该系统不仅荣获2007年河南省科学技术进步一等奖、2009年国家科学技术进步二等奖，更是一举荣获2015—2016年度中国水利工程优质（大禹）奖，这不仅是黄委信息化建设项目首次获此殊荣，也是全国水利信息化行业建设项目迄今为止获得的最高奖项。

一串串数字谱写了浓墨重彩、慷慨激越的水调华章，见证着水调工作者栉风沐雨、踔厉风发的风采，大河奔流、滋养两岸的传奇正续写新的辉煌。

——应急供水，抗旱解渴岁岁宁。黄河流域大部分位于干旱与半干旱地区，干旱缺水是流域常态，应急抗旱调度任务繁重，2007年新成立的黄河防总增加了抗旱职能。2008年根据流域抗旱需要，黄河防总颁布了《黄河流域抗旱预案（试行）》，预案明确了抗旱工作原则和职责，并对主要处置事件进行了分类、等级划分，制定了响应措施。

部署刚过，一场"硬仗"就摆在了面前。2008年下半年，黄河流域来水持续偏少。2008年11月至2009年2月，旱情迅速在华北大地蔓延，大部分地区降水量不足10毫米，连续无降雨日达60天以上，其中中游的陕西省局部地区较常年竟偏少九成。在旱情最严重时，作为我国冬小麦主产区的河南、山东、陕西、山西和甘肃五省合计农作物受旱面积达1.06亿亩，占全国同期农作物受旱面积的66%，其中重旱面积3222万亩，部分省份作物受旱面积占播种面积的60%以上，一些地区出现临时性人畜饮水困难。

面对严重旱情，黄河防总及时研判旱情发展趋势，适时发布预警，启动应急响应。1月6日，为支持河南抗旱，黄河防总发布黄河流域干旱蓝色预警，启动Ⅳ级响应，这是首次启动黄河流域干旱预警。继河南省发生严重干旱后，山东省菏泽、聊城等地区也发生严重干旱，1月11日黄河防总将干旱预警升级为黄色，启动Ⅲ级响应。至2月3日黄河流域受旱面积进一步扩大，山西、陕西发布干旱橙色预警，黄河防总根据旱情发展，再次将干旱预警升级为橙色，启动Ⅱ级响应。2月5日、6日，河南、山东先后提高了响应等级，启动Ⅰ级响应，发布干旱红色预警。根据黄河流域日益加剧的旱情及未来天气形势的分析，2月6日黄河防总发布黄河流域干旱红色预警，启动Ⅰ级响应。

旱情就是命令，黄河防总和黄委迅速行动起来。加密会商，科学决策，实行24小时值班制，建立部门联动机制，全力支援流域抗旱；统筹全局滚动编制调度方案，精细调度，干支流水库接力补水；加强抗旱检查，指导地方抗旱工作，积极与省区防办沟通，建立旱情信息报送制度。自1月6日发布干旱预警至3月10日，小浪底水库下泄水量35.3亿立方米，净补水7.4亿立方米，为下游抗旱有效筹集了水源。同期五省引黄河干流抗旱浇灌水量23.8亿立方米，灌溉面积3708万亩。截至3月10日解除流域干旱预警时，五省合计作物受旱面积减少到2728万亩，较高峰时减少了7906万亩，其中重旱面积减少了2726万亩。

2009年应急抗旱积累的经验，为此后成功应对2011年流域性严重干旱和局部地区多次出现的旱情奠定了基础。

黄河不仅以其有限的水资源支撑着本流域的用水需求，还多次实施跨流域应急调水，为当地经济社会的可持续发展"解渴"。

自1972年12月实施历史上第一次引黄济津起，已成功完成了12次向天津应急调水，共引黄河水75.6亿立方米，不仅创造了显著的效益，还在应急调水体制、机制和管理等方面探索出一条行之有效的途径，为今后实施跨流域调水提供了启示与借鉴。

河北省是一个水资源严重短缺的省份，人均水资源量仅为307立方米，为全国平均水平的1/7。为解决河北省的用水紧张，黄委先后成功向河北应急调水23次，共引黄河水74亿立方米。其中，为了改善曾经为"九河下梢"的白洋淀地区的缺水危机，2006年11月24日水利部、国家防办组织实施了首次引黄入冀补淀应急调水，历时102天，共从黄河取水4.79亿立方米。随后，为响应雄安新区"蓝绿交织、清新明亮、水城共融"的构想，2017年11月16日，引黄入冀补淀工程正式建成通水，滚滚黄河水千里北上，有力支援了雄安新区建设。

2015年以来，山东胶东半岛持续干旱，城乡供水出现危机。根

天津人民喜迎黄河水　黄委水调局供图

引黄入冀补淀工程　黄委水调局供图

据水利部统一安排和部署，黄委积极与相关方沟通协调，统筹考虑引黄水和南水北调东线水，多线路多水源向胶东地区调水，2015 年开始至 2017 年分别向胶东抗旱应急供水 6.12 亿、6.62 亿、2.56 亿立方米，2018 年更是保障了青岛上合组织会议期间安全供水。

水是生命之源，保障沿黄及相关地区应急抗旱用水责任重大。黄委将持续关注可能出现的流域性严重干旱，立足于抗大旱、抗长旱，科学调度骨干水库，继续积极做好流域抗旱及应急调水工作。

——生态调水，河流生态换新颜。"生态兴则文明兴，生态衰则文明衰"。要把生态环境保护放在更加突出位置，像保护眼睛一样保护生态环境，像对待生命一样对待生态环境。

初期黄河水量调度，将防止水文意义上的不断流作为主要目标之一，从 2008 年开始，黄委将黄河水量调度的重点转向实现功能性不断流，开始实施黄河下游生态调度实践。

实践先从生态破坏最严重的下游开始。结合汛前调水调沙，黄委有计划地对河口三角洲自然保护区湿地实施生态补水，遏制湿地面积萎缩，修复和改善下游及河口生态系统。"十二五"期间，五次生态调度累计向河口湿地补水 2.22 亿立方米，河口三角洲湿地的明水面面积恢复到 60%，促进了湿地的顺向演替；三角洲国家级自然保护区鸟类增加到 368 种，国家一级保护鸟类 12 种，河口重现波光摇曳、群鸟云集、生机勃发的景象。以往受断流破坏的 200 多平方公里的河道湿地得到修复，河口近海水域浮游植物生长条件及鱼类的生存环境得到改善，黄河河口近海环境生态系统开始恢复。据《中国海洋公报》，黄河口生态系统 2006 年前为不健康，2006 年已恢复至亚健康。

2016 年黄委为落实国务院水污染防治行动计划和水利部关于开展生态流量试点工作要求的具体措施，启动了黄河流域生态调度工作，黄河下游生态流量试点工作按下"快进键"。2017 年，水利部审查通过了《黄河下游生态流量试点工作实施方案》。谋定局开、虑善以动。2018 年 1 月至 6 月，利用小浪底水库蓄水量较多的有利形势，科学调度，有计划地加大小浪底水库下泄流量，在保障灌溉用水的前提下，组织开展生态调度工作，塑造适宜的生态流量。花园口、高村、利津断面最小流量分别比方案中规定的各断面流量大 211、214、157 立方米每秒，其中利津断面有 46 天流量大于 1000 立方米每秒，一定程度上满足了鱼类等水生生物产卵、生长期的水文节律需求，促进了黄河下游土著鱼类生境的保护与修复。

为了深入贯彻"加强呼伦湖、乌梁素海、岱海等重点湖泊污染防治"的重要

黄河连续 19 年不断流，水量统一调度恢复黄河湿地生机　黄委水调局供图

指示精神，黄委又将保障生态用水的目光聚焦在了黄河上游。内蒙古河段乌梁素海是中国八大淡水湖之一，其湿地生态系统对维护周边地区生态平衡起着重要作用。近年来乌梁素海因受面源和点源污染，加上水体循环慢等因素，水生态环境恶化。2018 年 6 月，黄委与内蒙古自治区联合行动，向乌梁素海应急生态补水。截至 6 月底累计补水 3.31 亿立方米，目前，乌梁素海部分区域水质达到Ⅳ类，为近些年最好。

生态文明建设是中华民族永续发展的千年大计，良好生态环境是最公平的公共产品，是最普惠的民生福祉。生态旋律已经成为新时期黄河水量调度中熠熠生辉的主题之一，美丽黄河的画卷正徐徐展开。

永恒主题，再绽芳华

40 年奋进路，一曲唱辉煌。改革开放以来，黄河水资源管理与调度足音铿锵、乐章激昂、成就显著。黄委以最严格水资源管理体系建设为抓手，有效提升了流域水资源管理水平；以发挥流域水资源最佳效益为追求，通过统筹协调实现了干流连续 19 年不断流；以流域水资源管理问题为导向，通过改革创新破解了流域经济社会发展的水难题。

当前，黄河面临新老问题交织的局面，治黄情势也在不断变化，黄河人面临新的考验。一方面，黄河健康指标有所改善，但用大纵深的时空坐标审视，黄河自身的"伤痕"还未根本抚平。旗帜鲜明地维护黄河健康生命，是黄河代言人的首要目标。另一方面，流域省（区）经济社会发展和生态改善对黄河的需求更趋广泛，高擎人水和谐的旗帜，理所应当成为治黄追求的最高境界。

新时期要有新气象，更要有新作为。2018 年是改革开放的第 40 个年头，新时期黄河水资源管理与调度工作将以习近平新时代中国特色社会主义思想为指导，积极践行"节水优先、空间均衡、系统治理、两手发力"十六字治水方针，在"维护黄河健康生命，促进流域人水和谐"的治黄理念下，进一步强化水资源承载能力刚性约束，全面落实最严格水资源管理制度；精细调度管理，协调好生活、生产和生态用水；落实水资源消耗总量和强度双控行动，全力推进节水型社会建设，以水资源的可持续利用，为流域经济社会发展和生态文明建设提供有力保障。

翘望东风至，可待满园春。在党的十九大精神指引下，黄委水资源管理与调度事业必将迈向更高的台阶。山再高，往上攀，总能登顶；路再长，走下去，定能到达。我们要把"绿水青山就是金山银山"作为追求，走好新的水资源管理与调度长征路，让黄河流域山川更秀美、河流更健康、人水更和谐！

黄委水调局　　执笔人：王明昊

经风沐雨勇前行　改革发展谱新篇

——改革开放40年黄委财务工作综述

　　1978年，一声春雷响彻神州，党的十一届三中全会做出了把工作重点转移到经济建设上来的重大战略决策，从而实现了伟大的历史性转折，开启了改革开放的新征程。

　　40年风雨征程，40年伟大实践。中国人民从"摸着石头过河"，到顶层设计，革故鼎新，改革不断向纵深推进。在体制变革进程中，财政体制作为经济体制改革的突破口和着重点，先行先试，攻坚克难，谱写了经济体制改革最具华彩的篇章，为推进社会主义现代化建设做出了突出贡献。

　　黄委财务工作紧跟国家财政体制改革步伐，积极作为，主动参与到波澜壮阔的财政体制改革中，取得了实实在在的成效，见证了40年的体制变迁和风云激荡，亲历了40年的改革阵痛和雨后彩虹。

风雨兼程　在改革中砥砺前行

　　党的十一届三中全会以扩大地方和企业财权为起点，对经济体制逐步进行改革，财政体制作为突破口先行一步，大体上经历了从统收统支到包干制、分税制，再到新一轮深化财政体制改革等阶段，取得了巨大成就，有力地保证和支持了改革开放事业顺利推进。

　　——从改革开放到1992年，国家实行"包干制"改革阶段。1980年以前计划经济体制下，统收统支的财政管理模式存在的主要弊端是对地方、单位和企业统得太多太死，责权利脱节，忽视经济杠杆作用，分配上平均主义严重，缺乏经济活力，忽视经济效益。1980年起，国家下放财权，实行"分灶吃饭"体制，1985年又进行了"分级包干"等调整，逐步打破了计划经济时期高度集中的财政体制，调动了地方和企业的积极性。

黄委战线长，所属单位及类型较多。十一届三中全会以后，按照中央"调整、改革、整顿、提高"的方针和将工作重心转移到经济建设上来的重大决策，以加强经营管理、提高经济效益为目标，着手进行改革。

1979年召开了财务工作座谈会，讨论如何在委属生产单位和附属单位开展经济核算，拉开了用符合经济规律要求的经济手段和经济方法来管理和发展治黄事业的序幕。

1980年，推行了普遍的包干制，对事业费试行了预算包干、收入留成（增收节支）办法，对基建工程试行了投资包干，对建安、生产单位试行了内部核算、计算盈亏的管理形式和利润留成的管理办法，勘测设计院进行了内部企业管理试点，对下游山东、河南两局综合经营收入实行了定额上交、三年不变的政策。之后又进行了不断的调整，先后实行过"预算包干，收入分成""预算包干，分类管理，增收节支分成"等办法，开展多种经营，组织经济创收，加强收入核算分配与管理，形成了全额、差额、自收自支的事业单位，独立核算、自负盈亏的工业企业和附属生产单位，实行技术经济责任制的勘测设计单位，实行课题承包责任制的科研单位并存的体系。

1992年，黄委进一步完善了预算包干办法，制定了《黄委会直属事业单位预算包干的暂行规定》，重新规范了预算包干的基本内容和包干方式，由单纯的切块核定预算拨款、比例上交增收节支的办法改变为同时核定预算拨款、抵支收入、定额上交三项指标的综合包干办法，克服了"鞭打快牛"的现象。

通过改革，各级领导和财会人员的思想认识发生了明显转变，单位经济从单一经营向多种经营转变，从封闭性向开放性转变，从不重视产出向注重经济效益转变，从依赖行政手段向按经济规律和依法办事转变。

——1992年至2000年，国家实行"分税制"改革阶段。1992年，党的十四大明确我国经济体制改革的目标是建立社会主义市场经济体制。1993年，十四届三中全会通过《中共中央关于建立社会主义市场经济体制若干问题的决定》。至此，市场化方向的经济体制改革扬帆起航。

1994年，国务院做出改革现行地方财政包干体制的决定，实行分税制财政管理体制。按照事权与财权相结合的原则，按税种划分中央与地方收入，并进行了税收制度全面改革，理顺分配关系，促进平等竞争。

此后，国有企业改革从建立现代企业制度、债转股、三年脱困到"抓大放小""有进有退"战略布局、战略性重组和股份制改造，改革"由表及里"，逐步深入到国有企业改革最核心、最本质的问题。

　　黄委按照这一阶段改革要求,解放思想、转变观念,进一步理顺管理体制机制,不断提高各单位自我发展、自我维持的能力。一是理顺财务管理体制。根据委属事业单位的不同性质、业务特点、客观条件及发展潜力,合理确定了全额、差额、自收自支三种预算管理形式,明确了控制全额、发展差额、鼓励自收自支、促进企业化管理的发展方向。二是采取一系列约束和激励机制。区分不同预算管理类型核定拨款指标、收入指标等,并执行不同的工资、福利政策,同"三定"和工资改革有机结合起来,鼓励各单位在包干经费以外开展创收,逐步提高事业单位经费自给能力。三是理顺经济实体同主办单位的财务关系。各单位兴办的经济实体逐步做到独立核算、自主经营、自负盈亏,逐步理顺分配关系,建立起符合市场经济要求的企业制度。

　　——2000年以来,国家财政体制改革逐步全面推开。以部门预算、国库集中支付和政府采购三大改革为引领的一系列财政体制改革,从试点到全面推开,从简单套用到深化拓展,环环相扣、步步深入,取得了巨大成功,带来了深刻变化。2000年,国家开始推行部门预算改革。实行"一个部门一本预算",十余年来不断深化,预算管理的完整性、规范性、科学性、有效性和透明性不断提高。

　　黄委积极适应部门预算改革,抢抓机遇,积极作为,强力推进参公单位实行基本支出定员定额,水文基层单位实行了定员定额试点,提高了这些单位的经费保障水平。特别是受财政部、水利部委托,由委财务局牵头,成功构建了水利部门预算定额标准体系,主持编制了《水利工程维修养护定额标准》《水文业务经费定额标准》《水利信息系统运行维护经费定额标准》三项业务经费定额标准,由财政部、水利部颁发全国执行,为保证水利部门资金正常纳入财政预算并足额到位提供了科学依据,也为黄委争取到水管单位及三项业务经费的大幅增长,有效地解决了黄河基层单位经费严重不足的困难,有力地保障了治黄各项工作开展,赢得了巨大的改革红利。部门预算改革10余年来,黄委预算编报质量不断提高,财政保障能力逐年增强。同时建立预算执行进度责任制,多部门齐抓共管,确保财政资金及时安全有效使用。

　　2001年,国家开始推行国库集中收付制度改革。财政部门在中央银行设立一个统一的国库账户,实现对财政资金的全过程直接控制。

　　黄委按要求逐步扩大国库集中支付范围,2011年实现预算单位全覆盖,在推行国库集中支付的同时,重点开展了事业单位银行账户的清理整顿和报批工作,按规定开设财政零余额账户,不断规范国库集中支付工作。

　　2003年《中华人民共和国政府采购法》颁布实施,为政府采购工作的开展提供了法律依据,对提高财政性资金的使用效率,促进廉政建设等方面都产生了深远的影响。

　　按照政府采购法的规定,黄委强化制度建设,加强政府采购预算管理和计划约束。严格按照政府采购目录和限额标准执行政府采购，实现应采尽采，加强政府采购信息化建设和公告发布，加强对违规行为追究力度，有效降低了采购成本和风险，提高了财政资金使用效益。

2004 年，国家推行政府收支分类改革，对政府收入进行统一分类，全面反映政府收入的来源和性质；建立新的政府支出功能分类体系和新型的支出经济分类体系。

政府收支分类改革以后，治黄工作作为公共支出保障对象的地位更加明确突出，绝大部分委属事业单位纳入了农林水事务的支出科目，并根据单位职能不同进行了支出功能分类，更加强化了事权与经费的对应关系。如参照公务员法管理的人员支出纳入"行政运行"，与国家公务员享受同等的定额待遇，水文单位人员、经费均纳入水文测报中，清晰、明了、准确、真实地反映了水文单位业务与经费需求。

2006 年，《事业单位国有资产管理暂行办法》颁布，确立了事业单位国有资产"国家统一所有，政府分级监管，单位占用、使用"的管理体制。财政部又先后出台了相关资产管理办法，确立了事业单位国有资产的制度框架和资产管理工作总体目标，大力推进资产管理与预算管理相结合，资产处置实行授权管理模式。国有资产管理改革逐步深入。

黄委积极推进国有资产改革，规范国有资产管理。一是严格资产配置预算，杜绝了资产的随意购置和重复购置现象。二是实行资产的授权处置管理模式，明确规定一次性处置单位价值或批量价值在 800 万元以上的由财政部审批，800 万元以下的由水利部审批，水利部授权黄委资产处置审批权限为 500 万元，大大提升了资产使用效率，防止了国有资产流失。三是加强公务用车管理，完成了参公单位的公车改革。

2011 年，财政部发布《关于推进预算绩效管理的指导意见》，全面推进财政支出绩效评价工作。

按照预算绩效管理的要求，黄委近年来致力于建立预算绩效管理的工作制度，根据不同项目特点，建立科学的绩效评价指标体系。2017 年实现了项目绩效评价全覆盖，评价结果与项目安排挂钩。在财政部、水利部历次绩效评价中，黄委的项目均为优秀。

2013 年，党的十八届三中全会明确提出要深化财税体制改革、建立现代财政制度，实行以改进预算管理、完善税收制度、明确事权和支出责任为重点的财税体制改革。

2015 年，新的《中华人民共和国预算法》实施，首次从法律层面确定全口径预算，在完善政府预算体系、健全透明预算制度、改进预算控制方式、完善转移支付制度、强化法律责任等方面实现重大突破，给财务预算管理工作提出了更高要求。

黄委积极适应新形势新要求，认真研究政策，充分认识到部门预算已由单位的财务收支计划，发展上升为单位履行职责、领导决策、开展业务和经济活动的支撑计划的深刻变化，迅速调整工作思路，构建具有黄河特色的预算管理、项目评审和绩效评价"三项机制"，强化部门预算对治黄工作的保障作用。成立预算管理工作领导小组，加强预算编制和考核管理，建立单位主要领导负总责、分管领导具体负责、财务部门统筹协调、业务部门提出申报项目需求并负责实施的预算编制执行工作机制，预算编制、执行和管理水平不断提高。

2017 年，党的十九大明确提出，在财政体制改革方面，要加快建立现代财政制度，建立权责清晰、财力协调、区域均衡的中央和地方财政关系，建立全面规范透明、标准科学、约束有力的预算制度，全面实施绩效管理。

2019 年，《政府会计制度》将正式实施，新的制度将从国家治理的角度出发，准确核算政府家底，全面反映行政成本，是政府会计核算体系的新突破和新发展，也是全面深化财税体制改革的重要举措，给财务工作提出了更高要求。黄委围绕新制度的实施，结合单位实际积极开展培训研讨，并提出应对措施。

务实创新　切实服务治黄发展

40 年来的治黄财务工作历程正是国家财政体制改革变迁的缩影。黄委财务工作紧跟国家改革步伐，紧紧围绕治黄中心工作，解放思想、实事求是，以改革创新的精神、科学明晰的思路、务实有效的作风，真抓实干，砥砺奋进，取得了辉煌成就。

——治黄财政保障能力大幅提高。据统计，40 年来黄委水利事业费财政拨款增长 60 余倍，基本建设投资增长 23 倍，特别是近 10 年来增长较快。财务对治黄中心工作的支撑作用逐年加强，为黄委各项工作的开展提供了经费保障。

——积极参与国家财政体制改革，牵头研究制定了三项部颁定额标准。2000 年国家财政体制改革以来，受财政

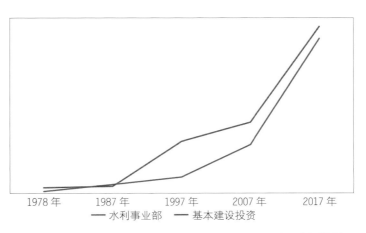

1978 年　　1987 年　　1997 年　　2007 年　　2017 年
—— 水利事业部　　—— 基本建设投资

财政经费保障能力逐年提升，特别是近 10 年增长较快

定额编制研讨审查现场　黄委财务局供图

部、水利部委托，由黄委财务局牵头，开展了水利部门预算定额标准的研究编制，主持完成了《水利工程维修养护定额标准》《水文业务经费定额标准》《水利信息系统运行维护经费定额标准》等部颁定额标准，成功构建了水利部门预算定额标准体系，为保证水利部门资金正常纳入财政预算并能足额到位提供了科学依据。

根据《水利工程维修养护定额标准》，黄委水利工程维修养护经费增加14倍；按照《水文业务经费定额标准》和《水利信息系统运行维护经费定额标准》，中央直属单位水文业务经费增加了6倍，水利信息系统运行维护经费从无到有；水资源管理与保护、防汛、水质监测、水土保持、水政执法等专项业务经费预算定额标准也逐步建立，为解决水利基层单位的困难，夯实水利基础工作，实现水利可持续发展提供了有力的支撑。

——深化治黄财务改革，牵头完成了三项重大改革。近年来，按照国家深化改革和委党组的要求，针对国家审计巡察提出的相关问题，财务局坚持以问题为导向，认真研究相关政策，站位全局进行顶层设计，对水利工程维修养护经费管理使用、水费管理使用以及市县河务局综合改革等三项重大问题进行了改革和探索。

2014年，针对经费多头管理、程序复杂、使用不规范等问题，按照"物业化管理"思路，研究制定了《黄河水利工程维修养护经费管理办法（试行）》，对日常维修养护经费按照工程养护标准进行"日登记、旬考核、月结算"，重点考核养护效果，规范维修养护经费使用管理。2017年黄委顺利通过了财政部对该项目的清理评估，提升了财政部对水利部专项资金管理使用的信任度，受到了水利部表扬。

2015年，针对国家审计提出的问题，在水利部指导下，研究制订了《黄河水利委员会引黄供水水费管理办法》，将水费全部纳入部门预算规范管理，明确了水费征收使用管理的主体和范围，理顺了水费管理体制机制，为水费征收使用提供了政策依据，构建了水费全成本核算体系，有效激发了市、县级河务部门供水工作积极性，促进了水资源节约保护和高效利用，黄河下游引黄供水水费收入逐年大幅增加。

2014—2016年，按照黄委党组要求，由财务局牵头，会同人劳局、建管局和河南、山东河务局，指导焦作河务局和滨州河务局两个试点单位进行水管体制综合改革，以市局为单元，紧紧围绕基层市县河务局"事该怎么干，钱从哪儿来，人往哪儿去"等关键问题，提出了工程管理和维修养护管理、水政及综合执法体系、防汛及专业机动抢险队建设、企业清理整合及经济管理、水资源及供水管理、财务预算管理体制、纪检监察体制、管理能力现代化建设等方面的改革措施，两个单位管理能力和水平明显提升，为黄委下一步综合改革积累了可资借鉴推广的经验。

——积极开展水价、电价调整工作。水价方面，自1980年黄委首次征收水费12万元，1982年水电部颁发《黄河下游引黄渠首工程水费收交和管理办法》开始计收水费以后，国家分别于1985年、1989年、2000年、2005年、2013年对引黄渠首水价做出调整。目前执行2013年国家发改委批复的水价，农业用水4—6月为0.012元每立方米，其他月份为0.01元每立方米；非农用水4—6月为0.14元每立方米，其他月份为0.12元每立方米。

电价方面，三门峡枢纽局上网电价经过多次调整，由1983年的0.033元每千瓦时，提高到目前的0.262元每千瓦时，故县电价调整为0.328元每千瓦时。

——国有资产管理规范有序。长期以来由于"重建轻管"思想影响，水利国有资产管理混乱、家底不清、资产流失现象相当普遍。为加强治黄国有资产管理，黄委做了大量工作。

1996年8月，黄委将财务局生产经营处更名为国有资产管理处，负责对委属事业企业单位国有资产实施管理和指导，标志着黄委国有资产管理专职管理机构的建立。国有资产管理处成立后，在规范资产配置及处置、非经营性资产转经营性资产的管理、国有资产产权登记、资产清查、加强企业监管等方面开展了一系列卓有成效的工作。

按照国家统一部署，1996年、2007年、2016年开展了三次清产核资，摸清了黄委国有资产实物量和价值量、资产存量以及分布状况，掌握了国有资产处置收入、投资收益、出租收入等情况，为科学评价委属各单位国有资产管理绩效，逐步实施绩效预算管理打下良好的基础。开展现代企业制度改革，1997年首次向委属企业派出监事，对国有资产进行监管。1998年企业决算纳入黄委财务会计决算报表管理体系。

近年来，根据国家有关法律法规，黄委不断加强资产管理制度建设，有效维护了国有资产的安全完整。一是严格资产审核审批程序，严把资产"入口"和"出口"关，提高国有资产使用效益。二是自2014年开始，积极稳妥推进事业单位投资企业清理整合工作，促进企业健康发展，目前共完成企业清理整合55家，初步完成既定目标。三是2016年6月重新成立并加强了经济工作领导小组，办公室设在财务局，负责研究、协调、决策全河经济发展有关重大事项；对企业、事业单位的重大经济事项进行监督管理，促进重大投资项目科学决策。四是连续多年对规模以上企业开展绩效评价，促进企业提高经营业绩。五是加强企业监管。企业重大经济事项实行报告或备案制度，开发了委直属企业财务监管平台，加强了对企业重大经济事项和大额资金使用的日常监管。

——积极开展财务业务援疆、援藏工作。近年来，黄委不断拓展财务业务援疆、援藏工作内容，对水利财务工作如何帮助指导地方具有一定借鉴意义。

2013 年开展了西藏自治区防汛机动抢险队财会业务技术援助，帮助该单位制定了《西藏自治区防汛机动抢险队财务管理办法》《西藏自治区防汛机动抢险队项目支出管理办法》，明确了财务报销流程、审批权限，以及项目资金在预算、支出、财务核算等方面的要求。

2018 年对伊犁河流域建设开发管理局北岸灌渠水价测算工作开展援助。工作组对该局北岸灌渠项目建设中存在的问题进行了深入了解，对下一步水价核算工作进行了交流，提出了在积极促进水价机制形成的同时，发展协议供水、实行协议水价等建议，并就单位体制机制建设等提出了具体建议。目前该项工作正在积极推进。

多管齐下　全面加强自身建设

构建黄委特色的财务管理体系。

一是形成了三套财务核算体系。在全国七大江河中，黄委是唯一直接管理下游河道和堤防以及实施全河水量统一调度的流域机构，是一个以事业为主，多种经济类型、多种管理方式并存的流域机构，具有机构多、战线长、人员多，单位类型多且较为分散、经费困难、管理难度大等特点。经过多年的探索和实践，黄委在财务管理上形成了"统一领导、分级核算"的财务管理体制，构建了事业、基建、企业三套财务核算体系，为准确核算各项治黄经济业务，提供真实准确的会计信息，服务治黄发展提供了支撑。

二是建立了财务内控制度体系。财务内部控制制度是单位财务管理的操作基础和依据。多年来，黄委结合单位实际制订了一系列财务管理制度办法，内容涉及财会机构设置、预算管理、预算执行、财务管理、会计核算、政府采购、资产管理、建设项目财务管理、合同管理、重大财务经济事项管理、考核监督等，为单位财务规范运行提供了制度支撑。

三是建立了反应迅速的工作机制。改革开放 40 年来，随着财政体制改革的不断深化，财务工作不断面临新变化、新要求，黄委财务工作在多年实践中建立了反应迅速的工作机制，能够做到根据工作需要迅速做出调整。如近年来针对预算管理面临的新要求，财务局认真研判新形势，迅速建立了预算管理三项机制，有力地提高了单位预算编报和执行水平。管理基础较好，在上级历次审计巡视中均未发现重大违规违纪问题。

财会队伍建设见实效。

由于历史原因，黄委财会队伍一度出现了青黄不接的状况。1978 年国务院修订颁发了《会计人员职权条例》，1980 年召开全国会计工作会议，会计在管理中的作用重新被人们认识，"经济越发展，会计越重要"作为经过多年实践证明的科学论断也逐渐得到人们的认可。

1980 年，黄委着手整顿财会队伍，举办各种形式的培训班，分批次开展财会人员培训。1982 年在开封黄校开办了财会专业中专班，1983 年在郑州开设了电大会计专业，不断充实提高财会队伍，解决了工作急需。

1981 年起开展了财会人员的职称考核和评定工作，截至 1983 年，黄委 254 名财会人员评定了技术职称，占财会人员总数 970 人的 26.2%，落实了知识分子待遇，有效调动了财会人员的工作积极性。

1990 年，为促进各单位配备合格的会计人员，提高会计工作水平，国家全面实行了会计人员持证上岗制度。随着会计从业人员素质的不断提升，2017 年修改后的《中华人民共和国会计法》取消了会计从业资格证书，修改为"会计人员应当具备从事会计工作所需要的专业能力"，会计证退出历史舞台。这期间的会计行业准入制度有效提升了从业人员的专业素养。

近年来，为适应国家改革发展的要求，为治黄事业提供有力支撑和良好服务，财务局要求财会人员在总体上把握"高度、深度、精度和力度"四个度，在具体业务工作方面做到"依据充分、程序合规、手续合法、准确及时"，在财会人员素质方面要求"把握方向、研究政策、强化责任、勇于担当"，努力打造一支"讲政治、精业务、善管理、重廉洁"的治黄财会干部队伍，全面提升财务管理水平和能力。

据统计，截至 2018 年 5 月，全河在岗财会人员 1600 余人，总体来看形成了一支以本科学历为主、取得中级以上职称人数过半、年轻人员更多集中在基层单位为特点的财会队伍，担负着 300 多个企事业单位的治黄财务管理工作任务。

委属各级单位为财务管理工作设置了必要的机构和岗位，配备了合格的财会人员，以满足日益深化的财政体制改革和财务管理日益科学化、精细化的要求。近年来，在全河大力推行会计集中核算，河南局率先在局属企业推行总会计师制度，成为加强资金监管、规范财务经济管理的重要手段。2012 年和 2015 年成功举办了两届财会业务知识技能竞赛，选拔培养 100 余名优秀财务人员、干部充实到各级财务岗位，在全河营造了钻研业务、爱岗敬业的浓厚氛围。

近年来，黄委财会机构、人员多次获得先进集体、劳动模范、三八红旗手、五一巾帼标兵岗等多项荣誉，这是全河 1600 余名财会干部任劳任怨、加班加点、勇于担当、默默奉献的结果，也是黄委多年来致力于财会队伍能力建设取得的硕果，一支高素质的治黄财会干部队伍逐步建成。

财务管理手段走向现代化。

1998年以前，财会工作以手工为主，算盘和手工账表是会计人员的主要工具，账簿报表均为手工填制。每到月末年终，财会人员的算账、对账、结账工作量异常繁重。随着计算机的使用和普及，黄委也在第一时间关注并推行会计电算化工作。

伴随着计算机技术的普及，财会电算化得到推广　黄委财务局供图

1998年，黄委研究制定了财会电算化实施方案，完成了委属试点单位电算化培训和并轨工作，基建、事业、国有资产管理分别采用了统一的会计核算软件。1999年和信德软件公司联合开发了黄委基本建设财务管理软件，并在各单位基建财务管理中应用。2003年与用友财务软件公司合作开发了R9财务管理黄委专版，并在委属事业单位中应用，实现了事业单位财务核算软件的统一，委属单位成功甩掉手工账，把财会人员从繁杂劳动中解脱出来，成为黄委财会工作全面信息化的里程碑。

近年来，在"互联网+"及人工智能逐渐得到普及的信息化时代，先进的网络技术给财务管理信息化提供了更为坚实的基础，2017年，水利部水利财务信息系统上线运行，通过使用完善，实现各级主管单位对基层财务的监管。

黄委强力推进财务信息系统实施，克服单位多、级次多、系统使用中问题频繁等困难，委属160家预算单位顺利实现系统的全面运用。在该系统的基础上，黄委根据自身需求进行了二次开发，增加了月报自动填报系统，实现各项主要财务指标的按月图表展示，开发了企业财务监管平台，有力推动了黄委财务管理信息化工作再上新台阶。

形成了具有特色的治黄财会文化。

多年来，黄委广大财会人员站在财政体制改革的最前沿，面对繁重的工作任务，攻坚克难、任劳任怨、务实担当，在改革发展的大潮中进行了艰苦的探索和实践，在长期的工作实践中形成了具有特色的治黄财务文化，这是治黄财务工作的根和灵魂，是宝贵的精神财富。可以总结为"一种精神、两种态度、三种能力"。

"一种精神"就是爱岗敬业的精神。随着财政体制改革的不断深入，以及国家依法治国、从严治党不断向纵深推进，各项新规定新要求不断出台，财务工作内容不断细化，要求越来越高，任务越来越重。财会人员常常面临新旧制度交替期、新旧业务并行期，工作量数倍增长。在这样的工作强度下，立足本职、勤奋工作、加班加点、任劳任怨、能抗压、能吃苦，保证了各项工作任务圆满完成。

"两种态度"指的是科学严谨的态度、诚信公正的态度。科学严谨是指财会人员在长期细致的日常工作中形成的工作作风，会计处理遵循依据充分、程序合规、手续合法、准确及时的原则。诚信公正是指财会人员面对单位领导、业务部门、审计监督、税务检查等诸多方面需求，养成了做人诚实、做事踏实、作风务实、业绩真实、待人真诚、客观公正的作风和坚持长远发展的理念。

"三种能力"指的是创新能力、执行能力和综合预筹能力。创新能力指的是在长期的财务体制改革进程中，财务人员在严格遵循规章制度的同时，能够不断解放思想、更新观念，通过改革破解发展难题，实现跨越式发展。执行能力是指财会人员能够克服黄委层级多、单位多等困难，不折不扣完成工作任务，自上而下养成了务实的工作态度、雷厉风行的工作作风和能力。综合预筹能力是指财会人员具有强烈的责任感和危机感，能够做到居安思危、未雨绸缪，及早谋划财务中长期规划，增强财务保障能力。

任重道远　新时代迎接新使命

40 年来，特别是 2000 年国家财政体制改革和党的十八大以来，治黄财务工作在经费保障、标准制度建设、规范管理、加快发展等方面取得了巨大成就，但还存在一些问题，主要表现在仍有个别单位领导对财会工作重视不够、财会机构和能力建设滞后、在各级审计监察及巡视巡察中违规违纪违法事项仍时有发生等。

下一步，黄委财务工作将以习近平新时代中国特色社会主义思想为指引，贯彻落实黄委"规范管理、加快发展"总体要求，以提高财务管理和资产使用管理水平、保证资金安全为目标，以增加财政保障和强化财务监管为重点，通过强化预算管理，严格预算执行，加强企业和资产监管，切实提高财务经济管理能力，防范财务审计风险，促进黄河经济发展，为推进黄河治理体系和治理能力现代化提供有力支撑。

黄委财务局　　执笔人：芦　燕

在组织人事制度改革中砥砺奋进
稳步迈向治黄新时代
——改革开放 40 年黄委人事劳动工作综述

　　党的十一届三中全会召开后，党和国家加快黄河治理开发步伐，改革开放春风吹拂黄河上下，母亲河迎来了全面发展的伟大时代。多年来，根据不同时期国家总体安排和治黄事业发展需要，黄委实施了一系列组织机构和人事制度改革，不断加强干部人才队伍建设，逐步建立健全了符合黄河实际、顺应群众期待、适应时代特点的管理体制，为治黄事业发展提供了坚强的体制机制和组织人才保障。

改革治黄体制机制，顶层设计保护黄河

　　——重整行装，修复黄委机构建制。1978 年 1 月，黄委革命委员会被取消，机构名称恢复为水利电力部黄河水利委员会，水利电力部任命了以王化云为主任的新领导班子成员，"文化大革命"中划归地方管理的山东、河南黄河河务局及其所属修防处、段，改属黄委建制，实行以黄委垂直领导为主的管理体制。1978 年 10 月，天水、西峰、绥德水土保持科学试验站回归黄委建制。

　　1981 年，中共黄委政治部内设办公室、组织处、宣传处、老干部管理处 4 个处室。黄委机关内设办公室、科学技术办公室、工务处、计划财务处、物资供应处、企业管理处、行政处、保卫处、劳动工资处、水土保持处 10 个处室。黄委所属二级机构有山东黄河河务局、河南黄河河务局、勘测规划设计院、黄河水源保护办公室、水文局、黄河中游治理局、水利科学研究所、黄河医院、通信总站、

黄河水利学校、黄河水利技工学校、黄河干部学校、黄委会中学、故县水利枢纽工程管理处、天水水土保持科学试验站、绥德水土保持科学试验站、西峰水土保持科学试验站、黄委会幼儿园、张庄闸管理所。

20 世纪 80 年代，黄委相继成立三门峡水利枢纽管理局、黄河小北干流山西管理局、黄河小北干流陕西管理局、宣传出版中心、黄河档案馆、人才交流服务中心、黄委物资站等机构。

——明确规格，完善黄委"三定"方案。1989 年 6 月 3 日，经国务院批准，黄委定为副部级机构。1994 年 3 月水利部《关于印发黄委职能配置、机构设置和人员编制方案的通知》，明确黄委是水利部在黄河流域和新疆、内蒙古内陆河范围内的派出机构，国家授权其在流域和上述范围内行使水行政管理职能。人员编制为 24350 人。黄委所属二级机构中正局级事业单位 7 个：山东黄河河务局、河南黄河河务局、勘测规划设计院、金堤河管理局、黄河上中游管理局、水资源保护局、水文局；副局级事业单位 10 个：河口管理局、水利水电局、移民局、机关服务局、离退休职工管理局、黄河水利科学研究院、黄河中心医院、晋陕蒙接壤地区水土保持监督局、宣传出版中心、黄河水利学校；企业单位 5 个：三门峡水利枢纽管理局、黄河工程技术开发公司、黄河水利实业开发总公司、黄河兴利公司、劳动服务公司。黄委机关设办公室、水政水资源局、规划计划局、财务局、人事劳动局、科教外事局、河务局（防汛抗旱指挥部办公室）、农村水利水土保持局，监察、审计、党群机构按有关规定设置。

20 世纪 90 年代，黄委组织机构进一步完善。经水利部批准，山东、河南黄河河务局所属黄河修防处、段更名为河务局，规格为正、副县级。

1997 年黄河断流 226 天，断流河长 704 公里，引发海内外关注，163 位院士集体上书呼吁"拯救母亲河"，党和国家对黄河的问题高度重视。1999 年 2 月成立黄河水量调度管理局（筹），黄河水量统一调度的帷幕自此拉开。

——强化职能，实施全河机构改革。2002 年 4 月 18 日，中编办印发《水利部派出的流域机构的主要职责、机构设置和人员编制调整方案》，进一步明确了黄委的行政地位。规定黄委是在黄河流域和新疆、青海、甘肃、内蒙古内陆河区域内的派出机构，代表水利部行使所在流域内的水行政主管职责，为具有行政职能的事业单位，赋予了黄委在水行政执法和监察、流域综合规划编制及监督实施、流域水资源统一管理、流域水资源保护、防汛抗旱调度、工程项目建设与管理、水土保持预防、监督及治理等方面的行政职责。人员编制为 22550 人。2002 年 8 月 29 日，水法修订案通过人大审议，以法律形式确立了流域管理机构的法律地位和水行政执法地位。

为贯彻落实水法等法律法规，构建新型治黄管理体制，2002 年 4 月至 2003 年 1 月，黄委自上而下进行了系统性机构改革。一是实行政、事、企分开，机关部门集中精力履行水行政管理职责，事业单位为机关提供技术支撑和保障，企业成为独立法人，自主经营，自负盈亏。二是强化落实水行政管理职能，遵循"一事一局，避免交叉"原则，核定"三定"方案，把水行政管理职能逐级落实。三是探索选人用人新机制，加大竞争上岗和人员转岗力度，推行岗位管理和人员聘用制度。通过改革，建立起精简高效、行为规范、运转协调的管理体制与运行机制。

——依法行政，各级机关参公管理。2003年6月，经人事部批准，黄委承担水行政职能的各级机关依照国家公务员制度进行管理，进一步确立了黄委的行政地位，对各级机关履行好水行政主管职责产生了积极作用。

黄委各级机关依照国家公务员制度进行管理后，不改变事业单位编制性质，人员执行公务员人事管理和工资制度。纳入管理的机关和人员范围主要包括委机关、水资源保护局机关、各级河务局机关工作人员。2004年改革之初，列入依照国家公务员制度管理的各级机关共86个，转换人员2685人。2006年《中华人民共和国公务员法》颁布实施后，黄委承担水行政职能的各级机关改为参照公务员法管理。

——管养分离，实施水管体制改革。根据国务院《水利工程管理体制改革实施意见》和水利部部署，黄委65个水管单位于2005年到2006年进行管理体制改革，将原县级河务局分为县级河务局、维修养护公司和施工企业，新的县级河务局主要承担水行政管理和水利工程管理职能，剥离出的维修养护和经营开发任务由养护和施工企业承担。通过改革，实现了水利工程运行管理和维修养护在人员、机构、运行、资产上的分离，优化了人员结构，调动了广大职工的积极性，规范了经费来源和管理模式，黄河工程面貌得到明显改善。

——岗位管理，改革事业用人机制。根据国家和水利部总体部署，2005—2006年黄委转换事业单位用人机制，进行聘用制度改革。按照以编定岗、精简高效原则，科学确定岗位等级和比例结构，明确职责；通过竞争上岗择优聘用并签订合同；按照效率优先、兼顾公平原则，建立形式多样、自主灵活的分配激励机制；建立科学的考核指标体系，以考核结果作为续聘、解聘或调整岗位的重要依据。黄委事业单位约1.3万人签订了聘用合同。

2008年开始实施事业单位岗位设置管理工作。水利部先后批复黄委包括管理、专业技术、工勤技能在内的事业岗位16382个。经过几年探索，各级事业单位建立了岗位管理、合同用人、以岗定薪、岗变薪变的管理制度。

——深化改革，适应时代发展要求。近年来，随着国家经济结构调整和社会持续转型，结合国家关于事业单位清理规范、分类改革要求，黄委在机构编制管理中盘活存量、挖掘潜力、优化结构，调整了部分事业单位职能、机构设置和人员编制，加强了事关治黄中心工作的机构建设。

2009年12月、2010年8月，水利部两次对黄委机构编制进行调整。2010年12月，黄委印发部分委属事业单位新的"三定"规定，黄河水利科学研究院升格为正局级，黄河小北干流山西河务局和黄河小北干流陕西河务局分别更名为山西黄河河务局和陕西黄河河务局，升格为副局级。2015 年 8 月，成立黑河黄藏寺水利枢纽工程建设管理中心（局），隶属黑河流域管理局管理。

为贯彻落实《中共中央国务院关于分类推进事业单位改革的指导意见》，黄委在 2011 年至 2012 年开展事业单位清理规范工作，对规模较小、职能单一的事业单位整合优化。分类改革总的原则是将现有承担行政决策、行政执行、行政监督职能的事业单位划入行政类，将完全由市场配置资源、从事生产经营活动的事业单位划入经营类，将从事公益服务的事业单位根据公益属性分别划入公益一类和公益二类。2013 年开始，黄委研究各级事业单位分类意见并报批。

为全面落实水利部深化水利改革发展决策部署，黄委在组织机构建设方面做了大量工作。一是对划分黄委与流域省区、黄委机关与委属单位事权提出建设性意见。二是强化黄委在流域规划管理、防洪和水资源统一调度、河湖管理、"三条红线"控制指标考核评估、流域综合执法等方面的职能。三是开展纪检监察体制改革，2014 年 8 月，黄委纪检组监察局改由水利部党组直接领导，2016 年 3 月山东、河南河务局纪检监察机构改由黄委党组直接管理，同时在全河推行纪检监察体制改革。四是开展县级河务局机关干部交流任职改革。五是在山东、河南所属 56 个县级河务局设置综合执法专职水政监察大队，加强基层执法力量。

目前，黄委共有各级机关事业单位 252 个，其中委属二级事业单位 16 个：山东黄河河务局、河南黄河河务局、黄河上中游管理局、黑河流域管理局、黄河流域水资源保护局、水文局、经济发展管理局、黄河水利科学研究院、移民局、机关服务局（黄河服务中心）、黄河中心医院、新闻宣传出版中心、信息中心、山西黄河河务局、陕西黄河河务局、工程建设管理中心；所属三、四级事业单位 235 个。

加强治黄队伍建设，组织保障守护黄河

——选贤任能，深化干部人事制度改革。改革开放之初，针对"文化大革命"造成的青黄不接、管理混乱等问题，黄委党组全面贯彻十一届三中全会以来党的组织路线、干部政策和 1979 年全国组织工作座谈会精神，大力推进干部工作中的拨乱反正，平反冤假错案，落实干部政策，一批老同志和专业人才重新走上工作岗位。针对随之而来出现的年龄老化、现代化建设知识不足等问题，积极推进废除领导干部职务终身制，狠抓领导班子思想作风建设和中青年干部培养选拔，按照"革命化、年轻化、知识化、专业化"方针，突出抓好年轻后备干部的培养选拔，通过民主推荐等途径，一批符合"四化"标准的优秀中青年干部走上了各级领导岗位，改善了干部队伍的结构，提高了领导和管理水平。

为主动适应改革开放新形势，从 1997 年开始，黄委党组积极探索开展公开

选拔领导干部工作，推行以岗位管理为中心的聘用制度，打破干部身份终身制，推行干部聘任制。2002年干部任用条例颁布实施后，黄委党组在建立健全科学选拔任用机制方面开展了新探索。

一是积极推进干部能上能下制度创新，持续深入推进公开选拔工作，2002年机构改革期间在全河范围内实施了全员竞争上岗。

二是完善了干部的分级分类管理，修订了黄委党组管理的干部职务名称表。

三是按照中央关于大规模培训干部的要求加强了委管领导干部轮训工作。

四是狠抓制度建设，形成了"民主推荐、确定考察对象、民主测评、讨论决定任用、试用期满考核测评、决定正式任用、新提拔干部民主测评、干部工作民主评议"八个环节八次投票的"八票制"干部选任体系和相应制度办法，有效推动了民主、公开、平等、择优的干部选任体系建立和完善。

五是积极拓展干部培养交流锻炼平台，1994年至2016年，黄委共举办13期青干班，累计培训青年干部496名。通过援藏、援疆、援青、扶贫和支持地方水利建设等多种方式，选派干部到地方政府或水利部门挂职锻炼。

党的十八大以来，黄委党组严格执行干部任用条例和干部监督管理系列规定，坚持新时期好干部标准，树立正确选人用人导向，着力打造忠诚干净担当的干部队伍。

一是加强领导班子和干部队伍建设，坚持党管干部原则和德才兼备、以德为先的选人标准，突出实绩导向、群众公认，严把识别关、决策关，注重老中青结合干部梯队的建设。

二是提高干部选拔任用工作科学化水平，明确动议方式和程序，严格执行任前公示、任职试用期、任职谈话制度，探索民主推荐环节大范围非定向推荐、干部考察过程扩大个别谈话征求意见范围、干部任免实行无记名投票表决制度。

三是加大系统化干部培养交流锻炼力度，2016年提出并实施了加快青年干部培养的"211工程"，利用两年时间举办青干班，每期集中培训2个月，培训处级干部100名、科级干部100名，指导委属单位培训科级干部200名。制定了加强委机关与基层单位优秀年轻干部培养交流的规定，组织开展了委机关和直属单位之间跨单位跨部门双向交流，指导委属单位间选拔优秀干部横向交流。

四是强化干部考核机制导向作用，制定机关工作人员绩效考核办法和委属单位绩效考核办法、黄委干部职工干事创业鼓励激励办法、黄委领导干部容错纠错办法、黄委领导干部不作为处理办法等制度，激励党员干部提升干事创业的精气神，为敢于担当、踏实做事、不谋私利的干部撑腰鼓劲。

五是完善全面从严干部管理监督体系，严格执行重要事项请示报告、提醒、函询、诫勉、民主生活会、因私出国（境）审批等制度，认真开展干部选拔任用工作"一报告两评议"。通过强化日常管理监督，认真抓好重点工作，事前预防、事中监督、事后评议，着力构建全面从严管理监督干部新常态。

改革开放40年来，黄委党组围绕治黄中心，着眼全局和长远，扎实开展高素质专业化治黄干部人才队伍建设。截至2017年12月，全河共有在职干部13412人。其中，正局级干部26人，副局级干部96人，正处级干部523人，副处级干部835人，正科级干部2832人，副科级干部2308人。全河干部平均年龄40岁。

——参公管理，行政队伍建设卓有成效。参公管理以来，黄委认真贯彻落实公务员法及相关配套政策法规，规范各项管理工作，不断优化队伍结构，为加快推进干部人才队伍建设和依法治河管河奠定了队伍基础。

一是科学考录，夯实参公队伍基础。明确"以编定岗、对岗申报、平滑峰谷、指标控制"的公务员录用工作思路，工作流程更加严密。坚持公开、平等、竞争、择优原则，使公务员招录真正成为"玻璃房子里的竞争"。自2005年首次面向社会考试招录以来共录用776人，一大批高校毕业生进入各级参公机关。

二是规范调任，畅通干部流动通道。严格按照《水利部流域机构参照公务员法管理的各级机关工作人员调任办法》，做好委属各级参公机关调任公务员的审批工作，参公管理以来黄委从事业企业单位调任公务员共388人。

三是考核奖惩，发挥激励鞭策作用。全面考核公务员的德、能、勤、绩、廉等，重点考核工作实绩。定期考核主要采取年度考核方式进行，平时考核以周记实、月考核、季审定的方式在部分机关实行。考核结果作为调整公务员职务、奖励、晋升工资、培训、辞退以及调整领导班子的重要依据。

四是优化参公队伍结构。在规定的编制范围内，充分考虑事业发展、职位需求和人员梯次配备需要，通过考录、调任等途径充实队伍。截至2017年12月31日，黄委各级参公机关在职人数2600人，大学本科以上学历占比89.7%；平均年龄43岁，45岁以下占比54.9%。

——人才兴河，专业技术队伍基础扎实。改革开放中，治黄建设不断掀起新的高潮，山东、河南两河务局分别组建机械化施工队伍，黄委人员规模不断扩大。1978年治黄职

黄委公务员录用面试现场 黄委人劳局供图

工人数为 15376 人，1981 年到 1984 年，全河招工和农民技术工大批转正，黄委职工队伍达 29039 人，其中专业技术人才达 4788 人。1988 年以后，职称评聘工作正常化，专业技术人才队伍持续壮大，1990 年达到 8435 人，此后一直保持在 9000 人左右规模。

改革开放 40 年来，治黄进入前所未有的发展机遇期，专业技术人员培养管理随之跃上新台阶。

一是不断提高人才引进的科学化水平，筑强治黄队伍素质基础。20 世纪 80 年代国家对大学生进行统包统分，黄委补充人才途径主要是接收大中专应届毕业生。每年度根据水利部批复的计划，按照"统筹安排、合理使用、加强重点、兼顾一般、面向基层、充实生产科研第一线"的原则，接收毕业生分配到各用人单位。

随着我国社会主义市场经济体制的逐步完善和教育体制改革逐步深化，大学生就业政策逐步转向以市场为导向的自主择业阶段。1995 年，黄委强化宏观管理，扩大了用人单位的自主权，毕业生就业方式由"计划分配"模式逐步向毕业生与用人单位"双向选择"过渡。

2005 年《事业单位公开招聘人员暂行规定》颁布实施后，黄委部分基层单位尝试公开招聘方式引进大学毕业生。2008 年黄委开始统一组织实施高校毕业生公开招聘。招聘范围上，经历了企事业岗位统一招聘到只进行事业岗位招聘的转变；在招聘模式上，经历了公开招考单一方式到重点高校现场招聘与公开招考相结合模式的转变。制定了《黄委"十三五"人才需求规划》，强化顶层设计，使人才引进更具前瞻性和系统性。

黄委选派优秀青年科技干部到荷兰 IHE 国际学院培训学习
黄委人劳局供图

2009 年以来，黄委共招聘各类高校毕业生 2951 人，其中本科及以上 2517 人，初步形成了以水利相关专业为主体的人才体系。2012 年实行重点高校现场招聘以来，新进人员中"211""985"高校毕业生比例显著提高。

二是着力强化高层次人才培养，助力领军人才成长。按照集中资源、重点培养的指导思想，以省部级及以上人才选拔培养为重点，不断完善高层次人才成长激励机制，逐步形成一支以国家级人才为引领、省部级人才为支撑、黄委级人才为保障的高层次专业技术人才梯队。在科研平台建设方面，设立有 3 个博士后科研工作站、1 个研究生培养基地、3 个水利部重点实验室（研究中心）等人才培养基地和科研创新平台。近 40 年来，黄委专业技术人才中入选国家级人才 148 人次、省部级人才 49 人次、委级人才 83 人次；其中国家级人才称号中，全国工程勘察设计大师 1 人，国家有突出贡献的中青年专家 3 人，百千万人才工程国家级人选 5 人，享受政府特殊津贴专家 136 人，中组部联系专家 3 人。

三是持续优化职称评聘，完善专业技术人员激励机制和发展通道。改革开放以来，黄委先后开展了工程、经济、统计、会计、新闻、政工等系列的专业技术职称评定工作。1990 年人事部《关于企事业单位评聘专业技术职务若干问题的暂行规定》出台后，专业技术职务评聘工作实现经常化。1994 年以来，通过量化评审条件，实行评聘分开，强化聘后管理，完善优化综合考核评价体系等改革措施，专业技术职务评聘工作进一步规范。

改革开放 40 年来，治黄人才队伍不断发展壮大，截至 2017 年底，黄委共有在职职工 23371 人，其中专业技术人才 12572 人，占在职职工总数的 53.8%。专业技术人才中，正高级职称 700 人，占 5.6%；副高级职称 3168 人，占 25.2%；中级职称 4514 人，占 35.9%。

——技能振兴，大力弘扬时代工匠精神。技能人才是治黄队伍的重要组成部分，具有鲜明的黄河特色，涉及 15 个水利行业特有工种和 98 个社会通用工种，分布在黄河防汛抢险、工程施工、水文勘测等生产一线。

1978 年为组建黄河机械化施工队伍，全河技工转正和招工共 7800 人，技能人才达到 9469 人。1981 年到 1984 年，全河招工和农民技术工大批转正，技能人才队伍进一步壮大到 19488 人。1986 年，国务院发布改革劳动制度有关规定后，黄委技能人才队伍补充来源逐步变为退役士兵安置，2011 年新的《中华人民共和国兵役法》颁布实施后，随之进行了不断调整。

改革开放以来，黄委遵循技能人才成长规律，以岗位成才为导向，以提升职业素质和职业技能为核心，以高技能人才培养为重点，大力弘扬工匠精神，多策并举锻造技能人才队伍。

一是以技能振兴为主轴，强化工人队伍建设。改革开放以来，政府指导下的职业技能鉴定社会化管理体系逐步完善。1978 年以后，八级工制得到恢复和发展。1987 年至 1994 年，黄委共评出工人技师 406 人，优秀技术工人 1680 人。1995 年至 1996 年，对全河近 1.3 万名技术工人进行了相应等级考核。

1996 年经水利部和省级劳动行政主管部门批准，在山东河务局、河南河务局、三门峡枢纽管理局和黄河水利职业技术学院分别设置了 4 个水利行业特有工种职业技能鉴定站和社会通用工种职业技能鉴定所、1个水电行业职业技能鉴定站（后黄河水利职业技术学院划转地方管理）。1999年成立黄委职业技能鉴定指导中心，开展了大量卓有成效的工作。

职业技能鉴定实施以来，水利部先后印发一系列文件，对技能人才培养与评选表彰工作进行规范化。2008年8月，黄委印发激励技能人才创新工作的暂行规定，对获得黄委创新成果的技能人才给予越级晋升或提前申报高级技师奖励，进一步促进了技能人才成长。1999年至2017年期间，黄委参加职业技能鉴定的工人达4.5万人次。

二是以建设首席技师工作室为抓手，创新技能培育新途径。2012年12月，实施首席技师评选和首席技师工作室管理相关办法，目前共建设6个水利行业首席技师工作室和14个黄委首席技师工作室，在促进行业技术革新、技术改造，解决生产技术难题和技术工人培训中发挥了重要作用。在2013年水利部组织的水利行业技术工人技术技能创新大赛上，评选出的40个获奖成果中黄委占26个。

三是以职业技能竞赛为契机，引领技能提升。2010年7月，黄委印发《职业技能竞赛管理暂行办法》，"以赛促训"推动技能人才队伍建设。68名选手被评为"黄委技术能手"，34人破格晋升技师职业资格。黄委在水利行业职业技能竞赛中名列前茅。

改革开放40年来，黄委逐步建设了一支结构合理、技能精湛、爱岗敬业的技能人才队伍。截至2017年底，技能人才10119人，占在职职工总数的43.3%。具有高级工及以上职业资格的高技能人才占技能人才队伍总数的64%，具有技师和高级技师资格的人员比例为30%。

黄委技能培养工作得到国家和水利部的充分认可。2004年，黄委被劳动和社会保障部授予国家技能人才培育突出贡献奖，2008年被确定为国家高技能人才培养示范基地。技能人才获得国家级奖励或荣誉称号28人次，获得省部级奖励或荣誉称号138人次；其中有2人获中华技能大奖，15人被评为全国技术能手，9人享受国务院政府特殊津贴，23人获全国水利技能大奖，54人被评为全国水利技术能手，7人被评为水利行业首席技师。黄委以及山东河务局、河南河务局、黄河明珠集团4家单位先后荣获国家技能人才培育突出贡献奖，山东河务局、河南河务局被水利部确定为首批水利行业

2004年，黄委被劳动和社会保障部授予国家技能人才培育突出贡献奖　黄委人劳局供图

高技能人才培养基地。

完善收入保障体系，共享改革发展成果

改革开放以来，随着国民经济的快速发展，国家进行了三次工资制度改革，逐步调整工资标准，黄河职工生活保障水平稳步提高。

——以人为本，三次工改改善职工收入。1985 年的工资制度改革中，国家机关、事业单位行政人员、专业技术人员均改行以职务工资为主要内容的结构工资制，建立了正常的晋级增资制度，建立分级管理的工资体制。企业单位主要围绕企业转换经营机制，建立与经济效益挂钩、逐步实行工资总额随经济效益浮动的工资制度。这次工资制度改革，黄委事业单位职工月人均增资 16.59 元，企业单位职工月人均增资 16.35 元。

1993 年的工资制度改革的目标是贯彻按劳分配原则，建立符合机关、事业单位各自特点的工资制度与正常的工资增长机制。机关实行职级工资制，分别由职务工资、级别工资、基础工资、工龄工资四个部分组成。事业单位管理人员执行职员职务等级工资制，专业技术人员执行专业技术职务工资制，其标准工资由职务工资和津贴两项构成。对到边远艰苦地区及苦、脏、累、险岗位工作人员在政策上给予倾斜。这次工资制度改革，黄委事业单位在职职工月人均增资 137.7 元，离退休职工月人均增资 149.2 元。1994 年 1 月，水利部根据国家有关规定组织实施部属企业单位工资制度改革，实行岗位效益工资制度。岗位效益工资主要由岗位工资、年功工资和效益业绩工资三部分组成。黄委参加这次工资制度改革的企业人员月人均增资 156 元。

2006 年工资制度改革主要有四个方面：一是机关公务员实行职务与级别相结合的工资制度，二是事业单位实行岗位绩效工资制度，三是完善机关事业单位的津贴补贴制度，四是调整机关事业单位离退休人员待遇。改革工资制度和清理规范津贴补贴相结合，将公务员基本工资简化为职务工资、级别工资两项构成。事业单位岗位绩效工资包括岗位工资、薪级工资、绩效工资和津贴补贴四部分，完善高层次人才和单位主要领导的分配激励约束机制，健全收入分配宏观调控机制。这次工资制度改革，黄委事业单位参公人员月人均增资 369 元，事业人员月人均增资 277 元，离退休人员月人均增资 300 元。

根据中央纪委等六部委关于规范津贴补贴的文件精神和水利部统一部署，黄委各级参公机关自 2007 年开始实施规范津贴补贴工作，至 2011 年底全部完成。各级参公机关在职和离退休人员津贴补贴中属于国家统一规定的项目和改革性项目保留下来继续执行，其他津贴补贴项目归并后执行国家规定的标准。

2018 年 3 月，根据国家关于事业单位绩效工资工作的总体部署，黄委所属事

业单位开展绩效工资实施工作，实施起点为 2015 年 1 月。绩效工资分为基础性绩效工资和奖励性绩效工资两部分，基础性绩效工资主要体现地区经济发展水平、物价水平、岗位职责等因素，一般按月发放；奖励性绩效工资主要体现工作量和实际贡献等因素，采取灵活多样的分配方式发放。

黄委直属企业黄河设计公司和明珠集团工资总额管理实行工效挂钩机制，每年根据企业经营状况，企业核算出下年度工资总额基数，在批复的工资总额内，建立科学规范的内部收入分配制度。委属事业单位所属企业在水管体制改革后，按照黄委关于企业工资收入分配制度改革指导意见，结合本企业实际和生产经营特点，逐步建立适合本企业实际的内部收入分配制度。通过有效的分配激励机制，充分调动广大企业职工的积极性，增强企业活力，推进企业改革发展。

改革开放 40 年来，工资制度日趋合理完善，工资正常晋升制度更加完备，津贴补贴制度不断规范，黄委职工的工资收入水平也随之持续提高。党的十八大以来，黄委党组积极践行以人为本、共享发展的理念，职工群众获得感与日俱增。

——养老保险，健全职工养老保障体系。养老保险是社会保障制度的重要组成部分，事关职工切身利益，始终是黄委党组关注和积极稳妥推进的大事。

一是机关事业单位工作人员养老保险制度改革。2015 年 1 月，国务院印发《关于机关事业单位工作人员养老保险制度改革的决定》，改革现行机关事业单位工作人员退休保障制度，逐步建立独立于机关事业单位之外、资金来源多渠道、保障方式多层次、管理服务社会化的养老保险体系。黄委按照属地化原则，积极稳妥地推进机关事业单位改革实施工作，做到应保尽保，有序衔接，平稳过渡。截至 2018 年 6 月底，黄委驻豫各级机关事业单位已正式纳入河南省省直机关事业单位养老保险统筹，驻豫以外机关事业单位按照所在省（区）人力资源社会保障部门的工作安排稳步推进。

二是黄委企业养老保险制度改革。三门峡黄河明珠（集团）有限公司 1995 年 1 月正式参加水利部行业统筹，1998 年 8 月，根据国家关于企业职工基本养老保险省级统筹和行业统筹移交地方管理的有关规定，统一纳入河南省城镇企业职工基本养老保险。黄河勘测规划设计有限公司经河南省劳动和社会保障厅批准，公司在册员工于 2002 年 1 月全部纳入河南省城镇企业职工基本养老保险。黄委水利工程管理体制改革后转制为水管企业的职工，第一批 16 家单位职工于 2004 年 1 月起纳入所在省城镇企业职工基本养老保险，第二批 62 家单位职工于 2005 年 7 月起纳入所在省城镇企业职工基本养老保险。

黄委人劳局　　执笔人：张建中　千　析　郭　浩　张英娜
　　　　　　　　　　　杨启国　王爱军　杨文博　刘　芳

在改革中科技腾飞
在开放中握手世界
——改革开放 40 年治黄科技创新与国际合作工作综述

改革开放以来，黄委始终高度重视治黄科研和国际合作交流，认真贯彻科学技术是第一生产力的指导思想，扎实落实科技兴国战略和科学治黄方针，相关科技管理部门不断得到加强。早在 20 世纪 80 年代初，黄委即成立了科技办公室，负责治黄科学研究和技术攻关工作。1990 年，成立了科教外事局。1997 年，更名为"科技外事局"。2002 年，再度更名为"国际合作与科技局"。

黄河治理实践中的科学探索与技术创新

改革开放 40 年来，随着国家科技投入不断增加，黄委不断强化科技治河和管理，组织开展跨学科、"产学研"、多单位的强强联合和科技攻关，在黄河自然属性认知、重大科学问题探索、治黄应用技术攻关、科技治河实践等方面取得了丰硕成果，治黄科技实现了跨越式发展，为治黄发展提供了坚实的技术支撑。

——对黄河的认识获得了质的飞跃。认识黄河是治理黄河、开发黄河和保护黄河的基础。认识黄河的重中之重是认识水沙产生、输移和演化趋势等自然规律。40 年来对黄河认识的深化主要体现在以下方面。

基本摸清了黄河泥沙来源、数量及其时空分布的自然特点。识别了决定水土流失程度的自然因子，以及不同粒径泥沙在河道内的冲淤分布特征；界定了黄土高原 7.86 平方公里的多沙粗沙区，1.88 平方公里的粗泥沙集中来源区。上述认识的深化对黄河治理开发总体布局、"拦、排、调、放、挖"的泥沙治理方略形成等具有决定性的意义。

明确了黄河径流及洪水来源、数量及其时空分布，弄清了不同区域产生下游洪水的特征并进行了相应洪水分类。这个认识深化促进了黄河洪水"上拦下排、两岸分滞"治理思路的形成与发展，为确定防洪工程布局及其运用方式等提供了依据，也为实现黄河水资源优化配置奠定了基础。

初步掌握了黄河水沙在河道中的演进规律，包括下游高含沙洪水演进中洪峰"增值"规律、漫滩洪水的"淤滩刷槽"特点，以及不同粒径泥沙在下游河道中的冲淤特性等，这些成果为黄河水沙调控体系的形成和实践、游荡性河道整治、"二级悬河"治理等提供了基础理论支撑。

进一步深化了人类活动和气候变化对黄河水沙变化的影响，包括影响方式、定性影响程度及其发展趋势等，这些成果对指导治黄方略和措施调整已经并将继续发挥重要作用。

——重大科技问题研究取得突出进展。多年来，围绕黄河水沙调控、防洪减淤、水土流失综合防治、水资源合理配置和高效利用、水资源和水生态保护等流域治理体系，强化基础和应用基础研究，攻克了一道道治黄科研难题。

围绕"黄河水沙调控"，在水沙调控理论、调控技术与应用以及洪水泥沙管理等方面的研究取得重要进展。创建了以塑造协调水沙关系为核心的黄河水沙调控基础理论，建立了黄河下游河道冲淤调整临界水沙关系、小浪底水库异重流输移及塑造的理论与方法、塑造黄河下游协调水沙关系的调控指标体系，发展了黄河中下游河道水沙运动的数学和物理模拟技术。技术成果已应用于黄河调水调沙、小浪底水库拦沙初期调度、利用桃汛洪水冲刷潼关高程等治河实践并取得良好效果。目前，黄河下游河槽冲刷平均达 2 米左右，平滩流量稳定在 4200 立方米每秒以上；桃汛期潼关高程平均降低 10 厘米。

围绕"黄河防洪减淤"，在洪水预报、水库淤积形态、河床演变规律、游荡性河道整治理论与技术等方面开展了深入研究。"多沙河流洪水演进与冲淤演变数学模型研究及应用"等 4 项成果获大禹水利科技一等奖。建立了黄河小花间暴雨洪水预警预报、渭河下游预报等系统，提高了洪水预报精度和预见期；开展了黄河吴龙区间主要站点洪水含沙量过程及预报技术研究，建立了中下游干流水文站洪水最大含沙量预报模型。小浪底水库淤积形态优化、多沙河流洪水演进规律特别是高含沙洪水洪峰增值机制的研究取得重要进展，为黄河调水调沙实践提供了理论技术支持。形成了适应于多泥沙河流的河道整治工程理论体系，并在游荡性河道整治工作中发挥了主导作用。移动式导流桩坝技术试验成功，为游荡性河道治理提供了新的治理技术。

围绕"水土流失综合防治"，在黄河水沙变化、土壤侵蚀规律与模拟、黄河粗泥沙集中来源区界定、水土保持效益评价等方面取得较大进展。"黄河粗泥沙集中来源区界定及水沙变化研究""黄河近年河川径流减少的主要驱动力及其贡献"获大禹水利科技一等奖，"黄河多沙粗沙区分布式土壤流失模型及工程应用"获河南省科技进步一等奖。构建了"水文法""水保法"以及优化的水沙变化评价计算方法，长期延续的水沙变化研究深化了对黄河自然规律的认识。提出了近年降雨变化及其对水沙的影响，计算了非降雨因素及主要下垫面因素对黄河水沙减少的贡献，阐述了黄河近年水沙减少的原因。粗泥沙集中来源区界定成果列入国务院批复的"黄河流域综合规划"。建立的多沙粗沙区分布式土壤流失模型，在流域水土保持综合治理以及水保措施效应评价中得到应用。借助水土保持生态监测系统和快速提取技术，完成了黄河流域水土保持遥感普查等工作。

围绕"水资源高效利用和调度"，在环境流量、水资源配置与调度、节水与水资源高效利用、水文水资源预测预报及测验技术等方面取得重要进展。"黄河水资源统一管理与调度"获国家科技进步二等奖，"黄河环境流研究"获大禹水利科技一等奖，"黄河流域旱情监测与水资源调配技术研究与应用"获河南省科技进步一等奖。提出了黄河下游及宁蒙河段主槽过流能力恢复目标及其水沙条件、兰州以下各主要断面逐月流量控制标准等。省界断面流量控制指标等作为约束性指标，以黄河水资源利用红线之一颁布实施。水资源演变多维临界调控模式等系列成果已形成了黄河水资源配置与调度的方法和技术体系。建立了灌区干旱识别和监测预警技术，探索解决干旱精准量化评估难题。建立基于卫星的黄河流域水监测和河流预报系统，在水资源调度中屡显"身手"，提高了调度工作的前瞻性。

围绕"水资源和水生态保护"，在水环境基础模拟和水质预警预报、水功能区纳污能力和水污染控制、水生态保护技术、多沙河流水质监测等方面取得重要进展。开展了干支流重要河段功能性不断流指标、黄河干流与河口淡水湿地生态与环境需水、生态系统保护目标及径流条件等研究，为在黄河开展生态文明建设，促进河流休养生息，提供了技术保证。构建了黄河龙门以下河段污染物输移扩散模型，研发了突发性水污染事件水质预警预报系统，在"黄河支流洛河水污染事件""渭河油污染事件"处置中发挥了重要作用。开展了重点水功能区纳污控制技术、重点水源地水污染生物指示技术研究，构建以限排总量为核心的水功能区限制纳污制度技术体系。建立了多沙河流水环境监测技术和规范，在全国范围开展了高含沙水体监测技术的推广应用和示范。开展了古贤水利枢纽重点环境问题论证、黑河黄藏寺水利枢纽环境影响评价等，为重大治黄工程立项提供了客观、科学的依据。

——治黄应用技术快速发展。治黄取得举世瞩目的巨大成就，得益于国家高度重视、治黄资金的投入、历史治水经验的继承运用，也得益于治黄技术水平的跨越式发展。

对水文预报方法和技术的研究，促进了黄河水文预报工作的长足发展。预报范围从下游向上中游、从干流向支流不断延伸；预报项目从单一局部河段的洪峰预报向洪水过程、枯季径流、冰情、泥沙预报扩展；预报方法从简单的上下游洪峰流量相关法，发展到应用水文模型建立流域水文预报系统，预报精度不断提高，预见期不断延长；预报服务对象由过去为防汛服务，扩展到为防洪防凌、水利工程施工、水电枢纽调度、水资源利用和工农业生产各部门的全面服务。

在泥沙测验技术方面取得的系列化和系统化的成果，推动了河流泥沙颗粒分析技术进步。"河水一石水而六斗泥"，这是史书中对黄河泥沙最早的定量描述。泥沙监测和颗粒分析在水文工作中始终处于重要位置。特别是从 2002 年开始的黄河调水调沙，其总体方案制定以及实时调整，需要在短时间内快速获取大量、准确的泥沙实时信息。通过引进、消化和再创新，利用激光粒度分析仪、在线湿法分析仪及粒度粒径分析仪等泥沙测验系列设备，沙样分析过程从 2 个小时减少到 6 分钟，实现了含沙量、颗粒级配等在线快速监测。自主研发了振动式测沙仪、多仓悬移质泥沙取样器、浑水界面探测仪，为黄河调水调沙实时水沙监测以及黄河水文测验提供了有力支撑。

围绕小浪底水利枢纽的设计、施工和运用，开展了大规模、跨学科、多部门联合攻关。在多沙河流水库调度运用技术、特种深水围堰技术、泄水建筑物防淤堵设计、大坝深覆盖层防渗处理技术等方面取得了多项成果。在小浪底工程建设中，成功解决了多级孔板消能、泄水建筑物防淤堵设计、大坝深覆盖层防渗处理等技术难题，为小浪底水库的顺利建设与运用提供了强有力的技术支撑。"黄河小浪底工程关键技术研究与实践"获国家科技进步二等奖。

围绕黄河下游河道整治、堤防工程除险加固等，开展了大量的群众性技术创新和技术推广活动。形成于 20 世纪初的"整治中水河槽"在近几十年应用于实践，并发展成为一套独具特色的游荡性河道整治技术体系；实践中探索出的新材料、新结构、新工艺的工程施工和应用技术，在近 20 年中迅速改变着传统的堤防工程等结构形式，柳石结构、土石结构丁坝得到不断创新，上百座新型结构坝垛悄然接受着大河的检验；堤防隐患探测、放淤固堤、截渗墙处理等方面技术取得了多项进展，并全面推广应用；经过时间考验的查险除险机具等传统抢险技术虽然还在沿用，但机械化程度更高、效果更突出的新型抢险技术的出现以及大型机械抢险的全面应用，给传统的防汛抢险技术注入了现代化活力。

通过根石探测自动化技术的引进、消化和再创新，掌握核心技术并实现国产化，研发、建立了一套全新的根石探测技术，相比人工探测效率提高 10 倍以上，降低了探测误差，为防洪预案制定和工程设计提供了有力的技术支撑。在黄河中下游河南、山东、山西、陕西 4 个河务局和三门峡库区管理局投入广泛应用，累计探测坝、垛 1 万余道，断面 4 万多个。

　　黄河物理模型试验在长期的治黄实践中，不断积累经验，逐步提高了对含沙量比尺、几何变态、时间变态等问题的认识水平，在动床泥沙模型相似原理及设计方法上不断取得进展，形成了一套完整的模型相似律，适用于全沙动床模型、悬移质动床模型、推移质动床模型和高含沙水流的模拟。基于对黄河泥沙模型相似律的研究成果，开展了大量的模型试验研究。试验成果对于水库及河道的水流泥沙运动规律、排沙特性、冲淤形态、河势变化、河床演变、河道整治及洪水预测预演、水库运用方式等问题的研究在学术上和生产上都具有重要价值，在黄河的治理开发中发挥了重大作用。

　　黄河水沙数学模型研究，随着计算技术的迅速发展以及泥沙运动机制、河床演变规律、建模等理论研究的不断完善，水平不断提高。对复式河道断面概化、河床糙率、分组挟沙力计算、床沙级配调整、恢复饱和系数处理、滩槽水沙交换、异重流计算等关键技术的研究日趋合理。基于水文学、水动力学理论建立的水文学模型和水动力学模型，已广泛应用于下游洪水预报和河床变形计算等方面，在水沙调控、流域规划、工程建设和管理运用等生产中发挥了重要作用。

　　——高层次科研成果不断刷新纪录。治黄科研多年积累得到了丰厚收获。特别是进入 21 世纪，黄委进一步强化基础研究支撑，把揭示黄河基本规律和突破治黄关键技术作为主攻方向，深入开展黄河水沙情势变化规律等重大问题研究，不断优化黄河调水调沙调度模式，高水平科研项目在服务治黄实践中结出累累硕果。

　　黄委作为第一完成单位完成的"黄河调水调沙理论与实践""黄河水资源统一管理与调度"2 项成果，分别获得了国家科技进步一等奖和二等奖，取得了黄委治黄科研历史上的重大突破。依托流域治理和综合管理技术，黄委从来自全世界的 50 名候选单位中脱颖而出，荣获 2010 年度李光耀水源荣誉大奖。据统计，"十二五"以来，申报国家和省部级重大项目工作较前期取得了重大进展，承担了国家科技支撑计划、国家"973"计划、国家自然科学基金、水利公益性行业科研专项等 104 项国家财政支持的科技计划项目，

国家科学技术进步奖证书　黄委国科局供图

国拨经费 3.14 亿元。高层次科研成果不断涌现。黄委 88 项成果通过部（省）级科技成果鉴定。"黄河小浪底工程关键技术研究与实践"等 5 项成果获国家科技进步奖；"黄河环境流研究"等 30 项成果获大禹水利科学技术奖，其中一等奖 4 项；"黄河流域旱情监测与水资源调配技术研究与应用"等 10 项成果获河南省科技进步奖，其中一等奖 2 项；"黄河'揭河底'冲刷机理及防治"获水力发电科技一等奖；187 项治黄科技成果获黄委科技进步奖。

治黄走向开放　黄河握手世界

改革开放以来，随着国家经济社会快速发展，治黄对外开放迈开了新步伐。黄河治理利用外资累计超过 15 亿美元。黄委先后与 30 多个国家和地区签订了科技合作协议；与近 50 个国家和地区进行了科技交流，开展了合作项目；来黄河进行考察访问、交流合作的外宾达 1000 余批 6000 余人次。黄委以多种方式派出科技和管理人员 3500 余人次前往 40 多个国家。黄河对外开放的成功经验，为全球其他流域的综合管理提供了宝贵经验，也在世界河流治理史上谱写了华彩篇章。

——利用外资外智助力黄河洪水泥沙治理。改革开放伊始，针对黄河洪水威胁严重、水土流失等突出历史问题，以国际合作项目为依托，有的放矢引入外资，弥补了国内水利建设资金不足，引进了国外先进技术和设备，快速提高了治黄科技水平。

通过建设黄河小浪底水利枢纽工程，提升了黄河下游防洪能力。黄河小浪底水利枢纽是治理开发黄河的关键性工程，引入世界银行硬贷款 8.9 亿美元，软贷款 1.1 亿美元，培养了一大批国际合作人才，完善了黄河水沙调控体系，积累了大型水利枢纽建设与管理经验。

利用世行贷款，推动黄土高原水土保持。世行项目计划投资 21.6 亿元人民币，其中世界银行贷款 1.5 亿美元。项目实际完成治理面积 5685 平方公里。1995 年，世界银行行长沃尔芬森考察项目区时说："中国延河项目区是我所见到的最出色的项目区之一。在许多国家都有过同类项目，能取得这样大的成就，只有中国。"黄土高原水土保持项目成为世行农业项目的"旗帜工程"。2003 年黄土高原世行项目通过验收后被评为世界银行行长奖中的"杰出贡献奖"。

黄河下游防洪项目，为沿黄地区提供了安全保障。2002 年亚行签署贷款协定，批准了亚行贷款黄河防洪项目。项目概算总投资 29.3 亿元，其中亚行贷款 1.5 亿美元。项目管理务实创新，移民监理、监测评价机制等从制度上保证了项目的顺利实施和实施效果。亚行贷款黄河防洪项目通过加固下游干堤和加强防洪非工程措施建设，保障了沿岸人民的生命财产安全。

——凝心聚力开展国际合作，推动黄河管理再上台阶。黄河国际合作围绕治黄中心工作和热点问题，通过开展合作项目，如黄河流域水资源经济模型研究项目、黄河下游河床形态研究项目、黄河下游水量调度系统研究项目、中法黄河科技合作项目、中芬黄河减灾项目、UNDP宁夏黄河灌区节水高效生态农业示范工程、英国赠款中国小流域治理管理项目、中荷科学教育合作项目、中荷合作建立的基于卫星的黄河流域水监测与河流预报系统项目、中荷黄河三角洲环境需水量研究项目、挑战计划、中欧项目、中澳项目、联合国教科文

2008年，中国－欧盟流域管理项目考察黄河源
黄委国科局供图

组织合作开展的气候变化与黄河流域水资源管理研究项目、中荷防洪与堤防安全监测试点项目等，既引进了国外资金和先进技术和设备，也促进了国外先进管理技术和经验的消化吸收和利用。

改革开放以来，在水利部党组领导下，黄委秉承开放战略，国际合作得到长足发展。黄委历届领导高度重视国际合作工作。为大力推动小浪底水利枢纽工程开工建设，委领导亲自参与开展了中美联合设计等工作。为中芬项目等前期筹备提供支持，领导实施了中法黄河合作项目、黄河下游洪水实时预报和防洪调度系统项目等。1989年黄委勘测规划设计院首次中标国外工程项目，承担了尼泊尔巴格曼迪灌溉工程的部分设计与施工任务。1991年黄河小浪底水利枢纽前期工程开工；1993年黄土高原水土保持世行贷款项目在西安通过评估，世行水土保持项目1994年正式实施。为解决黄河洪水泥沙问题，黄委党组紧密围绕各阶段黄河流域管理重点工作，规划实施黄河重大问题研究，陆续筹备实施一批重大国际合作项目，大力推动小浪底水利枢纽工程和黄土高原水土保持工程等重大项目实施期间的创新建设，从此开启了黄河下游防洪、入黄泥沙治理、黄河流域环境保护的新篇章，为治黄科技发展进步和让世界了解黄河奠定了基础。

21世纪以来，黄委依托国际合作项目，推动治黄科技进步。随着流域经济社会的发展和气候变化影响，流域综合管理、水资源开发利用保护、生态环境恢复等逐渐成为流域管理的重要任务和内容。黄委适时开展了一系列国际合作项目，包括中欧流域管理项目、中荷河口三角洲生态需水量研究项目、联合国教科文组织气候变化与水资源管理项目等，借力国际智库，提高黄河专业技术人员在流域综合管理、水资源开发利用保护、生态环境恢复等领域的理论水平和科研能力，推动黄河管理能力提升，增强黄河在国际水利界的影响力。

中欧流域管理项目是中国政府与欧盟签署的国家层面重点合作内容之一。项

目于 2007 年开始实施，历时 5 年。欧盟为项目提供 2500 万欧元赠款，支持中国水利部、环境保护部、黄委和长江委共同改进中国的流域综合管理。项目选择黄河和长江流域作为流域一体化管理的试点流域。实施目标是引进欧盟国家流域一体化管理理念和先进经验，制定出黄河中游地区部分河段的水资源保护和水质控制规划与实施方案，建立多方协商对话和信息共享机制。黄河部分工作计划包括黄河流域综合管理和水污染综合防治，紧密结合黄委重点工作和优先研究领域。通过项目实施，欧盟的流域管理经验被系统引入，项目编辑出版了一系列关于欧盟流域管理的框架性文件，包括《欧盟洪水指令手册》等。

澳大利亚国际发展署出资 2500 万澳元的中澳环境发展项目为期 5 年，旨在帮助加强中国环境保护和自然资源管理方面的政策制定。其中，中澳合作环境流量与河流健康子项目，针对黄河下游具体情况，通过实地调研、文献查阅、专家咨询等各种形式的工作，使中澳专家对黄河下游的生态环境和健康现状等达成共识，提出了适用于黄河下游健康保护的河流健康指标体系草案。同时，基于黄河水文情势和水生生态系统保护目标等因素，采用一维 HEC-RAS 和二维的 River 2D 模型进行了分析计算，提出了和不同保护方案相对应的流量系列建议。

一系列国际合作项目的实施，紧密围绕黄河流域管理的重点难点，剖析根源、制定对策、应用提高，推动着黄河流域管理不断迈向通过可持续统一管理维护黄河健康生命之路。

——搭建国际水事平台让黄河走向世界。进入 21 世纪，为共同研究解决黄河问题及世界流域管理所面临的共性问题，实现人水和谐，经水利部和科技部批准，黄委从 2003 年开始连续主办了五届"黄河国际论坛"，成为中国水利对外交流与

从 2003 年开始，连续举办五届"黄河国际论坛"　黄委国科局供图

合作的主要平台之一。2007 年，在第三届东亚峰会上，中国、日本、澳大利亚等 16 国领导人签署《气候变化、能源和环境新加坡宣言》，黄河国际论坛作为亚太主要水事交流平台之一被写入其中。

作为中国水利对外交流的重要平台和窗口，黄河国际论坛充分发挥纽带作用，展示了中国水利成就和流域管理理念，扩大了中国水利的国际影响力；促进了水利国际合作，尤其是推动了国际间的流域合作；吸引了众多的国内外专家对中国水利、黄河治理建言献策，为推进全球水资源的可持续利用、实现人与自然和谐相处做出了重要贡献，产生了巨大的社会、经济、文化和人文效益。

黄河国际论坛聚焦世界水资源及河流治理的前沿热点议题，五届论坛共吸引了来自世界五大洲 80 多个国家和地区的 6000 多位专家学者参会，国内外上百家新闻媒体对大会进行了报道。

通过论坛的召开，世界不同国家和地区水利界之间建立了广泛的交流、对话与合作；大量的合作备忘录及国际合作项目在论坛期间签署和启动，推动了双边、多边国际合作。黄河国际论坛五届论文集均被世界著名的三大科技文献检索系统之一 CPCI-S（原 ISTP，科技会议录索引）全文纳入检索；论坛上发表的《维持河流健康生命：黄河宣言》等宣言得到了国际社会的广泛接受、认同及支持响应。

——积极展示治黄成就，推动黄河握手世界。黄委作为主要国际组织的成员单位，数次派出专家代表团参加世界水论坛、斯德哥尔摩国际水周等国际重大水事活动，举办黄河专题研讨会或作报告，在国际水事活动中发出黄河声音，展示黄河管理成就，分享黄河管理经验。黄委是中国第一批加入世界水理事会的成员单位，是中欧水资源交流平台的发起单位之一，是联合国教科文组织、世界水理事会、全球水伙伴、国际流域机构网络、大河的未来等 20 多个国际组织的重要合作伙伴，共同推动落实联合国可持续发展目标中的涉水议题。

2010 年，黄委获得李光耀水源荣誉大奖。该奖项的宗旨是表彰通过科技进步和政策管理为解决全球水问题做出杰出成就的个人或机构。2010 年新加坡国际水周，全球 100 多个国家 14800 名代表参会，黄委代表作了题为"黄河的危机及其应对措施和成效"的演讲。黄河治理开发与管理的新理念、新成效获得了国际认同。新加坡《联合早报》报道，10 年来的治理，使黄河流域超过 1.6 亿人的生命财产获得保障，沿河生态环境得以恢复，这对全世界的贡献也

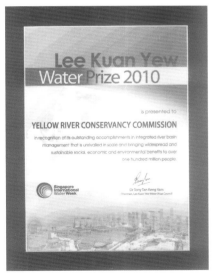

2010 年黄委获得李光耀国际水源荣誉大奖证书 黄委国科局供图

是非同凡响、意义重大的。

2012 年，以"流域可持续发展及河流用水权保障"为主题的第五届黄河国际论坛召开，来自 60 多个国家和地区的 2000 名与会代表通过深入交流与探讨，就促进人水和谐、维护河流健康达成了广泛的共识。论坛期间发表了《第五届黄河国际论坛宣言——促进人水和谐、维护河流健康》。

中国黄河流域管理成就为世界河流管理提供了典范和经验，2017 年，黄委水利代表团应孟加拉国地方政府、乡村发展及合作部和水利部邀请，赴孟加拉国出席了区域水资源国际会议并作了题为"加强水资源综合管理，推动落实联合国可持续发展议程涉水目标"的发言，介绍中国落实联合国可持续发展议程涉水目标的进展情况以及黄河流域治理经验。会议主持人表示，中国在水资源综合管理领域的先进理念、先进技术和先进经验，对提高其他国家的水利管理水平、实现可持续发展目标具有重要借鉴价值。

——加强能力建设，大力培养国际接轨人才。黄委在实施国际合作项目进行人才培养的同时，与国外著名大学和培训机构合作，制订境外人才培养计划，多次成功申请到国外政府奖学金资助，着力培养与国际接轨的优秀治黄人才。自 2001 年起，黄委选派 14 批共 300 余名优秀青年科技干部分赴荷兰 IHE 国际环境水利学院、澳大利亚阿德莱得大学、昆士兰大学、美国密西西比大学学习，结合流域综合管理、防洪安全、生态建设、水利信息化等课题进行专题培训，培养了一批懂技术、会管理，能与国际接轨的复合型水利人才。2011 年，黄委成功申请到"澳大利亚政府奖学金"，选派 2 批共 25 人赴澳大利亚开展学习和交流。2014 年，黄委和法国尼斯大学联合，成功派出近 20 名技术骨干进行水信息化等领域专业培训。2007 年，澳大利亚国家高级教育委员会特别授予黄河青年人才培养项目"澳大利亚教育培训国际合作杰出奖"，表彰其在国际教育和专业培训方面的开拓性合作以及对经济科技的推动作用。

黄委国际合作项目和培训项目的实施，为黄委专业技术人才的成长提供了有力帮助，为治黄科技提供了有效支撑，为黄委后续开展国际合作项目，推动黄河管理技术经验走向世界提供了切实保障。

——落实国家战略，积极参加"一带一路"建设。黄委积极落实国家战略，参与"一带一路"建设。黄委与世界银行、亚洲发展银行、我国商务部等合作，为印度、巴基斯坦、老挝、缅甸等"一带一路"沿线国家相关技术人员和管理人员开展流域管理和可持续发展相关技术培训，提升其在可持续流域和水资源综合管理方面的水平。通过对各国相关人员开展技术合作培训，使技术合作与交流成为各国不断拓展合作的纽带。

黄河设计公司等紧密结合"走出去""一带一路"发展思路，积极开拓国际工程市场。黄河设计公司承担的厄瓜多尔 CCS 水电站 2016 年实现了全部机组发电目标。习近平主席和厄瓜多尔总统科雷亚共同见证了水电站正式竣工发电。2017 年，商务部委托黄河设计公司开展援孟防洪规划技术合作项目。项目完成后，孟加拉国恒河、布拉马普特拉河的防洪规划将指导未来 20 年防洪工程和非工程体系建设，提升当地洪水管理水平。

"维护黄河健康生命，促进流域人水和谐"的征程漫长修远，我们将继续秉持开放的心态、科学的态度，不断推动治黄科技创新，不断深化治黄国际合作，为母亲河的岁岁安澜、生生不息、万古奔流贡献智慧和力量！

黄委国科局　　执笔人：常晓辉　庞　慧

建管并重夯根基 黄河安澜润民生

——改革开放 40 年治黄水利工程建设与管理工作综述

改革开放 40 年来，中国水利沧桑巨变，治黄事业蓬勃发展。黄河水利工程建设与管理工作坚持改革创新、建管并重，符合中国特色社会主义制度要求的黄河水利工程建设管理体制全面建立，黄河防洪工程体系基本建成，工程管理面貌焕然一新，工程建设与管理水平大幅度提升，为维护黄河健康生命和促进流域人水和谐提供了有力支撑。

打造水上钢铁长城 筑牢防洪安全屏障

善治国者必先治水。作为中华民族的母亲河，黄河长治久安是兴国安邦的大事。改革开放 40 年，黄河水利工程建设突飞猛进，成就辉煌。

1978 年，黄河第三次大修堤第一次施工高峰期刚刚结束。1981 年，在当时国民经济重大比例严重失调，全国范围内压缩基本建设规模的背景下，国家决定1981—1983 年，每年投资 1 亿元抓紧完成黄河第三次大修堤，第三次大修堤也随后进入了第二个施工高峰期。1985 年，历时 10 年的第三次黄河大修堤建成使用。本次大修堤共完成工程建设投资 11 亿元，培修堤防近 1300 公里，完成土方 2.27 亿立方米，并对依附堤身的 158 处险工、5489 道坝垛和护岸进行了加高改建，新、改建引黄灌溉闸 40 座、虹吸 28 处。加高后的堤防一般高 8 ~ 10 米，顶宽 7 ~ 12 米，达到了防御花园口站 22000 立方米每秒的防洪标准，成为著名的"水上长城"。同时，按照"控导主流，护滩保堤"的方针，河道整治工程有计划有步骤实施，截至 1987 年，黄河下游共修建控导护滩工程 184 处，坝垛、护岸 3344 道，全长

300 余公里，高村以下河势得到有效控制，缩小了高村以上河段主溜游荡范围。工程的实施，为战胜 1982 年大洪水提供了有力保障。

为解决黄河最大的一级支流沁河木栾店卡口问题，1981 年 3 月，沁河杨庄改道工程正式开工，1982 年 6 月，主体工程全部完工，共完成工程量土方 311.6 万立方米，石方 5.1 万立方米，新右堤长 2417 米，新左堤长 3195 米，护岸险工 1642

黄河标准化堤防建前照片　黄委建管局供图

米，坝垛 16 个，护滩工程 300 米。工程的实施，使河道由原 300 米扩宽至 800 米，河道裁弯取顺，主河槽长度比原来缩短 290 米，堤线较原来缩短 285 米。在主体完工的 2 个月后，沁河小董站 8 月 2 日就发生了 4130 立方米每秒的超标准洪水，也是 1895 年以来最大一次洪水，新修的堤防、险工等工程均未发生险情，取得巨大防洪效益。1984 年 6 月，工程全部完工，荣获国家优质工程银质奖。

1998 年，长江松花江流域发生大洪水，防洪抢险救灾付出巨大代价。党中央、

建成后的黄河标准化堤防　河南河务局供图

国务院决定加大水利建设投入，大江大河防洪安全建设投资明显加快，黄河防洪工程建设再次走上"快车道"。"九五"期间黄河防洪工程共完成投资 76 亿元，黄河下游堤防高度不足的堤段已由 1995 年底的 897 公里减少为 340 公里，堤防抗渗能力不足的堤段由 650 公里减少为 385 公里，险点、险闸由 70 处减少为 2 处。

世纪之交，改革开放全面深入，经济社会快速发展，黄河治理面临防洪、水资源短缺、水质污染等多重挑战。2001 年，时任水利部部长汪恕诚提出了"堤防不决口、河道不断流、水质不超标、河床不抬高"的黄河治理开发新目标。2002 年 7 月，国务院批复了《黄河近期重点治理开发规划》，规划要求用 10 年左右时间初步建成黄河防洪减淤体系。选定放淤固堤作为下游堤防加固的主要措施，对于达不到规划标准的堤防加高帮宽，堤顶路面硬化，对达不到规划设计要求的险工改建加固。规划的批复，为实现"堤防不决口"提供了政策支撑和资金保障。黄委明确提出，黄河下游两岸大堤要建成集防洪保障线、抢险交通线、生态景观线于一体的标准化堤防体系，确保黄河下游防御花园口 22000 立方米每秒洪水不决口。

"蓝图已经绘就，逐梦惟有笃行"。2002 年 7 月 19 日，郑州惠金段放淤固堤工程开工，拉开了黄河标准化堤防建设序幕。河南、山东两河务局近万名建设者弘扬"团结、务实、开拓、拼搏、奉献"的黄河精神，全力攻克施工工期紧、征迁难度大、建设任务重等一道道难关，郑州、开封、济南、菏泽标准化堤防相继告竣。截至 2005 年初，河南郑州至开封 159.162 公里和山东菏泽、东明、济南 128 公里的第一期标准化堤防全部建设完成，累计完成土方 12630.18 万立方米，石方 69.18 万立方米，迁安人口 2.34 万人，拆迁房屋 83.39 万平方米，完成堤防道路硬化 171.83 公里，共完成投资约 29 亿元。开封黄河标准化堤防工程、郑州一期标准化堤防工程、山东东平湖综合治理工程相继获得"中国水利工程优质（大禹）奖"，山东济南黄河标准化堤防工程获得"2008 年度中国建设工程鲁班奖"，这也是黄河水利工程首次获得国家级大奖。

2006—2008 年，水利部批复了 2005、2006、2007 等 3 个年度黄河下游防洪工程建设实施方案，共计安排投资 37.37 亿元，标准化堤防建设工作持续推进。工程于 2006 年开工、2011 年全面完工，共完成堤防帮宽 455.781 公里，堤防加固 159.439 公里，防洪工程抵御洪水能力不断提高。

盛世治水再抓机遇　工程建设续谱华章

民生为上，治水为要。党的十八大以来，以习近平同志为核心的党中央高瞻远瞩，统筹谋划，相继做出保障国家水安全、推进重大水利工程建设等一系列决策部署。党的十八届五中全会把"水利"列为基础设施网络建设之首。

2014年5月21日召开的国务院第48次常务会议，提出要集中力量有序推进一批全局性、战略性节水供水重大水利工程，水利工程建设迎来了前所未有的历史机遇期，黄河水利工程建设也进入了波澜壮阔、气势磅礴的新时期。

2012年6月，国家发改委批复黄河下游近期防洪工程，作为国务院确定的172项节水供水重大水利工程之一，该工程以继续实施黄河下游标准化堤防和河道整治工程建设为重点，兼顾东平湖滞洪区和沁河下游防洪工程建设，批复工程概算总投资38.74亿元。172项重大水利工程作为党中央、国务院稳增长、调结构、促改革、惠民生的重要举措，国家重视、社会关注，不再是单纯的工程建设任务，更是一项重要的政治任务。

2012年，对于黄委防洪工程建设来说，可谓是变革之年。一是建设管理体制之变，山东、河南两省河务局工程建设中心（局）成立，项目法人由原先的各市（地）河务局集中至两个建设中心；二是资金支付方式之变，随着国家财政预算制度改革深入推进，资金支付序时进度对工程建设提出了新的要求；三是征地移民管理模式之变，工程建设征迁模式由原先的项目法人主导，改为"政府领导、分级负责、县为基础、项目法人参与"。同时，由于2009—2011年黄河下游防洪工程建设投资断档，工程建设管理人员也进入了新老更替期。

在新的建设管理体制、资金支付方式、征地移民模式下，新的建设管理人员能否不负上级重托和人民期望，按时保质保量完成工程建设任务，各级建设者深感责任重大。

"山，快马加鞭未下鞍。惊回首，离天三尺三"。80多年前，毛泽东同志在长征路上留下脍炙人口的名句，彰显了共产党人不畏艰险、勇往直前的英雄气概。新一代的黄河人，在困难压力面前没有退缩，而是以披荆斩棘的勇气、雷厉风行的作风，建制度理顺机制、严管理规范提高、讲奉献拼搏进取，全力推动防洪工程建设。该工程自2012年11月主体工程开工，2013年进入施工高峰期，2015

黄河下游防洪工程施工场面　黄委建管局供图

年 10 月主体工程完工，2017 年 8 月通过竣工验收，成为全国 172 项节水供水重大水利工程中率先通过竣工验收的项目，并被评定为国家水土保持生态文明工程，新一代黄河人以实际行动向党和人民交出了一份满意的答卷。

忽如一夜春风来，千树万树梨花开。黄河下游防洪工程、黑河黄藏寺水利枢纽工程、沁河下游防洪治理工程、东平湖蓄滞洪区防洪工程、渠村分洪闸等病险水闸除险加固工程等一系列项目先后开工建设，其中黄河下游近期防洪工程、黄河下游防洪工程、黄藏寺水利枢纽工程等 3 个项目纳入国家 172 项节水供水重大水利工程，工程概算总投资 134.25 亿元。据统计，党的十八大以来，国家共安排黄委水利工程建设项目 99 个，工程概算总投资 175.63 亿元。

栉风沐雨 40 载，春华秋实满庭芳。全河水利工程建设者 40 年的矢志不渝，努力拼搏，铸就防御黄河洪水的铜墙铁壁。截至目前，按照 2000 年水平年设计水位，黄河下游一级堤防高度不足问题全部解决；堤防帮宽已全部完成；已达到堤防加固设计标准的堤段长 1036.133 公里，不需加固堤段长 76.440 公里，正在加固长度 258.654 公里；堤顶道路硬化已完成长度 1329.427 公里；防浪林已完成种植长度 688.992 公里；重要险工靠溜改建加固已完成坝垛数 1819 道，新续建河道整治工程已完成规划长度 75.758 公里；对渠村分洪闸、沿黄 22 座引黄闸和其他 9 座水闸进行除险加固；关注基层民生，解决了 344 个基层单位、9071 名职工饮水安全问题，新建生产业务用房 45238 平方米，消除了一线基层单位的房屋安全隐患。

展望未来，古贤水利枢纽工程、禹门口至潼关河段治理工程、黄河黑山峡河段开发等一大批工程将陆续开工建设，一批我们多年想干而没有条件干的大事将得以实现。这些工程的开工建设将进一步完善治黄工程体系，将为黄河长治久安、健康发展提供有力支撑。

规范管理安全至上　良性运行绿色发展

建设是基础，管理是保障。改革开放 40 年，黄委不断解放思想、创新思路，坚持建管并重，以工程安全为中心，规范管理，有序发展，工程管理标准化、现代化水平不断提高，为黄河岁岁安澜提供了有力保障。

黄河宁，天下平。工程安全是工程管理的首要任务，每年汛前，黄委各级工程运行管理部门都要对各类防洪工程进行一次全面检查，"找病灶""开处方"，及时处理险点隐患，为黄河防汛决策提供基础支撑。

如果将汛前安全普查比喻为防洪工程进行的年度体检，堤防隐患探测、根石探测和水库、水闸的安全检查则可看作是对"重要器官"的专项检查。

截至 2018 年 5 月，黄委 2160 公里设防堤防已普遍完成一轮或多轮堤防隐患探测。通过对大堤全面"胸透"，管理单位对检查过程中发现的孔、洞、松问题进行开挖回填和加固处理，强筋健骨，保证堤防工程安全度汛。

"够不够，三丈六"。根据实测资料分析，当坝垛根石深度达到 11 ～ 15 米，坡度达到 1:1.3 ～ 1:1.5 时才能基本稳定。根石探测就相当于通过对根石的"CT 检查"，发现根石变动的部位、数量，并及时补充抢护。据统计，近 10 年来，共探测根石坝垛 43968 道次，补充根石 398.09 万立方米。

1980 年故县水库截流　明珠集团供图

水库是防洪安全的重中之重。黄委现有直管水库 3 座，三门峡、故县和花果山水库。三门峡、故县水库大坝均为一类坝，已完成了大坝安全鉴定，水库调度规程、安全管理应急预案已获批。3 座水库已变成居民休闲娱乐场所或候鸟迁徙地，成为地方引以为傲的生态名片。

病险涵闸是堤防安全度汛的薄弱环节。黄委直管水闸 231 座，大多建于 20 世纪 60—70 年代，年久失修。为防患于未然，对 198 座水闸进行了安全鉴定，对 93 座水闸进行了除险加固，不仅补强了堤防安全的薄弱环节，也为沿岸群众生活生产用水提供了保障。

规范管理，止于至善。黄委积极推进水利工程管理目标考核，并以水管体制改革为契机，推动水利工程管理规范化、专业化、标准化建设，制定完善《黄河堤防工程管理标准》《黄河工程维修养护内业资料管理标准》《黄河工程管理考核标准》等一系列规范标准，共建立各类工程管理规范性文件 40 余个，科学严谨的工程管理标准体系逐步形成。

积极推进水利工程管理范围划界确权，禹门口至潼关无堤防河段河道管理范围划界工作基本完成。中下游直管河道管理范围和水利工程管理与保护范围划界工作已启动，先期试点工作完成，按照水利部确定的"先划界、后确权"的工作原则，2020 年将全部完成。

推动工程管理难点治理，自 2012 年来，共完成难点治理 810 余项，一大批长年影响工程管理面貌的钉子项目、顽疾项目被清除，近村堤段倾倒垃圾、摆摊设点以及浮桥通行堤段损坏路面等问题得以解决，淤区违章建筑和违规种植有效遏制。

党的十八大以来，生态文明建设被提升至前所未有高度。黄委创新绿化思路，探索管理机制，按照"植满植严"的绿化目标，努力营建生态和谐的绿色工程。全河绿化堤防已达 2706.5 公里（其中黄河下游绿化堤防 2429.55 公里，渭河下游绿化堤防 276.95 公里），共完成植树 840 余万棵，黄河两岸大堤已形成临河防浪林、堤顶行道林、淤区适生林相结合的生态防护体系，构筑了一条沿黄绿色生态长廊。

黄河工程管理范围内大规模的绿化不仅带来了防洪、生态和社会效益，也成为基层单位发展的"绿色银行"。开封第二河务局规范管理，大胆创新，集中利用淤背区发展苗木培育种植项目，走出了"以单位集体所有权为主体，多种管理机制相结合"的绿色发展之路。2017 年 9 月，黄委召开现场观摩会，"开封二局模式"在全河推广。

工欲善其事，必先利其器。黄河工程管理技术手段与时俱进升级发展。河道工程根石探测是黄河防洪工程管理的一项基础工作，从 20 世纪的人工锥探，到后来的声呐技术、地质雷达等新技术的运用，探测手段不断发展创新，并先后被列入国家"八五"重点科技攻关和"948"计划项目。黄河设计公司开发研制的"3200-SX 浅地层剖面仪"，经水利部鉴定，研究成果总体达到国际先进水平。

同样，黄河堤防隐患探测技术由早期的人工普查、锥探、抽水涸堤等传统手段，逐步发展为电法探测，技术水平取得了长足进步。黄河设计公司研制的"HGH－Ⅲ高密度电法堤防隐患探测系统"作为水利部"988"科技攻关项目，达到国际先进水平；山东河务局研制的"ZDT－Ⅰ智能堤坝隐患探测仪"获国家科技发明奖、山东省科技进步一等奖；"FD2000 分布式智能堤坝隐患综合探测系统"2005 年12 月通过专家鉴定，达国际领先水平。

驰而不息，久久为功，黄委工程面貌持续改善，工程管理屡创佳绩。截至2018 年 5 月，黄委已创建国家级水管单位 19 个、国家级水利风景区 4 个，新创建黄委"示范工程"89 处，全河"示范工程"达 243 处，黄河水利工程管理工作走到了全国的前列。

建管改革持续深化　工程建设规范发展

改革开放 40 年，水利工程建设成就巨大。与黄河水利工程建设这条生命线共同延伸的，是工程建设管理体制、理念、制度和能力日益科学的发展轨迹。

改革开放为水利工程建设体制发展打开了创新之门。1982 年，利用世界银行贷款投资建设的鲁布革水电站采用国际招标，揭开了水利水电建设管理体制改革的序幕。

1994 年 9 月，金堤河干流近期治理及彭楼闸引黄灌溉工程项目法人责任制试点工作，要求在工程项目实施时实行"工程监理制"，工程施工及重大设备采购实行"招标制度"，为三项制度推行积累了经验。

1998 年，国家大幅度增加黄河防洪工程基本建设投入，项目法人责任制、招标投标制、建设监理制在防洪工程建设中正式实施。

1998 年，监理招标在山东黄河八孔桥截渗墙工程首先试点，1999 年在黄河下游防洪工程全面推行。

1998 年汛后，工程招标投标在黄河下游防洪工程建设中开始实行，1999 年全面推开，2001 年实行招标代理制。

1998 年，《黄委会水利工程建设项目实行项目法人责任制的若干意见》出台，到 2003 年黄委《黄河防洪工程项目法人组建方案的批复》，明确黄河下游各市级河务局以及黄河小北干流山西、陕西黄河河务局作为管辖段工程建设项目法人。2012 年，山东、河南河务局分别组建工程建设中心作为两省河务局项目法人，取代了以原来市级河务局为基础建立的 14 个项目法人；2015 年，黑河黄藏寺水利枢纽工程建设管理中心成立，作为项目法人负责黄藏寺水利枢纽工程建设。黄河水利工程项目法人制度日益完善，愈加专业、规范。

2013 年，党的十八届三中全会讨论《关于全面深化改革若干重大问题的决定》，为改革再次谋篇布局。2014 年，《水利部关于深化水利改革的指导意见》印发，加快水利改革发展的重大举措相继提出，黄河水利工程建设体制改革也进一步深化。

——建设管理模式不断创新，选取黄委新闻宣传出版中心综合库房建设等多个项目开展了代建制试点，印发了《黄委基本建设项目代建管理办法（试行）》。因地制宜推行设计施工总承包模式，黄藏寺水利枢纽工程等项目实行了 EPC 总承包模式，实行了专业化、市场化、社会化建设管理。

——项目法人改革持续深化，加强项目法人政府监管，修订《黄河防洪工程项目法人考核办法》，完善项目法人考核评价和约束机制，促进工程建设管理水平不断提高。

——招标投标工作持续规范，强力推进黄河水利工程建设项目招标投标进入公共资源交易市场，实现了"应进必进"。

目前，随着黄河水利工程建设管理体制改革深入推进，符合中国特色社会主义制度的水利建设管理体制已经建立，工程质量安全得到有效保障，水利工程建设管理专业化、市场化和社会化水平不断提高，黄河水利工程建设管理体制改革成效显著。

"三项制度"全面落实。项目法人责任制全面落实，项目管理水平显著提高。建设监理制全面落实，工程建设质量安全有效控制。招标投标制全面实行，自 2000 年以来，共完成勘察、设计、监理等各类型招标 986 个标段，总中标金额达

143.31 亿元。

质量安全管理体系基本建立。建立了项目法人负责、监理单位控制、施工企业保证、政府部门监督相结合的水利工程建设质量管理体系。成立流域质量安全监督分站、各省局质量安全监督站以及水文、水资源、信息化项目站，充实专职质量监督人员，政府质量监管能力不断加强。加强制度创新，在全国率先建立工程督查制度和工程质量"飞检"制度，并在全国推广。

建设市场监管日趋完善。深入推进黄河水利建设市场项目信息公开及诚信体系建设工作，在黄河网开通相关专栏，委属项目法人发布项目信息 580 次，委属 85 家市场主体在"全国水利建设市场主体信用信息平台"进行了信息报送，49 家市场主体参加信用等级评价 106 次，获 A 级以上评价 103 次。开展建设领域突出问题专项治理活动，组织施工转包违法分包等违法行为专项整治、农民工工资支付专项检查，注重建立完善长效机制，积极营造诚信激励、失信惩戒的市场环境。

工管改革纵深推进　工程管理砥砺前行

2002 年，黄委建设与管理局成立，履行黄委建设与管理主管部门职责，实现了黄河水利工程建设与管理职能合一。

改革开放前，黄河水利工程管理实行"修、防、管、营"四位一体管理体制和专管与群管相结合的运行模式。随着社会经济的不断发展，体制不顺、机制不活、队伍臃肿、经费短缺等问题日益突出，工程管理体制改革箭在弦上。

2002 年 9 月，国务院办公厅转发《水利工程管理体制改革实施意见》，其中提出，力争在 3 至 5 年内，初步建立符合我国国情、水情和社会主义市场经济要求的水利工程管理体制和运行机制，水管体制改革拉开序幕。

实施意见颁布后，黄委成立了水管体制改革领导小组，召开改革动员会，要求各单位统一认识，转变观念，统筹推进工程水管体制改革。

试点先行，稳步推进。2005 年 3 月，25 个试点单位开始实施水管体制改革，6 月实现了管理单位、维修养护单位和施工企业的人员、机构和资产的彻底分离。10 月 9 日，原阳河务局试点通过黄委验收，成为全国首家通过流域机构组织验收的单位，发挥了试点典型带动作用。2006 年 5 月，黄委所属水管单位水管体制改革全面推进，6 月 30 日全面完成。

改革完成后，黄委所属水管单位均实施了"管养分离"，管理岗位上岗 6275 人，维修养护企业上岗 3455 人，3099 人分流到其他企业，确立了水管单位、维修养护公司、施工企业"三驾马车"并行的新格局，初步建立了职能清晰、责权明确的水管体制和管理科学、运作规范的运行机制，全河年度养护费用由改革前的平均 2000 万～3000 万元提高到改革后 4 亿多元，对于提高工程管理水平、发挥工程效益具有重要现实意义。

至此，工程建设管理体制改革"三项制度"的全面推行，以及工程运行管理体制改革的"管养分离"，使计划经济体制下、长期存在的"修、防、管、营"四位一体的工程建设管理体制和运行机制彻底破除。

党的十八大以后，黄河水利工程管理体制改革再次向纵深推进。2014年印发的《水利部关于深化水利改革的指导意见》提出，进一步深化国有水利工程管理体制改革，深度推进管养分离，以政府购买服务方式由专业化队伍承担工程维修养护，培育和规范维修养护市场，推行水利工程物业化管理，并明确了2018年开始试点、2020年全面改革到位的目标要求。

为推动本次水管体制改革的落地实施，2017年，黄委制定《进一步深化水管体制改革工作方案》，提出坚持职责明晰、事企分开，权责匹配、激发活力，平衡过渡、保持稳定，前后衔接、巩固扩大的四项基本原则，细化改革步骤和保障措施，全力推动新一轮的水管体制改革。

2018年，黄委水管体制改革试点工作启动，全河16家水管单位进行工程维修养护项目政府购买服务试点。各水管单位加强政府采购政策研究，对招标文件、评标办法、投标人资格条件、招标范围、合同文本等环节严格把关，精心筹划，积极推进。6月，维修养护招标工作已顺利完成，养护合同已全部签订，16家水管单位的工程维修养护工作有序进行。

2019年，各级水管单位将在2018年试点工作基础上，全面开展维修养护项目政府采购，所有维修养护企业都将通过政府采购方式确定。

2020年，总结维修养护项目政府采购工作，制定并完善检查、评比、考核、验收等制度，全面完成本次改革任务。

本次水管体制改革，将进一步巩固"管养分离"成果，水管单位、维修养护公司将形成真正的"甲乙方"关系，权责更加明晰，工程维修养护资金使用、管理与监督机制更加规范，市场化、专业化和社会化的水利工程维修养护体系将真正建立。

河湖长制扎实推进　流域管理再添重器

"河川之危、水源之危是生存环境之危、民族存续之危。"治理好水环境，保护江河湖泊，既是推进生态文明建设的重要任务，更是民生之需、民心所向。随着流域经济社会的快速发展，黄河也面临湖泊萎缩、河湖功能退化等问题。"水少""水脏"也成为黄河洪涝之后两大新的症结。

撼山易、治水难。上游污染，下游才能体现；岸上污染，水中才能体现；左岸污染，右岸也能体现。"水从门前过，谁引都没错"，左右岸、上下游争水矛盾尖锐，水域岸线抢占滥用问题突出。在以往"环保不下河、水利不上岸""九龙治水、各管一段"的管理体制下，河流治污、水资源管理和水域岸线管理保护成为老大难问题。

针对这些问题，基于对地方探索创新经验的总结，2016年10月，中央全面深化改革领导小组第二十八次会议审议通过了《关于全面推行河长制的意见》。2018年1月，中共中央办公厅、国务院办公厅印发《关于在湖泊实施湖长制的意见》。

从河长到湖长，两个意见的出台，构建了责任明确、协调有序、监管严格、保护有力的河湖管理保护机制，为维护河湖健康生命、实现河湖功能永续利用提供了制度保障；也标志着河（湖）长制已从应对水危机的应急之策上升为国家意志，标志着"河长制"由点及面，由水质管理向全面治理转变。

全面推行河（湖）长制是解决我国复杂水问题、维护河湖健康生命的有效举措，是完善水治理体系、保障国家水安全的制度创新，也是提高流域综合管理能力的一个重要抓手，为加强黄河流域管理再添利器。

一分部署，九分执行。黄委积极响应、主动作为，针对流域实际，以问题为导向，围绕"协调、指导、监督、监测"职能，制定目标，确定任务，蹄疾步稳地全面推进流域河长制工作。

2017年1月4日，黄委组织召开专题会，研究全面推行河长制工作，明确工作任务和思路。1月10日，成立推进河长制工作领导小组，研究解决重大问题，指导督促黄河流域全面推行河长制工作。2月7日，出台《黄委关于贯彻落实全面推行河长制工作意见》，细化河长制工作任务和目标，促进流域管理与河长制的深度融合。

加强统筹协调，5月22—23日，黄河流域（片）河长制工作座谈会顺利召开，讨论并通过了黄河流域（片）省级河长制办公室联席会议制度，建立了全国第一个流域河长制沟通交流平台。

加强指导，强化流域河（湖）长制基础工作。黄委向流域九省（区）印发《黄委关于全面推行河长制有关建议的函》《黄委关于黄河流域重点关注河湖名录的函》《黄委关于黄河流域"一河一策"编制水资源与水生态保护意见的函》，提出指导意见、建议和要求；强化规划约束，对流域省（区）河长制实施方案和"一河（湖）一策"实施方案进行审核把关，提出修改意见和建议。

严格监督检查，按照水利部河长制工作督导检查制度要求，委领导亲自带队，对河南省、陕西省、甘肃省、青海省、宁夏回族自治区、新疆维吾尔自治区（含新疆建设兵团）开展河长制湖长制工作进行督导检查。参加中央对地方全面建立河长制中期评估，推动河长制在责任省区落地生根。

突出流域监测职能，以水功能区管理、入河污染物总量控制、省界水质监督、断面流量监测等为重点，健全黄河水质监测管理体制，加强监测断面布设，提升黄河水质监测能力，为黄河水资源保护监督管理、最严格水资源管理制度以及"三条红线"制度的落地实施提供支撑。

加强直管河段管理，研究讨论直管河段河湖问题及综合整治措施。印发直管河湖"一河一策"方案编制工作

河长制监督检查　黄委建管局供图

指导意见，指导"一河一策"方案编制等工作，加强与地方河长的沟通协调，将直管河湖突出问题列入"一河一策"实施方案。督促开展专项执法检查和专项整治行动，出台黄河大北干流岸线利用管理指导意见，利用河长制工作平台协调解决流域管理中的实际问题。

2018年，河长制工作已由"见河长"阶段转向河湖治理保护具体实施阶段，河长制工作要"见行动""见成效"。黄委将持续发力，适时组织召开流域片省级河长制办公室联席会议，组织做好包片责任省（区）推行河长制工作督导检查，进一步加强直管河段管理，借力河长制工作平台，切实解决黄河水资源保护、水域岸线管理保护等突出问题，督促开展河湖专项整治行动、河湖联合执法活动等有关工作，提升黄河流域管理工作水平，当好新时代黄河代言人。

凡是过去，皆为序章。改革开放40年，黄河水利工程建设管理工作成就来之不易，新的征程任重道远。站在新的历史起点上，我们将进一步贯彻落实习近平新时代中国特色社会主义思想和十九大精神，紧紧围绕治黄中心工作，牢固树立绿色发展理念，坚持规范管理、加快发展，修建千里堤防，筑牢安全屏障，加强河湖管理，扮靓绿色长廊，为维护黄河健康生命、促进流域人水和谐架梁构柱，为实现中华民族伟大复兴的中国梦贡献力量。

黄委建管局　　执笔人：何晓勇

迎改革开放和煦春风
铸黄土高原绿色屏障
——改革开放40年黄土高原水土保持工作综述

改革开放以来，经过广大水土保持工作者以及千千万万群众的不懈努力，黄河流域的水土保持生态建设工作走上了快速发展之路、依法防治之路、生态文明建设之路，水土流失治理速度明显加快，生态效益、经济效益、社会效益显著，为促进流域经济社会发展、减少入黄泥沙，保障国家生态安全、粮食安全、防洪安全做出了巨大贡献。

亲切的关怀

改革开放以来，党和国家领导人对黄土高原水土保持生态建设给予了高度重视，多次亲临现场视察，作出了一系列重要批示，极大地鼓舞了广大干部群众的热情和信心，有力地指导了水土保持生态建设深入发展。1997年8月，时任中共中央总书记的江泽民在"关于陕北地区治理水土流失，建设生态农业的调查报告"上作出"经过一代一代人长期地、持续地奋斗，再造一个山川秀美的西北地区"的重要批示。1999年，时任国务院总理的朱镕基视察延安时，提出了"退耕还林（草），封山绿化，以粮代赈，个体承包"的方针。2007年2月，时任中共中央总书记的胡锦涛在定西市响河梁村对当地干部说，"要下更大气力，继续推进天然林保护、退耕还林、退牧还草、防沙治沙等工作，努力遏制生态恶化趋势，实现人与自然和谐发展"。

党的十八大以来，生态文明建设纳入中国特色社会主义建设"五位一体"总体布局，习近平总书记对生态文明建设多次作出重要论述，提出了"生态兴则文明兴""山水林田湖草是一个生命共同体""绿水青山就是金山银山""人与自然和谐共生"等理念。2015 年 2 月，习近平总书记在延川县梁家河村考察调研时指出："淤地坝是流域治理的一种有效形式，既可以增加耕地面积，提高农业生产能力，又可以防治水土流失，要因地制宜推行。"2018 年两会期间，又强调要加强生态环境保护建设，统筹山水林田湖草治理，精心组织实施京津风沙源治理、"三北"防护林建设、天然林保护、退耕还林、退牧还草、水土保持等重点工程。在全国生态环境保护大会上进一步强调，生态文明是关系中华民族永续发展的根本大计。习近平生态文明思想，已成为我们做好新时代黄土高原水土保持工作的根本遵循和行动指南。

有力的保障

根据不同时期国家发展目标和要求，结合黄土高原地区经济社会、生态建设实际，注重顶层设计、法治保障、项目支撑，有效推动了水土流失综合防治开展。1983 年 3 月国家计委向全国水土保持工作协调领导小组发出《关于请组织编制西北黄土高原水土保持专项治理规划的通知》，黄委黄河中游治理局（现黄河上中游管理局）负责组织编制工作。1990 年 11 月，经国家计委报请国务院同意，对规划作了批复，把黄土高原水土流失综合治理列为国家经济开发和国土整治的重点项目，划拨专项资金予以扶持，形成了集中连片、规模治理的格局。按照《全国水土保持生态建设规划》，黄委于 1997 年 9 月组织编制了《黄河流域黄土高原地区水土保持建设规划》，水利部审查后报国家计委。国务院分别于 2000 年 7 月、2013 年 3 月及 2015 年 10 月批复的《黄河近期重点治理开发规划》《黄河流域综合规划（2012—2030 年）》《全国水土保持规划（2015—2030 年）》，都对黄河流域特别是黄土高原水土流失综合防治作出专门部署，安排治理措施。

随着中央投资力度逐步加大，国家水土保持重点项目逐年增多，以此为依托，水土流失综合治理步伐越来越快。20 世纪 80 年代初，我国农村实行家庭联产承包责任制，国家开始建立水土保持补助费和抗旱经费补贴使用制度，增拨专项资金，开展小流域水土流失综合治理试点及水土流失重点治理。1979 年国家出台了《关于小型农田水利补助费（包括水土保持费）和抗旱经费使用管理的试行规定》，明确了水土保持补助费制度。在原水利电力部安排下，黄委 1980 年在黄土高原各省区开展了小流域水土保持综合治理试点工作，这是最早用于黄土高原水土保持的中央专项投资。1983 年国家首次安排财政专项资金，实施全国八片水土保持重点治理工程，黄土高原开展了无定河、三川河、皇甫川流域和定西县等四片重点治理工程。1986 年中央第一次安排基建投资实施黄河中游治沟骨干工程，这是我国水土保持工程建设起步与发展阶段，治理经费得到基本保障。这一时期水土保持坚持以小流域为单元，山水田林路统一规划，工程措施、植物措施与耕作措施相结合，经济效益、生态效益和社会效益兼顾，以经济效益为主的基本工作思路。在继续实施国家水土保持重点建设工程、黄河中游水土保持重点治理工程等的基础上，又启动实施了黄河水土保持生态工程、中央财政预算内专项资金水土保持工程、坡耕地水土流失综合治理工程、国家农业综合开发水土保持项目、黄土高原淤地坝工程、砒砂岩地区沙棘生态工程、黄土高原地区中型以上病险淤地坝除险加固、黄土高原世界银行贷款项目等一大批水土保持生态建设重点项目，有力地带动了水土流失综合治理，提高了工程质量和效益。

随着水土保持工作深入开展，为处理好治理、开发与保护的关系，规范生产建设和治理行为，水土保持有关法律法规应运而生。1982 年 6 月，国务院发布《水土保持工作条例》，提出"防治并重，治管结合，因地制宜，全面规划，综合治理，除害兴利"的工作方针。随着我国能源化工基地和基础设施建设发展，为加强山西、陕西、内蒙古接壤地区生产建设中的水土保持工作，1988 年 9 月 1 日国务院发布了我国第一部区域性水土保持法规《开发建设晋陕蒙接壤地区水土保持规定》，促进了晋陕蒙接壤地区资源开发、环境保护和水土保持协调进行。1991 年 6 月 29 日，《中华人民共和国水土保持法》颁布实施，1993 年 8 月，国务院发布《中华人民共和国水土保持法实施条例》，实行"预防为主、保护优先、全面规划、综合治理、因地制宜、突出重点、科学管理、注重效益"的方针，我国水土保持工作步入预防为主、依法防治的轨道。2011 年 3 月新的《中华人民共和国水土保持法》颁布实施，明确了流域机构水土保持监督管理的法律地位。各省区陆续出台水土保持法实施办法或条例，制定水土保持补偿费征收使用管理办法，法律法规体系不断完善。

探索中实践

黄土高原地区水土保持生态建设的发展历程，围绕综合治理、预防监督、科学研究、监测与信息化、机制创新及监督管理等这几条主线，不断探索、总结、创新、完善，创造了具有显著时代特征的成功经验，走出了一条具有黄土高原特色的水土流失综合防治路子。

通过不断探索总结，创新了人与自然和谐共生的水土保持工作理念。各地在工作中采取沟道工程整体控制，科学配套坡面整治和植被建设等措施，把泥沙拦在千沟万壑和广袤土地上，发展基本农田和多种经营基地，腾出山坡地造林种草，禁牧封育，扩大植被；通过拦蓄天然降水，提高天然径流的资源化程度，提升水资源环境容量，为生态建设提供水源保证，保持水土、调节气候，达到持续稳定减少入黄泥沙、发展生产的目的。经过综合治理的小流域基本实现泥不下山、水不出沟，"三跑田"变为"三保田"。在实施国家重点工程过程中，水土保持工作由突出基本农田建设到治理与开发紧密结合，再到项目整合提高质量标准；由积极培育主导产业到服务群众脱贫致富奔小康，再到文明乡村建设，重点不断调整、质量不断升级。青海省 2008 年起坚持"生态立省"战略，治理区生态环境质量持续好转，荒漠化、沙化土地面积逐年减少。甘肃省从 2009 年起大力推进以梯田建设为主的小流域综合治理，在完成第一轮 500 万亩梯田建设的基础上，2012 年起以贫困地区为重点，组织实施新一轮 750 万亩梯田建设工程，积极发展马铃薯、中药材和特色林果产业，实现了农业高质量发展。河南积极推进生态清洁小流域建设，促进乡村振兴战略落地生效。内蒙古鄂尔多斯市从 2000 年起积极实施禁牧、休牧和划区轮牧政策，以草定畜，舍饲养畜，充分利用大自然的修复能力，森林覆盖率、植被覆盖度大大提高。陕西省深入推进水窖、涝池等小型水保工程建设，促进水系连通和水生态修复。如今，黄土高原地区"治理一方水土、改善一方生态、发展一方产业、造福一方百姓"的局面正在形成。

通过不断探索总结，创新了统一规划、科学配置防治措施的思路。以小流域为单元，山水林田草路村统一规划，工程、植物、耕作措施科学配置，经济、生态、社会三大效益统筹兼顾，不断建成完善综合防治体系。进入 21 世纪，黄土高原在经济相对发达地区、人口相对集中的城市周边和重要水源区，以生态清洁小流域建设深化小流域治理内涵，把小流域治理、生态修复、水系整治和人居环境改善紧密结合，促进了精准脱贫、新农村建设和小康社会建设步伐。青海省近年来大力推进山水林草景田园路镇村"十位一体"系统治理，形成了多层次、多功能、多效益的防治体系。河南省在实施乡村振兴战略中，坚持把水土保持与水资源保护、面源污染防治、人居环境改善、新农村建设、特色产业发展有机结合，对水系、道路、农田、村庄等同步规划、同步治理。宁夏回族自治区坚持"六结合"的水土保持生态建设工作方针，因地制宜推进山水田林草、库井窖池坝综合治理。针对植被恢复这一黄土高原生态建设的最大难题，各地在解决好群众生计等实际问题的同时，积极开展封禁治理，使植被得到快速恢复，水土流失得到快速治理。陕西省吴起县 1996 年起大力推进退耕还林和水土保持生态建设，在确保一定数量的耕地、人工草地和林地基础上，实施舍饲养羊，经 10 多年不懈努力，全县水土流失综合治理程度接近 80%，退耕还林面积全国第一。目前，黄土高原封禁治理面积达到 390 多万公顷，与其他水土保持措施共同发挥作用，呈现出良好的生态功能。

通过不断探索总结，创新了突出重点、强化治理的方法。黄土高原水土流失量大面广，要实现费省效宏的效果，就必须找出重中之重，有计划加以突破。结合黄土高原水土流失特点和多年防治经验，逐步形成了以小流域为单元、支流为骨架、县域为单位、多沙粗沙区为重点集中连片治理、突出骨干坝建设的水土保持方法。为集中治理粗泥沙集中来源区和多沙粗沙区，黄委从 2005 年起着手开展多沙粗沙区综合治理的立项工作，编制完成的《黄河粗泥沙集中来源区拦沙工程项目建议书》得到国家发改委批复，《黄河粗泥沙集中来源区拦沙工程一期项目》立项工作取得了较大进展，前置条件全部办理完成。

黄委认真履行流域机构监督管理职责。先后参与制定《国家水土保持重点工程监督管理办法》《农业综合开发水土保持监督检查办法》《黄土高原地区小流域坝系竣工验收考核评估办法》等多项规范性文件，完善了制度体系，把严格监督检查作为项目成败的关键环节始终如一抓紧抓好。按照水利部有关部署和要求，以项目前期和建设管理、检查验收、运行管理等为重点，每年定期对国家水土保持重点工程进行监督检查，提高国家水土保持投资效益，促进重点工程安全运行，确保重大工程持续稳定发挥效益。

为了落实淤地坝工程运行管护责任，黄委及地方各级坚持以人民为中心，结合各自管理职责与实际情况，建立了以淤地坝防汛责任制为主的淤地坝工程安全运用管理机制。省、市、县三级落实了以地方行政首长负责制为核心的淤地坝防

除险加固后的陕西子洲县闫家沟骨干坝　黄委水保局供图

汛责任制，层层确定淤地坝防汛行政责任人、技术责任人和巡查责任人。黄委先后制定了《黄土高原淤地坝汛前检查办法》《黄河防总淤地坝防汛值班督查制度》等 8 项制度，使淤地坝建设管理有章可循。各级主管部门加大监督检查力度，水利部和黄委每年汛前组织淤地坝安全运用专项检查，督导各省区做好淤地坝防汛工作。各地积极开展病险淤地坝除险加固，在国家专项资金支持下，2016 年以来加固淤地坝 1600 多座，提高了中型以上淤地坝安全性能。陕西省将淤地坝除险加固纳入政府目标进行考核，确保淤地坝拦沙淤地、改善生态、融合产业等功能发挥。各省区坚持"建管用"相结合，"责权利"相统一，20 世纪 90 年代起通过股份制、承包、拍卖、租赁等形式，对淤地坝进行产权制度改革，落实了工程运行管护机制，确保了工程安全和效益。各地努力保障淤地坝维修养护经费，宁夏制定《淤地坝安全运用管护经费使用管理暂行规定》，为管护经费筹措作出制度性安排。

坚持"预防为主、保护优先"的方针，以规范生产建设行为、控制人为水土流失为核心，以维护国家生态安全和维护黄河健康生命为目标，努力推动预防监督工作再上新台阶。黄委从 2003 年起，组织对部批生产建设项目开展大规模监督检查。2011 年新的《中华人民共和国水土保持法》施行以来，协同各省区探索

沁河河口村水库工程坝后施工区综合治理　黄委水保局供图

建立水土保持监督检查联动机制，连续 7 年实现在建部批项目监督检查全覆盖，促进 445 个部批项目水土保持设施通过验收。积极探索网上监督管理新途径，构建了流域生产建设项目监督管理交流服务平台，逐步形成各级监管部门互相协作、协调联动、齐抓共管的良好局面，有力推动了水土保持"三同时"制度落实。积极强化对各省区监督管理工作的检查指导，督促完善制度，规范监督管理，强化监督执法。目前，流域各省区均已颁布了水土保持法实施办法或条例、水土保持补偿费征收管理办法等，全面规范了水土保持行政许可事项；两批 240 个监督管理能力建设县通过了水利部验收，基层监督管理能力明显提高。培育出一批生产建设项目水土保持先进典型，如兰新铁路二线甘青段、黄河下游近期防洪工程等多项重大工程获评国家水土保持生态文明工程，流域人为水土流失防治工作展现新气象。

2010 年在国内首次启动了《黄河流域水土保持公报》《黄河流域（片）生产建设项目水土保持公报》《晋陕蒙接壤地区水土保持监督执法公报》等三项水土保持公报发布工作，把黄河流域水土保持监督执法工作提高到了新水平。黄委制订颁发了《黄河流域严重人为水土流失违法事件快速反应与联合查处办法（试行）》，率先建立了人为水土流失违法事件快速反应与联合查处机制。

坚持科研为生产服务的原则，不断加强科学研究，基础条件和手段不断巩固提高，水土保持科技体系日臻完善。1989—2012 年，流域内先后建立了"黄土高原土壤侵蚀与旱地农业国家重点实验室""水利部水土保持生态工程技术研究中心""水利部黄土高原水土流失过程与控制重点实验室"等，黄科院建成世界上规模最大的人工模拟降雨试验大厅。水土保持科技工作者在黄土高原水土流失区开展了一系列基础和应用技术研究，从坡面单项措施的试验研究与推广，到小流域综合治理模式研究、试点与大范围推广，再到区域水土保持生态建设策略研究，促使水土保持工作逐步由经验走向科学。特别是近 20 年，黄河水土保持以科技为先导，深入开展基础理论、应用技术、政策法规、管理体制机制等方面的科技体系研究，尤其在水土流失规律、水土流失防治途径、水土保持措施效益、水土保持监测及"3S"等新技术应用方面，为科学决策、高效防治做出了突出贡献。在前辈科学工作者成果基础上，黄委组织开展了艰苦探索，1996—1999 年界定出 7.86 万平方公里多沙粗沙区。经过两年多细致研究，界定出 1.88 万平方公里粗泥沙集中来源区，最终确定了对黄河下游河道淤积影响最大的区域，锁定了黄土高原水土流失优先治理的重点。完成的"黄河中游多沙粗沙区区域界定及产沙输沙规律研究"成果，为黄河中游水土流失重点治理、黄河下游防洪减淤及改善流域生态等提供了依据。黄河水沙变化是事关黄河治理开发与管理的基础性战略性问题，黄委开展深入研究，其中"黄河近年河川径流减少的主要驱动力及其贡献"科研成果获 2017 年大禹水利科学技术一等奖。开展的"鄂尔多斯砒砂岩生态综合治理技术"项目列入国家重点研发 2017 年计划。晋陕蒙接壤地区生产建设项目动态监管试点项目取得积极成效。这些科研成果和技术推广项目，为解决黄土高原水土流失防治和生态修复的关键技术难题提供了支撑，推动了黄土高原水土保持生态建设由高速发展转向高质量发展。

监测与信息化工作持续深化，黄土高原地区主要水土流失类型区的水土保持监测网络体系建设初见成效。建成了黄河流域水土保持数据库，开发了生产建设项目水土保持监督管理、淤地坝信息管理等多个应用系统，全国水土保持监督管理、综合治理、监测评价等信息系统全面使用，有效提高了水土保持信息化水平。积极开展规划方案编制，加强监测设施建设，推动以"全国水土流失动态监测与公告项目"为重点的动态监测，黄委扎实开展国家级重点预防区和国家级重点治理区水土流失动态监测，为掌握流域水土流失及其防治动态，强化监督奠定了坚实基础。2016 年起黄委率先利用卫星遥感、无人机等高科技手段，开展晋陕蒙接壤地区生产建设项目"天地一体化"监管，为全国提供了可复制、可推广的经验。近年来，各省区有序开展典型小流域监测、水土保持重点工程"图斑精细化"管理等信息化工作，强化了监测和信息化对水土保持生态建设的基础性作用。

2004 年起，各地按照水利部要求积极创建水土保持科技示范园，目前流域内先后建成 18 个国家级、24 个省级水土保持科技示范园区，成为民间资本参与水土保持、开展水土保持科普教育的重要平台，为水土保持生态工程永续利用探索了新路子。

为进一步加快水土流失治理步伐，有关省区通过制定优惠政策、探索生态补偿机制、引进外资等形式，引导群众、企业和个户等开发"四荒"资源，建立多元化、多渠道、多层次的水土保持投入机制，形成了全社会广泛参与的良好局面。20 世纪 80 年代初，黄土高原在全国首创了以户承包治理小流域的先例，大大调动了群众参与水土流失防治的积极性。进入 20 世纪 90 年代中期，各省区积极贯彻落

开展水土保持重点工程"图斑精细化"管理工作　黄委水保局供图

实国务院、水利部关于治理开发"四荒"资源、鼓励民间资本参与，加强水土保持工作的有关精神，采取承包、拍卖、租赁、股份合作等方式进行治理开发，使民营水保成为水土保持生态建设的一支重要力量。经过多年的发展，黄土高原地区有100多万农户参与4.5万平方公里的"四荒"治理开发，收取拍卖资金3亿多元。山西省民营水保户发展到30万户，累计投入治理资金35亿多元，治理"四荒"面积8200平方公里。

1994年以来，陕西、山西、甘肃和内蒙古等4省区引进外资3亿美元，先后成功组织实施了两期黄土高原水土保持世界银行贷款项目，累计治理水土流失92.4万公顷，其中一期项目被誉为世界银行农业项目的"旗帜工程"，并获得2003年度世界银行行长"杰出成就奖"。

陕西省率先建立生态补偿机制，利用征收的水土流失补偿费开展返还治理，探索水土保持生态工程新的投融资机制出台了。山西省出台有关政策，从煤炭开发受益中提取一定比例资金用于水土保持。内蒙古鄂尔多斯市从煤炭收益中提取资金用于水土流失综合治理。河南省义马市引导企业落实生态修复、改善生态环境的责任和义务。

高度重视水土保持国策宣传教育活动，积极探索新机制、新模式，努力促进宣传工作不断取得新成效。各地成立专门宣传机构，注重各级宣传队伍建设，将宣传列为工作目标考核任务，完善了水土保持宣传激励机制。黄委成立黄河流域（片）水土保持宣传协作理事会，组建了由省市县各级300多名骨干参加的黄河流域（片）水土保持国策宣传网络队伍，形成了宣传协作机制。各地采用专题片、公益广告、专栏报道、展板展示、流动宣传车等多种形式，使水土保持国策宣传教育进党校、进学校、进社区、进农村、进工矿。多次组织中央媒体记者深入一线采访，对国家重点工程、淤地坝建设、综合治理成效、流域生态补偿机制等重点工作进行了深度报道。内蒙古自治区、山西省等精心策划制作系列水土保持宣传片，并在主流媒体播出。甘肃、河南等省编写水土保持科普读物，面向青少年宣传普及水土保持科学知识。宁夏固原市"一进、五抓、三注重"宣传教育进党校模式被水利部树为样板并在全国推广。充分利用《黄河报·生态周刊》平台，突出水生态文明和水土保持生态建设经验及成效的报道。目前，全社会的水土保持意识和法制观念普遍增强，各级政府对水土保持工作的重视程度和支持力度明显提高，水土保持工作氛围和外部环境越来越好。

巨大的成效

截至目前，黄土高原完成初步治理水土流失面积22万平方公里，建淤地坝5.9万多座，建设基本农田550万公顷；近20多年间平均每年拦减入黄泥沙4亿多吨，减缓了下游河床淤积抬高速度，有效改善了农业生产条件和生态环境，解决了数千万农民的温饱和生活用水问题。通过连续治理、系统治理，黄土高原地区生态环境实现了从"整体恶化、局部好转"到"整体好转、局部良性循环"的转变，人民群众的获得感、幸福感不断增强。水土保持预防监督工作取得了显著成效，法律法规体系得到建立和完善，执法队伍逐步壮大，监管手段不断改善，监管能力持续提升，依法防治水土流失自觉性有效提高，水土保持法制意识明显增强，从根本上遏制了新的人为水土流失。由流域监测中心站及其直属分站、省区监测总站及各类水土流失监测站点组成的监测站网初具规模，持续开展国家级以及省级重点治理区和预防区水土流失动态监测，及时发布水土保持公告。水土保持管理系统得到有效应用，遥感技术广泛应用于水土保持监管工作，信息化与水土保持工作深度融合。地方政府目标责任制逐步建立，加快了水土流失防治步伐。

走进新时代

中国特色社会主义进入新时代，随着国家扶贫攻坚战略的实施和"一带一路"倡议的推进，黄土高原生态修复在我国经济社会发展中的地位愈加突出，在促进区域人口、资源、环境相协调，经济、社会、生态效益相统一中作用更加重要，黄土高原水土保持工作迎来新机遇。

同时从整体上看，黄土高原水土流失和生态环境问题仍很突出，主要表现在以下几个方面：一是治理任务依然十分艰巨。黄土高原仍有 30 多万平方公里的水土流失面积尚未得到有效治理，尤其是粗泥沙集中来源区，任务十分艰巨。现有治理措施仍需继续巩固、提高。二是事中事后监管任务加重。随着该地区基础设施建设和资源开发步伐的加快，开发与保护矛盾突出，区域生态环境建设仍然面临较大压力，生态监管制度还不完备。三是水土保持监测能力不足，对水土流失防治的支撑作用不够。这些问题，需要我们在今后的工作中认真加以解决。

推进新时代黄土高原水土保持生态建设，要以建设美丽黄土高原为总目标，深入学习贯彻落实习近平生态文明思想与"十六字治水方针"，践行绿色发展和绿水青山就是金山银山理念，统筹推进山水林田草路村综合治理，不断优化水土流失防治目标、任务和措施，全面提升水土流失综合防治体系和防治能力现代化，为流域人民美好生活提供更多优质生态产品，创造更加适宜的生产生活条件，为实施乡村振兴战略、加快流域生态文明建设、推动流域经济社会持续健康发展提供重要支撑。应着力抓好以下几项重点任务：一是按照《全国水土保持规划》《黄河流域综合规划》和省级规划的原则和要求，健全完善流域有关规划体系，狠抓规划有效落实。二是按照水土保持法和中央关于生态文明制度建设的有关法规要求，积极落实地方各级人民政府水土保持目标责任制以及规划实施考核评估与奖惩制度，做好政府生态文明建设目标责任制的评价考核，全面落实生态文明建设目标责任。三是坚持山水林田湖草系统治理理念，充分发挥小流域水土流失综合治理的优势，围绕"维护黄河健康生命，促进流域人水和谐"的治黄思路，科学合理确定水土流失防治措施，因地制宜，因害设防，突出重点，整体推进，实施好生态清洁小流域建设，促进精准扶贫和乡村振兴取得实效。四是完善制度，创新机制，依法开展事中事后监管，落实最严格的水土保持管控。五是强化监督管理，切实推进国家重点水土保持工程建设，不断提升水土保持管理水平，确保工程建设的进度和质量，充分发挥水土保持重点工程投资效益。六是认真落实坚持以人民为中心的基本方略，把人民生命安全放在首位，切实做好淤地坝安全运用、病险淤地坝除险加固及淤地坝暗访督查工作，严格落实以地方行政首长为主体的防汛责任，确保人民生命安全和淤地坝工程安全。七是推进水土流失动态监测和信息化建设，强力推进生产建设项目和国家水土保持重点工程信息化监管，为水土保持监管提供有力支撑。八是要以需求和问题为导向，继续推进水土保持改革，不断创新以奖代补、民间资本参与水土保持工作机制，努力培育流域水土保持内生动力，持续深化国策宣传教育，增强全民水土保持意识。

黄委水保局　　执笔人：刘景发

坚守安全生产红线
护航治黄事业改革发展
——改革开放 40 年黄委安全生产工作综述

　　40 年来，伴随着人民治黄事业的蓬勃发展，治黄安全生产工作也经历了探索中恢复、创新中提高、改革中发展的过程，特别是党的十八大以来，黄委党组坚持把安全生产作为推动治黄事业改革发展的前提，带领全河上下认真贯彻党中央、国务院以及水利部有关安全生产的重要决策部署，践行安全发展理念，坚守安全生产红线，围绕治黄中心工作，在组织机构建设、责任体系建设、制度体系建设、监督检查和隐患排查治理、应急管理、宣传教育培训和安全生产标准化建设等方面做了大量工作，有效控制了生产安全事故的发生，保持了全河安全生产形势的持续平稳，为治黄事业改革发展营造了良好的安全生产环境。

推进观念重建，治黄安全生产工作在探索中恢复

　　任何的社会变革总是思想先行。1978 年 12 月 18—22 日，中国共产党第十一届中央委员会第三次会议在北京召开，会议确立了解放思想、实事求是的思想路线，作出把党和国家工作重心转移到经济建设上来、实行改革开放的历史性决策。这是一次伟大的转折，也是一次观念的重建。

　　在"文化大革命"期间，安全生产和劳动保护被抨击为"资产阶级活命哲学"，规章制度被视为"管卡压"，安全管理受到严重冲击，正常的生产秩序遭到严重破坏，导致事故频发。黄河战线的安全生产工作也受到严重影响，在组织机构、

制度建设、责任落实等方面积累了许多问题。

1978年底至1986年底，是治黄安全生产工作的恢复阶段。其间，黄委安全生产工作由劳动工资处负责，致力于转变思想，重建观念，恢复劳动安全机构和安全生产规章制度，落实安全生产责任，有针对性地开展安全生产宣传教育活动，提高对安全生产工作的认识。

1982年9月20日，黄河下游冬修会议要求注意安全生产。指出，当年安全生产方面各单位都做了不少工作，但事故仍然不断发生，不仅造成不应有的损失，而且给职工、家属带来很大痛苦。这是有关人民生命财产安全的一件大事，要求两省河务局切实抓好。部署工作一定要部署安全生产，明确责任，不断检查，真正把事故消灭在萌芽状态。

1984年7月，黄委印发《关于建立劳动安全机构和人员编制问题的通知》，对安全专职机构设置和人员配备等问题进行明确。

1984年10月，黄委第三次安全生产工作会议要求全河为开创安全生产、文明生产的新局面作出贡献。大会首次颁发了《黄委劳动安全条例（试行）》，并树立了9个红旗单位、9个先进集体和39名先进个人。

1985年5月，正式印发《黄委劳动安全条例》。《黄委劳动安全条例》是黄河系统第一部综合性劳动安全规章制度，是根据国家和地方政府的有关规定，总结黄河系统多年安全生产工作经验进行制定的，为规范安全生产管理提供了依据和保障。

1985年4月，首次成立黄委安全生产委员会（以下简称黄委安委会），其主要职责是负责全河安全生产领导工作，研究、协调和指导全河的重大安全生产问题。首次成立的黄委安委会由12名成员组成。

1985年5月，黄委印发《机动车辆驾驶员安全行驶奖励和事故赔偿办法》《锅炉压力容器安全管理办法》。

1985年5月1日至8月8日，首次举办全河交通安全百日竞赛。

经过不懈努力，黄委建立了劳动安全机构，成立了黄委安委会，施行了《黄委劳动安全条例》等规章制度，开展了交通安全百日赛，安全生产工作逐渐得到恢复。但限于对安全生产规律认识不足，安全生产工作措施针对性不够强，"六五"期间（1981—1985年）全河每年发生统计事故50起，最多达到62起。

实行目标管理，治黄安全生产工作在创新中提高

1987年至2010年10月，是治黄安全生产工作的提高阶段。其间，为扭转全河"六五"期间生产安全事故多发的局面，黄委直面问题，结合行业特点和工作实际，积极在安全生产规划、责任落实、目标管理、组织机构建设、规章制度建设、

宣传教育培训等方面解放思想、创新举措。

一是落实责任，全面实行安全生产目标管理。1987年，黄委与委属各单位签订的年度目标责任书中，将安全生产工作纳入其中，并要求各单位逐级签订安全生产目标责任书，全面推行安全生产"一票否决"制度。黄委及所属分支机构均建立了行政一把手负总责，分管负责人和部门负责人对分管业务范围内的安全生产直接负责的安全生产责任制。

二是搞好规划，过程管理全河安全生产工作。每年年初印发安全生产工作要点，对当年的安全生产工作进行部署。1991年4月，黄委在三门峡枢纽管理局召开安全生产工作会议，总结"七五"期间全河安全生产工作，确定"八五"期间全河安全生产工作总体目标。1996年3月，对"八五"期间安全生产工作进行总结，确定"九五"期间全河安全生产工作指导思想和主要工作任务。

三是领导重视，持续推进安全生产组织机构建设。1987年9月，印发《黄委机构设置的通知》和《黄委机关各部门编制人数的通知》，明确黄委安全生产工作由劳动工资处负责。1989年6月，国务院将黄委定为副部级机构之后，安全生产工作由新设置的人事劳动局负责。1994年10月，黄委在人事劳动局成立安全卫生处，具体负责组织、推动、监督安全卫生工作的开展。

根据工作需要和人员变动情况，10次调整黄委安委会。2000—2009年，黄委安委会主任委员由黄委党组书记、主任担任。为提高安全生产工作的专业水平，2001年11月，黄委成立水利工程管理和防汛、水利水电施工、车辆交通、水电、综合安全等5个安全生产专家组，在黄委安委会领导下开展工作。2004年12月，黄委安全生产专家组成员进行换届调整，合并为工程管理与施工、车辆交通、综合管理3个专业组。

四是建章立制，不断推进安全生产规章制度建设。据统计，提高阶段《黄委劳动安全条例》修订3次，分别是：1995年4月，第一次修订的《黄委劳动安全条例》施行；2001年11月12日，第二次修订的《黄委劳动安全条例》施行；2007年9月4日，施行《黄委安全生产管理规定》，《黄委劳动安全条例》同时废止。

施行的安全生产规章制度主要有：1988年施行《黄委锅炉房岗位责任制及锅炉安全运行规程》《黄委关于加强劳动安全监察人员管理工作的意见》；1990年8月施行《黄委安全生产奖惩办法》，1991年7月施行《黄委安全生产管理工作考评标准》；1995年施行《道路交通安全管理若干规定》《锅炉压力容器安全生产管理若干规定》《黄委关于安全生产工作的意见》；1996年2月施行《黄委关于劳动安全卫生部门对生产性建设项目职业安全卫生"三同时"监察范围的若干规定》；2001年11月施行《黄委安委会工作规则》《黄委安全生产专家组管理办法》；2007年施行《黄委特别重大生产安全事故应急救援预案》；2008年施行《黄委安全生产工作责任追究办法》。

五是源头防控，扎实开展安全生产检查和隐患排查治理。黄委注重管控隐患，防范事故。每年至少组织 2 次全河安全生产大检查。在单位自查、逐级督查的基础上，由黄委安委会成员单位组成检查组，分赴各单位进行重点抽查。在此基础上，黄委适时开展黄河标准化堤防建设安全、调水调沙试验和小北干流放淤试验安全、"5·12"汶川大地震后震损情况隐患排查等工作。

对发现的事故隐患，督促事故隐患责任主体单位及时治理；对暂时不能治理的事故隐患，要求采取临时防控措施。

六是加强宣教，夯实安全生产工作基础。黄委以全国"安全生产周"、"安全生产月"为抓手，坚持开展安全生产宣传教育活动。

1991—2001 年，每年组织开展全国"安全生产周"活动，发挥以周促年的作用。1991 年，摄制《劳动安全在黄河》专题录像片，全面介绍黄河安全管理的基本情况，是黄委安全生产工作的第一部录像片；1992 年 10 月，编印黄河劳动事故案例画册《前车之鉴》，从道路交通、机械伤害、火灾、水上作业、高空作业、电气安全等六个方面选出典型案例图文并茂进行分析；1995 年，创办季刊《黄河安全卫生》，刊发安全生产文章、论文、信息、知识、漫画等。

2002—2010 年，每年组织开展全国"安全生产月"活动，发挥以月促年的作用。黄委 2008 年获得全国水利安全生产知识竞赛活动优秀组织奖、2009 年获得水利部"水系民生、安全发展"水利安全生产宣传教育活动优秀组织奖。

学习贯彻《中华人民共和国安全生产法》（以下简称《安全生产法》），《安全生产法》自 2002 年 11 月 1 日起施行。黄委高度重视，认真组织相关学习贯彻活动。2002 年 10 月下旬，举办《安全生产法》培训班，全河 45 名安全管理干部参加培训；2002 年 11 月 1 日，黄委举办全河《安全生产法》知识竞赛答题活动，并参加河南省在郑州绿城广场举行的《安全生产法》大型宣传咨询活动。

加强交通安全管理。1985—2001 年，每年 5 月 1 日至 8 月 8 日举办交通安全

1992 年，黄委举办全国水利行业安全生产知识竞赛 黄委安监局供图

百日竞赛，全河机动车辆、船只驾驶人员和安全管理人员参加竞赛。2002—2004年，开展全河交通安全百日竞赛暨评选安全行车50万公里无事故驾驶员活动；2005年，开展黄河车辆交通安全专项整治活动；2006年，开展黄河车辆交通安全状况评估活动。

加强锅炉安全管理。1995年12月至1997年3月开展锅炉房安全生产管理竞赛。

七是严格事故报告纪律，严肃事故责任追究。2004年1月，黄委实行《安全生产事故"零"统计制度》，建立生产安全事故"季报—月报—年报"机制。在此基础上，2007年印发通知，要求进一步严格执行安全生产事故报告制度，切实做好全河安全生产事故统计工作，并加大对瞒报事故的处理。

对发生的生产安全责任事故，严格按照《黄委安全生产工作责任追究办法》和"四不放过"的原则，严肃追究责任单位和责任人的责任。

在提高阶段，黄委于1987年创新实施安全生产目标管理，逐级签订安全生产目标责任状，不断完善安全生产规章制度，将安全生产工作任务落实到单位、到个人，并通过每年对各单位开展安全生产工作考核，实行安全生产"一票否决"制度，强化了安全生产责任制的落实，保证安全生产工作目标的实现，有效控制了生产安全事故多发的态势。"七五"期间（1986—1990年）全河统计生产安全事故控制在每年30起左右；"八五"期间（1991—1995年）控制在每年16起左右；"九五"期间（1996—2000年）控制在每年20起以内；21世纪前10年控制在每年10起以下。

成立专职部门，治黄安全生产工作在改革中发展

2010年10月至今，是治黄安全生产工作的专职部门履职阶段。2010年10月12日，安全监督局正式成立。根据《黄委机关各部门主要职责内设处室和人员编制规定》，安全监督局负责全河安全生产工作和系统内水利工程建设项目稽察以及稽察整改落实情况的监督检查。人员编制9人。内设两个处：安全生产处，人事劳动局安全卫生处撤销，部分职能划归安全生产处；稽察处，建设与管理局督查处撤销，部分职能划归稽察处。

安全监督局成立以来，黄委面临的安全生产形势依然严峻，黄委仍是七大流域机构中唯一对下游河道和堤防直接进行建设与管理的流域机构，点多线长面广，安全生产形势严峻。单位层级多、职工人数多、建设任务重、水管工程多、车多船多、防汛仓库多、高层住宅楼多等是黄委安全监管工作的主要特点。

面对繁重的治黄安全监管任务，为督促全体干部职工践行安全发展理念，树立安全生产红线意识，扎实做好安全生产工作，黄委层层加大压力传导，不断强

化管理措施。

一是认真研判形势，统一思想认识。在每年年初召开的全河安全监督工作会议上，学习传达党中央、国务院关于安全生产的最新指示精神，按照水利部的具体部署要求，全面分析黄委安全生产面临的形势和机遇，通过全面落实安全生产"一岗双责"、逐级签订安全生产责任状、全员动态签订安全生产承诺书、实行安全生产考核和"一票否决"制度等措施，促使全河各级各单位把思想和行动统一到上级和黄委党组的决策部署上来，牢固树立安全生产红线意识，做到思想上警钟长鸣。

二是持续推进安全生产组织机构建设。2011年，所属山东河务局、河南河务局、水文局均成立安全监督处，其他单位明确了安全生产监管部门和安全生产监管专职人员。

2012年11月22日，黄委印发《关于加强安全监督管理有关事宜的通知》，要求山西河务局、陕西河务局在人事劳动处下设的人事劳动科加挂安全监督科牌子，安全监督科与人事劳动科合署办公；黑河管理局、水资源保护局等9个单位在人事劳动处（办公室）明确由处长（主任）或一名副处长（副主任）分管安全监督管理工作。

2016年3月3日，黄委印发《关于加强委属有关单位安全监督机构和队伍建设的通知》，要求黑河管理局、信息中心等6个正副局级单位明确安全监督机构，水资源保护局等5个委属单位明确专职安全监督工作人员，专门从事本单位安全监督管理工作。

加强建设项目现场安全生产监督管理，2011年11月8日，黄委成立山东黄河河务局工程建设中心、河南黄河河务局工程建设中心，作为项目建设法人，分别对山东、河南河务局在建工程项目的工程质量和安全生产负责。

2016年3月29日，黑河黄藏寺水利枢纽工程开工建设，黑河黄藏寺水利枢纽工程建设管理中心（局）下设质量安全部（处），负责工程建设安全生产。

截至2018年9月底，黄委安委会主任由委党组书记、主任担任，委属单位安委会主任均由主要负责人担任。全河219家单位成立专兼职安全生产监管机构，专兼职安全生产监管人员392人。

三是不断强化安全生产责任落实。黄委按照"党政同责、一岗双责、齐抓共管、失职追责"的总要求，突出抓好明责、履责和问责三个关键环节，全面落实安全生产责任。黄委根据人员工作变动情况，及时调整黄委安委会成员单位，制定执行了《黄委安全生产监督管理规定》《黄委安委会成员单位安全生产工作职责》《黄委安全生产责任制度》《黄委安全生产"一岗双责"暂行规定》《全河从业人员安全生产承诺制》，逐级明确了各单位、各部门、各个岗位的安全生产工作职责，实行安全生产全员责任制。在此基础上，每年年初确定全年安全生产工作目标任务，逐级签订安全生产责任状，实行安全生产工作考核和安全生产"一票否决"，将安全生产列为黄委绩效考核的重要内容，考核结果在全河安全监督工作会议上通报。

重视落实"一把手"在安全生产监督管理中的作用，黄委主要负责人2014—2018年连年撰写安全生产学习心得体会文章，并在中国水利报（网）等媒体署名发表。2014年在黄河报（网）开设"领导干部谈安全生产"专栏，发表黄委主要负责人、委属单位主要负责人安全生产学习心得体会文章。2014年开始要求委属各单位"一把手"落实安全生产"三个一"活动，即每年至少主持召开一次安全生产专题会议，研究部署安全生产重点工作；至少带队检查一次本单位安全生产工作；至少参加一次安全生产宣传教育活动。各单位"三个一"活动开展情况纳入黄委年度安全生产监督管理工作考核内容。

2015年，施行《黄委安全生产"一岗双责"暂行规定》，实行安全生产工作考核、约谈、问责和"一票否决"，全面落实"一岗双责"。

2016年，全河所有从业人员重新签订安全生产承诺书。新签订的安全生产承诺书既做到全员签订，又体现出岗位特色，与工作职责相契合。

2016年，黄委印发《安全生产网格化管理指导意见》，在全河推行安全生产网格化管理，推进安全生产全员责任制落实。山东河务局按照安全生产网格化管理要求，动态修编《安全生产责任清单》；黄委水文局制定《黄河水文安全生产网格化管理工作实施细则》；明珠集团健全完善了从第一责任人到一线班组职工的四级安全生产网格化管理体系，并编印成册；机关服务局制定实施《安全生产网格责任与监督落实实施办法》，实现重心下移，层层监管；信息中心将网格化管理纳入绩效考核内容，定期进行考核检查，并将网格化管理与责任承诺制相结合，将细化后的网格化管理内容纳入安全生产承诺书，层层传导压力。

2017年10月，印发《黄委安全生产监管权力清单和责任清单》，迈出安全生产监管尽职照单免责、失职照单追责的关键一步。

2018年2月9日召开的全河安全监督工作会议，要求强化委属单位安全生产领导责任，强化单位主体责任落实，强化职能部门安全生产监管责任，加强风险管控，突出抓好隐患排查整治，为治黄改革发展提供坚实的安全保障。

四是持续推进安全生产规章制度建设，跟踪督查制度贯彻落实情况。施行了《黄委安全生产监督管理规定》《黄委安全生产责任制度》《黄委安委会成员单位安全生产工作职责》《黄委安全生产"一岗双责"暂行规定》《在全河从业人员中实行安全生产承诺制》《黄委安全生产责任追究办法》《黄委一次性危险作业（活动）审批制度》《黄委安全生产检查办法（试行）》《黄委安全生产事故隐患台账管理及挂牌督办暂行办法》《黄委安全生产内业资料管理办法》《黄委生产安全事故应急预案》《黄河水利基本建设项目稽察办法》等12项规章制度，建立了包括监督管理、责任制度、"一岗双责"、全员岗位承诺、责任追究、安全生产检查、隐患排查治理与挂牌督办、应急管理、内业资料管理等内容的安全生产规章制度体系。

为确保规章制度落到实处，取得实效，狠抓安全生产规章制度贯彻执行，2014—2016年，分别对《黄委安全生产检查办法（试行）》《黄委安全生产责任追究办法》《全河从业人员安全生产承诺制》的贯彻落实情况进行专项督查，并撰写督查报告呈报黄委领导。

黄河水利安全生产监督管理实用手册 黄委安监局供图

2016年12月，编制发放《黄河水利安全生产监督管理实用手册》，旨在规范黄委安全生产监管人员行为，提升安全生产监管水平。

五是扎实开展安全生产监督检查和安全专项整治。以治理隐患、预防事故为目标，按照水利部要求，突出抓好黄河水利工程建设、水利勘测设计、水上作业、车辆交通、浮桥及消防等重点领域的安全监管，有针对性地开展消防安全专项整治、水利工程建设落实施工方案专项行动、深化"打非治违"和深入开展危险化学品易燃易爆品安全专项整治、电梯运行安全专项检查、危险化学品安全综合治理、电气火灾综合治理和生产安全事故隐患排查治理专项行动等安全生产专项整治活动。

按照2014年1月1日施行的《黄委安全生产检查办法（试行）》，采取综合检查和专项检查相结合、突击检查和日常检查相结合等方式，组织开展春季、秋季和冬季安全生产检查，汛期安全生产检查等综合性监督检查活动，并在重要节假日、火灾高发期等重要时段开展有针对性的监督检查，排查治理事故隐患。

为确保监督检查效果，对发现的隐患，现场与隐患责任主体单位互签《黄委安全生产检查记录表》，进行跟踪督办，对较大、重大事故隐患，按照《黄委安全生产事故隐患台账管理及挂牌督办暂行办法》，进行分级挂牌督办，以确保隐患得到有效治理。

一批重点事故隐患得到有效处置：山东河务局位山拦河闸、将山炸药库和陈山口闸交通桥3处重大事故隐患治理销号；河南河务局所属郑州河务局主动融入地方发展，以全面推行河长制工作为契机，争取地方资金430万元用于涉水安全设施项目，确保河道安全；水文局对龙门水文站职工出入道路山体落石隐患采取了应急避险措施；水资源保护局被水利部督办的宁夏水质监测站实验楼重大事故隐患治理销号；明珠集团投入1000多万元，用于防汛、发电和各种生产设备、设施大修改造；机关服务局投入174.5万元，完善幼儿园视频监控和消防报警系统，并完成对高层住宅楼楼顶锈蚀的装饰构件的拆除。

六是不断加强宣传教育培训，筑牢安全监管工作基础。

黄委以安全生产文化建设为手段，以提高职工群众的安全防范意识和应急自救能力为目的，开展经常性的宣传教育和重点教育活动。每年制订安全生产教育培训计划，对所属单位分管领导、分管部门领导和安全监管干部进行培训；以全国"安全生产月"活动为抓手，开展形式多样的安全生产宣传教育活动。黄委2013年被评为全国"安全生产月"活动先进单位，连年获得全国水利安全生产知识网络竞赛组织奖（河南河务局获得2016年单位集体奖全国第一名），还被评为水利部组织的责任状评比、预案评比、隐患排查整治竞赛等活动优秀组织单位；制作专题片《事故源自隐患》和《居安思危方能防患未然》，在2014年、2015年全河安全监督工作会议上播放；2015年，组织学习贯彻《安全生产法》培训班和知识答题；2017年9月6日，印发《黄委贯彻落实〈中共中央国务院关于推进安全生产领域改革发展的意见〉实施方案》；2017年12月1—7日组织开展第一个《安全生产法》宣传周活动；多次举办消防知识讲座、平安建设消防安全知识讲座，组织黄河防汛大楼消防应急疏散演练等活动。

七是扎实推进水利安全生产标准化建设。按照水利部要求，黄委印发《深入开展安全生产标准化建设实施方案》，召开全河安全生产标准化建设推进工作会，督促委属各单位积极推进水利安全生产标准化建设工作。

截至2018年9月底，山东黄河工程集团有限公司、黄河建工集团有限公司、黄河勘测规划设计有限公司等14家企业通过水利安全生产标准化一级达标评审；河南黄河河务局工程建设中心、济南市黄河工程局等8家单位已申报水利安全生产标准化一级达标单位，山西省运城黄河工程局、陕西黄河工程局有限公司等5家单位已申报水利安全生产标准化二级达标单位。

八是开展水利工程稽察，持续规范工程建设秩序。黄委水利稽察工作认真贯彻落实各项稽察工作制度，共完成水利部委派稽察（复查）、督查（导）和直管工程自主稽察任务45批次，稽察23次、复查6次、督查（导）8次、小型水库督查8批次。其中，完成委属工程稽察12次，稽察项目类型包括基本建设项目、小基建项目、水文项目和职工集资项目等；完成水利部委派稽察（复查）17批次，涉及新疆、青海等14个省（区、市）；配合其他部门开展督导督查8次。

累计派出工作组60个逾330人次，涉及天津、重庆、内蒙古、新疆、宁夏、广西、辽宁、山西、青海、山东、河南、湖北、海南、甘肃、陕西、四川、云南等17个省（区、市）及新疆生产建设兵团的100个地（市、州）、300个县（区、旗）。工程类型涵盖小型病险水库除险加固、坡耕地改造、农村饮水安全、江河湖库水系连通、大型泵站更新改造、地下水监测工程、中小河流治理、中小河流水文监测系统、河道整治工程等，稽察项目投资总额超 20 亿元。

九是全面完成黄河流域（片）小型水库安全运行专项督查任务。根据 2018 年全国水库安全度汛视频会议及水利部小型水库安全运行专项督查动员布置会议要求，黄委承担黄河流域（片）9 省（区）及新疆生产建设兵团小型水库安全运行专项督查任务。黄委党组高度重视，审定督查工作计划，召开督查动员会，明确督查任务、工作保障等，并于 7 月底督查工作完成中期目标之际，再次提出"力度不减，数量不减，尺度不减"的要求；组织实施的过程中，多次召开督查工作推进会，协调各有关部门为督查工作提供政策支持，协调有关委属单位提供人力支持。

在队伍保障上，黄委成立由机关有关部门牵头、委属有关单位提供技术支撑的 5 个督查组，副局级领导担任组长，具有高级专业技术职称并具有水库运行和工程质量安全管理经验的专家任组员；适时组织督查人员认真学习政策法规和规程规范，明确督查内容，掌握督查要求，统一督查标准，召开组长、联络员、专家座谈交流会 5 次。

在督查方式上，以暗访为主，严格采取"四不两直"（不发通知、不打招呼、不听汇报、不用陪同接待，直奔水库现场、直面"三个责任人"）方式，开展现场检查，走访当地群众，查阅有关资料等，以"三个责任人"和"三项基本要求"落实为关键环节，重点关注水库挡水、泄洪、放水三大建筑物是否存在重大安全隐患，能否安全运行，以及水库除险加固、大坝安全鉴定等工作开展情况。

在水库选择上，首先通过"黄河流域一张图"确定小型水库数量及基本参数，综合考虑水库分布、功能、规模等因素，从中选取具有一定区域代表性和典型性的水库进行督查；在位置查找上，利用"黄河流域一张图"和水利安全生产信息上报系统等，确定水库所在具体位置和精准坐标，采用 GPS 三维卫星定位系统确定水库位置。

此次专项督查自 2018 年 6 月 1 日开始，至 2018 年 9 月 27 日结束。其间，黄委共派出 23 个督查组，督查水库 292 座，占黄河流域（片）小型水库总量的 8.6%，超过水利部 4% 至 6% 的指标要求，涉及 9 省（区）59 个地市、124 个县（区），基本实现了应督查地市全覆盖，并对个别市县适时开展了"回头看"。其中，62 座有问题水库被水利部发文通报，占被督查水库的 21%，达到了以督促改、安全运行的督查目的。

2018 年 9 月，还按照水利部要求，开展了对青海、甘肃、陕西、宁夏、新疆及新疆生产建设兵团等后汛期山洪灾害防御和河道防洪专项督查，共发现问题 134 个，其中山洪灾害防御问题 99 个、河道防洪问题 35 个。黄河防总将督查发现的问题按"一省一单"形式，通知有关省区防汛抗旱指挥部，提出整改要求，并抄报水利部。

十是严肃事故责任追究。黄委对发生的生产安全责任事故，严格按照《黄委安全生产责任追究办法》和"四不放过"原则，严肃追究责任单位和责任人的责任。

安全监督局成立以来，全河等级生产安全事故均控制在每年 5 起以下。

党的十八大以来，从黄委机关到生产一线，从事业单位到生产企业，从部门到个人，践行安全发展理念，坚守安全生产红线已经成为更加自觉的行动。

委属各单位结合实际，细化责任，完善网格，扎实开展安全生产网格化管理，"网中有格，格中有人，人人有责，个个尽责"安全生产责任网络已经初步形成，广大职工的安全生产责任意识显著增强。

保安全就是保生命、保稳定、保幸福的种子，这种意识已经在广大职工心中扎根。在黄委西峰水文水资源勘测局，入汛后每日 20 时，该局的带班领导会准时打开应急带班微信群，逐一查看辖区 12 个测站的报平安信息。"安全就是幸福，测站职工的安全对单位、对家庭都很重要。"该局主要负责人在与安全监督局的支部共建座谈时多次这样说。

经过改革开放 40 年的思想重建和实践探索，安全生产和劳动保护从"文化大革命"期间的"资产阶级活命哲学"，到习近平总书记确立的"发展决不能以牺牲安全为代价"的安全生产红线，将安全生产作为民生大事，纳入"五位一体"总体布局和"四个全面"战略布局统筹推进，安全生产破茧成蝶、涅槃重生，坚守安全生产红线，践行安全发展理念已成为落实习近平新时代中国特色社会主义思想和党的十九大精神的必然选择，需要全河上下继续把责任扛在肩上，以更加坚定的信心、更为完善的措施，全力做好安全生产各项工作，为推进新时代治黄事业改革发展营造良好的安全生产环境。

黄委安监局　　执笔人：徐　啸

履职尽责四十载　国强民富大河安
——改革开放 40 年黄河防汛工作综述

当历史的航迹驶向 2018 年，站在特定的时间节点，驻足回望，梳理来时路，总能让我们从中汲取继续前行的力量。

改革开放 40 年以来，随着综合国力不断增强，国家更加重视黄河治理开发工作，黄河干支流先后建成了万家寨、小浪底、河口村等骨干控制性水库，进行了大规模堤防建设，"上拦下排，两岸分滞"的防洪工程体系基本建成。依靠逐步完善的防洪工程体系、强大的国家组织动员能力、不断提升的非工程措施，先后战胜了"82·8""96·8"洪水，2003 年、2011 年秋汛和 2012 年流域性大洪水等，实现了黄河伏秋大汛岁岁安澜，确保了沿黄地区人民群众的生命安全，有力支撑了黄河流域及其相关地区经济社会可持续发展。

新职责新任务——组织指挥体系不断完善

中华人民共和国成立初期，黄河下游防洪基础薄弱，洪水威胁严重。根据形势需要，黄河防汛抗旱组织指挥体系也在治黄实际需要中不断发展和调整完善。

——1950 年，中央人民政府成立黄河防汛总指挥部；

——1983 年，黄河防总由河南省省长任总指挥；

——1996 年，增补河南省主管农业的副省长和济南军区副参谋长为黄河防总副总指挥；

——1997 年，国家防总为进一步发挥流域机构的综合协调作用，调整了黄河防总领导成员，黄委主任担任黄河防总常务副总指挥；

——2007 年，国家防总批准成立了黄河防汛抗旱总指挥部，将黄河防总的防汛任务扩展到上游，并增加了抗旱职能。

自此，黄河防总由河南省省长担任总指挥，黄委主任担任常务副总指挥，青海、甘肃、宁夏、内蒙古、山西、陕西、河南、山东省（区）副省长（副主席）和兰州、北京、济南军区（现为西部、中部、北部战区）副参谋长担任副总指挥。总指挥部办公室设在黄委，负责防总日常工作。

按照《中华人民共和国防洪法》规定，沿黄各级行政首长是所辖河段黄河防汛的第一责任人，黄委及其所属河务部门是各级防汛抗旱指挥部黄河防汛的办事机构。

黄河防总的每一次调整，都赋予了新的职责和任务，都和流域经济社会的发展紧密相连。黄河防总与流域各省（区）团结协作，密切配合，加强沟通协调，依靠人民解放军和武警部队的支持，加强流域防汛抗旱工作指导，提高快速反应和处置能力，为流域防灾减灾、经济社会发展提供支撑。

从无到有——防洪减灾工程体系不断建立

2018 年的夏天，面对黄河上中游的偏多来水，为确保黄河防汛安全，在黄河防总的决策部署中，小浪底水库成为确保黄河下游防汛安全的王牌。

改革开放 40 年以来，在黄河流域先后新建了小浪底、河口村水库，完成陆浑水库除险加固、故县水库复建等任务，形成了黄河中游干流三门峡、小浪底水库和支流陆浑、故县、河口村水库黄河中下游防洪工程体系之"上拦"。

曾几何时，黄河治理开发在艰难中起步前行，三门峡水库经历从兴建到改建的艰难探索，基本解决了水库泥沙淤积问题，在防洪、防凌、灌溉、供水、发电等方面发挥了显著的综合效益。

但是仅仅一个三门峡水库，对黄河下游的防汛保安来说还是显得十分单薄，修建小浪底水库就显得刻不容缓。

1994 年 9 月，当小浪底水利枢纽主体工程开工之时，正值改革开放的快速发展时期，正是在这样的时代背景之下，小浪底工程建设被推到了与国际工程管理接轨的前沿。

作为治理黄河的关键水利工程，1991 年 9 月 12 日，小浪底水利枢纽开始进行前期准备工程施工，1994 年 9 月 1 日主体工程正式开工，1997 年 10 月 28 日截流，2001 年底主体工程全部完工。

小浪底水利枢纽设计库容为 126.5 亿立方米，现状库容为 95.44 亿立方米，防洪库容为 85 亿立方米，正常运用期防洪库容 40.5 亿立方米。小浪底水库 2000 年运用以来，除三年最大入库洪峰小于 4000 立方米每秒外，其他年份入库洪峰流量为 4460 ～ 6080 立方米每秒，水库最大出库洪峰流量 4880 立方米每秒，发挥了拦蓄削峰等作用，同时抓住后汛期来水蓄水为抗旱储备水源。2012 年、2013 年黄河上中游地区发生秋汛，小浪底水库 10 月末蓄水位分别为 263.41 米和 268.14 米。

改革开放 40 年以来，黄河重要支流上的调控体系也逐步建立起来，在防汛抗旱调度运用中发挥了举足轻重的作用。

陆浑水库 1959 年 12 月开始兴建，1965 年 8 月底建成。1976 年开始水库保坝加固工程施工，1988 年、1993 年分别进行两次除险加固。1965 年运用以来，曾发生三次入库洪峰流量大于 3500 立方米每秒的洪水，水库削峰 2610 ～ 3030 立方米每秒，削峰率 72% ～ 75%。防洪最高运用水位 320.91 米（2010 年）。

故县水库 1958 年 10 月开工，由于工程条件复杂，曾经 3 次停工，1978 年复工，1991 年 2 月 10 日下闸蓄水。1994 年运用以来，曾发生两次入库洪峰流量大于 2000 立方米每秒的洪水，水库削峰 1000 ～ 1090 立方米每秒，削峰率 45% ～ 47%。防洪最高运用水位 536.57 米（2014 年）。

河口村水库 2007 年 12 月开工建设，2014 年下闸蓄水，2017 年 10 月竣工验收，2018 年汛期投入正常防洪运用。水库蓄水运用以来最高蓄水位 262.65 米（2016 年）。

按照黄河洪水调度方案，通过联合调度三门峡、小浪底、陆浑、故县、河口村五座水库，可以控制下游 5 ～ 20 年一遇洪水孙口不超过 10000 立方米每秒，30 年一遇以下洪水不需使用东平湖分洪；可将花园口断面 1000 年一遇洪水洪峰流量由 42300 立方米每秒削减至 22600 立方米每秒，100 年一遇洪水由 29200 立方米每秒削减至 15700 立方米每秒。

确保黄河安澜，大堤功不可没

黄河下游现有临黄堤防长 1371.1 公里，先后四次加高培厚。2000 年开始进行了大规模黄河下游标准化堤防建设，按照 2000 年水平年设计水位，目前已完成对堤顶欠高 0.5 米以上的堤段、欠宽超过 1 米的堤段的加高、帮宽，洪水漫决问题基本得到解决。针对下游设防临黄堤堤身土质不良、质量差，存在较多裂缝、孔洞以及堤基分布有大量历史决口口门等问题，结合河道疏浚处理黄河泥沙，采用以放淤固堤为主、截渗墙为辅的措施开展了标准化堤防建设，截至"十二五"末，标准化堤防建设长度 1112.573 公里，"十三五"期间正在建设的 258.654 公里完成后，下游设防临黄堤加固全线完成，堤防整体抗洪能力将大幅提高。

设计防洪标准为防御花园口站 22000 立方米每秒洪水，相应设计防洪流量为高村站 20000 立方米每秒、孙口站 17500 立方米每秒、艾山站 11000 立方米每秒。

沁河口至高村堤防设计超高为 3.0 米，高村至艾山为 2.5 米，艾山以下为 2.1 米。

黄河下游的河道整治工程主要包括险工和控导护滩工程两部分。黄河下游临黄堤有险工 147 处，坝、垛和护岸 5413 道，总长 333.99 公里；控导护滩工程 233 处，坝、垛、护岸 5112 道，总长 483.49 公里。目前，陶城铺以下弯曲性河道的河势已得到控制；高村至陶城铺的过渡性河段河势得到基本控制；高村以上游荡性河段已布设了一部分控导工程，缩小了游荡范围，河势尚未得到有效控制。

与此同时，为了防御超标准洪水和减轻凌汛威胁，黄河下游还开辟了北金堤、东平湖滞洪区及齐河、垦利展宽区、大功分洪区，用于分滞超过河道排洪能力的洪水。随着小浪底

1982 年黄河花园口第三次大修堤采用机械化施工时的场景　河南河务局供图

水库建成投用，根据 2008 年国务院批复的《黄河流域防洪规划》，东平湖为国家蓄滞洪区，是处理黄河下游洪水的"王牌"。北金堤为国家保留蓄滞洪区，其他几处已取消分滞洪任务。

东平湖滞洪区承担分滞黄河洪水和调蓄大汶河洪水的双重任务。滞洪区由老湖区和新湖区组成，其中老湖区面积 208 平方公里，设计防洪库容 12.3 亿立方米；新湖区面积 418 平方公里，设计防洪库容 23.7 亿立方米。

北金堤滞洪区是防御黄河下游超标准洪水的重要工程设施之一，涉及河南、山东两省七个县（市），滞洪区面积 2316 平方公里，分滞黄河洪水 20 亿立方米。

新时代新理念——防洪组织管理再上新台阶

牢固树立防灾减灾新理念。新时代，以习近平同志为核心的党中央把治水兴水作为实现中华民族伟大复兴的长远大计来抓，明确了中央水利工作方针，要求水资源、水生态、水环境、水灾害统筹治理，对水安全保障、水网络建设、防灾减灾救灾、江河湖泊保护、水库安全监管等作出重大部署。习近平总书记强调，要牢固树立灾害风险管理和综合减灾理念，坚持以防为主、防抗救相结合，坚持

常态减灾和非常态救灾相统一，努力实现从注重灾后救助向注重灾前预防转变，从应对单一灾种向综合减灾转变，从减少灾害损失向减轻灾害风险转变，并在防汛关键时刻专门就抗洪抢险救灾发表重要讲话、作出重要指示，为做好防汛抗旱减灾工作提供了科学指南和根本遵循。

流域防汛责任体系更加完善。黄河防总围绕强化责任意识、完善责任体系、建立监督机制开展了大量卓有成效的工作，形成了行政领导负总责、水利部门当参谋、有关单位和部门分工负责的黄河防汛抗旱责任制体系。继续实行省、市、县行政领导包黄河工程及分级、分部门责任制；修订了防汛抗旱重要环节如暴雨洪水预报、洪水调度、查险抢险等责任制；建立了班坝责任制、技术责任制和岗位责任制等全员责任制；重要堤段、重点防洪城市和蓄滞洪区各级防汛和抗旱责任人在新闻媒体公布，接受社会监督；加大各级行政领导及成员部门负责人培训力度，明确其所承担的防汛抗旱责任，形成了较为完善的防汛抗旱监督机制。

防汛管理制度更加完善，运行机制初步建立。流域防汛工作正规化、规范化建设进一步加强。黄河防总相继颁布实施了《黄河防汛抗旱总指挥部职责》《黄河防汛抗旱总指挥部办公室职责》《黄河防汛抗旱总指挥部防汛抗旱宣传工作制度》《黄河防汛抗旱总指挥部办公室信息处理办法》等一系列工作制度，建立了黄河防总成员联络会议制度，每年定期召开黄河防汛抗旱会议和黄河防凌会议；修订了《黄河防汛总指挥部防洪指挥调度规程》《黄河防汛总指挥部洪水调度责任制》，颁布实施了《黄河防凌工作规程》《黄河宁蒙河段防凌指挥调度管理规定》《黄河流域河道管理范围内非防洪建设项目施工度汛方案审查管理规定（试行）》《黄河流域河道管理范围内建设项目防洪评价工作责任追究规定》《黄河中下游浮桥度汛管理办法（试行）》《黄河防汛抗旱工作责任追究办法（试行）》。以上机制的建立、职责的确定和制度的完善，规范了黄河流域河道管理，保证了黄河流域防汛抗旱管理工作的高效运行，为确保黄河防洪（防凌）安全提供了强有力的制度保障。

预案体系建设日趋完善，科学性、可操作性明显提高。1985 年国务院批转了原水利电力部制定的《黄河、长江、淮河、永定河防御特大洪水方案》，2005 年国家防总批复了《黄河中下游近期洪水调度方案》，这些方案在历年的防汛抗洪中发挥了重要作用。

由于黄河防洪工程建成和社会经济变化，经充分研究和论证，2014 年国务院批复了《黄河防御洪水方案》，2015 年国家防总批复了《黄河洪水调度方案》，这两个方案充分考虑洪水泥沙自然规律、黄河工程体系现状、流域经济社会状况等因素，体现了由控制洪水向管理洪水泥沙转变的防汛管理新理念。修订完善防洪预案，不同的河段确定不同的侧重点，上游河段以洪水资源化调度和防凌为重点，中下游河段以防御大洪水、下游滩区减灾、河道减淤和水沙调控为重点。据此，每年汛前修订完善年度"黄河中下游洪水调度方案""黄河防凌预案""龙羊峡、刘家峡水库联合调度方案"。

沿黄省（区）各级防指针对辖区防洪、滩区迁安救护、蓄滞洪区运用等编制了年度预案和各专业预案，水库管理部门编制了年度洪水调度方案和抢险应急预案。

黄河专业机动抢险队演练现场　河南河务局供图

为加强洪水泥沙管理，每年汛前根据黄河中下游各水库的蓄水状况和下游河道过流能力，确定调水调沙指导思想和目标，有针对地开展了调水调沙预案研究，编制汛前和汛期调水调沙预案。在实施过程中，实时编制调度方案并进行滚动分析。初步形成了黄河防洪和洪水泥沙管理的预案体系。

在防洪预案管理方面，每年汛前组织开展干支流11座水库汛期调度运用计划审批。黄河防总加强对流域省（区）防指、水库管理、水文、通信等单位、部门预案编制工作的组织、指导，汛前采取专门抽查或结合汛前检查等多种形式，开展了防洪预案工作检查，极大地提高了黄河防洪预案编制和管理水平。

加强滩区安全管理，推进滩区补偿政策落实。组织编制了黄河流域下游防洪保护区、下游滩区、小北干流滩区和东平湖蓄滞洪区的洪水风险图。开发建设了黄河下游滩区洪水风险图信息管理系统，实现了洪水风险图信息的分级、分类管理。为洪水期间滩区迁安救护工作的开展提供了翔实的地理信息资料。大力推进黄河下游滩区洪水淹没补偿政策必要性和可行性研究工作，完成了《黄河下游滩区洪水淹没补偿政策必要性研究报告》《黄河下游滩区洪水淹没补偿政策可行性研究报告》《黄河下游滩区洪水淹没补偿政策研究总报告》《黄河下游滩区洪水淹没补偿实施方案》等。经过各方努力，2013年，由财政部、发改委、水利部联合印发的《黄河下游滩区运用财政补偿资金管理办法》，为解决黄河下游长治久安和滩区经济社会发展稳定之间的矛盾提供了保障。

防汛技术研究不断深入，基础工作得到加强。深入研究了黄河中下游洪水和泥沙预报、水库联合调度系统开发、异重流运动规律、水库泥沙处理技术等水沙调控关键技术，为水沙调控提供了技术支持。持续开展了黄河中下游排洪能力分析、黄河中下游洪水调度方案和龙刘水库联合调度方案研究，进行了黄河流域防洪调度概化图系统开发，编印了《黄河防汛历史洪水资料集》《黄河中下游历史洪水调度方案集》，为科学调度洪水奠定了基础。组织有关单位开展了洪水风险图编制试点工作，完成风险图编制任务。开展了水利部科技成果重点研究及推广项目"人造大块石抢险材料研制技术"的研究，获得黄委科技进步一等奖。印制了黄河流域防汛用图，编制了黄河防汛、防凌基本资料，防汛技术基础得到加强。

耳聪目明——防汛信息化支撑能力不断增强

手机 APP 报险、无人机现场巡查工程、卫星遥感监测、视频画面实时传回指挥部会商室……这些防汛新科技的应用，大大改变了曾经黄河防汛"防守靠人力、巡查靠人眼、决策靠电话"的工作状态。

中华人民共和国成立之初，黄河流域各类水文站点仅有 200 余处。改革开放以来，国家对水文站网的建设投入逐年加大，黄河水情站网快速发展，目前全流域已经建设各类雨量和水文站点近 6000 处，其中黄委报汛站由 2005 年的 508 处增加至目前的 1335 处。

在网络传输方面，2007 年，全河报汛站基本实现了无线报汛和计算机网络报汛；2013 年，建设完成水利卫星应用系统，组建了基于卫星通信的报汛信道。黄河水情报汛 30 分钟到报率一直保持在 95% 的高水准。

降雨洪水预报能力增强。黄河水文部门不断完善水雨情预报技术手段，引进了中国气象局的气象信息综合分析处理系统，开发了"天眼"应用系统，通过经验预报、统计预报、数学模型预报等技术手段的结合，对汛期降雨洪水和凌汛期气温进行预报。其中，按照黄河防汛责任制规定，黄河流域发布正式洪水预报的站点覆盖了潼关、小浪底、花园口等 14 个干支流重要水文站，为黄河防汛调度决策提供了及时有效的水文信息支撑。

按照统一规划、分步实施，需求主导、共建共享，先进实用、开放扩展的建设理念，围绕防汛"情报预报、指挥调度、查险抢险"等关键环节，依托多个重点项目的开展，初步建成了黄河防汛计算机广域网、水雨情采集体系、防汛决策支持等系统，黄河防汛信息化建设取得了长足的进步。

完成了两期国家防汛抗旱指挥系统建设。重点建设了水情分中心、计算机骨干网和防汛决策支持系统。二期工程在一期建设的基础上，以流域水情工情信息采集系统为基础、计算机通信网络和信息安全系统为保障、防汛业务应用信息处理系统为支撑、决策支持系统为核心，开展了十四个单项工程的投资建设。构建了科学、高效、安全的黄河防汛抗旱指挥系统，规范和完善了防汛信息的传输及存储体系，提高了黄河流域水雨情信息采集自动化水平和洪水调度决策支撑能力，已建项目在黄河防汛工作中得到了广泛应用，发挥了重要作用。

开展了黄河水情信息查询、黄河水情会商可视化和黄河防汛会商决策等支持系统建设，围绕防汛部署、洪水调度、重大险情抢护等会商主题，集成定制水雨情、工情、险情、灾情、防洪防凌预案、洪水预报、防洪防凌调度方案、防汛抢险等重要信息，并实现了三维空间地理信息平台展示，满足了防汛对信息时间、空间变化的需求，为会商决策提供了信息支持。

建设完成了面向黄委、省、市和县四级防办实时工情险情会商需求的黄河下游工情险情会商系统，整合改造了黄河防汛物资管理信息系统，使工情险情、仓库物资、组织管理等信息的上报更新进一步规范系统化，保障了信息的时效性。

建设了便捷的防汛移动应用平台。开发了黄河防汛管理系统手机APP，涵盖了气象、雨情、

2009年12月建成并投入使用的黄河防汛抗旱会商中心　黄委防办供图

水情、工情、险情、防洪预案、工作部署等各类即时和部分历史信息查询。开发了面向河南、山东2000多个村庄滩区所居住群众的黄河下游滩区迁安移动平台，包括避洪转移安排、水情和预警信息查询等功能，为落实滩区迁安责任、普及宣传迁安预案、实时指导迁安救护提供了技术支撑。

调出新思路调出新成效——洪水泥沙管理成效显著

2011年新年刚过，一条振奋人心的"大消息"传遍大河上下。1月14日，在国家科学技术奖励大会上，黄河调水调沙理论与实践同地球空间双星探测计划、西气东输工程技术及应用等16个科技创新项目获得2010年度国家科学技术进步奖一等奖，党和国家领导人在北京人民大会堂为获奖代表颁奖。

解决黄河泥沙问题，必须采取"拦、排、放、调、挖"等综合措施，"拦、排、放、挖"四项措施都已在黄河上实践过。小浪底水库的投运，为"调"即"调水调沙"的实施提供了条件。

实施调水调沙减轻水库、河道淤积　黄委防办供图

2002—2004 年，黄委进行了三次调水调沙试验。

——2002 年 7 月 4 日至 15 日，进行了黄河首次调水调沙试验。此次调水调沙试验是针对小浪底上游中小洪水和小浪底水库蓄水进行的。

——2003 年 8 月下旬至 10 月中旬，黄河流域泾、渭、洛河和三门峡—花园口区间出现了历史少有的 50 余天的持续性降雨，干支流相继出现 10 多次洪水过程，其中渭河接连发生了 6 次洪水过程，为历史上罕见的秋汛洪水。根据此次洪水特性，于 2003 年 9 月 6 日至 18 日进行了黄河第二次调水调沙试验。本次试验针对小浪底上游浑水和小浪底以下清水，通过小浪底、陆浑、故县三座水库水沙联合调度，在花园口实现协调水沙的空间对接，以清水和浑水掺混后形成"和谐"的水沙过程送往下游河道。

——2004 年 6 月 19 日 9 时至 7 月 13 日 8 时，进行了第三次调水调沙试验。本次试验主要依靠水库蓄水，充分利用自然力量，通过精确调度万家寨、三门峡、小浪底等水库，在小浪底库区塑造人工异重流，辅以人工扰动措施，调整其淤积部位和形态；同时加大小浪底水库排沙量，利用进入下游河道水流富余的挟沙能力，在黄河下游"二级悬河"及主槽淤积最为严重的河段实施河床泥沙扰动，扩大主槽过洪能力。

万家寨水利枢纽　黄委防办供图

　　黄河三次调水调沙试验水沙条件各不相同，目标及采取措施也不相同，基本涵盖了黄河调水调沙的不同类型，在黄河下游河道减淤和水库减淤及深化对黄河水沙规律的认识等方面取得了预期效果。2005 年至 2015 年底，每年根据河道形态、水库蓄水，适时调整工作目标，先后进行了 19 次以小浪底水库为主导的调水调沙生产运行。累计进入下游水量 716.0 亿立方米，小浪底水库累计排沙 6.55 亿吨，平均排沙比 59.5%，下游河道冲刷量 4.08 亿吨，基本呈全下游冲刷态势。其中花园口至艾山河段冲刷量占全下游的 72%。

　　小浪底水库拦沙和调水调沙运用，逐步恢复了河道主槽排洪输沙功能。下游河道最小平滩流量由 2002 年汛前的 1800 立方米每秒提高到 4200 立方米每秒，中水河槽塑造及维持得以实现。调水调沙之后黄委组织有关单位开展了大量科学研究和技术攻关，形成了调水调沙理论和技术。

　　自 2006 年起，每年开展利用并优化桃汛洪水过程冲刷降低潼关高程试验，通过对万家寨水库等的联合调度，塑造有利于潼关高程下降的水沙过程，潼关高程平均下降 0.10 米左右，试验取得了大量翔实的观测数据，为今后全河洪水泥沙管理积累了资料，提供了参考。

履职尽责筑安澜——取得了抗御历次大洪水的胜利

改革开放以来，黄河防总先后战胜了"82·8""96·8"洪水、2003年秋汛、2008年凌汛洪水和2012年流域性大洪水，实现了黄河岁岁安澜，确保了沿黄地区人民群众的生命安全，有力支撑了黄河流域及其相关地区经济社会可持续发展。

1982年8月2日，花园口站发生了15300立方米每秒的洪峰，7天洪量50.2亿立方米。

迎战1982年黄河大洪水　河南河务局供图

这次洪水主要来自三门峡至花园口干支流区间。从7月29日开始，上述地区普降大雨到暴雨、大暴雨，局部地区降特大暴雨，到8月2日，伊河陆浑五日累计雨量782毫米，是1937年有实测记录以来的最大值。沁河山路平五日累计雨量452毫米。伊洛沁河和黄河洪峰并涨，洛河黑石关站洪峰流量4110立方米每秒，沁河小董站发生了4130立方米每秒的超标准洪水，沁河大堤偎水长度150公里，其中五车口上下数公里洪水位超过堤顶0.1～0.2米。在沁河杨庄改道工程的配合下，经组织3万人抢险，抢修子埝21.23公里，避免了漫溢；出现一处漏洞，及时抢堵成功。

由于河床淤高，花园口至孙口河段洪水位普遍较1958年高1米左右，开封柳园口、菏泽苏泗庄等局部河段高出2米左右。洪水普遍漫滩偎堤，堤根水深一般2～4米，深的地方达到6米。形成了全线防洪紧张局面。

洪水出现后，中央防汛总指挥部分别向河南、山东发出电报，要求河南立即彻底清除长垣生产堤，建议山东启用东平湖水库，控制泺口站流量不超过8000立方米每秒。8月6日东平湖林辛进湖闸开启分洪，7日十里堡进湖闸开启，最大进湖流量2404立方米每秒，分洪水量约4亿立方米，运用最高湖水位42.11米。9日晚两闸先后关闭。据分析，破除生产堤后滩区滞洪17.5亿立方米。

洪水期间，黄河滩区和东平湖湖区有1517个村庄被淹，93.3万人受灾，倒塌房屋40.5万间。有20处涵闸和60条虹吸管临河水位超过其设计洪水位1～2

米，先后出现大堤裂缝、陷坑、漏洞、管涌、渗水、岸坝坍塌等险情 200 多处，其中仅石坝出险 876 坝次。洪水期间河南、山东两省组织 1 万多名干部、3 万多名解放军指战员和 25 万群众上堤防守，抗洪抢险共用石料 8.25 万立方米，软料 531.4 万公斤，险情得到了及时抢护。

1996 年 8 月，黄河龙门以上持续降雨。花园口 8 月 5 日 14 时洪峰流量 7600 立方米每秒，相应水位 94.73 米。这场洪水属于中常洪水，受 1986 年以来长期小水对下游河道河槽的影响，洪水显著呈现一些新特点：一是黄河铁谢以下河段全线水位表现偏高。除高村、艾山、利津三站略低于历史最高水位外，其余各站水位均突破有记载以来的最高值。花园口站最高水位 94.73 米，超过了 1992 年 8 月该站的高含沙洪水所创下的 94.33 米的历史纪录，比 1958 年 22300 立方米每秒的洪水位高 0.91 米。二是洪水传播速度慢。由于洪峰水位高，黄河下游滩区发生大范围的漫滩，洪峰传播速度异常缓慢，从花园口传至利津站历经 369.3 个小时，是正常漫滩洪水传播时间的 2 倍。三是工程险情多。黄河下游临黄大堤有近 1000 公里偎水，平均水深 2 ～ 4 米，深的达 6 米以上，多处出现渗水、塌坡，许多背河潭坑、水井水位明显上涨，堤防发生各类险情 211 处，控导工程有 96 处 1123 道坝垛漫顶过流，河道工程有 2960 道坝出险 5279 坝次。据统计，洪水期间，抢险用石料 70.2 万立方米，用土料 49.3 万立方米，耗资 0.41 亿元。四是洪灾损失较重。1855 年以来未曾上过水的原阳、封丘、开封等地的高滩大面积漫水。据统计，黄河下游 1345 个村庄、107 万人受灾，倒塌房屋 22.65 万间，损失房屋 40.96 万间，直接经济损失近 40 亿元（当年价格），是中华人民共和国成立以来损失最严重的一次。

"96·8" 洪水（左图），洪水过后堤防加固（右图）　黄委防办供图

"96·8"洪水期间,水利部、财政部领导亲临黄河抗洪第一线检查指导工作。国家防总及时增拨特大防汛补助费1.71亿元用于抗洪抢险及水毁工程修复。黄河防总总指挥、河南省省长马忠臣主持召开黄河防总和河南省防指联席会议,进一步安排抗洪救灾工作。在社会各界的大力支持下,经过20多天200多万人次的艰苦奋战,终于战胜了"96·8"洪水,保证了黄河大堤安然无恙。

2003年8月下旬至10月中旬,黄河流域中下游遭遇了罕见的"华西秋雨"天气,连续发生7次强降雨过程。

黄河中下游大部分地区累计雨量达到200毫米以上,其中,泾渭洛河和三花区间大部分地区达300毫米以上。局地降雨创历史最高。受降雨影响,黄河中下游相继发生多次洪水,其中泾渭河出现"首尾相连"的6次洪水过程,咸阳站发生1981年以来最大洪水,华县断面第二次、第四次洪水洪峰流量分别为3570、3400立方米每秒,渭河中下游水位全线超过历史最高,干支流9处堤防决口,58处河道整治工程出现较大以上险情,堤防全线偎水,撤离人口22万余人。

2003年秋汛黄河河南段抗洪抢险　黄委防办供图

中游三门峡、小浪底、陆浑、故县水库4座水库联合调度运用,使黄河下游最大流量控制在3000立方米每秒以下。但由于洪水持续时间长,黄河下游共有228处工程、1576道坝出险4163次,其中蔡集险情最为严重。9月18日,河南省兰考县谷营黄河滩区生产堤被冲垮,河南、山东滩区152个村庄、12万群众被洪水围困,兰考段蔡集工程发生重大险情,兰考、东明两县黄河大堤险情不断。蔡集险情受到党和国家各级领导的高度关注,胡锦涛总书记、温家宝总理先后作出重要批示,10月24日回良玉副总理亲临东明视察。国家防办、民政部等有关领导都曾到蔡集控导工程察看抗洪抢险工作,商定抗洪抢险救灾具体措施。黄河防总主要领导靠前指挥。河南、山东迅速成立"抢险救灾指挥部",日夜驻守在蔡集抢险救灾一线,研究制定抢险救灾方案,指挥抗洪救灾工作。广大党政军民和各级河务部门一道,经过50天的奋战,确保了蔡集工程和堤防安全,实现了"工程不跑坝、滩区不死人、堤防绝对安全"的目标。

2012年汛期,黄河上游发生了长达两个多月的洪水过程,洪量为1934年有资料记载以来最大值，龙羊峡、刘家峡水库相继投入拦洪运用。

7月下旬，黄河上中游接连突发暴雨洪水，干支流出现多年未遇洪水过程，黄河干流先后形成4场编号洪峰。其中28日黄河中游龙门站洪峰流量7620立方米每秒，形成黄河干流2012年第1号洪峰，为1996年以来最大洪水。29日龙门站再次出现洪峰流量5740立方米每秒，形成黄河干流第2号洪峰。30日11时黄河上游兰州站出现3860立方米每秒的洪峰，形成黄河干流第3号洪峰，为1986年以来最大洪水。受洪水和水库泄洪运用共同影响，黄河上游河道大流

龙羊峡水利枢纽　黄委防办供图

量、高水位、长时间运行，堤防偎水长，工程出险多发频发，滩区受淹严重。在上中游来水基流较大的情况下，8月底渭河流域连续出现中到大雨，9月3日黄河中游潼关站出现5520立方米每秒洪峰流量，形成黄河干流第4号洪峰。

黄河防总针对不同河段特殊汛情和防洪重点，确立了"上控、中防、下调"的洪水处理思路和防洪调度目标。调度龙羊峡、刘家峡水库，最大削减洪峰47%，控制青、甘、宁、蒙各河段洪水洪峰流量在河道安全范围内下泄；调度中游三门峡、小浪底水库削减洪峰31%，控制进入下游洪水流量不超过3000立方米每秒。

先后三次启动Ⅲ级应急响应，沿黄各省（区）及时关闭旅游景区，共转移安置受洪水威胁的施工、旅游人员及滩区群众近5万人，有效避免人员伤亡。共派出国家防总工作组、黄河防总工作组、抢险专家组23个75人次，指导抗洪抢险。在内蒙古抢险关键期，又派出黄河防总机动抢险队2支近70人，携带抢险设备、器材，赶往巴颜淖尔、鄂尔多斯险情严重河段，帮助地方开展工程抢险。

黄委四省河务局3900多名职工坚守一线巡堤查险，共投入抢险工日7.5万个，机械台班6.7万个，抢险1264坝次，消耗石料29.98万立方米、土方1.65万立方米、铅丝441万吨，保证了防洪工程安全。黄河上游各级防指对沿河重点险工险段，紧急抛投护岸，应急加高坝垛，堵复穿堤建筑物，控制险情扩大，共投入抗洪抢险人员250多万人次，资金投入8亿多元。后汛期，充分利用龙羊峡、小浪底水库拦洪蓄洪。汛末，干流五大水库共蓄水348亿立方米，比汛前多蓄125亿立方米。其中，龙羊峡水库水位2596.31米，接近历史最高水位，蓄水量233亿立方米；

小浪底水库水位 267.93 米，创历史最高水位，蓄水量 84.2 亿立方米。

开河测流　水文局供图

2008 年黄河宁蒙河段遭遇了 40 年来最严重凌汛，经全力防抗，努力减少了凌灾损失。

进入 21 世纪，受气候异常等因素影响，黄河防凌形势严峻，防凌工作已成为我国冬春季防汛工作的头等大事。受气候异常等因素影响，2008 年黄河宁蒙河段遭遇了 40 年来最严重凌汛，河道槽蓄水量约 18 亿立方米，大大超过常年，比 1970—2007 年多年均值偏多 4 成。开河期内蒙古河段三湖河口水位 1021.22 米，高出历史最高水位 0.41 米，导致 3 月 20 日黄河右岸鄂尔多斯市杭锦后旗独贵特拉奎素堤防发生两处溃决，共造成 12 个村 3885 户 10241 人受灾，淹没耕地 6.8 万亩，冲毁防洪大堤 200 米，公路 272 公里，电力、通信设施损毁严重，直接经济损失达 9.35 亿元。

凌灾发生后，水利部、黄委有关领导深入黄河抢险堵口一线，检查指导抢险工作，看望受灾群众。国家防总、黄河防总紧急派出工作组、专家组赶赴一线，协调指导防凌抢险工作，立即调运 90 万只编织袋、4 万平方米无纺布、大麻绳 1200 根、铅丝网片等支援抢险。黄河防总及时压减刘家峡水库下泄流量，强化水文报汛和水库调度，及时降低万家寨水库库水位。内蒙古防指启用分滞洪区实施分凌，加强了冰凌观测、巡堤查险和抢险工作，及时组织溃口受灾群众转移，并妥善安置，减轻了灾害损失，确保了年度防凌安全。

40 年，在黄河发展历程中不过是短暂一瞬。回望曾经，憧憬前进方向，黄河面临的防汛抗旱保安形势依然严峻，实现黄河岁岁安澜、长治久安依然任重道远，黄河防汛将牢固树立防灾减灾新理念，以中央关于防灾减灾"两个坚持，三个转变"新理念指导黄河防汛工作，主动作为、提前安排，牢牢把握住防汛工作主动权，为流域经济社会发展作出新贡献。

　　黄委防办　执笔人：魏向阳　蔡　彬　蒲　飞

持续改变中始终不变的使命担当
——改革开放 40 年黄委纪检监察工作综述

2018 年，中国改革开放 40 年。追随改革开放的步伐，黄委纪检监察工作也在不断的改革创新中，不忘初心，牢记使命，砥砺前行。

40 年，清风劲鼓，激浊扬清。

40 年，廉风化雨，固本培元。

40 年，改变的是方式、方法，不变的是道路、信仰；改变的是体制、机制，不变的是责任、使命。

40 年，黄委纪检监察工作始终坚持以永远在路上的坚韧和执着，坚定不移把全面从严治党引向深入，推动管党治党从"宽松软"走向"严紧硬"，为加快推进黄河治理与开发，维护黄河健康生命、促进流域人水和谐提供了坚强纪律保障。

持续壮大的组织机构——队伍过硬

党的十一届三中全会后，黄委各级纪检监察部门逐步建立和健全起来，纪检监察工作开始步入正轨。多年来，黄委党组以滴水穿石的精神，攻坚克难的勇气，推进纪检监察体制改革，加强纪检监察队伍建设，为深入推进党风廉政建设和反腐败斗争提供了重要组织保障。

1979 年，黄委开始筹建中共黄河水利委员会纪律检查委员会，1983 年 7 月正式成立，1985 年改名为中共黄河水利委员会纪检组。成立后，在黄委党组领导下，纪检组为维护党内法规、严肃党的纪律、保证党的基本路线和各项方针政策贯彻执行，做了大量工作。1990 年 10 月，黄委监察局成立，1994 年 10 月，根据中共中央、国务院决定，党的纪律检查机关和政府行政监察机关实行合署办公，黄委纪检组、监察局正式合署办公，这是纪检监察体制的重大改革，也是黄委纪检监察工作的良好发展机遇，更好地发挥了纪检组和监察局的整体效能。

党的十八大以来，黄委纪检组监察局切实履行全面从严治党监督责任，聚焦党风廉政建设和反腐败斗争，严明党的纪律特别是政治纪律和政治规矩，取得了一系列丰硕成果，赢得了全河职工大力支持与广泛赞誉。2014 年 8 月，黄委纪检组监察局再次迎来重大体制机制变革，成为水利部党组纪检监察机构直接管理试点，由黄委党组领导调整为水利部党组直接领导，工作上接受中央纪委驻水利部纪检组、监察部驻水利部监察局指导。按照试点方案要求，黄委纪检组监察局认真梳理以往工作，向黄委党组提出了工作调整的意见和建议。经研究，黄委党组同意黄委纪检组监察局退出 13 个与监督业务无关的议事协调机构，同意不再参与有关部门开展的日常监督检查工作。自此，黄委纪检组监察局实现了职能调整和角色转化，迈出了体制改革坚实一步。

在加强黄委本级纪检监察组织建设的同时，黄委党组全力以赴推进委属单位纪检监察组织建设，有步骤、有计划地在 17 个委属单位全部设立了专门的纪检监察机构。同时，在内部尝试分类、分批、分层次推行纪检监察体制改革。首先将改革重点聚焦在管理层级多、战线长的单位，先后实现了黄委党组对山东河务局、河南河务局纪检监察部门的直接管理；实现了两个单位的市局党组对县（区）局纪检组的直接管理。经过尝试运行，改革成效显著。

纪检监察组织建设的过程，同样伴随着纪检监察干部队伍的成长和壮大。黄委党组始终高度重视、不断加强纪检监察领导班子与干部队伍建设，坚持做到"两个舍得"：舍得把素质高、能力强、作风硬的优秀干部调入纪检监察干部队伍；舍得把关键、重要的岗位拿出来给优秀的纪检监察干部交流轮岗使用。经过多年沉淀和淬炼，黄委逐步配齐、配强了专兼职纪检监察人员。截至 2017 年底，全河共有专兼职纪检监察干部 597 人，其中专职纪检监察干部 196 人、兼职纪检监察干部 401 人，为全面落实从严治党监督责任提供了人才支撑。

持续完善的监督体系——抓手得力

监督是纪检监察部门的基本职责，也是第一位的职责。监督更是纪检监察部门开展各项业务工作的基础，是发现问题、纠正偏差，抓早抓小、防微杜渐的主要抓手。

党的十八大之前，纪检监察工作普遍存在工作领域越来越宽，牵头抓的工作越来越多的现象。如何更好地聚焦监督主业？黄委纪检组监察局一直在研究、探索和不断地尝试。

党的十八大以来，为应对严峻复杂的党风廉政建设和反腐败工作新形势，中央纪委监察部提出了转职能、转方式、转作风的"三转"总体要求，并率先垂范，突出重点、收缩战线，聚焦党风廉政建设和反腐败斗争，紧紧围绕监督执纪问责，全面提高履职能力。黄委纪检组监察局在体制改革之后，严格依据党章赋予的职责，突出主业主抓，坚持把不该管的工作交给主责部门，变"全程参与"为"执纪监督"，实现了工作精力向监督集中、工作重心向监督集中的转变。

督促主体责任的落实，这是监督责任落实核心的核心，重点的重点。凭借多年工作经验，黄委纪检组监察局领导班子清醒地认识到，参加党风廉政建设责任制和惩防体系建设领导小组，参与年中、年终的党风廉政建设责任制执行情况检查考核，对于推进主体责任落实至关重要，但要实现时时、事事的动态监管，特别是督促黄委本级全面从严治党主体责任的落实，这些是远远不够的。通过广泛深入的系统内、外调研，2015年5月，黄委纪检组监察局推出主体责任和监督责任日常工作沟通会商制度，纪检组监察局与廉政办每个季度末进行一次定期会商，并随时进行沟通，动态梳理"两个责任"落实情况，阶段性查漏补缺，改进提高。广泛的信息互通，时时的跟踪问效，有效推进了主体责任的落实，促进了"两个责任"的有机融合，此项举措得到了水利部党组和驻水利部纪检组领导的充分肯定。

实行直接管理后，黄委纪检组监察局不再直接参与业务性工作的监督检查，如何加强对重点领域的监管？黄委纪检组监察局的领导班子一直在研究、在探索，逐步调整工作思路。将工作重心放到督促相关职能部门和有关单位履行直接监管责任，而自身则抓住关键节点实施再监督，每年选取1～2个重点领域组织开展再监督、再检查，努力建立"监督检查和再监督再检查"，各司其职、各负其责、通力配合的"双重监督体制"。工作思路调整后不久，恰逢黄河新一轮水利工程陆续开工建设，包括下游防洪工程建设、金堤河干流河道治理、黄藏寺水利枢纽工程、沁河下游河道治理等，总投资100多亿元。工程建设涉及环节多、资金量大，建设过程中极易滋生腐败，科学有效监督模式的实施势在必行也迫在眉睫！2016年4月，黄委纪检组印发《黄河下游水利工程建设再监督指导意见》，"双重监督体制"首先在工程建设领域尝试运行，并实现每年度再监督、再检查的全覆盖，监督成效十分显著。在工程建设领域试点运行成功后，黄委纪检组监察局进一步扩大监督成果，通过加强与相关职能部门和单位的通力配合，逐步将"双重监督体制"运用到了干部人事、八项规定精神执行、学习贯彻十九大精神等方面，基本实现了对这些重点领域、重点工作和关键环节的有效监管。

干部是干事创业的基石，更是监管的重点。培养干部，严管是前提，厚爱是关键。在有些人眼里，纪检监察是"得罪人"的活儿。但是，黄委纪检监察工作人员却认为最好的保护是从预防抓起，"宁听骂声，不听哭声"。多年来，黄委纪检组监察局以人为本，竭尽全力在严管和厚爱之间找准最佳结合点。比如廉政鉴定，这是黄委纪检组监察局的一项重要业务，主要是干部在评先评优、提拔任用时，对其廉政情况进行总体评价。党的十八大以前，干部基本情况的主要信息来源是纪律审查、信访举报等情况。党的十八大之后，伴随"四种形态"的正式提出，黄委纪检组监察局创新建立了"四种形态"月报告制度，要求委属单位每月及时将管辖范围内领导干部被谈话提醒、廉政谈话、函询、约谈等处理以及组织处理、党纪政纪处分、涉嫌犯罪及刑事追究等 11 种情况逐级上报黄委纪检组监察局，进一步拓宽了干部廉政信息来源渠道。同时，逐级筹建了干部廉政档案，仅 2017 年黄委本级就完成干部建档 342 人，范围涵盖了委属单位全部委管干部和委机关正科级（含）以上干部，基本实现了干部情况时时、事事的动态监管。为了让党员领导干部少犯错、不犯错，黄委纪检组监察局还特别注重"第一种形态"的把握和运用，坚持抓早抓小抓苗头，制定了《黄委领导班子成员提醒谈话暂行办法》，及时警示约谈信访举报相对集中的单位主要负责人，定期常规约谈纪检监察部门负责人，集体廉政谈话新提拔干部等，真正做到了严管干部功夫下在经常、做在平时，进一步深化了"严管就是厚爱"的工作理念。

经过几年来的尝试和探索，针对不同的监督内容，黄委纪检组监察局已基本形成了相对稳定的、科学有效的、可操作性强的监督体系。2015 年，《黄委落实党风廉政建设监督责任实施办法》出台，针对 9 项主要监督内容，设定了日常式、参与式、会商式、专项检查式、巡察式、约谈式、执纪式以及督导式等 8 种监督方式，黄委纪检监察监督体系上升转化为制度成果。

持续严肃的执纪问责——震慑强劲

历史和现实是相通的。回顾黄委纪检监察工作的历史沿革，可以深刻地感受到，纪检监察工作就是靠着严明的纪律和规矩一路走来。有案必查、失责必究，始终是黄委纪检组监察局维护党纪的重要抓手，纪律审查工作一直保持较大的力度和强度，得到了水利部党组和驻部纪检组的多次表扬。

信访举报是纪检监察部门获取信息和案件线索的重要来源，是职工群众对党员领导干部进行监督的重要渠道。多年来，黄委纪检组监察局一直把拓宽信访举报渠道作为工作的着力点。党的十八大之后，更是在电话、来信、来访、上级转办、巡视组交办、审计移交等传统方式的基础上，开辟网上"黄委纪检监察信访举报受理平台"，构建了来信、来访、电话、网络"四位一体"的信访举报体系，基本实现了受理举报的全方位、多角度。有了线索，加强和规范管理必须同步跟进。党的十八大之后，为避免问题线索日积月累、养痈遗患，中央纪委先后 3 次对问题线索处置标准进行明确和调整，最终明确了 4 种处置方式，以有效防止线索失管、失控、有案不查甚至以线索谋私等问题。因此，黄委纪检组监察局提出了"清理全部问题线索，绝对不带着旧账进入党的十九大"的总体要求，要求在全河范围内开展问题线索大起底，对全部问题线索进行梳理，并严格按照新的处置标准分类规范、梳理清晰，防止有价值线索的流失。2017年10月，在党的十九大即将召开之际，黄委各级问题线索彻底清理工作全部完成，每条线索都按照最新处置标准实现了归口管理和处置落实。

离开党组的支持，纪检监察部门是干不成事的，具体到纪律审查工作更是如此。得益于黄委党组态度上、资金上、人力上、政策上的绝对倾斜和全面支持，黄委纪检组监察局开展纪律审查工作始终保持腰杆硬、底气足。40年来，严查严惩的高压态势从未改变，特别是党的十八大以来，从严从快查处各类违纪违法案件，共给予党纪政纪处分230人次、组织处理321人次、问责47人次。在纪律审查过程中，黄委纪检组监察局牢固树立"三关"理念，即证据关、定性关、量纪关，确保每起案件的处理合纪、合法、合情、合理，他们的信念就是——不枉不纵，不偏不倚，不遗不漏，以"工匠精神"让每一起案件都经得起法律和历史检验。

惩前毖后，治病救人。惩治只是手段，治病才是关键。近年来，黄委纪检组监察局更加注重受处分人员的人文关怀和心理疏导，出台了对受党纪政纪处分人员回访暂行办法，通过面对面交流，深入细致地了解他们的工作生活情况，帮助他们正确认识和改正错误，解除心理负担，卸下思想包袱，以最佳状态投入工作，进一步巩固和扩大了纪律审查的整体效果。

在执着追求、忠诚担当的道路上，黄委纪律审查工作也在创新不辍、奋勇前进。2015年，首次开展集中式纪律审查，派出16名办案人员，3个纪律审查工作组、1个督导组，集中力量对5个问题线索开展了纪律审查工作。2016年，首次开展异地交叉式纪律审查，选取5个委属单位作为组长单位，抽调全河23名纪律审查业务骨干，成立5个纪律审查工作组、1个督导组，异地交叉对7个问题线索开展纪律审查工作。新的纪律审查工作模式，既集中了人力资源，又有效地避免了人情干扰，切实提高了纪律审查的质量和效率。

开展纪律审查，人才是基础，是保障。随着国家反腐败工作深度发展，纪律审查业务数量、难度系数逐年增大，人手不够、业务不精、保障不足的问题日渐凸显，黄委纪检组监察局感到了前所未有的压力。为加强纪律审查人才队伍建设，提高纪律审查质量和水平，多年来，黄委纪检组监察局始终坚持以案代训，着力锻炼纪律审查队伍，每核查一起相对复杂的案件，均抽调一名纪律审查工作新手参加，一定程度上缓解了纪律审查人才短缺的压力。同时，坚持定期举办纪律审查业务专项培训班，安排外部专家和本单位业务骨干进行授课，着力提升纪检监察干部的业务素质，提高纪律审查工作的规范化管理水平。为进一步优化整合监督执纪队伍，自2015年起，黄委纪检组监察局开始着手筹建纪律审查人才库，

2008年12月，黄委举办新提拔领导干部、纪检监察干部廉政培训班　黄委监察局供图

注重盘活、用活下级单位的纪检监察力量，将分散的纪检监察干部统一管理使用，并对财务、人事、建管、审计等多个领域的业务骨干进行汇总统计，从中挑选能办案、会办案、表现优秀的人员进入人才库。筹建当年，就初步筛选出118名纪检监察干部和各领域业务骨干。此后，黄委纪检组监察局进一步强化人才库管理，出台管理办法，更新人员组成，强化培训管理，建立退出机制，截至2017年底，共优化储备纪律审查方面"高精尖"人才48人，基本实现招之即来、来之能战、战之能胜。

持续完善的巡察制度——执纪亮剑

2017年5月，中国水利报发函黄河报，想就巡察专项工作约稿黄委。随后不久，《以行动说话　用成效作答——黄委党组巡察工作纪实》被水利系统内外的多个媒体转载报道。

黄委巡视巡察工作开展较早。2007年就建立了巡视制度，曾印发《黄委巡视工作实施意见》，2008年进行修订和完善，印发了《中共黄河水利委员会党组巡视工作暂行规定》，并相继组织对所属单位开展巡视工作。后该项制度虽被中断，却为后来的巡察工作提供了参考，积累了经验。2015年8月，党中央在总结巡视工作经验的基础上，开启了新时期巡视工作。按照中央和水利部党组工作部署，黄委党组于2016年6月在七大流域机构中率先开展巡察工作，用两年时间，分类、分层次、分步骤对17个委属单位进行"全覆盖、无死角"巡察。号准"脉"，才能查准"病"，黄委党组多次强调，"问题涉及哪里，巡察就跟进到哪里"。在巡察内容上，黄委党组着重强调巡察要突出重点，深化政治巡察，聚焦加强党的建设，紧扣"六项纪律"发现问题，真正发挥巡察作用和意义。在巡察方式上，黄委根据被巡察单位规模大小、层级多少，分别采取了"一对一"和"一拖二"模式，努力确保巡察效率和质量"双保障、双提升"。查准"病"只是第一步，治好"病"才是终极目的。黄委坚持做好巡察"后半篇"文章，每轮巡察结束后因病施策、对症下药，及时向被巡察单位提出加强和改进工作的意见建议，并建立"双公开"制度，要求被巡察单位公开巡察发现的问题和整改情况，主动接受职工监督，真正让职工看到巡察的效果。特别是对于巡察中收集到的问题线索，黄委党组反复强调，要坚持巡察与执纪审查无缝对接，要求相关部门对巡察移交的问题线索分类处置、优先办理，对违规违纪问题严肃处理，对履行职责不力、失职失责的，该问责的坚决问责，切实做到了件件有着落、事事有回音。经过两年探索推进，黄委五轮巡察成果显著，共发现各类问题 492 个，提出意见建议 226 条，移交领导干部有关问题线索 94 条，给予党纪政纪处分 20 人次，组织处理 6 人，提醒谈话 84 人，诫勉谈话 10 人。

在推进本级巡察的基础上，黄委还坚持委级巡察与委属单位巡察一体谋划、一体推进，指导委属单位开展巡察工作。在 2016—2017 年期间，指导山东河务局、河南河务局、水文局等单位巡察基层单位 15 个，发现问题 285 个，提出整改意见建议 155 条，移交反映领导干部的问题线索 48 条，有力推动了巡察震慑作用向基层延伸。

党的十九大后，黄委党组持续开展巡察工作
黄委监察局供图

通过不断研究探索和实践检验，黄委巡察工作不断走向成熟，逐步形成了较为完善的工作程序和严肃的工作纪律。首次巡察全覆盖圆满完成后，黄委并没有在已有成绩上止步不前。在 2018 年的党风廉政建设工作会议上，黄委党组正式提出，要主动跟进中央、水利部党组巡视工作新做法、新要求，及时总结提炼工作经验和实践成果，科学制定今后五年的巡察工作规划。同时，要求组织对巡察工作办法进行适时修订，对《黄委党组巡察工作手册》进行滚动完善，不断提高巡察工作的科学化、专业化水平。2018 年 4 月，编制了《黄委党组巡察工作五年规划（2018—2022 年）》，明确了黄委新一轮巡察工作的"时间表"和"路线图"，并提出要继续推进委属单位开展巡察，力争通过五年时间，探索建立起上下联动的巡察监督格局。

2018 年 8 月 31 日，黄委党组召开十九大后第三轮巡察工作动员会，这标志着黄委十九大后两轮巡察的圆满结束和第三轮巡察的正式启动。

持续收紧的作风建设——正风肃纪

对于党员领导干部来说，作风建设是永恒的话题。对于纪检监察部门来说，正风肃纪是不变的责任。近年来，通过整顿机关作风建设和"解放思想大讨论""科学发展观""三严三实""党的群众路线教育实践活动""两学一做"学习教育等，黄委各级干部作风总体上持续改善。成绩有目共睹，但作风建设永远在路上，干部作风与形势发展的要求还不完全适应，所以黄委纪检组监察局从未放松过对作风建设的监督和检查。

在督促推进作风建设的道路上，黄委纪检组监察局时刻跟进中央要求，每年都有新动作，每年都有新突破。1997年，从严控制购买、装修、新建办公楼，取消各种会议、庆典，控制购买小汽车、节约招待费，共计节约资金1155.95万元；1999年，加强公款出国（境）的规范化管理，共取消10个不合理的出国团组，节约经费288万元；2001年，落实领导干部不准收受现金、有价证券和支付凭证等相关规定，督促领导干部上交现金、有价证券和支付凭证共计30余万元，拒收12余万元；2013年，开展了会员卡清退活动，4897名驻豫单位党员干部、417名全河纪检监察干部做到了"零持有、零报告"；2015年，开展违规办理和持有因私出国（境）证件专项治理工作，核查委管干部552人；2017年，逐级开展了违规公款购买消费高档白酒专项排查；2018年，开展"形式主义""官僚主义"表现形式专题调研，梳理了7个方面的21个具体问题，提出了6个方面的12条整治建议。每项工作，每组数据，呈现的不仅仅是工作动态和业务内容，更是黄委纪检组监察局整顿作风、铁腕肃纪的态度和决心。

建立作风建设防控体系，这是黄委纪检组监察局的又一项新的尝试。2013年，结合反腐倡廉工作新形势、新要求，将作风建设纳入廉政风险防控体系，重点对照中央八项规定精神、水利部党组实施办法和黄委党组具体意见，组织各级党员领导干部查找了思想作风、学风、领导作风、工作作风和生活作风等方面存在的廉政风险点，确定风险等级，研究防控措施，逐步建立了相对完善的作风建设方面的风险防控体系。

党的十八大以来，黄委纪检组监察局紧盯中央八项规定精神的贯彻执行，建立和完善落实情况月报制度，组织逐级上报相关信息，及时掌握领导干部有关情况。同时，每年联合黄委廉政办，组织开展多次自查、专项检查和抽查，及时发现问题，并现场提出整改要求，将监督的触角不断向纵深延伸。强化监督、严格执纪、严肃问责是一个完整的工作链条，监督是基础，执纪问责是保障。截至2017年底，全河累计查处违反中央八项规定精神的行为28起，给予党纪政纪处分36人次，组织处理19人次，形成了强有力的震慑。

正人先要正己，打铁必须自身硬，纪检监察部门既是作风建设的有力监督者，也是作风建设的积极参与者。在强化对外监督的同时，黄委纪检组监察局对自身则提出了更高、更严、更全的标准和要求。2015年，黄委纪检组监察局印发了《黄委纪检监察干部行为规范》，10个方面内容涉及纪检监察干部履职行为的方方面面。在日常工作中，黄委纪检组监察局经常提醒本部门干部职工守得住、筑得牢自己的廉洁底线，要求大家到基层调研或检查工作时严禁吃请，开展纪律审查、巡察等工作时吃、住、行不得由被调查单位安排，等等。连续40年，黄委纪检组监察局从未发现工作人员有违规违纪违法行为。

努力总会有回报，群众的认可度是作风建设好坏最直接、最有效的评判标准。据2018年5月调研问卷统计，在黄委系统，98%的职工对中央八项规定精神执行总体效果比较满意，99%的职工认为党的十八大以来形式主义、官僚主义基本消除或不同程度得到遏制。

持续发力的廉政教育——直击内心

在黄委，提到党风廉政建设宣传教育，就肯定会想到已经坚持了20年的"党风廉政宣传月"活动。1997年，伴随着党的十五大的召开和《中国共产党党员领导干部廉洁从政若干准则》的出台，黄委纪检组监察局在全河范围内组织开展了第一个"党风廉政宣传月"活动，主题为"讲学习、讲政治、讲正气"。以后每年一期，雷打不动。2018年4月底，"以案明纪强管理，干净担当谋发展"主题活动圆满落幕，黄委"党风廉政宣传月"活动走过了平凡而又不平凡的20个春秋。自2015年起，按照"三转"要求和纪检监察体制改革需要，该项工作已经移交黄委廉政办负责，但是"党风廉政宣传月"活动已经成为了一面旗帜，始终活跃在黄河系统反腐倡廉建设的历史舞台。

类似这样的宣传平台，黄委还有很多。有坚持了9年的每季度1次的集中警示教育，每个工作日的1篇廉文荐读；有经常性组织领导干部到监狱听取在押犯人现身说法，参观警示教育基地；有开展的廉政文化建设示范点创建活动；有自办刊物《黄河监察》《黄河纪检监察》《纪检监察通报》等；还有适时举办的廉政专题辅导讲座、悬挂廉政宣传标语标牌、配置廉政学习读本、编发廉政刊物、组织廉政书画作品展、节假日期间发送廉政短信等，不胜枚举。

党的十八大之后，黄委纪检组监察局开始将廉政宣传教育重心转向开展警示教育。2015年，黄委纪检组监察局首次大规模通报典型案例，对直接管理以来全河出现的违规违纪违法问题进行筛选汇总，召开警示教育大会，对其中18个具有代表性的问题进行集中通报。

2016年，黄委再次集中通报典型案件20起。2017年，开始探索推进"两类通报"常态化：一是每年一次典型违规违纪违法问题集中通报常态化；二是对于违反中央八项规定精神等个性典型问题单独通报常态化。截至2017年底，黄委已累计集中通报案例54起、巡察发现问题6起，单独转发或印发典型案例30余件。同时，黄委纪检组监察局探索开展违规违纪违法案例集中宣讲活动，收集整理系统内近年来发生的典型违规违纪违法案例57起，形成了警示教育案例宣讲通稿，并结合工作实际，不断更新宣讲案例内容，尝试在全河举办的各类培训班上进行讲授，深刻剖析了违纪违法行为出现的原因，就如何防范提出意见和建议，收到了良好的警示教育效果。无论是案例通报还是案例宣讲，都以真实鲜活的事实，给予了党员领导干部强烈的视觉冲击和心灵震撼，使他们从中受到了启发，得到了警示。

40年的探索，40年的坚持，40年的执着追求，40年的精心锤炼和创新求实，改变的只是时间，不变的是那份永恒的宗旨。

40年，全河上下廉政氛围日渐浓厚，党员领导干部廉洁自律意识不断增强，反腐倡廉建设取得显著成效，纪检监察工作得到了长足发展。

40年，黄委多次被中共中央纪委党风室评为"党风建设工作先进联系点"，被河南省委、省政府评为"落实党风廉政建设责任制优秀单位"，被驻水利部纪检组监察局、水利部人事劳动教育司评为"全国水利系统纪检监察工作先进集体"，被河南省直纪工委评为"五好"纪委、"廉政文化进家庭先进单位""省直廉政文化进机关活动示范点"。

继往开来立新志，奋力超越著华章。相信在未来反腐倡廉建设的道路上，不断收获精彩的黄委纪检监察队伍将会以更加饱满的热情、更加负责的态度、更加务实的作风再次踏上新的征程，去续写黄委党风廉政建设和反腐败工作新的辉煌。

黄委监察局　　执笔人：李秋明

强化审计监督
为治黄事业发展保驾护航
——改革开放40年黄委审计工作综述

　　黄委审计工作起步于 1985 年，33 年来，各级审计部门坚持依法依规审计，坚持服务导向，认真履行监督职能，着力打造"客观公正、实事求是、廉洁奉公、恪尽职守"的审计职业形象，在实践中探索，在探索中创新，在创新中发展，开创了"黄河特色审计模式"，在促进经济发展、干部队伍建设、廉政建设，保障工程安全、资金安全、干部安全、生产安全等方面发挥了重要作用，取得了显著成效。

总结过去，黄委审计工作取得显著成效

　　——黄委审计发展的历程沿革之起步阶段。1984 年下半年，水电部党组根据全面改革的新形势，发出了在全系统组建审计机构和开展审计工作的通知。黄委党组十分重视，就黄委建立审计机构和开展审计工作提出要求。1985 年 5 月，黄委成立审计处，审计工作由此起步。

　　1986 年 1 月，黄委第一次审计工作会议在郑州召开，加快了内部审计机构组建步伐，经过一年努力初见成效，黄委审计工作网络基本形成。1987—1990 年，审计机构得到进一步充实和完善。在机构组建的同时，各级审计部门"边组建、边工作，抓重点、打基础"和"积极发展，逐步提高"，积极培训人员和开展试审，初步打开工作局面。

　　与这一时期经济社会发展和治黄特点相适应，主要开展了财务收支定期审计、承包经营审计、效益审计、干部离任审计、合同审计和决算审签等。还统一安排了一些专项审计和审计调查，审计职能作用得到初步发挥。

　　——黄委审计发展的历程沿革之发展阶段。1991年黄委机构改革，黄委审计处升格为审计局。同年5月黄委下发《黄委会内部审计机构设置意见》，明确提出内审机构设置原则，对委属各单位应设置的审计机构和人员编制作出具体规定，进一步推动了内部审计组织建设和审计工作开展。

　　这一阶段黄委内部审计工作贯彻"加强、改进、发展、提高"方针，注重制度建设，加强行业管理和业务指导，加强计划和项目管理等基础工作，审计工作在制度化、规范化方面迈出较大步伐。发挥经济监督职能，为治黄事业发展搞好服务的观念进一步增强。财务收支审计有所改进和提高，工作重点逐步转向对管理和使用治黄资金较多、关系治黄全局的重点单位和重点资金的审计。深化了效益、管理和承包经营审计的内容，在向内控制度和经济效益审计延伸方面有了明显进步。专项审计和审计调查项目大幅增加，审计质量不断提高。

　　——黄委审计发展的历程沿革之创新阶段。2003年，《审计署关于内部审计工作的规定》出台，中国内审协会出台了《内部审计基本准则》，建立健全内部审计人员职业道德规范、资格证书管理、后续教育办法等，对内部审计工作提出了新的更高要求。黄委审计局通过加强组织机构建设、提高干部队伍素质、完善内控制度、开拓审计领域、提高审计质量等，在实践中不断迈上新台阶。

　　这一时期，黄委审计工作结合自身特点，提出构建"以服务为宗旨，以制度为核心，以组织为保障"的内部审计体系，并创新性地提出在全河范围内开展集中联合审计。

　　在2004年国家审计署对黄委审计的撤点会上，黄委党组郑重宣布：国家审计的撤点之日就是内部审计的进点之时。按照"揭露问题、分析原因，规范管理、促进改革"的总体思路，从2005年起连续五年开展了大规模内部集中联合审计。5年内共抽调计划、建管、财务、审计人员202人，审计单位246个，审计资金总额154.22亿元，发现各类问题1217个，问题涉及金额27.94亿元。累计审计下游山东、河南两局治黄资金119.83亿元，占2002—2008年计划（预算）数的70%。提出审计意见、建议948条，被审计单位累计整改问题890个。集中联合审计取得了明显成效：各单位遵纪守法意识普遍增强；内控制度建设日趋完善；违规资金数额明显减少；屡审屡犯现象得到有效遏制；计划、财务、建设管理水平逐步提高；审计整改落实的主动性大大提高。委属大局院效仿委里做法相继开展了集中联合审计；水利部通报了黄委集中联合审计的情况并全文转发了"总体实施方案"；审计署原审计长李金华同志专门听取汇报，高度赞赏黄委党组这一决定，充分肯定了"黄河特色审计模式"。

——黄委审计体制机制建设之组织体系建设。按照"精简高效"原则,黄委自上而下建立了委机关设审计局,委属大局院设处级审计机构,地(市)河务局设科级审计机构的3级内审机构,并不断优化结构、提升效能。同时,制定了《黄河水利委员会内部审计工作规定》《黄河水利委员会内部审计工作规则》《黄河水利委员会领导干部任期经济责任审计联席会议制度》等相应配套办法,以加强组织管理,保证机构高效运转。

——黄委审计体制机制建设之制度体系建设。随着审计实践的丰富和拓展,2003年上半年,黄委审计局制定并印发了《黄河水利委员会内部审计体系建设框架意见》,之后相继出台20多项审计制度,逐步形成了行业管理、审计实务、质量控制、成果利用、责任追究、后续审计等方面的制度体系。

——黄委审计体制机制建设之服务体系建设。一是进一步明确了黄委审计定位:依照国家法律、法规政策以及单位规章制度,实施独立、客观的监督、确认和咨询活动,通过审查和评价业务活动、内部控制和风险管理的适当性、有效性,促进单位完善治理、增加价值和实现目标。二是建立沟通协作机制。各级审计部门建立了和纪检监察、人事、财务、建管、计划部门的良好协作机制,加强了检查监督力量,增强了监督合力。三是增强服务意识,倡导文明审计、和谐审计、廉洁审计,注重发挥咨询服务和建设性作用,受到被审计单位的欢迎。

黄委内部审计工作的作用突出体现在以下几个方面:

一是促进了党和国家财经政策和水利改革措施在黄委系统的实施。以基本建设"四项制度"、财政体制"三项改革"、水管体制改革为重要审计内容,促进各项制度贯彻落实,保证水利资金安全有效。

二是在促进依法理财、依法行政、依法治河方面发挥作用。在预算执行审计、基本建设审计、维修养护审计中,重点关注收支的真实性、合法性,揭露和查处弄虚作假、虚报冒领、套取挪用财政资金、虚列财政支出等问题,各单位依法管理水平和执行能力有了显著提高。

三是在提高投资效益、实现"四个"安全方面发挥了重要保障作用。通过揭示和查处违法违纪问题,着力监督检查重大投资项目和重点专项资金效益状况,揭露和查处了虚假工程、偷工减料、损失浪费等问题。审计中既关注资金使用效益、效率和效果,又关注生态效益和社会效益,优化资金使用,确保建设质量。

四是在深化治黄管理体制、运行机制改革和加强制度建设方面发挥了重要促进作用。着力对"管养分离"改革过程中出现的问题进行揭示和分析,针对养护合同签订、实施以及养护公司会计核算、财务管理、运行体制等方面存在的突出问题进行检查分析,提出改进建议。

五是建立健全内控制度,加强经济核算,减少损失浪费,促进了治黄整体管理水平的提高。审计过程中着力检查内控制度是否健全、完善,并提出针对性意见和建议。多数单位"边审边改"，在审计过程中即出台相关管理办法；有的单位在收到审计意见后，立即补充完善相关管理办法，在建章立制与深化改革等方面都有了长足的进步。

六是加强对权力运行的监督，推动建立责任追究制和问责制，从源头防止腐败。在全面开展经济责任审计的同时，加强了对公务用车、公款接待、出国费用、"小金库"等问题的专项检查，促进了反腐倡廉工作的深入开展。

七是促进审计监督长效监督机制的建立。通过出台具体实施意见，更重要的是通过持续、高强度的审计，增强了各级领导的法律意识、风险意识。重视审计工作、主动要求审计、积极配合审计、及时进行整改成为各单位领导共识，形成良好的内部审计氛围。

黄委被审计署授予全国内部审计工作先进单位荣誉称号　黄委审计局供图

黄委内部审计工作不断创新和发展，也得到国家审计署和有关方面的充分肯定。审计署、中国内审协会曾就黄河特色审计模式专门进行调研并纳入培训教材。黄委及委属相关单位先后获得"全国内部审计先进单位""全国水利系统审计工作先进单位""河南省内部审计先进单位"等荣誉称号，多位同志被评为国家或省级内部审计先进工作者。

把握现在，充分发挥审计免疫系统功能

党的十八大以来，党和国家对于审计工作愈加重视，国务院相继出台了《关于加强审计工作的意见》《关于完善审计制度若干重大问题的框架意见》及配套文件，把审计监督列为党和国家监督体系的重要方面，对所有公共资金、国有资产、国有资源和领导干部经济责任履行情况，实行审计监督全覆盖，党中央、国务院的系列部署给审计工作提出了新要求，同时也为审计部门依法独立行使监督权力提供了有力保障，审计工作迎来了重要的发展机遇。

党的十八大以来，在黄委党组正确领导下，黄委各级审计部门紧紧围绕治黄中心，密切结合新的工作需求，依法履行审计监督职能，充分发挥审计"免疫系统"功能，为促进治黄事业全面协调可持续发展发挥了积极作用。

据统计，2013—2017年黄委各级审计部门共完成审计项目2519个，其中财务收支审计553个，效益审计185个，经济责任审计278个，内部控制评审32个，

基本建设审计 698 个，其他审计 773 项。增收节支 4403.75 万元，提出意见建议被采纳 4996 条。

——加强基本建设审计，促进项目资金安全运行。近 5 年共开展基本建设项目审计 698 项。坚持"以项目为主线，以业务流程为重点，以资金流向为路径跟踪监督"的审计模式，从项目前期工作、投资计划管理、工程招投标、施工管

审计工作组开展内部讨论　黄委审计局供图

理、资金使用管理、投资效益等方面进行深入检查。为提升审计效果，实现关口前移，连续选择黄河下游近期防洪工程、黄藏寺水利枢纽等重点基建项目进行了全过程跟踪审计，从立项到最终验收全过程监督，即时发现、即时整改存在问题，努力做到防患于未然。

及时开展建设项目竣工决算审计，为建设项目工程竣工验收、资产交付使用、投资效益分析和考核概预算执行情况提供了重要依据。

——深化经济责任审计，促进权力运行不断规范。五年来共开展领导干部经济责任审计 278 项。以落实廉洁从政、中央八项规定精神和"约法三章"要求及消除"四风"作为重要内容，强化责任追究、维护经济运行安全、关注任期遗留债务问题，注重实现一审多果，提高效率，切实强化了对领导干部行使权力的制约和监督。

——加强预算执行和其他财务收支审计，促进财务管理水平不断提高。五年来各级审计部门共开展预算执行和其他财务收支审计 553 项。对于预算编制的科学性、预算执行的严肃性、决算编报的真实性、财务收支的合法性进行了全面审计，揭示和纠正了一些单位在预算管理、财务收支方面的违法违规行为，促进了被审计单位预算执行和财务管理水平的提高。

——积极推进绩效审计，促进国有资产保值增值。各级审计部门以"加强管理、防范风险、提高效益、促进发展"为目标，积极推进绩效审计，实现了从财务收支审计向经济性、效率性、效益性审计的转变，由事后监督向事前查漏补缺、防范风险转变，由面上审计向深层次审计转变。五年来共开展绩效审计 185 项。

——围绕热点焦点问题，开展专项审计调查。围绕领导关心、群众关注、工作迫切的"热点""焦点"问题开展专项资金审计，重点开展了维修养护经费专项审计调查、供水专项审计调查、涉河项目专项审计调查等。对审计发现的苗头性、

典型性、倾向性问题，以"审计要情"的形式及时反映，委领导多次予以批示。

——持续推进巡回审计，加强基层单位审计监督。2016年黄委党组提出对所有基层单位开展巡回审计，黄委审计局按照要求，着力搭建黄委、省局、市局三级审计部门审计成果和信息共享平台，采取上下联合、审帮结合等措施，持续开展巡回审计，基本完成对基层水管单位审计全覆盖，对基层企业的巡回审计也在持续进行中。审计过程中，重点关注基层单位有无重大财务风险，有无重大违规事项；对基层单位贯彻执行中央八项规定精神、"三公经费"、会议费、培训费、差旅费等进行了重点审计。巡回审计结果，分别以"专项报告""审计要情""问题清单""审计底稿"等形式向委领导呈报或下达审计意见。通过审计，揭示了基层单位普遍存在的突出问题，发挥了巡回审计和随机抽样审计向基层传导压力、传播法规、传授方法的积极作用，有效促进了规范管理。

——加强审计行业管理，促进全河内审水平整体提高。黄委审计局以加强内部审计制度建设、提升审计人员专业胜任能力、提高审计质量和水平为重点，积极开展调查研究，加强审计行业管理和业务指导。根据黄委工作会议总体部署，每年印发审计工作指导意见，明确总体思路和工作要点，有计划、有针对性地对全河审计工作进行管理和指导；强化制度体系建设，先后修订《黄河水利委员会内部审计工作规定》《黄河水利委员会内部审计工作责任追究暂行办法》《黄河水利委员会领导干部经济责任审计办法》《黄委基本建设项目跟踪审计暂行办法》等多项审计制度办法，为规范开展审计提供制度保障；坚持不懈抓好队伍培训，每年通过多种形式培训内部审计人员，提高专业能力；积极推动理论研讨和经验交流。通过组织评选优秀审计论文、优秀审计项目等形式，推动交流互鉴，共同提高。

黄委各级审计部门积极面对工作中存在的困难和不足，采取切实有效的措施，强短板、补弱项，有效推动了审计工作健康开展。

——大力推进审计工作创新，进一步发挥审计整体效能。按照改革发展要求在资源优化、程序简化、方案细化等方面积极推进审计创新。一是推进审计方式方法创新。探索实践交叉审计、联合审计、巡回审计、随机审计等审计组织模式，发挥审计监督的整体性和宏观性作用，改变"熟面孔"审计"老单位"的现象。二是推进审计管理创新。树立"全河一盘棋"的思想，上级审计机构加强监督指导和统筹协调，下级及时向上级反映审计重要情况和问题。建立委属内审机构重要节点、重大项目上报制度，及时掌握全河内审工作开展情况，实现计划统筹，优化配置，信息共享，结果共用，避免重复审计和资源浪费。三是充分发挥信息技术作用，加快传统手工审计向利用计算机审计转型。利用水利财务信息系统，积极探索网上筛查、现场抽查模式，开展实时在线联网审计，实现信息化技术与审计项目的有效融合。四是推进审计报告创新。适应内部审计特点，综合利用灵活多样的报告形式。既可提交传统审计报告，也可通过"审计要情"形式报告，还可采用"问题清单"形式下发。

——全面加强审计业务流程管理，进一步提升审计质量和效率。一是加强审计项目前期管理。根据审计项目、审计对象、审计目标、审计内容，采取灵活多样的方式做好审前调查，制定出有针对性的实施方案。二是进一步做好审计项目实施工作，抓好现场管理。合理进行资源配置，确保审计重点。对审计重点环节和重点问题的查证，既能按照审计项目要求完成审计任务，实现审计目标，又能查深查透，突出审计成果、提高审计效率、提升审计质量。三是做好审计报告阶段工作。审计报告严格以事实为依据，以制度为标准，切实做到问题明、证据实、定性准。在查出问题的同时，把更多的精力放在如何提出切实有效的审计建议上，促使被审单位改善环境，提高绩效，提升管理水平。

——高度重视审计整改工作，加强审计成果综合应用。按照监督从严、整改从严、追责从严的要求，进一步强化整改责任，进一步优化整改结果报告机制、督促检查机制、结果运用机制等，进一步硬化追责问责。对发现的问题，在分析原因、分清责任的基础上对症下药、多管齐下，分别摆出切实可行的观念整改、制度整改、技术整改、执行整改的具体措施。通过加大审计整改工作力度，进一步促进审计成果有效落实，充分发挥审计的建设性作用。

——坚持高标准严要求，持之以恒强化审计队伍建设。依法履行审计监督职责，关键在人。一直以来黄委把加强审计队伍建设作为头等大事来抓。一是加强思想作风建设。加强社会主义核心价值观教育，引导和教育审计干部更加坚定理想信念，强化大局意识，弘扬奉献精神。按照全面从严治党的要求，加强审计局支部建设和支部工作，切实发挥党员模范带头作用。二是加强业务能力建设。有计划、有针对性地组织开展审计理论研讨、审计座谈会、优秀审计项目评审等活动，形成高质量、有分量、可利用的研究

黄委对黄藏寺水利枢纽工程开展跟踪审计 黄委审计局供图

成果，把行之有效的做法上升为理论或制度规范。积极创造条件，综合运用理论培训、案例培训、现场培训等多种方式，全面提升审计队伍整体素质。三是加强廉洁审计建设。进一步推进审计廉政风险防控机制建设，加强廉政教育，严格落实中央八项规定精神和"约法三章"要求，严格执行审计"八不准"工作纪律等廉政规定。

展望未来，推进黄河审计再上新台阶

党的十九大从健全党和国家监督体系的高度，强调"构建党统一指挥、全面覆盖、权威高效的监督体系"，提出"改革审计管理体制"，并组建中央审计委员会，党中央、国务院关于审计工作的一系列重要举措，为黄委内部审计工作指明了方向，黄委各级审计部门要以习近平新时代中国特色社会主义思想和党的十九大精神为统领，认真落实委党组"维护黄河健康生命，促进流域人水和谐"治黄思路和"规范管理、加快发展"总体要求，坚持服务宗旨，进一步强化审计监督，有效发挥审计在规范管理、加快发展中的基础性、前瞻性作用。

——扎实推进审计监督全覆盖。进一步加强对党组重大决策部署落实情况的审计监督，实现各项政策从产生到落地的周期全覆盖；加强对权力运行监督制约的审计监督，实现领导干部经济责任审计的全覆盖；加强对基层单位审计"体检"，实现对基层水管单位审计的全覆盖；加强对重点建设项目的跟踪审计，实现对关键环节重要节点审计的全覆盖；加强对企业经营管理情况的审计监督，实现对委属企业审计的全覆盖。

——进一步突出审计工作重点。审计过程中，重点关注单位有无重大经济风险、重大违规事项，对多发易发问题的关键环节进行即时审计；对领导关心、群众关注、工作关切的热点问题进行关口前移审计；对贯彻执行中央八项规定精神情况、"三公经费"、会议费、培训费、项目经费、内控制度等进行重点审计。进一步拓展审计范围，对涉河项目收支、年度考核先进单位经济指标完成情况进行专项审计；突出问题导向，将审计的重点有计划、有步骤地向基层、企业以及巡察、审计发现问题较多的单位延伸。

——进一步解放思想，转变观念，把促进规范管理、加快发展作为审计工作的着力点和落脚点。站位全局，充分发挥审计高层次、综合性监督职能，切实发挥审计在规范管理，加快发展方面的建设性作用。

——通过审计，及时发现具有倾向性、典型性、普遍性和苗头性的问题，立足防范，消除隐患，有效减少违规违纪问题发生，防止发生重大问题、重大损失及系统性风险。同时，从政策、制度层面深入分析原因，提出对策与建议，为各级领导决策服务。

——通过审计，指导、帮助被审计单位建立完善各项管理制度，促进被审计单位规范管理，提高管理水平。针对被审计单位经营、发展中存在的困难和问题，提出合理化建议，指导被审计单位抢抓机遇、发挥优势、增收节支、防范风险、科学发展、加快发展。

——通过审计，促进被审计单位增强法纪意识、规矩意识，促进被审计单位改革和完善体制机制（决策机制、奖惩机制、监督机制、容错机制），促进被审计单位正确处理眼前利益与长远利益、职工收入增长与单位合理积累的关系，为单位持续稳定发展提供保障。

治黄事业任重而道远，审计工作光荣而艰巨。在黄委党组的领导下，黄河审计人将始终保持审计工作活力，着力提高审计工作效率，不断挖掘审计管理潜力，全面提升依法审计能力，推动黄委审计工作在新的起点上实现新发展，为新时期治黄建设和管理事业发展做出更大贡献！

黄委审计局　　执笔人：董保连　翟　立　刘嘉翔

围绕中心　服务大局
凝聚治黄发展正能量
———改革开放40年黄委离退休工作综述

40年来，党和国家离退休工作方针政策伴随着改革开放应运而生，同时也伴随着改革的深入推进而不断深化。

40年来，黄委党组始终高度重视离退休工作，认真贯彻相关政策规定，切实做到政治上尊重、思想上关心、生活上照顾、精神上关怀老同志。

40年来，黄委离退休工作始终坚持围绕中心，服务大局，凝聚治黄改革发展正能量，取得了显著成绩，老同志的获得感、幸福感、安全感不断增强。

完善机构　健全制度　注重规范管理

改革开放以来，黄委离退休工作机构由小到大，不断发展。1981年，黄委成立政治部老干部管理处。进入20世纪90年代，由于退休人员数量不断增加，服务管理工作日益繁重，1994年，正式成立离退休职工管理局（以下简称离退局）。

委老干部管理处成立后，委属各单位也相继成立离退休工作机构。截至2017年底，全河有独立离退休工作机构37个，专职离退休工作人员162人，兼职工作人员156人，各级各单位均有为老同志服务的工作人员。

从制度建设入手，通过不断加强管理，推动离退休工作持续发展。改革开放以来，根据有关规定，黄委先后建立老干部体检、学习制度等并不断充实完善。在规范内部服务管理方面，2003年制定印发《离退休管理工作制度》，包括《工作人员守则与工作规则》《信访工作制度》等 20 多项规章制度，对各项工作及工作人员行为进行规范。

为进一步加强行业管理，2006 年，制定印发《水利部黄河水利委员会离退休工作管理办法》，使全河各级离退休管理工作有章可循。2017 年，根据中央和水利部精神，广泛调研沿黄省区政策，结合全河离退休工作实际，黄委党组印发《关于进一步加强和改进离退休工作的实施办法》，为全河各级做好新形势下离退休工作提供了政策依据和制度保障。

政治引领　强化党建　筑牢战斗堡垒

离退休党支部建设是党的基层组织建设的重要组成部分，对于落实中央关于在政治上尊重和关心老同志的要求，进一步加强离退休队伍建设，具有十分重要的意义。

——加强理论学习和思想教育。多年来，黄委始终重视政治引领，通过多种形式，利用各种阵地，组织离退休人员开展理论学习，使老同志不断接受新事物、跟上新形势，做到"政治坚定，思想常新，理想永存"。为离退休党组织和离退休党员订购必要的理论学习材料，开展主题党日活动，利用红色资源开展党性教育。对老同志普遍关心的问题，请有关专家作专题报告或讲座。2016 年起，每年组织委机关离退休党员代表赴红色教育基地开展主题党日活动。2017 年 12 月 27 日，《中国老年报》在头版报道了黄委老同志学习贯彻十九大精神情况。老党员"离岗不离党、退休不褪色"，在思想上、政治上、行动上始终与党中央保持高度一致。汶川地震期间，全河离退休党员积极交纳特殊党费，支援灾区人民渡过难关，仅机关离退休干部党委 6 个支部就交纳近 14 万元。

——切实落实党建责任。2002 年，经黄委直属党委批准，成立委机关离退休干部党委，下设 6 个党支部。按照"有利于开展活动，有利于组织学习，有利于发挥作用"和"一方隶属、多方管理"的原则，积极推进在离退休人员集中居住地、学习活动场所、兴趣爱好社团组织建立基层党组织，同时鼓励离退休人员将组织关系转入所在社区，目前全河 764 位老党员组织关系转到社区支部，方便了他们参加组织活动。坚持组织生活制度，严格党内政治生活，按照"三会一课"制度开展好各项工作，按党章规定按期换届，及时收缴党费。目前，全河有 4 个离退休党委、2 个离退休党总支、独立离退休党支部 135 个、与在职混编党支部 90 个，离退休党员近 6000 人，离退休党员都能纳入党组织的管理，正常参加组织活动。

——加强离退休党组织班子建设。黄委机关和山东河务局、河南河务局、水文局机关离退休党委、总支书记由离退休部门负责人兼任，部分单位选派工作人员担任离退休党支部支委或秘书，加强对离退休党组织的指导和联系。注重将党性过硬、沟通协调能力强、作风公道正派、群众基础好、身体健康的老同志选配到支部班子中，增强党支部的凝聚力和战斗力。选优配强离退休党支部书记，实现"选准一人、引领一群、带动一片"。自 2015 年起，每年举办一期全河离退休党支部书记代表培训班，目前已培训 240 人次。

全河涌现出一批先进离退休党组织。河南中牟河务局离退休党支部在单位发展、解除职工后顾之忧和协调与地方政府部门关系等方面做出了突出成绩，1999 年被中组部授予"全国先进离退休干部党支部"荣誉称号；委机关离退休干部党委第一党支部创新活动方式和内容，开展"三头服务"活动，即学习材料送手头、节日慰问暖心头、有病看望到床头，坚持做到了"四个经常"，即政治经常讲、思想经常谈、学习经常抓、活动经常搞，为构建和谐稳定的治黄工作局面做出了积极贡献，2009 年被中组部授予"全国先进离退休干部党支部"荣誉称号；河南开封河务局机关离退休党支部探索开展"自我管理、自我教育、自我服务、发挥作用"管理模式，2018 年被命名为首批"黄河先锋党支部"。党旗辉映聚人心。许多老同志把加入党组织、成为一名光荣的中国共产党党员当作自己的毕生追求。

落实待遇　解难帮困　增加获得感

40 年来，黄委离退休人员逐年增多，队伍结构也发生了明显改变。1988 年全河离退休人员 5869 人，其中离休干部 1525 人、退休人员 4344 人；2018 年 6 月底，全河离退休人员增加到 18920 人，其中离休干部 361 人，退休人员 18559 人。多年来，黄委各级认真落实离退休人员政治待遇和生活待遇，让老同志安心、舒心、暖心。

——落实政治待遇，传递组织关怀。多年来，不断完善和落实向老同志通报工作、走访慰问、参加会议、阅读文件、订阅报刊杂志等政治待遇制度。坚持定期组织老同志进行政治学习，介绍国际、国内形势以及水利和治黄改革发展情况；制定《关于建立与老同志沟通交流机制的意见》，黄委领导定期向老同志通报治黄工作，对于征求到的意见建议，要求相关部门和单位积极调研、抓好落实；坚持走访慰问，离休干部住院、退休人员长期住院时，各单位都前往看望；定期走访易地安置、长期异地居住老同志，平时加强电话、微信联系；在重阳节和元旦春节期间，在全河组织普遍性走访慰问；每年重阳节前，在黄河报（网）刊登"致全河离退休人员的慰问信"，为全河到 90 岁的老同志颁发"黄河寿星"荣誉证书；黄委主要领导为机关 80 岁以上和委属单位 90 岁以上老同志在生日贺信上签名祝寿；各单位定期组织离退休人员就地就近参观考察，让老同志体验改革开放以来的美好生活和发展变化。

——落实生活待遇，共享发展成果。黄委内部分为参公、事业、企业等不同性质，离退休人员多，经费缺口大。长期以来，按政策规定落实离退休人员的"两费"，一直是离退休工作的重点。一是对委属各单位落实情况进行检查。委领导多次亲自带队检查，督促各单位按政策规定落实"两费"。二是通过年报、半年报、季报、到基层调研等形式，及时掌握各单位离退休人员"两费"落实情况。三是坚持"生活待遇略微从优"。按规定逐步提高离休干部离休费、护理费标准，增发生活补贴，为符合条件的离休干部提高医疗待遇，确保离休费按时足额发放，在规定范围内的医药费据实报销；组织老同志健康休养或发放健康休养费；离退休人员同样享受政策规定的生活福利；定期组织离退休人员体检；配合做好机关事业单位养老保险制度改革政策解释，确保老同志收入不降低。四是"两费"落实确有困难的基层单位，由上级单位帮助解决。委属部分单位在经费紧张时，暂缓发放在职职工工资，确保离退休人员"两费"落实。

党的十八大以来，随着我国经济社会的发展和黄委经济实力的增强，老同志"两费"得到进一步落实，属地津补贴基本到位，收入不断提高。尤其是 2015 年，黄委党组积极争取上级经费支持，解决了离退休经费历史挂账问题。

——助力夕阳安居，及时解难帮困。每年统计全河困难老同志情况，采取平时帮扶、大病救助、专项救助、党内关怀等各种形式，确保不让一位老同志在奔小康的路上掉队。20 世纪 90 年代，根据上级解决黄委家居农村离退休人员住房困难的要求，1990—1996 年黄委集中解决这一问题。1990 年，多方筹集资金，帮助 184 户家居农村的老同志改造住房；1993 年，解决了安置在农村的 150 户离休干部危房问题；1994 年，集中解决了中华人民共和国成立前参加革命工作家居农村的退休工人特困户住房建设。经过各级各单位共同努力，通过上级拨款和职工自筹资金等方式，总投资 1197.88 万元，修建新房 663 户，建筑面积 45002 平方米；维修旧房 922 户，维修面积 32083 平方米，为 1585 户家居农村的离退休人员解决了住房困难。水利部在验收检查时给予了高度评价：黄委老同志危房改建工作打了个漂亮仗，社会效益、政治效益都很好。一位家居农村的离休干部搬进新房后在给领导的感谢信中说："各级领导想到了我们的难处、痛处、急处，真是久旱逢甘露。"

根据黄委职工重大疾病医疗救助精神，2005 年起，协调委属各单位为符合条件的退休人员申请大病救助。据不完全统计，自开展大病救助以来至 2017 年底，全河各级救助的老同志占救助总人数的 75%。针对近年来老同志反映比较多的老旧家属楼加装电梯问题，积极调研、密切关注地方政府相关政策规定，协调相关单位有序推进前期工作。

完善阵地　丰富活动　推进文化养老

——加强阵地建设，助力文化养老。多年来，各单位高度重视离退休人员活动场所建设。截至 2017 年 10 月,全河离退休人员共有活动场所 282 个,面积 1.94 万平方米。其中,独立活动场所 141 个,面积 0.94 万平方米,配备了健身器材、娱乐设施、报纸杂志等,不少单位还在家属区修建了健身广场。

积极支持老年文体协会活动。1997 年成立了黄河老年体育协会,下设 9 个分会。目前,全河有各类文体协会和专业活动组织 200 多个。黄委老干部合唱团 1994 年成立以来,坚持"老有所学、健康身心、歌颂祖国、心系黄河"的宗旨,经常深入治黄一线、学校、社区演出,在各级比赛中多次获奖,把心中的黄河,把黄河人的风采,唱到了北京人民大会堂,唱到了中央电视台。

——开展文体活动,展示夕阳风采。多年来,各级坚持兴趣爱好与娱乐健身相结合,日常活动与大型活动相结合,自娱自乐与竞技比赛相结合,全河老年人文体活动形式多样、丰富多彩。黄委机关每年举办老同志元宵节和离退休女同志妇女节游艺活动。自 1993 年起,每四年轮流举办全河离退休人员门球、象棋、麻将、太极拳比赛。重阳节期间在全河开展系列文体活动,2017 年重阳节期间,全河开展文体活动 90 余项,参与老同志 9000 余人次。2017 年、2018 年,分别举办驻郑单位老同志迎新春文艺演出。黄委机关门球队 1999 年获水利系统门球赛第一名。黄委离退局综合处被授予"河南省老年人体育工作先进单位"和全河离退休工作先进集体荣誉称号。全河先后有 150 多位老同志分别获得全国、所在省和黄委的"健康文明老人"荣誉称号。

——创办老年大学,强化示范引领。2008 年,黄委成立黄河老年大学,由黄委主任任校务委员会主任,分管领导任校务委员会副主任兼校长,离退局负责日常教学管理。经过 10 年发展,教学活动场所面积达 3000 平方米,有声乐、太极拳、中医养生等八个大专业、16 个分专业,注册学员 800 多人,每周在黄河老年大学学习及参加健身娱乐活动的老同志达到 3000

2008 年黄河老年大学正式成立　展彤摄影

2010 年,黄河老年大学声乐专业参加第十二届中国老年合唱节　黄委离退局供图

人次以上。黄河老年大学每年组织各专业参加各级赛事，宣传黄河治理开发成就，为黄委赢得了荣誉。声乐专业精心创作、编排了《黄河堤防行》《黄河太平鼓》等具有时代特色的文艺节目，获得中国老年合唱节金奖、"全国示范老年合唱团"等奖项和荣誉 60 余个；书画专业学员 210 多人次、258 件作品入选各项展览，获奖 45 件，5 位老同志成为河南省书法家协会会员。黄河老年大学成为老同志"学习知识的课堂、展示风采的舞台"，老同志在这里快乐地学习，谱写着夕阳更加绚丽美好的新篇章。

加强引导　凝心聚力　夕阳为霞满天

40 年来，黄委各级按照"自觉自愿、量力而行"的原则，充分发挥老同志的政治优势、经验优势、威望优势，积极组织他们发挥作用。

——离岗不忘本色，助力河清海晏。积极组织老同志参与防汛抢险、重大工程咨询论证、史志资料编写、巡视巡查等工作。黄委成立了以老领导、老专家为主体的科学技术委员会、老年科技协会、黄河研究会和中国保护黄河基金会等，众多老领导、老专家一直活跃在治黄科技前沿和防汛抢险一线。1996 年老同志编纂的《黄河河防词典》，共收集词目十大类 2380 条 34 余万字，成为当时治黄工作人员必备的工具书。科学技术委员会老同志积极发挥经验优势，对黄委重大技术、项目提供决策咨询意见和建议。自 2002 年黄委设立治黄著作出版资金以来，全河 23 位老同志的 30 本专著申请到了资金资助，占黄委受资助总人数的52.6%，老专家的治黄实践经验得以传承。

——聚焦重大主题，传递正确导向。在重大纪念日和重要时间节点，举办不同的主题活动。1995 年，开展纪念抗战胜利 50 周年系列活动，引导老同志铭记历史、珍爱和平；2007 年至 2008 年，开展"全民健身与奥运同行·黄河老人健步走向北京奥运会"活动，离退局和黄委驻郑单位老年人体育协会被中国老年人体育协会授予先进单位荣誉称号；2008 年，配合有关单位组织了治黄人物系列节目《薪火传承——治黄老专家访谈》，作为黄委"迎接新中国 60 华诞"系列宣传的重要内容之一，老领导老专家记述人生、传递经验、激励后人，积累了珍贵影像资料。2015 年以来，开展了以"展示阳光心态、体验美好生活、畅谈发展变化"为主要内容的为党和人民事业增添正能量活动。2016 年，举办了纪念人民治黄 70 周年全河老同志座谈会和征文活动，编印了作品集；2017 年开展"畅谈""建言"活动，参加老同志 9000 多人次，收集"畅谈""建言"2000 余条；2018 年，在全河组织开展了"看《初心》、忆初心、谈初心"活动。

——发挥"五老"作用，春泥护花更红。1985 年成立的黄委关工委始终发扬"敬业、关爱、创新、奉献"精神，老同志以年迈之身担当起政治指导员、校外辅导员、未成年人思想道德建设督导员、网吧义务监督员等重任，开展主题教育、弘扬核心价值观，在青少年心灵里播下正义和文明的种子，为创建文明单位、和谐社区作出了积极贡献。他们还帮贫济困、牵线搭桥，先后资助失学儿童150多名，为180多名孤儿和失学儿童结上帮扶对子，点亮贫困孩子的未来，仅曹小娥一人多年来就捐款20多万元，资助贫困学生140多名。2013年，关工委主任岳崇诚赴洛阳市宜阳县花果山乡中心小学，将捐赠的2000余件爱心衣物交到孩子们手中。在纪念关工委成立30周年会议上，"五老"成员郭先芳即兴赋诗一首，表达了关工委老同志的心声："卅年苦乐与酸甜，五老奉献展笑颜。功名利禄无所求，胸中唯有青少年。立树锦旗马加鞭，先进典型万人传。亿万人民齐雀跃，中华复兴美梦圆。"

2003年，黄委关工委组织少儿暑期教育活动营　黄委离退局供图

黄委关工委先后荣获"全国五好基层关工委先进集体""全国关心下一代工作先进集体"等荣誉称号，黄委关工委主任岳崇诚被聘为首批"河南省未成年人保护爱心大使"，并先后荣获"全国老干部先进个人"、河南省直机关"优秀共产党员""全省关心下一代工作突出贡献奖""最美黄河人"等荣誉称号，李同义、曹小娥、张富义、刘秀珍等被授予河南省"五好"基层关工委先进个人和"全省关心下一代工作先进工作者"等荣誉称号。

——宣传先进典型，营造尊老氛围。1997年，从全河选出5名事迹突出的老同志参加水利系统老干部先进事迹报告团，到部机关及各流域机构作报告；1998—1999年，开展老有所为奉献奖评选活动；2002年与《黄河报》联合开办《夕阳红》栏目，宣传离退休工作和老同志发挥作用典型事迹，发表文章20多篇；2003年，开展健康文明老人评选，对104位身体较好、为单位建设作出突出成绩的老同志进行表彰；2008年，组建老同志先进事迹报告团，从全河选出9位老同志到委属单位作巡回报告；2011年，开展"黄委离退休老同志发挥作用十大楷模"推荐评选活动，将他们的事迹以"大河潮涌　余热生辉"为题结集出版；2011年，以"黄河寿星谈养生"为题结集出版了28位90岁以上黄河老人的健康养生体会，赠送给全河每一位老同志；2015年，评选表彰全河离退休先进集体和先进个人，利用委机关一楼展示屏、黄河网和办公自动化网等平台广泛宣传老同志先进事迹；2016年，组建全河老同志网络宣传员队伍，传递向上向善的精神力量；2017 年，制作"党的十八大以来黄河老人风采展"展板，营造发挥正能量的良好氛围。

加强学习　转变作风　提升服务管理水平

离退休工作是一项需要付出、需要奉献的重要工作，也是值得付出、值得奉献的光荣事业。40 年来，全河各级离退休工作者把全心全意为老同志服务作为工作的立足点和出发点，以真情与付出让老同志感受组织上的关怀，用爱心和耐心呵护老同志晚年尊严，在平凡的岗位上创造了不平凡的业绩。

——加强学习研究，提升履职能力。编印《带着感情和责任做好老干部工作——习近平关于老干部工作重要论述选编》，发给委属各单位，确保离退休工作人员牢牢把握正确方向；积极组织离退休工作人员参加政策业务培训及专项业务培训；定期举办全河离退休工作人员业务培训班；为工作人员订购《老干部工作文件选编》等学习材料；收集整理党和国家有关离退休政策及水利部、黄委有关规定，编印《离退休工作手册》，作为可随身携带的基本工具书；积极组织参加各级离退休业务知识竞赛。

——树立问题意识，深入调查研究。一是深入老同志当中倾听意见，了解老同志的所思所想、所需所盼，及时解决问题。及时将黄委机关老同志的工资条、杂志、信件等物品送到老同志手中。平时到老同志家中、医院看望慰问卧床不起、生活困难和生病住院老同志。二是配合相关部门及时处理老同志来信来访，做好解释工作，稳定老同志的情绪，营造和谐稳定的治黄环境。三是深入基层开展调查研究，及时发现问题，推进解决问题。2013 年、2014 年，针对离退休人员快速增长、基层单位离退休专兼职工作人员不足的情况，深入基层调研，提交了调研报告，与人事部门共同制定了《黄委关于加强县级河务局离退休人员管理工作的通知》。四是加强专题调查研究。根据上级重点调研课题安排，多年来，围绕困难帮扶机制建立、离退休工作转型发展、文化养老机制建设、中办 3 号文件落实等课题，精心组织调查研究，多篇调研报告荣获全国水利系统和河南省老干部工作调研课题一等奖，离退局多次荣获水利部和河南省离退休工作调研先进集体。

——创新工作模式，提高工作效率。改革开放以来，根据形势发展和老同志需求变化，各级不断调整工作思路，创新工作方法，积极回应老同志的新期盼。随着互联网信息技术的日益普及，各单位建立了工作 QQ 群、微信群，通过网络渠道安排工作，定期推送正能量引导文章，助力净化网上舆论环境；按照黄委党组"规范管理，加快发展"的要求，每年初制定黄委机关老同志重要活动安排，逐项抓好落实；印制温馨提示卡，指导黄委机关新退休人员办理有关事项；编印《黄委机关离退休人员逝世后丧事办理指南》，送老同志走好最后一程；联合信息中心研发机关离退休人员信息管理系统，2017 年上线运行；对涉及黄委机关老同志的 27 项服务项目进行梳理，2017 年印制了《黄委机关离退休老同志相关服务流程汇编》，提示日常服务办理所需材料和注意事项。

——深入发掘资源，用心用情服务。充分发掘内部资源，开展多样化服务。联合黄河中心医院为老同志提供医疗保健服务。2003 年"非典"期间，离退局和医院工作人员放弃节假日，在活动室连续三天为机关每一位老同志免费注射预防药品，为行动不便、80 岁以上的老同志上门服务，确保每位老同志安全度过"非典"期。为解决老同志居家养老就医难题，2016 年离退局与黄河中心医院签订合作备忘录，目前已为机关 184 位老同志建立健康档案，不定期上门巡诊，对患有慢性病和康复期的老同志给予用药及医疗指导。联合直属团委组织驻郑单位青年志愿者开展爱老护老服务，协调信息中心青年志愿者为黄河老年大学摄影和计算机专业学员授课。协调机关服务局、信息中心每季度末到活动室为机关老同志提供水电房屋维修咨询以及收缴电话费等服务。

加强行业养老和社会养老的衔接，发掘社会资源服务老同志。时刻关注地方涉老优惠政策，认真做好信息沟通和政策衔接，编印《沿黄驻地涉老优惠政策摘编》，为全河老同志享受地方优惠政策提供帮助；编辑《黄委机关离退休职工服务手册》，为机关老同志提供涉老信息服务；离退局党支部与驻郑老同志居住比较集中的人民路办事处顺一社区党支部共建友好支部，先后开展了植树节护绿、"三八"节、端午节表彰以及关爱青少年健康成长等多项活动，助力黄委平安单位、文明单位创建。河南主流媒体中原网、大豫网、郑州日报客户端等对相关活动进行了宣传报道。

细致周到的服务，获得了老同志的信任，也得到了组织的认可。1997 年，山东河务局离退处处长王春林同志被评为全国老干部工作先进个人；2006 年，委离退局综合处处长娄季国同志被授予"全国先进老干部工作者"荣誉称号，并作为水利系统唯一代表出席表彰大会，受到国家领导人的亲切接见；2016 年，河南河务局离退处被评为"全国老干部工作先进集体"。

征程万里风正劲，重任千钧再奋蹄。党的十九大吹响了中国特色社会主义进入新时代的伟大号角，提出"认真做好离退休干部工作"。面对新形势新任务，黄委离退局将以习近平新时代中国特色社会主义思想为指导，围绕中心，服务大局，真抓实干，主动作为，努力做好新时代离退休工作，继续保持全河离退休队伍的和谐稳定，为维护黄河健康生命，促进流域人水和谐凝聚更多正能量，让黄委党组放心，让老同志满意！

　　　　黄委离退局　　　执笔人：沈淑萍　陈宗杉

高扬的旗帜　奋进的力量

——改革开放40年黄委党建及精神文明工作综述

岁月流金，党旗高扬。

40年波澜壮阔，鲜红的旗帜标识航向，引领着人民治黄事业阔步向前。

40年生生不息，鲜红的旗帜凌风迎浪，承载着无限荣光。

光辉的历程无时无刻不在昭示：实现跨越，关键在党。

改革启航　党建扬帆

十年动荡，百废待兴。

1978年12月，党的十一届三中全会胜利召开，改革开放大幕正式拉开，人民治黄事业也掀开了改革发展的新篇章。

为更好地支持服务新时期治黄改革发展，进一步加强黄委直属单位机关党的工作，1981年3月，经中共水利部黄河水利委员会委员会批准，建立中共黄河水利委员会直属机关委员会，明确不设办事机构，日常工作由组织处组织科负责办理。从1981年到2012年，直属机关党委作为黄委机关及驻郑直属单位党建工作的承担机构，深入学习贯彻邓小平理论、"三个代表"重要思想、科学发展观，坚持围绕中心、建设队伍两大任务，大力宣传中央关于改革的决定和精神，进一步强化思想引领，开展理想纪律教育和思想政治工作，引导党员深化对改革的认识；扎实开展思想政治工作，坚守意识形态阵地；以开展集中性专题教育为抓手，紧跟中央改革创新，全方位助力治黄科学发展；加强党的组织建设，积极慎重做好党员发展工作，全力提升党建工作水平，严肃党的纪律，提高党的战斗力。各级党组织坚持抓党建就是保改革、促工作，确保党的建设、改革发展和治黄工作同频共振、同向而行。

紧扣党中央要求、时代主题和治黄实际，黄委直属党委围绕十一届三中全会精神、中央关于改革的决定和精神、邓小平南方谈话精神、江泽民视察黄河重要指示和讲话精神、胡锦涛就纪念人民治理黄河 60 年作出的重要指示精神以及党的十二大以来历次党代会精神等重大主题组织开展学习。出台《中共黄委党组关于推进学习型党组织建设的实施意见》，以各级党组（党委）中心组学习为龙头，制定并完善各级中心组学习制度；以中国共产党党史教育为重点，以党支部书记培训为抓手，对 35 岁以下青年职工进行以党的基本路线和基本国情为主要内容的"双基"教育；采取举办学习班、专题报告会、学习研讨会、知识竞赛、理论学习等形式，深入推进学习型党组织建设。积极发掘、了解、宣传黄委系统先进典型，大力宣传赵业安、牛占等先进模范事迹，帮助党员职工进一步树立全心全意为人民服务的思想。

着眼职工思想状况，黄委直属党委深入调查研究，及时掌握动态，聚焦难题、疏导为主、对症下药，扎实开展思想政治工作。党的十一届三中全会以来，黄委全面展开拨乱反正，平反冤假错案，深入清理错误思想影响，着力抓好全面理解和贯彻执行党的十一届三中全会以来的路线方针政策教育，开展理想纪律教育和四项基本原则的宣传，引导党员职工从思想上解脱姓"资"、姓"社"的束缚，切实增强职工解放思想、奋力改革的自觉性。在机构改革中，帮助职工在竞争中认清形势、找准坐标，针对职工情绪波动，"一把钥匙开一把锁"，发挥思想政治工作优势，确保治黄队伍"人心不散、队伍不乱、工作不断"。紧扣发展主题，针对加入世界贸易组织、西部大开发、台湾问题等重大主题，邀请国内著名专家教授作专题报告，围绕建党、建国纪念日开展爱国主义教育，激发广大干部职工做好本职工作为治黄事业做出新贡献的热情。针对国内政治风波、北约轰炸中国驻南使馆等思想波动关键期，把稳政治方向、坚守思想阵地，开展了深入细致的思想工作和帮助教育，引导广大党员站稳政治立场、增强政治定力，为治黄改革提供良好思想保证。

在改革中行进，在发展中创新。黄委党组发挥示范引领作用，坚持以开展集中性专题教育为抓手，对标中央要求，以学促思，以改促干，用改革创新精神全面推进党的建设，助推治黄事业科学发展。坚持"讲学习，讲政治，讲正气"，查摆 1992 年以来在党风党性上存在的问题，深刻剖析检查，以整改为抓手，职工群众满意率达 99.5%，努力推动治黄工作新发展。始终保持共产党员先进性，对照中央"七查七看"的内容，聚焦群众关心、矛盾尖锐的问题，进一步探索使党员"长期受教育、永葆先进性"的长效机制。深入学习实践科学发展观，开展"新解放、新跨越、新崛起"大讨论活动，引导广大党员开创思想解放新境界，形成了理解和推动治黄事业科学发展的新认识。开展创先争优活动，评选表彰"党员示范岗"和"党员示范窗口"，让党员、群众学有榜样、赶有方向。贯彻落实水利系统服务窗口单位为民服务创先争优视频会议精神，全河 887 个基层党组织、1.5 万余名共产党员把开展创先争优作为重要实践平台，扎实开展公开承诺活动，主动接受群众监督评议，稳步推进履诺践诺、调研点评、交流经验、推荐典型，推动创先争优活动向纵深发展。

认真贯彻执行中央关于加强党的基层组织建设有关规定和要求，加力健全组织，聚力党员管理，发力建章立制，着力纠风正气，在加强各级党的组织建设上久久为功。以整党工作为抓手，加强对全河各单位具体指导，以高标准确保整党高质量，扎实推进支部改选工作，重视解决优秀知识分子"入党难"问题，开展"三种人"的核查工作，全河党员队伍组织进一步纯洁，党组织战斗堡垒作用进一步发挥，达到了端正方向、纯洁组织、加强纪律、转变作风的目的。在整党工作取得阶段性胜利的基础上，经报请中共河南省委组织部批准，中共黄河水利委员会直属单位委员会于 1985 年 2 月成立，正式设立办事机构，并于 1986 年 2 月在郑州召开第一次代表大会。此后，第二次、第三次代表大会分别于 1997 年、2003 年召开，进一步理顺直属单位党的管理，巩固和发展管党治党成果。根据机构改革新情况，黑河流域管理局、经济管理局等单位党组织相继成立，全河各级党组织进一步健全，基层党组织覆盖率不断提升。坚持建章立制，制定印发了《黄委会直属单位党委关于各级党组织召开民主生活会的几项规定》《中共黄委会直属单位委员会工作规则》，推行了《党支部工作目标管理》《党支部目标责任制》《机关党支部工作细则》。认真贯彻执行党的民主集中制原则，加强集体领导，重大问题集体讨论决定。制定《关于纠正新的不正之风若干问题的意见》，明确了十二个问题的是非界限，认真开展党风大检查，号召全党动手，发动党员，查党风、议党风，进一步提高党员职工纠风正气的自觉性。

东风劲吹，继往开来。党的十一届三中全会以来，黄委党组牢牢把握党的执政能力建设和先进性建设这条主线，始终坚持党的基本路线不动摇，围绕治黄中心工作，从多方面采取措施全面加强党的建设，不断提升党组织的战斗力、凝聚力、创造力和党员队伍的整体素质，把黄委党建工作推向新高度，为维持黄河健康生命、推动流域经济社会可持续发展提供了坚强的组织保障和精神动力。

不忘初心　从严治党

党的十八大以来，全河各级党组织深入学习贯彻习近平新时代中国特色社会主义思想和党的十八大、十九大精神，始终坚持围绕中心抓党建、抓好党建促发展，深入贯彻落实全面从严治党新要求，坚持以政治建设为统领，统筹推进政治建设、

2017 年，全河各级认真学习贯彻党的十九大精神　黄委直属机关党委供图

思想建设、组织建设、作风建设、纪律建设，把制度建设贯穿其中，不忘初心，牢记使命，为"维护黄河健康生命、促进流域人水和谐"提供坚强政治保证。

突出政治建设，坚决维护以习近平同志为核心的党中央权威和集中统一领导。万山磅礴，必有主峰；船重千钧，掌舵一人。全河各级党组织和广大党员干部把坚决维护习近平总书记党的领袖和核心地位作为最大的政治和首要政治任务，把坚定维护党中央权威和集中统一领导作为第一位的政治要求，始终在政治立场、政治方向、政治原则、政治道路上同以习近平同志为核心的党中央保持高度一致。黄委党组带头规范党内政治生活，从严从实开好党组民主生活会，2014 年以来，黄委党组民主生活会共提出整改任务 319 项，以整改落实助推治黄发展。扎实开展党的群众路线教育实践活动、"三严三实"专题教育，推进"两学一做"学习教育常态化制度化，全河各级领导干部带头参加所在党支部组织生活，带头讲专题党课。制定《党支部工作手册》，并向全河 958 个党支部发放，着力引导基层党支部严格执行"三会一课"、民主生活会、组织生活会、谈心谈话、民主评议党员等组织生活制度。坚定不移贯彻落实中央和水利部党组举措部署，不折不扣抓好巡视整改工作。针对部党组巡视组反馈的 5 个方面 21 个问题，黄委党组先后 4 次召开党组会议、多次召开专题会议研究整改工作。成立以党组书记为组长的巡视整改领导小组，制定整改方案，建立整改台账，由党组班子成员牵头负责，对单销号抓整改，坚持立行立改、举一反三，确保支撑成果全部落地。

抓牢思想建设，用习近平新时代中国特色社会主义思想武装头脑。从党的群众路线教育实践活动开始，到"三严三实"专题教育，再到"两学一做"学习教育，环环相扣，推动党的思想政治建设向所有基层党组织和全体党员延伸。抓示范引领。黄委党组率先垂范，带头读原著、学原文、悟原理，制定黄委党组贯彻落实《中国共产党党委（党组）理论学习中心组学习规则》实施细则，每年制订黄委党组中心组学习计划。党的十八大以来，黄委党组共举办理论学习中心组集中学习 122 次，开展集中研讨 27 次，副局级以上 4400 余人次参加了黄委党组中心组（扩大）学习（数据截至 2018 年 10 月）。抓全员覆盖。组织全河万余名在职党员干部集中观看党的十九大开幕盛况。以党支部学习为基础，结合机关支部横向交流、机关和基层支部结对共建、对口帮扶等工作，开展特色鲜明的学习活动。制作"两学一做"学习教育知识图解、黄委学习贯彻党的十九大报告图解 4000余册，购买发放新党章和《习近平总书记系列重要讲话读本》《习近平谈治国理政》《习近平七年知青岁月》等学习材料 1.6 万余册。借助网络平台，联合有关部门策划黄委"两学一做"学习教育、党的十九大精神网络答题，以考促学，以赛促宣，先后共有 6.1 万人次参与学习答题。抓氛围营造。开设"群众路线""三严三实""两学一做"等专题网页，创办"黄河党务"微信订阅号，推动学习教育零距离、常态化。充分利用报、刊、网等媒体，开设"学习贯彻党的十九大精神""从严治党书记谈""十九大精神大家谈"等系列专栏。坚持每年组织开展"党风廉政宣传月"活动，每季度开展警示教育，保持廉政文化教育优良传统。在全河范围内组织开展"不忘初心、牢记使命"微型党课比赛，

开展警示教育　郭琦摄影

组织优秀选手在全河巡讲，引导和激励党员干部将党的十九大精神学习成果转化为推动治黄改革发展的强大动力。

　　提升组织建设，推动全面从严治党向纵深发展。全面从严治党，首要的是让基层党支部这个"细胞"强起来，作用发挥出来。推进党组织的有效覆盖，召开中共黄委直属机关第四次代表大会，选举产生了新一届黄委直属机关党委、纪委，带动督导全河基层党组织按期完成换届。以开展基层组织建设年活动为契机，进一步科学合理设置党的基层委员会、党总支、党支部、党小组，集中力量全面加强基层党组织建设。把"黄河先锋党支部"创建作为全面从严治党向基层延伸的重要实践，立足黄委基层党组织实际情况，探索制定出了一套具有黄河基层党组织工作特色的测评体系和评选实施办法，2018 年"七一"前评选表彰首批 29 个"黄河先锋党支部"，打造具有黄河行业特色的党建品牌。深入开展全河基层党建工作专题调研，召开座谈会 27 个，走访一线基层党组织 22 个，与党员群众面对面

交流 500 人次，真正摸清全河党建工作现状。组织编制《党务基础工作流程图解》《党支部工作手册》，做到基层党务工作有章可循。推进党建工作重心下移，制定黄委党组领导班子成员基层党建工作联系点制度、机关部门党支部与基层单位党支部结对共建制度，运用"一对一""一加一"的形式，准确把握基层支部思想脉搏，着力提高服务基层本领。推进党建责任层层压实，制定党建主体责任清单，实现机关部门党支部和委属单位党组（党委）党建工作责任制全覆盖，把责任逐级细化到人、分解到岗。积极推进建立各级党组织党建述职考核评议机制，制定《黄委直属机关党委关于建立健全机关党建述职评议考核工作机制的意见》，从机制层面督促指导委直各党委同步开展述职评议考核，传导从严治党的压力和责任。选优配强党务干部，黄委党组调整委领导分工，由分管干部人事工作的委领导同时分管机关党建工作。严把党务干部入口关，抓好党组织带头人队伍建设，进一步推动党务干部队伍革命化、年轻化、知识化、专业化。目前，黄委直属机关党委专职党务干部平均年龄为 40 岁。为广大基层党务干部开展量身订制的党务培训，2014 年以来累计培训党务干部超过 1100 人次。

深化作风建设，持续抓好中央八项规定精神贯彻落实。把集中性学习教育与经常性作风建设结合起来，扎实开展党的群众路线教育实践活动，全力打好破除"四风"攻坚战。在黄委党组的示范带动下，全河 303 个处级以上班子、1.5 万余名党员参加了这场作风"大考"，进行了一场触及思想和灵魂的作风锤炼和精神洗礼。不断规范内部管理，制定落实中央八项规定精神的具体实施意见，制定修订涉及黄委机关财务报销、公车管理、会议费管理、公务接待费管理、出国费管理、合同管理、办公用品管理、资产管理等方面的相关制度。全河各级各单位都根据中央精神和黄委党组安排部署，精细内部管理，持续强化"三公经费"管理监督。2017 年实行公务接待禁酒令以来，着力营造风清气正的工作氛围。持续从严监督检查，自 2013 年以来，持续开展办公用房、公务用车、会议管理、公务接待、巡视巡察专项整改等监督检查。2017 年以来，集中组织开展落实中央八项规定精神专项检查 3 次，对重点项目，如违规购买消费高档白酒问题，确保检查到每一个委属单位。严格各单位自查自纠，明确自查报告由单位主要负责人签字背书。强化问责机制，以问责倒逼各单位对自查发现的问题及时分析，及时整改。

加强纪律建设，不断强化主体责任落实。2014 年，为进一步落实党风廉政建设主体责任，根据"三转"要求和水利部党组对黄委纪检组监察局实行直接管理试点方案要求，黄委党组将承担全河党风廉政建设主体责任具体工作职责的党风廉政建设责任制和惩防体系建设领导小组办公室（简称廉政办）调整至黄委直属机关党委。5 年来，廉政办始终坚持以上率下，完善制度，认真履责，严肃追责，坚定不移把黄委党风廉政建设引向深入。建立健全清单管理机制，制定《贯彻落实惩治和预防腐败体系重点工作任务及责任分工》，将主体责任分解为 29 项重点任务、55 项责任分工，细化为 96 项工作要求、106 项成果清单，实行台账式管理。在此基础上黄委各级结合单位自身特点，也都分别制定了本单位、本部门的年度主体责任清单，实现了各级党组织履行党风廉政建设主体责任清单全覆盖。建立健全签字背书机制，机关各部门、委属各单位、部门代管单位的处级以上班子及党员领导干部层层签订党风廉政建设责任书、承诺书，形成了横向到边、纵向到底的党风廉政建设主体责任体系。根据机关、企业、事业等不同单位类型，分类制定责任书、承诺书，避免出现上下一般粗、左右一个样的问题。在全河开展责任书、承诺书履责践诺情况的监督检查，确保言出必行、有责必诺。建立健全沟通会商机制，由承担主体责任工作的廉政办和承担监督责任工作的监察局每季度定期沟通会商"两个责任"落实过程中的情况和存在问题，对下一阶段工作作出安排，并于年中召开扩大会议，集中检查机关各部门党支部主体责任的落实情况。2015 年以来，分别就落实主体责任清单、廉政风险防控、基层党组织落实主体责任、落实中央八项规定精神等主题开展专项检查和专题会商，有效传导并压实全河各级党组织的主体责任落实。建立健全风险防控机制，扎实推进水利行业重点领域《廉政风险防控手册》的贯彻落实，制定黄委落实《廉政风险防控手册》实施细则 12 个。委属各单位结合各自工作实际，提出年度落实廉政风险防控工作方案和防控措施，实现廉政风险防控工作全覆盖。对维修养护项目、小型建设或修缮项目、大额资金支出、大宗物资采购、房产设备场地出租和资产处置管理等方面的决策程序进行规范。加强新一轮黄河水利工程建设的质量监管、计划执行和廉政风险防控，要求各级建设管理部门和项目法人建立廉政风险防控工作机制，并对黄河下游防洪工程廉政风险防控工作进行专项检查。建立健全定期考核机制，完善年度党风廉政建设责任制考核指标，将主体责任和监督责任的工作任务作为硬指标列入其中，明确扣分原则，细化扣分标准，考虑加分因素，形成了由 7 个赋分细则组成的考核指标体系，进一步增强了各级领导干部履行主体责任的主动性和自觉性。

奋进新时代，改革再出发。站在新的历史起点上，黄委党的建设将更加深入地融入治黄中心工作，努力把党建优势转化为发展优势，把党建资源转化为发展资源，把党建成果转化为发展成果，以党建的高质量推动治黄改革新发展。

精神动力　生生不息

40 年激情燃烧，古老的黄河沧桑褪尽，青春焕发。

40 年芳华绽放，绚丽的文明之花映照大河熠熠生辉。

40 年来，黄委像抓党建一样抓精神文明建设，坚定不移地把精神文明建设融入治黄改革发展的伟大事业中，以治黄改革新发展开创精神文明创建新局面。

文明创建成果斐然　黄委直属机关党委供图

　　"全国文明单位""全国水利文明单位""全国精神文明建设工作先进单位""省级文明单位""国家科学技术进步一等奖""全国抗震救灾英雄集体""全国五一劳动奖状""全国法制宣传教育先进单位""全国安全生产月活动先进单位"……一个个跨越时空的精神坐标，见证着改革开放40年来黄委文明的高度，也让这条奔腾不息的文明之河更加壮美。

　　让我们把时针拨回到10年前的那一刻：中华人民共和国成立以来破坏性最强、波及范围最广、救灾难度最大的强震猝然来袭，震恸中国。一声令下，黄委迅速组建并向四川、甘肃、陕西三省灾区派出成建制机动抢险队、水质监测队、堤坝隐患探测队等24个工作队（组）计814人，投入大型设备200余台（套），投入资金1863万元，全河职工捐款达1341万元。这是黄委历史上规模最大、人数最多、距离最远、集结速度最快、捐款数量最多的一次流域外抢险救援行动。在抗震救灾的最前线，各支参战队伍日夜奋战，冒着余震、山体滑坡、泥石流、疫情等诸多危险，充分发挥专业抢险队伍优势，克服一个又一个难以想象的困难，完成了一项又一项水利工程应急除险，圆满完成抗震救灾抢险任务。各支参战队伍在做好本职工作的同时，还尽力帮助当地完成灾民安置点场地平整、道路抢护、桥梁修复、医疗防疫等工作，被灾区人民称为"可爱的黄河人"。黄委抗震救灾工程抢险队被中共中央、国务院、中央军委联合授予"全国抗震救灾英雄集体"称号，5支机动抢险队、1支生活饮用水应急监测队被中华全国总工会授予"抗震救灾重建家园工人先锋号"荣誉称号，黄河防总机动抢险队被授予"全国水利抗震救灾先进集体"荣誉称号。

这支特别能战斗的队伍靠的是一股"精气神"。改革开放 40 年来，一代代治黄工作者前赴后继、呕心沥血，以强烈的历史使命感和现实责任感，以对人民的满腔热忱，在黄河治理开发各条战线、各个岗位上齐心协力、艰苦奋斗，不仅取得了岁岁安澜及全面开发利用的伟大成就，还以在工作中表现出的精诚团结、求真务实、开拓创新、顽强拼搏、默默奉献，为中华民族的精神宝库增添了新的精神品牌，这就是黄河精神。黄河人把自己打造的这种精神凝聚为 10 个大字"团结、务实、开拓、拼搏、奉献"。黄河精神，就是黄河人的"精气神"。

黄河人是黄河精神的打造者，也是最直接的承载者和最充分的体现者。舍身堵漏洞的山东济阳黄河工程队队员戴令德、有"铁人"之称的著名泥沙专家赵业安、抢险英雄开封黄河修防段工程队三班班长姚志泉、"黑山峡雄鹰"王定学、"独耳英雄"卢振甫等一大批先进人物，就是黄河精神的典型代表，也是黄委精神文明建设成果最集中、最直接的展示。

黄委精神文明建设硕果累累不是偶然的，这与黄委历届领导班子高度重视精神文明建设密不可分。尤其是近年来，黄委党组坚持两手抓、两手都要硬的方针，一方面对精神文明建设常抓不懈，另一方面根据黄河治理开发与管理形势的发展变化，对精神文明建设不断提出新的要求。

——1986 年，黄委提出：大力加强思想政治工作，抓好社会主义精神文明建设。

——1997 年，黄委党组在贯彻党的十五大精神时强调：要把是不是坚持两手抓、两手都要硬作为衡量一个党委、一个领导干部的领导水平和工作政绩的主要标准。

——2003 年，黄委提出：进一步加大文明单位创建力度，坚持物质文明、精神文明和政治文明协调发展。要始终着眼于在服务和服从于治黄中心工作上下功夫，检验三个文明建设的成效，始终坚持看在围绕中心、服务大局方面是否找准了位置，起到了作用。

——2014 年，黄委提出：黄委精神文明建设是治黄工作的重要组成部分，事关治黄事业的可持续发展，事关广大干部职工的切身利益。

……

党的十八大以来，面对新形势新任务，以习近平同志为核心的党中央把精神文明建设放在统筹推进"五位一体"总体布局和协调推进"四个全面"战略布局的重要位置，不断将精神文明建设推向更高水平。习近平新时代中国特色社会主义思想，标注出新时代精神文明建设所处的历史方位，吹响了精神文明建设再出发的号角。

新时代、新思路、新作为。黄委专题学习习近平总书记关于精神文明建设的重要论述，专题研究《关于深化群众性精神文明创建活动的指导意见》，提出了精神文明建设工作的具体目标，即：通过扎实有效的精神文明建设工作，把黄委广大干部职工的意志和力量凝聚到实现"维护黄河健康生命、促进流域人水和谐"的奋斗目标上来，把积极性和创造性调动到推进黄河治理体系和治理能力现代化上来；引导干部职工树立"创新、协调、绿色、开放、共享"的五大发展理念，培养和造就一支具有丰富现代科学知识、充满活力、有创新意识的新型治黄科技队伍；不断提高干部职工的文明素质和思想觉悟，在治黄实践中努力形成与"维护黄河健康生命、促进流域人水和谐"要求相适应的思想观念；为顺利推进黄河治理开发与管理现代化的各项工作提供良好的舆论环境。

一系列创建活动的步履始终伴随治黄建设的历程，推动着黄委精神文明的进步。

——深入学习宣传贯彻党的十一届三中全会和十二大、十三大、十四大、十五大、十六大、十七大、十八大、十九大精神，坚持进行爱国主义、集体主义、社会主义和艰苦创业精神的宣传教育，坚持进行世界观、人生观、价值观的宣传教育，坚持进行科学知识、科学思想、科学方法、科学精神的宣传教育，使广大干部和职工进一步筑牢"四个意识"，坚定"四个自信"。

——建成的郑州花园口、黄河博物馆、龙门水文站等十大黄河爱国主义教育基地，成为弘扬黄河精神，推进社会主义核心价值观建设的生动教材。

——"黄委文明单位""青年文明号""文明窗口""青年岗位能手""文明工地"等创建评选活动，极大地激发了干部职工爱岗敬业、乐于奉献的积极性，促进工作作风的整体转变和文明程度的全面提升。

——持续开展的"倡导文明办公、建设文明机关""资源节约我带头""文明创建、从我做起"等活动，促进了干部职工文明意识进一步增强，文明素养进一步提高，文明习惯进一步养成。

——大力弘扬社会主义核心价值观，倡导知荣辱、重礼仪、讲文明的良好风尚。

社会主义道德集中体现着精神文明建设的性质和方向。40 年来，黄委高度重视社会主义道德建设，加强社会公德、职业道德、家庭美德、个人品德的宣传教育，一个又一个"最美人物""身边好人"讲述着黄河故事，传递着道德力量。

2018 年 2 月 19 日，专题片《悬崖上的春节》在中央电视台新闻频道播出，真实再现了黄河龙门水文站职工在春节阖家团圆之际，坚守岗位、履职尽责的工作状态、精神面貌和家国情怀。一代又一代的黄河水文人，肩负责任，无论春夏寒暑，不分节假昼夜，甚至把生命永远留给了奔流不息的黄河。1961 年 8 月 2 日，年仅 20 岁的职工李天辈在站上值夜班时跌入湍急的黄河，再也没能上来。相差不到一个月，职工王世安采买粮食返回时不慎掉入黄河。1967 年 8 月，黄河劳模、"硬骨头老船工"卢振甫在测报黄河洪峰时被突然断裂的吊船钢缆打掉一只耳朵，死里逃生的他硬是忍着剧痛坚持测完这场建站以来最大洪水，留下终身残疾。1963 年 10 月 16 日，职工张炳和在黄河上采取水样时光荣献身。1969 年 1 月 27 日，坚持冬季测报的职工董长明以身殉职，长眠黄河。1989 年 11 月 20 日，即将退休的老职工徐全舟在加高缆道施工中光荣牺牲……

英雄属于不同时代，但英雄生活在同一块土地。他们以奉献甚至生命成就了永恒的精神价值，诠释了社会主义核心价值观。这些奉献着自己、感动着黄河的英雄典型成为推动黄委精神文明建设的强大力量。据不完全统计，1978—2018 年，黄河工会组织召开先进集体、先进生产者和劳动模范表彰大会共 13 次，先后表彰先进集体 500 个，劳动模范、先进生产者 1890 人。其中经黄河工会推荐选树的全国劳动模范 10 人，省部级劳动模范 98 人，全国五一劳动奖章获得者 14 人。

潮涌催人进，风正好扬帆。1994 年至今，黄委（机关）连续保持河南省"省级文明单位"荣誉称号；2002 年至今，黄委（机关）连续保持水利部"全国水利文明单位"荣誉称号；2009 年至今，黄委（机关）连续保持"全国文明单位"荣誉称号。截至 2018 年 10 月，全河共有独立创建单位 185 个，各级文明单位创建率达 85.4%。一条文明的大河，正向着文明的梦想一路追逐。

黄委直属机关党委　　执笔人：刘自国　唐　琦

围绕中心谋工作　心系职工促发展

——改革开放40年黄河工会工作综述

改革开放40年，构筑了国家建设波澜壮阔的历史画卷。

黄河工会的不断完善与发展只是这斑斓画卷中的微小色块，但同样折射出了改革开放的伟大和成就。40年来，黄河工会在不断探索中逐渐形成了以职代会建设与民主管理工作、社会主义劳动竞赛和劳模选树、职工宣传与教育、职工困难帮扶与大病救助、基层班组建设和女职工管理等为重点的工作体系，健全了全河工会系统的组织架构，形成了上下联动、齐心协力干好工会工作的良好局势，起到了引导广大治黄职工听党话、跟党走、感党恩的桥梁纽带作用。

一波三折，组织建设不断完善

一个组织的发展就是一个时代发展的缩影。1950年8月，黄河总工会成立，直接隶属中华全国总工会。1953年3月，黄河总工会召开了第一届全河工会会员代表大会（简称工代会）。1954年，黄河总工会归口中国农林水利工会领导，改名为中国农林水利工会黄河委员会（简称黄河工会）。1958年，黄河工会在"左"的错误思想严重干扰下，取消全河统一组织。1962年，黄河工会恢复了全河统一工会组织，改名为中国水利电力工会黄河委员会。

十年内乱，黄河工会被迫停止一切活动，工代会取代工会组织。1978年全国工会第九次代表大会后，中共黄委党组经研究，同意迅速恢复黄河工会以适应国家"四化建设"及治黄发展新形势的需要。1979年成立工会筹备领导小组，1980年3月经中华全国总工会批准，中国水利电力工会黄河委员会再度恢复。自此，黄河工会组织的发展翻开了崭新的一页。

1987 年 12 月，黄河工会召开第四次会员代表大会，选举产生工会委员会委员 21 人、常委会委员 7 人，基层工会组织达 167 个。黄河工会恢复之后，组织状况几经变化。1991 年后黄河工会组织架构基本稳定。黄河工会下设办公室、组织宣传部、生产保护部、生活保险部、女工部、文体部和职工俱乐部 7 个部室，下属 6 个局（院）工会和 19 个直属基层工会。1998 年 11 月，黄河工会在郑州召开第五次代表大会，大会选举产生了第五届委员会和经费审查委员会，全河直属工会组织 25 个，基层工会组织 160 个，工会专兼职工作人员 403 人。工会组织队伍不断壮大完善。

2002 年，中华全国总工会机构改革，水利系统各流域机构工会归口中国农林水利工会管理。同年，中国水利电力工会黄河委员会更名为中国农林水利工会黄河委员会。2016 年黄委人劳局印发《黄委关于调整机关各部门内设处室和人员编制的通知》，黄河工会下设办公室、组宣建设处（机关工会）、生产保障处（女工处），确定人员编制 12 名，其中常务副主席 1 名、副主席 2 名、处级职数 5 名。截至 2018 年 7 月的统计数据显示，全河工会系统直属工会组织 22 个，基层工会组织 214 个，会员 25018 人，专兼职工会干部 1407 人。

竞赛竞技，劳模先进持续涌现

社会主义劳动竞赛是发展社会主义经济、提高劳动生产率，进而巩固和发展社会主义制度的重要手段。40 年来，黄河工会围绕不同时期的治黄中心任务，组织动员广大职工开展各具行业特点的劳动竞赛和技能比赛，积极选树治黄各条战线上的劳动模范和先进集体，营造了比学赶超、争当先进的良好工作氛围，推动治黄事业的长足发展。

1978 年全国总工会第九次代表大会后，黄河工会抓住有利时机，积极组织和动员工会会员，结合自身工作特点开展社会主义劳动竞赛、岗位练兵和技术比武，推动治黄中心任务深入开展。1991—1994 年，黄河工会部署开展"我为防汛做贡献"劳动竞赛，各级工会结合本单位特点，积极组织学规练功、四保一强、水情拍报、创最优工程等竞赛活动，为安全度汛，促进全年治黄工作任务的完成起到了积极作用。4 年累计组织 23942 人次参加劳动竞赛，创造经济效益 1800 余万元，评选业务技术能手 1419 人，评选技师 119 人。

1995—2003 年，黄河工会积极推进群众性技术创新及合理化建议活动，通过合理化建议，创新产值，推动了单位工作深入开展。9 年累计提出合理化建议 46000 余条，采纳 18000 余条，采纳率约 40%，创产值 5325 万元。

从 2004 年开始，根据黄委党组要求，黄河工会认真组织群众性技术创新活动，积极推动"三小"创新工作广泛开展。截至 2011 年，共组织了 4 届黄河应用技术创新成果的评选工作，评选出各类奖项 337 项，推动了治黄业务技术水平的不断提高和应用创新，改变了工作模式，提高了工作效率。近年来，黄委应用技术创新成果评选表彰工作虽然出现断层，但是各单位结合工作实际开展应用技术创新工作的步伐没有停止。

2008 年应用技术创新现场评审　黄河工会供图

通过劳动竞赛、技术创新等工作，治黄工作队伍涌现出一批批劳动模范、先进个人和集体。众多劳动模范和先进集体驻守大河上下，护卫着母亲河的岁岁安澜，为黄河治理开发取得巨大成就做出了突出贡献。他们是治黄队伍中的杰出代表，是推动治黄改革发展的先行者。改革开放以来，相继涌现出赵业安、杨天轩、田双印等一批全国劳动模范和先进个人，他们在各自的工作岗位上勤勤恳恳、无私奉献，创造出一流的成绩，推动了治黄事业的蓬勃发展。

改革开放 40 年，黄河工会组织召开先进集体、先进生产者和劳动模范表彰大会共 13 次，先后表彰先进集体 500 个，劳动模范、先进生产者 1890 人。其中，经黄河工会推荐选树的全国劳动模范 10 人，省部级劳动模范 98 人，全国五一劳动奖章获得者 14 人。

与此同时，优秀技能人才创新工作室也在紧锣密鼓地推进。黄河工会在水利部及黄委首席技师创新工作室的基础上积极打造省级示范性劳模（技能人才）创新工作室，通过教绝招、传技能、带高徒，积极发挥"传、帮、带"作用，围绕治黄事业的重点难点问题开展技术攻关，为培养知识型、技能型、

纪念人民治黄 40 年暨 1986 年全河表模大会　黄河工会供图

创新型高技能人才发挥了重要阵地作用。2015年以来，黄河工会先后推选出山东"水泊人"劳模创新工作室、河南林喜才创新工作室、明珠集团张振辉创新工作室和水文局李登斌创新工作室等四个省级示范性劳模（技能人才）创新工作室。

治黄工作优秀技能需要传承，治黄一线的职工生活问题更需呵护。黄委基层班组是黄河治理开发管理保护的最前线队伍，是最基本的生产科研管理组织，具有架构小、任务重、工作细、条件艰苦、集体聚集的特点。班组职工不仅是单位生产发展的主力军，更是治黄事业的中流砥柱，认真落实班组职工各项待遇保障，改善工作生活条件，丰富提升精神文化生活，对于稳定基层、提高效率、凝聚单位向心力、最终实现国家关于产业发展的战略目标具有十分重要的现实意义和深远影响。"十二五"期间，黄河一线班组建设成果显著，达到了"工作有秩序，生活环境美，庭院管理优，闲暇有娱乐"的较好水平。

民主管理，职工权益得到维护

改革开放后，我国的民主管理工作在社会主义建设时期不断得到完善和发展。黄委民主管理伴随着中共中央、国务院关于《国营工业企业职工代表大会暂行条例》的颁布也迅速开展。1981年，黄河工会召开了民主管理工作会议，就工会组织如何推进职工代表大会制度做重要部署。1986年，黄委党组印发关于黄河工会参政议政的意见，要求各基层企事业单位的工会主要通过职工代表大会组织职工参加治黄事业的民主管理和民主监督。1989年，黄委印发系列文件推动落实民主管理工作，建立健全职代会制度。1992年，黄河工会结合《水利系统基层事业单位实行民主管理的若干规定》，进一步推进单位民主管理工作和职代会建设。

随着黄委民主管理工作不断深入开展，涌现出一批民主管理先进单位。2002年，在山东召开全河厂务政务公开座谈会后，黄河工会开展了全河职代会建设情况调研工作，推动以职代会为载体的政务厂务公开、集体协商、民主恳谈、民主评议干部等工作，充实和丰富职代会内容，提高工作质量和实效。

多年来，黄河职工通过职代会平台参与内部管理，促进了黄委企事业单位健康有序发展。2016年，为适应全面深化改革要求，落实全国总工会和水利部《全国水利系统企事业单位职工代表大会的规定》，黄委出台了中共黄委党组关于进一步加强职工代表大会制度建设的指导意见、考核意见等规章制度，深入推动以"职代会"建设为平台的各项民主管理工作深入开展，有效保障职工知情权、参与权、表达权和监督权落到实处。

自此，各级工会组织按照全河工作会议关于职代会与民主管理工作的要求，以落实指导意见为抓手，推动全河职代会建设与民主管理工作全面铺开。山东、河南河务局所属基层工会建立健全了职工代表大会、民主议事、合理化建议征集、厂务公开等一系列民主管理制度，产生了良好的经济效益和社会效益。水文局通过加强民主管理，不断提高生产管理水平，在保持单位稳定方面取得了显著成效。黄委机关服务局通过建立健全职代会制度，调动职工积极性，工作质量与职工满意度明显提高、单位和谐氛围显著增强。黄河设计公司坚持开展职工建言献策活动，取得良好的经济效益和社会效益等。通过各级工会组织的不懈努力，最终于2017年底实现全河职代会建设100% 全覆盖。

改革开放40年，黄委的民主管理工作从最初的探索、试点到今天的成熟、全面覆盖，彰显了黄委党组对工会工作、工人阶级的充分信赖。各级工会通过组织职工积极参与治黄事业，充分发挥了职工群众的创造性和能动性，充分发挥了职工群众的监督作用，为维护治黄队伍风清气正的政治生态、构建和谐劳动关系提供了保障。

帮扶救助，幸福生活有了保障

黄委困难职工生活帮扶工作开始得较早。20世纪60年代初，工会系统通过"分配职工生活困难补助费"，切实帮助职工解决生活困难问题，为广大困难职工带来了党组织的温暖，鼓舞职工、促进生产。20世纪90年代末，黄河各级工会组织建立困难职工档案，认真履行好"第一知情人""第一报告人""第一帮助人"的总要求。2000年，黄河工会督促各级工会在建立特困职工档案的基础上，注重分析困难职工的实际情况，建立有关制度，使送温暖活动规范有效。

黄委党组高度重视职工生活困难帮扶工作。2006年全河工作会议提出"各级领导班子要切实努力，提高职工生活水平，改善职工生活质量"，特别是在双节期间，各级各部门要"安排扶贫济困、送温暖活动，切实帮助特困职工解决生活实际困难"。随即，黄委召开主任专题办公会，研究帮扶基层困难职工问题，下发《关于做好"双节"期间帮扶基层困难职工工作的通知》，发扬社会主义团结友爱风尚，推动构建和谐劳动关系。在此过程中，山东河务局在帮扶职工子女就业方面的积极探索，得到全国总工会领导高度评价。

特别值得一提的是在职工生活困难帮扶工作中摸索出来的全河职工重大疾病困难救助机制。2003年，通过对困难职工致困原因进行调查分析，发现职工患重大疾病致困是家庭生活困难的主要原因，因此黄河工会提出建立全河职工重大疾病困难救助机制。2005年，黄委机关率先出台委机关职工重大疾病医疗救助管理办法，试运行职工重大疾病医疗救助机制。2006年，黄河工会召开会议提出全河大病救助建设目标——用3～5年的时间在各单位铺开该项工作。通过两年的不懈努力和广泛宣传，2008年实现了全河职工患重大疾病救助全覆盖。全河职工重大疾病困难救助机制的建立从一定程度上帮助职工脱离因病致困返贫的现状，困难职工人数逐年减少。

2016 年，深入贯彻落实中央扶贫开发工作会议精神，按照黄委党组加大帮扶困难职工力度的总要求，在深入调查研究的基础上，经过与委办公室、人劳局、财务局以及各直属工会反复进行磋商之后，印发了《黄河水利委员会关于实施职工重大疾病困难救助全河统筹的意见》。自此，黄委职工患重大疾病救助工作，经历一个从试点到全面铺开、从一次性救助到全过程实施、从各负其责救助到全河统筹救助的过程，实现了为职工幸福生活兜底护航的历史使命，形成职工大病救助工作全河"一盘棋"的新局面。

改革开放 40 年，是黄河工会认真履行职工"娘家人"职责的 40 年。40 年来，全河共帮扶慰问困难职工 9000 余人次，发放慰问资金 2200 余万元；全河累计筹措大病救助资金超过 3000 万元，共救助患大病职工超过 2200 人次，使用救助资金 2000 余万元。40 年的扶危救困，是彰显党组织温暖、传递社会主义价值观的过程，是构建和谐黄河大家庭的过程，更是让治黄职工共享改革开放新成果的全过程。

培训教育，创业本领不断加强

群团组织在引领干部群众听党话、跟党走的过程中发挥着重要的桥梁纽带作用。黄河工会成立之初的 20 世纪 50—60 年代，主要开展新旧社会对比教育活动，提高职工思想觉悟，增强职工主人翁意识。中共十一届三中全会以后，针对黄河职工文化水平低的特点，按照"四化"建设的总要求，根据全国总工会的统一部署，黄河工会配合黄委行政，重点抓了青年职工初中文化教育和初级技术教育。据 1985 年统计，累计补课人员 9940 人。

随着国家基础教育的普及以及综合国力的不断增强，黄河职工整体素质不断提高。结合社会发展趋势及职工实际需求，工会主要以培训教育为主，提升工会干部队伍素质，充分发挥各基层工会干部在引领、凝聚广大职工方面的积极作用，为治黄事业新发展奋力拼搏、敢于奉献。特别是党的十八大以来，按照全国总工会关于工会改革的总要求，着眼保持和增强工会组织和工会工作"三性"——政治性、先进性、群众性，祛除"四化"——机关化、行政化、贵族化、娱乐化，聚焦工会干部教育培训的主业主课。2010—2018 年，黄河工会共组织工会干部培训班、工会财务培训班近 20 期，累计培训千余人次，承办全国总工会"送教下基层"活动，培训 60 人次，组织参加全国总工会、省总工会各类培训近百人，提高了工会干部教育培训工作科学化水平，开创了工会干部教育培训新局面，为党的工运事业的发展提供了有力的人才保证和智力支撑。

培训教育工作加强和提升了各基层工会干部干事创业的本领，而工会宣传阵地则对充分引导职工群众在治黄实践中不断提升自己的精神追求发挥着潜移默化的作用。1998 年，黄河工会主要以"职业道德建设"为宣传重点，把握黄河职工所思所想，通过组织先进科技工作者、小浪底建设功臣、水文战线标兵、综合经营先进个人等典型人物组成黄河系统先进事迹巡回报告团进行宣讲，充分调动全河职工爱岗敬业的积极性、创造性、能动性。2007 年，黄河工会组织委属 5000 余名职工干部聆听谢会贵事迹报告会，号召全河广大职工学习谢会贵坚守水文一线、执着专注的工匠精神。2015 年黄河工会组织田双印先进事迹报告会，宣讲田双印扎根基层、无怨无悔、甘于奉献的劳模精神。2018 年，黄河工会组织了以"中国梦·劳动美"为主题的全河职工演讲比赛，用身边人身边事讲述治黄人为实现中华民族伟大复兴、实现黄河长治久安而努力奋斗的平凡又感人的故事。这些大型宣传活动，引起了广大治黄职工的思想共鸣，学先进、学典型、学劳模的劳动风尚蔚然成风，引导更多的职工以"钉钉子"精神，脚踏实地、执着坚守治黄事业的每一个岗位。

近年来，黄河工会创新宣传方式，借助黄河报、黄河电视台、互联网等传统和新兴媒体，打造了以宣传劳动模范为主旋律的电视节目《薪火传承》；通过河南工人网、中国农林水利气象工会网、"黄河工会"微信公众号等互联网新平台，实现了与上级工会组织、广大职工群众、工会干部的线上线下互动融合，架起一座沟通职工群众的新桥梁，实现了联系基层、宣传典型、服务职工的目标，起到了树立正确思想意识的引导作用。

文体活动，塑造良好精神面貌

改革开放以来，通过开展健康有益、寓教于乐的文化体育活动，不仅活跃了职工生产生活氛围、陶冶了情操，同时也增强了职工的身体素质、增进了同事们的友谊。40 年来，黄河工会共组织举办全河篮球比赛 5 届、全河乒乓球比赛 7 届、全河羽毛球比赛 7 届，参赛人数近 3000 人次。2009—2010 年，黄委文化体育协会、黄河乒羽篮协会、黄河水利作家协会和黄河书法家协会应运而生，推动群众性文化体育活动的深入开展。

2016 年，纪念人民治理黄河 70 年之际，黄河工会组织全河职工书法比赛，展出作品 50 余幅；组织全河职工摄影赛，展出作品 90 余幅；组织以"中国梦·劳动美·黄河情"为主题的诗歌创作活动，共征集诗歌作品 38 篇；组织举办了"中国梦·黄河情——峥嵘岁月 70 年全河职工文艺汇演"，全河近 500 余名职工参加了演出，22 个各具黄河特色的节目不仅反映了沿黄地区的风土人情和治黄职工艰苦奋斗的精神，更反映了黄土地生生不息的人文气息，让每一名黄河职工更加热爱黄河、更加热爱自己的工作岗位。

纪念人民治黄 70 年文艺汇演　黄河工会供图

　　为保障一线职工的基本文化权益，职工书屋建设作为一项重要的文化建设工程应运而生。截至目前，黄委 600 多个基层班组基本都配备了职工读书室或读书角，不仅满足了职工阅读需求，也在行业范围引领示范、成为标杆。2011 年，黄委宁蒙水文水资源局建立职工书屋，通过了中华全国总工会认定；三门峡明珠集团积极推进职工电子书屋和实体书屋建设工作，被全国总工会评为"全国工会职工书屋示范点达标单位"。明珠集团三门峡水电厂和故县水利枢纽管理局职工书屋分别被河南省总工会评为"2014 年省级职工书屋示范点建设单位"和"2017 年河南省工会职工书屋示范点"。

　　女职工扛起了治黄事业的"半边天"。为加强全河女职工工作，更好地维护女职工的利益，1991 年，黄河工会成立女职工委员会，并召开首届工作会议。1995 年，黄委召开全河"三八"红旗手、先进女职工表彰大会，拟定了《全河女职工劳动保护实施细则》。2000 年，黄河工会召开一届七次女职工委员会会议和女职工转岗再就业经验交流会，拟定了《黄河工会女职工委员会条例》，使黄河工会女职工工作不断地完善和加强。

　　2012 年，随着国家《女职工劳动特别保护规定》的颁布，黄河工会更加重视女职工权益落实工作，积极组织全河女职工学习贯彻落实。2016 年，及时传达关于做好"全面二孩"政策下女职工权益维护的文件精神，确保新的生育政策下黄河女职工的合法权益；关注女职工"四期"保护，重视女职工健康常规检查，提高治黄队伍女职工健康水平。多年来，黄河工会坚持举办"三八"妇女节纪念日系列活动，让女职工充分感受"娘家"的温暖。

展望未来，新事业任重而道远

改革开放40年，黄河工会工作取得新进展，各级工会组织建设不断健全完善，各级工会干部干事创业、担当负责的意识更加牢固，逐步形成较为完善的工作体系和管理规范，为深入落实委党组"维护黄河健康生命，促进流域人水和谐"治黄思路和"规范管理、加快发展"总要求奠定了良好的群众基础。

回顾往昔，沧桑巨变尽于一言；展望未来，崭新事业任重道远。

党对群团工作提出了新标准，习近平新时代中国特色社会主义思想对群团工作提出了新要求，黄河工会将提高政治站位，认清职责，自觉坚持在各级党委（组）的领导下开展工会工作，改革和改进工会机构设置、管理模式、运行机制，不断提高工会组织的政治性，发挥工人阶级的先进性，坚持眼睛向下、面向基层，积极引导全河各级工会组织补短板、强弱项、增活力，在不断推进工会工作新发展中展现新作为。

黄河工会　　执笔人：任韶斐

汇时代洪流　护长河入海

——改革开放 40 年山东黄河河务局改革发展综述

　　遥远的东方有一条龙，它的名字叫黄河。山东，是这条巨龙入海的地方。

　　地处黄河最下游的山东段，历来是黄河治理的重点。1946 年，中国共产党领导的人民治理黄河事业在这里起步，开启了黄河治理的崭新篇章，取得了举世瞩目的伟大成就。特别是改革开放以来，党在新的时代条件下带领人民进行了新的伟大革命，山东黄河职工与沿黄党政军民一起，无畏险阻，革故鼎新，砥砺前行，40 年来，保持了伏秋大汛岁岁安澜的历史奇迹，建成了蔚为壮观的水上绿色长城，把流金淌银的黄河水送向齐鲁大地，为经济社会发展注入了勃勃生机。

息壤之梦　众志成城

　　大河之治，起于堤防。从某种意义上说，一部人民治黄史就是一部以堤防工程为主的建设史。

　　济南黄河标准化堤防建设代表刘金福永远忘不了，2008 年 12 月 26 日，他代表山东济南黄河标准化堤防工程与国家体育场"鸟巢"、国家大剧院、首都机场三号航站楼这些享誉世界的建筑精品，同步登上了"鲁班奖"领奖台。

　　这是中国共产党领导下人民治黄历程中的第一个"鲁班奖"，是黄河水利工程建设史上的一座丰碑。

　　改革开放以来，山东黄河进行了第三次、第四次大修堤，809 公里临黄堤已加高到 11 米以上，加宽到 50 ~ 100 米。特别是 21 世纪进行的标准化堤防工程建设，在工期十分紧张、任务异常艰巨、矛盾非常突出的情况下，山东河务局举全局之力、

2008年济南黄河标准化堤防工程荣获
"鲁班奖"记事碑揭碑仪式　山东河务局供图

集全局之策、精心组织、克服困难，经过全体参战人员的艰苦奋斗，按时完成了535公里标准化堤防建设任务，铸就息壤神兵，黄河大堤成为名副其实的防洪保障线、抢险交通线和生态景观线，如水上长城巍然屹立于山东黄河两岸。

黄河防汛，防洪非工程措施也十分重要。改革开放以来，山东黄河各级都加强了非工程措施建设，使其不断改进、完善。加强法规建设为黄河治理与防汛提供了法律保障；以行政首长为核心的各项防汛责任制不断完善，确保各项工作落到实处；系统的、可操作性强的防洪预案为有计划地防御洪水提供了技术支撑；及时准确的洪水测报、预报为防洪提供了基础依据；防汛信息化建设为抗洪抢险工作提供了先进的技术手段；机械的广泛应用极大地减轻了抗洪抢险的劳动强度，提高了效率和质量；物资储备、通信联络、电力供应、卫生防疫、治安保卫等措施的不断加强，为防洪保安全提供了保障。

改革开放40年，山东黄河初步建成了较为完善的防洪工程体系，实施了多次调水调沙，山东境内河道平均冲刷1.5米，国家也出台了黄河滩区运用补偿政策。依靠防洪工程体系和防洪非工程措施，特别是沿黄党政军民与黄河职工的严密防守，战胜了黄河历年洪水和严重凌汛，确保了黄河防洪、防凌安全，彻底改变了黄河"三年两决口，百年一改道"的险恶局面，实现了伏秋大汛岁岁安澜，为世人所瞩目。

1982年汛期，黄河花园口站出现了15300立方米每秒洪峰，山东位山以上滩区全部漫滩。当时正值党的第十二次代表大会召开前夕，为削减洪峰，实施了东平湖分洪。其间，山东10万军民上堤抗洪抢险，战胜了洪水。

1996年汛期，黄河发生两次洪峰，黄河洪水和汶河洪水相遇。滩区漫滩，10余万人日夜战斗在抗洪一线。洪水期间，迁出滩区群众19.72万人，避水台安置17.28万人。

1998年，小浪底水库建成，为黄河下游防洪又增加了一道安全屏障。

2001年东平湖超警戒水位1.88米，壅高4米，挖掘机开挖、水下爆破、高压水枪冲击、绞吸式吸泥船搅动，想法设法疏浚引河，提高出湖河道泄洪能力。

2003 年华西秋雨，5 处滩区漫滩进水，被水围困村庄 171 个，12.28 万人受灾。山东省委、省政府领导在一线坐镇指挥，严密防守，保护滩区群众安全。

2007 年东平湖持续超警戒水位，破除庞口围堰实施泄洪，黄河职工和东平县群众 5000 人日夜连续防守 15 天。

2010 年金堤河出现 1975 年以来最大洪水，防汛队伍 1500 余人上堤防守，及时抢护了管涌群、涵闸漏水等险情。

2013 年再次出现黄河、汶河洪水叠加，4000 余名黄河职工、1800 名群众组成的防汛队伍全力投入抗洪抢险。

2018 年接连经历两次洪水过程，持续时间 27 天，东平湖开闸泄洪，全局职工发扬连续作战的精神，精准施策，科学应对，黄河山东段防洪工程未出现重大险情，洪水安全入海。

"王牌"之路越走越宽

东平湖滞洪区是目前黄河下游唯一的国家级蓄滞洪区，位于黄河与大汶河下游冲积平原相接的洼地上，地跨东平、梁山、汶上三县，主要承担分滞山东黄河宽河道向窄河道过渡河段超流量洪水和调蓄汶河洪水的任务，控制艾山下泄流量不超过 10000 立方米每秒，被形象地称为"洪水的招待所"。建成之后，东平湖共承担分洪任务 7 次，对保障津浦铁路、济南市、胜利油田以及艾山以下黄河两岸的防洪安全发挥了重要作用，成为确保山东黄河防洪安全的"王牌"工程。

据史料记载，东平湖是古大野泽和梁山泊的遗迹，历史上一直是黄河的自然滞洪区，1958 年国家正式批准建设成为能控制使用的平原水库，逐步成为黄河下游防洪工程体系的重要组成部分。

20 世纪 90 年代到"十五"期间，国家通过各种渠道加大投资力度，先后实施了二级湖堤加培、陈山口和清河门泄洪闸改建、庞口闸新建等项目，东平湖各类防洪工程设施基本完备。

"十一五"期间，"民生水利"建设为东平湖带来难得的发展机遇，防洪工程建设实现历史性重大突破，完成防洪工程投资约 5 亿元，加固筑牢了东平湖围坝，东平湖综合治理项目荣膺中国水利工程"大禹奖"，35 公里堤防标准化建设提前竣工，东平湖蓄滞洪区防洪体系日趋完善。

2011 年，中央一号文件出台，水利改革发展速度加快。"十二五"期间，国家继续实施大江大河治理，东平湖完成防洪工程建设投资 1.6 亿元，主要包括二级湖堤加高加固、庞口闸扩建和 4 座病险水闸除险加固工程，打破了泄洪流量不足的瓶颈，消除了二级湖堤防风浪强度不足的工程隐患，为东平湖蓄滞洪水增加了安全保障。

"十三五"期间，国家进一步加大对水利基础设施的投入，黄河下游"十三五"防洪工程建设是国家重点推进的172项重大水利工程之一，东平湖防洪工程主要包括梁山机淤固堤工程、山口隔堤截渗工程、马山头涵洞改建工程等，东平湖防洪工程体系中的薄弱环节将进一步改善，防洪工程存在的短板将得到弥补和加固，东平湖防洪体系再壮筋骨。

2016年4月，国家发改委批复《黄河东平湖蓄滞洪区防洪工程可行性研究报告》，工程总投资6.53亿元，建设项目主要包括东平湖围坝堤防加固、护坡改建、地方道路建设、大清河河道整治、出湖闸上游开挖、机电设备改造、穿堤建筑物改建等，项目实施后将全面改善和加固东平湖防洪工程的薄弱环节。

铸就钢筋铁骨，护佑岁岁安澜。新的时代，东平湖的"王牌"之路越走越稳健、越走越宽阔。

黄河水啊幸福水

黄河是山东的主要客水资源，对全省国民经济和社会发展举足轻重，影响深远。

"我们老百姓爱黄河、怕黄河，离开黄河没法活""要想吃上饭，围着黄河转"。这些在东营、滨州耳熟能详的民谣，道出了人们对黄河的无限眷恋与依赖。

改革开放以来，按照除害兴利、治河惠民的方针，山东黄河通过修建引水工程和水资源管理调度，不断提高水资源开发利用效率，建成引黄涵闸63座，设计引水能力2424立方米每秒。除沿黄地区外，还利用滨州打渔张引黄闸（2015年同时开启东营麻湾闸）向胶东调水，为青岛、潍坊、烟台、威海市提供了重要的水源保障，山东引黄灌溉面积近3500万亩，全省有15个市近百个县（市、区）用上了黄河水，保障了工业和城乡居民生活用水，基本满足了沿黄各地农业灌溉之需，为山东粮食生产实现"十三连增"作出了突出贡献，得到了历届省领导的充分肯定，也得到了社会各界的广泛好评。1978—2016年年均引水68.13亿立方米，1989年引水量达123亿立方米，为历史最高，使菏泽、聊城、德州、滨州、东营5市（地）在遭遇自1916年有水文记载以来最严重干旱的情况下，粮食生产仍较上年增产141万吨。

此外，引黄调水改变了濒临渤海的滨州、东营两市和德州北部地区人畜长期饮用苦咸水、高氟水的局面，改善了当地居民的饮水条件，人民群众的生活水平和生活质量得到了显著提高。

20世纪70年代以来，随着沿黄经济社会的发展，黄河水资源供需矛盾日益突出，断流频繁，最为严重的1997年断流时间长达226天。黄河断流直接造成粮食减产、企业减效、人畜饮水困难，生态环境恶化，河道淤积加剧、行洪能力降低。据调查分析，1972—1996年因黄河断流，山东工农业生产直接经济损失达

234 亿元。其中 1997 年损失最为严重，直接造成经济损失 135 亿元。

1999 年，国家授权黄委对黄河水量实施统一调度，山东黄河实行取水许可、严格用水总量控制，通过推行上下游轮灌、加强取水用途管制等措施，精心精细调度黄河水资源。尤其是在 2008 年，黄委提出了功能性不断流的调度要求后，山东河务局积极开展了黄河生态调度实践：通过优化调度，实现了山东黄河干流连续 19 年不断流、15 年重要断面无预警的目标；综合考虑山东沿黄春灌用水规律，合理制定春灌引水方案，生态基流和冲沙水量持续增加，入海水量增加为鱼类洄游产卵提供了有利条件；连续 5 年组织实施黄河三角洲生态调水暨刁口河流路生态补水，刁口河流路连续 3 年实现全线恢复过流，累计补水 2.25 亿立方米，黄河三角洲生态环境持续改善，得到了社会各界的广泛认可，有力地支持了黄河三角洲国家战略的实施。

据统计，黄河入海控制水文站利津站，1995—1998 年年均入海水量 104 亿立方米，1999—2005 年年均入海水量 116 亿立方米，2006—2016 年年均入海水量 172.8 亿立方米，黄河入海水量呈增加趋势，为近海生态环境持续改善提供了水资源保障。尤其是解决了黄河断流问题，不仅维持了黄河的健康生命，使河口的生态得以逐步恢复，而且挽回黄河断流造成的不利的国际影响。黄河水及时调往南四湖，其生态灾难得以避免；通过实施引黄保泉工程，2003 年 9 月 6 日以来趵突泉已连续喷涌近 15 年，"云雾润蒸华不注，波涛声震大明湖"得以重现；聊城江北水城碧波荡漾，滨州四环五海生机盎然，生态东营草长莺飞，黄河水助推了沿黄水生态文明城市建设，为生态山东建设提供了水资源保障。

同时，在黄委的直接领导下，在山东省政府及有关部门、市县的支持下，利用聊城位山引黄闸、德州潘庄引黄闸，圆满完成了历次引黄济津、引黄入冀等跨流域应急调水任务，缓解了天津市、河北省城市生产、生活用水危机。同时，改善了白洋淀生态环境，为 2008 年北京奥运会的胜利召开作出了贡献。为保障 2018 年上合组织青岛峰会期间供水安全，山东河务局统筹四条线路同时供水，顺利完成供水工作，青岛市政府专门发来了感谢信。

山东黄河引黄供水事业从无到有，不断发展，40 年来，已由单纯的农业灌溉发展成为城市、农业、工业、生态等多功能供水，黄河水资源的利用与山东国民经济发展更紧密地联系在一起。

除却水的滋润，黄河还用另外一种方式，赋予了山东沿黄土地的新生。

黄河水少沙多，如何充分利用泥沙资源，变害为宝，山东黄河人进行了不懈努力。

2008 年以来，利用引黄放淤技术，黄河泥沙为沿黄地区淤填盐碱涝洼地 1 万多亩，为城镇建设供应土方 820 多万立方米。通过有计划地人工调整入海流路淤积填海造陆，多年来平均每年填海造陆 25 ～ 30 平方公里，形成了辽阔的黄河三角洲，不仅为国家淤积了大量土地资源，还改善了胜利油田的采油条件，使胜利油田变海上开采为陆上开采，取得了巨大的经济效益。另外，还利用泥沙淤填堤沟河、填沟造地与冲填煤矿采煤沉陷区、制造建筑材料等，取得了河道减淤、少挖耕地、节约国家投资的巨大效益。

流金淌银的黄河水造就了这片神奇的土地，孕育了这片土地上的万千生命。黄河水流到哪里，哪里就富裕；流到哪里，哪里就生态和谐。

释放出第一生产力的力量

1978 年，对于山东黄河科技创新工作来讲，具有特殊的意义。

1 月 20 日，山东河务局报请山东省革委会农林办公室批复同意设立科技处。山东河务局科技创新工作迅速起步、加速，当年，12 项科技成果荣获全省科学大会科技成果奖。

利用吸泥船淤背固堤成果获 1978 年全国科学大会奖
山东河务局供图

20 世纪 70 年代，土法上马，黄河首只简易机动自航式钢板吸泥船"红心一号"诞生，造船抽沙淤背固堤的梦想得以实现。1978 年 3 月 18 日，全国科学大会在北京召开，山东河务局科技成果"引黄放淤固堤经验"（济南修防处、博兴修防段、齐河修防段）和"延长水轮机、水泵寿命的非金属涂料"（齐河修防段）荣获全国科学大会奖状。"引黄放淤固堤"成果被认为是黄河人因地制宜、自主创新、以河治河的伟大创举。经过多年探索改进，机淤固堤输沙距离已由最初的几百米增加到 15000 米以上，输沙生产效率比原来提高了 3.7 倍，生产成本同比降低 30.4%。1972—2015 年，山东黄河累计完成放淤固堤土方 7.1 亿立方米。

1978 年 11 月，山东黄河科学大会召开，动员全局广大职工向科学技术现代化进军。自此，山东黄河科技创新应用的步伐一刻不停，越走越快。

调水调沙冲刷河道。2002 年开始利用小浪底水库进行黄河调水调沙试验，到2016 年，15 年中共进行了 19 次。黄河下游河段共冲刷泥沙 4.08 亿吨，其中山东省高村—利津河段共冲刷泥沙 2.967 亿吨，共有 9.754 亿吨泥沙冲刷入海。山东省河道平均冲刷深度 1.5 米，洪水最小平滩流量由 2002 年的 1800 立方米每秒提高到 2016 年的 4200 立方米每秒，河道过洪能力显著提高。

加强了科学研究与创新。在"科学技术是第一生产力"的思想指导下，积极实施"科技兴河"战略，大力开展科技创新活动，不断加强治黄重大问题研究。共取得各类科技创新成果 1704 项，其中获国家科技成果奖励 5 项、水利部科技进步奖或大禹科技奖 8 项、山东省科技进步奖 29 项、黄委科技进步奖 218 项。这些成果和社会上成熟的新技术、新材料、新设备在黄河治理开发与防汛抢险中得到推广应用，极大地提高了治黄技术水平。其中，"ZDT－I 型智能堤坝隐患探测仪"1998 年 10 月获山东省科技进步一等奖，1999 年 11 月获国家技术发明三等奖，先后获得国家技术发明和实用新型两项专利，在黄河堤防隐患探测和 1998年长江抗洪中发挥了重要作用。

建成了黄河信息通信网络。1988—1995 年，建成郑州至济南、济南至东营数字微波干线；2003—2005 年，将两段微波进行了升级扩容，合并成一条完整的新微波干线；1995—2014 年，建成了 50 多跳微波支线，2015 年建成多处光缆通信电路，基本解决了县河务局、管理段的信息通信问题。1989—2005 年，建成 40多处程控交换机，2014 年采用软交换技术对部分程控交换机进行了更新升级。目前，山东黄河建成了较为完善的通信传输网、语音交换网、计算机网等信息通信基础设施，为推进黄河治理开发提供了信息化保障。

开发了信息化应用系统。1998 年 12 月山东河务局省局机关建成办公自动化系统。1999 年完成 8 个市级河务局办公自动化系统建设，并开发了山东黄河防汛决策支持系统。2001 年完成了县级河务局办公自动化系统建设。2003 年 5 月建成省局到市局的视频会议系统，2006 年建成市局到县局视频会议系统。2013 年以来，加大业务应用系统研发力度，突出黄河工程体系控制与管理的信息化建设，按照"一站式、一张图"目标，在信息化平台建设和应用系统研发上取得新突破。2015 年 1 月建成基于公文流转的省、市、县及直属单位三级电子政务系统，实现了山东河务局公文流程网上办理。2018 年，滨城县级移动前线防汛抗旱指挥部（试点）正式投入运行，试点单位整体防汛指挥调度能力得到全方位提升。截至 2016年，已建成的还有山东黄河网、防汛网、水雨情查询及会商系统、防汛业务综合信息管理系统、卫星云图接收系统、洪水预报调度系统、涵闸远程监控系统、东平湖三维防汛决策支持系统等，初步建成了山东黄河地理信息系统、综合视讯平台和基建工程信息管理系统等，加强卫星通信、无人机、4G 等新技术应用，为开展黄河治理开发和防汛抗旱工作提供了较好的技术支撑，提高了黄河防汛抗旱现代化水平。古老的山东黄河，正在渐渐完成由传统治黄到现代治黄的华丽蜕变。

大河东流　美丽河口

大河之治，始于河口，终于河口。

100 多年来，黄河在广袤的河口地区来回游荡，塑造了面积近 6000 平方公里的近代黄河三角洲，在这块年轻的土地下，被共和国视为经济命脉的石油资源和天然气蕴藏量丰富。于是，全国第二大油田——胜利油田在此腾飞，黄河口油城——东营市应运而生，时任民盟中央主席的费孝通挥笔写下了题词：黄河龙口，齐鲁宝地。

然而这块宝地却因黄河入海流路的频繁摆动而阻碍着开发的步伐。在胜利油田开发、黄河三角洲建设、东营市规划定位、严峻的防洪形势等各种矛盾交织下，稳定黄河流路已经成为迫在眉睫的问题。

1976 年 5 月 3 日，国务院同意改道清水沟的建议。

历史上第一次有计划、有设计、有科学理论依据的人工控制改道实践得以实施。大河上下发挥"团结治水，局部服从整体"的精神，统一指挥，密切配合，于 1976 年 5 月 21 日，在罗家屋子成功截流。

滚滚黄龙终于按照人类的意愿从清水沟汇入渤海，黄河入海口任意摆动的历史得以改写，油田会战、海港建设、河口地区开发有序进行。

大河稳，社稷兴，稳定的入海流路，已成为撬动黄河三角洲发展的支点。

1988 年黄河口治理　崔光摄影

改革开放以来，国家决策层的关注催生了黄河治理一期工程的立项与实施。1988 年 4 月 6 日，黄河口疏浚工程领导小组及前线指挥部成立，开始进行河口疏浚工程试验。工程主要包括截支堵汊、强化主干，修筑导流堤，清障疏浚，修做控导工程以及放淤等。1989 年 8 月，黄委编制完成了《黄河入海流路规划报告》，1992 年国家计委予以批复。山东河务局据此编报了《黄河入海流路治理一期工程项目建议书》，1996 年获国家计委批复。

一期工程总投资 3.64 亿元，按西河口流量 10000 立方米每秒相应水位 12 米作为清水沟流路下段局部改道的控制标准，防洪堤按 20 年一遇设防，治理投资由中国石油天然气总公司、水利部、山东省政府共同承担。截至 2005 年底，经过 10 年建设，水利部和山东省承担的建设项目，除南防洪堤延长工程经黄委批准暂缓实施外，所有项目基本完成。

在一期项目实施的同时，依次跨越 7 年，3 次组织施工，历经 3 次调水调沙的挖河固堤工程于 2004 年 6 月全部结束，20 年前还是"梦想"的"挖沙降河"工程成为现实。

2003 年 3 月，黄河口治理研究史上一次规模大、时间长、层次高、专业广的"黄河口问题及治理对策研讨会"在东营举行。围绕长期稳定入海流路，专家展开了多方面探讨，提出了"清水沟与刁口河流路轮流行河"等延长清水沟流路使用时间的方案和措施。为提供科技支撑，黄河口模型基地于 2006 年开工建设，2016 年通过竣工验收。

2018 年，清水沟流路迎来了 42 岁生日。就连过去对她是否能长期承担黄河入海重任而摇头的治黄专家，也对她刮目相看。毕竟，在有资料记载的历史中，一条流路稳定行水超过 40 年，是一个奇迹。

为维持黄河三角洲生态系统良性循环，黄委自实施黄河水量统一调度之后，2010 年实施了黄河三角洲生态调水，遏制了黄河三角洲自然保护区生态退化的趋势；停止行河 37 年的刁口河全线恢复过流，赤地千里的故道河床重现旖旎风光；三角洲内淡水湿地面积稳步增长，芦苇湿地沼泽面积增加了约 30%，生物量增加，植被演替呈正向发展。

在河口地区扇形的土地上微微隆起，在绿草中露出黄沙的条条故道，犹如巨大的龙爪，张大的指趾间，是茂密的河口湿地，芳草萋萋、鱼肥水美，时常能看到东方白鹳、丹顶鹤等大型鸟类，时而沉吟静立，时而引吭高歌，吟唱着防洪安全、流路稳定、生态健康的颂歌，一幅自然和谐的生态美景跃然眼前，令人陶醉。

砥砺奋进　追梦未来

盛世治水，利国惠民。

党的十八大以来，以习近平同志为核心的党中央把治水兴水作为实现"两个一百年"奋斗目标和中华民族伟大复兴中国梦的长远大计来抓，山东沿黄各级坚持以人民为中心的思想，全面落实"节水优先、空间均衡、系统治理、两手发力"的新时期水利工作方针，以推动绿色发展为先导，以深化改革创新为动力，弘扬"团结、务实、开拓、拼搏、奉献"的黄河精神，着力增强山东治黄事业可持续发展能力，加快推进山东黄河治理体系和治理能力现代化，致力构建与山东沿黄及相关地区全面建成小康社会相适应的黄河水安全保障体系，为实现民族复兴梦想，奋力谱写无愧于新时代的新篇章。

深入推进最严格的水资源管理制度。国家将实行最严格水资源管理制度作为生态文明建设的重要内容，严格考核，深入推进。为适应新形势、新任务，山东河务局党组结合山东引黄用水实际，以新时期水利工作方针为指引，提出了"降总量、调结构、提效率"的水资源管理与调度工作要求，全局各级严格履职尽责，严格用水总量红线管控，在强化取水管制上狠下功夫，通过合理配置、精准调度，既实现了年度用水总量稳中有降，切实保证了山东河段河道基本生态流量和利津断面流量达标，又全力保障了山东沿黄及相关地区生活、生态、生产用水需求，合理高效地发挥黄河水资源综合效益，珍贵的黄河水用到了实处、发挥了实效。

治理开发与管理保护体制机制逐步健全。2016 年 11 月，中央办公厅、国务院办公厅印发了《关于全面推行河长制的意见》，截至 2018 年 6 月，山东黄河河长制制度体系、组织体系基本建立，各级河长上岗履职，共落实省市县乡村五级河长 1195 人。专项整治"清河活动"深入开展，累计完成 392 处违章建筑和违法活动整治，各级河长巡河 162 人次，初步实现了从"多头管"到"统一管"、从"管不住"到"管得好"的转变，山东黄河管理与保护力度明显加大。

改革创新持续深化。建立健全内部全员岗位责任制体系和防洪预案体系，完善分包责任制、技术责任制、岗位责任制、班坝责任制等，制度体系更加深入细化；持续深化群防队伍、物资储备社会化等改革，实行抢险专家培养、年轻职工到基层蹲点驻守、利用社会资源解决黄河防汛抢险设备不足等新措施，推进信息化与防汛业务深度融合，实现了防汛防凌的安全平稳。规范财务管理，成立了会计核算中心，集中办理会计核算业务，融会计核算、监督、管理、服务于一体；连续 3 年持续开展"经济责任审计年"活动，基本实现了经济责任审计全覆盖，被审计单位规范管理和风险防控意识进一步提高，突出问题逐步得到整改，部分历史遗留问题得以有效解决。

依法治河打造出重盾利器。1997 年，在山东黄河河务局积极推动下，山东省人大通过了《山东省黄河河道管理条例》，这是山东省治理黄河历史上的第一部地方性法规。此后，山东省又陆续颁布实施了《山东省黄河河道管理条例》《山东省黄河防汛条例》《黄河河口管理办法》《山东省黄河工程管理办法》等一系列法律法规；《山东黄河条例》立法进程加快推进。配合国家级法律法规，构建起依法治河之"纲"。同时，山东黄河着力打造了一支能力过硬的执法队伍，创新开展了黄河派出所和黄河水政监察大队协作配合机制，加大河道管理力度，维护河道正常管理秩序，近10年来，查处各类水事违法案件3156起。普法工作也取得了显著成效，山东河务局连续被评

2003年7月，山东省人大常委会表决《山东省黄河防汛条例》　山东河务局供图

为"五五""六五"普法全国先进单位，沿黄地区群众水法制意识日益加强。

全面从严治党强化政治保证。加强理论武装，深入学习贯彻党的十八大、十九大精神和习近平新时代中国特色社会主义思想，进一步增强"四个意识"，自觉同以习近平同志为核心的党中央保持高度一致。扎实开展群众路线教育实践活动、"三严三实"专题教育和"两学一做"学习教育，以作风建设为切入点，开展落实中央八项规定精神常态化专项检查，制定山东河务局《关于改进工作作风、密切联系群众七项规定》，实现了普通党员受教育，领导干部正作风，基层组织强堡垒，改革发展见成效，职工群众得实惠。切实落实党风廉政建设"两个责任"，制订责任清单，强化督查考核。强化党建引领，制定了党建工作领导小组议事规则；强化基层党组织建设，7个党支部被黄委表彰为"黄河先锋党支部"，16个党支部被推选为"山东黄河过硬党支部"。对局属单位的巡察工作实现了全覆盖，对发现的问题进行通报，提出整改要求。加强对党员干部的日常教育、管理和监督，把握运用好"四种形态"，事先提醒谈话制度化。加大执纪力度，对典型案例进行了集中通报，各级领导班子建设得到加强，领导干部履职尽责、勇于担当，全局党风政风行风呈现出了新的气象。

精神文明建设提供不竭动力。全局创建文明单位108个，其中全国文明单位1个、全国水利文明单位2个、省级文明单位32个，文明单位创建率达到了96%。3人获得全国"五一劳动奖章"，2个单位获得全国"五一劳动奖状"，全局技能人才队伍中共有15人次获国家级荣誉表彰，53人次获省部级荣誉表彰，100余人被表彰为省（部）级劳动模范、获得"富民兴鲁"劳动奖章。

改革开放40年来，山东治黄事业实现了持续健康发展，在防汛抗旱减灾、

治河惠民利民的实践中成效明显，为全面建成小康社会，实现中华民族伟大复兴提供了更加坚实的水资源支撑。

但由于黄河是世界上最为复杂、最难治理的河流，实现长治久安的治理目标，依然任重而道远，仍需要坚持不懈地探索与奋斗。

与所承担的历史使命相比，山东黄河治理开发与管理保护工作还存在一些问题和不足。面对新的形势和任务，山东河务局将以习近平新时代中国特色社会主义思想为指引，认真贯彻习近平总书记考察黄河时的指示精神，以防洪抗旱减灾为目标，以东平湖蓄滞洪区、黄河入海口、干流河道治理开发与管理为重点，奋力谱写新时代山东人民治理黄河新篇章。

黄河浩荡贯长虹，千回百转总流东。

龙腾齐鲁，人水和谐。历史的长河中，黄河这条巨龙走过的轨迹，折射出改革开放 40 年来社会发展变迁的历程，带给我们走向未来的力量与启示，"团结、务实、开拓、拼搏、奉献"的黄河精神将与改革创新的时代精神一脉相承，在齐鲁大地上融汇交流，生生不息。

山东黄河河务局　　执笔人：周晓黎　梁建锋

大河润中原

——改革开放40年河南黄河河务局改革发展综述

奔腾不息的黄河，滋养了广袤的中原大地，但它又在这块土地上频繁改道，恣意横流，曾给中原人民带来过深重的灾难。

人民治黄以来尤其是改革开放40年来，在党和国家的高度重视下，河南党政军民共同努力，对黄河进行大规模建设，初步形成了"上拦下排、两岸分滞"的防洪工程体系，彻底改变了历史上"三年两决口，百年一改道"的险恶局面。黄河水资源得到开发利用，宝贵的黄河水泽润中原大地，为河南经济社会可持续发展做出了突出贡献。

加大投入　完善防洪体系

如今，从高空俯瞰河南黄河，两岸大堤宛如两条绿色绸带蜿蜒伸展，堤内控导工程如雁阵排列，拱卫着黄淮海大平原的安全。

为约束河南黄河下游宽、浅、散、乱，游荡多变的河道，河南黄河堤防已全线达到了防御花园口22000立方米每秒洪水的设防标准。这得益于改革开放以来，国家投入巨资相继在河南黄河段开展的大规模防洪工程建设。

改革开放初期，在国家经济出现困难、压缩建设项目的情况下，黄河下游防洪基本建设的投资不仅没有压缩而且得以增加，为此还动用了国家预备费。在党和国家高度重视下，1983年春，河南黄河第三次大修堤得以顺利告竣。整体来说，这次大修堤仍是以人力施工为主，但后期黄河机械化施工队伍组建后发挥了重要作用。本次大修堤共完成防洪工程投资3.22亿元，完成土方1.74亿立方米、石方 131.77 万立方米。

这一时期，沁河下游治理也被列入治黄重要日程，尤其以消除沁河防洪隐患的杨庄改道工程最为成功。1981 年 3 月 14 日杨庄改道工程正式开工，由于正值黄河第三次大修堤机械化作业高潮，工程普遍采取了机械化作业。1981 年 6 月，右岸堤防竣工，当年投入沁河防洪运行。1982 年 6 月，左岸堤防及险工、控导工程完工，杨庄改道工程主体告竣。1982 年 8 月 2 日，沁河发生 1895 年以来最大洪水，杨庄改道工程竣工正逢其时，发挥了巨大工程效益，经受住了洪水考验。1984 年，该工程以"明确的指导思想，合理的工程设计，优良的施工质量，突出的社会贡献"，荣获"国家优质工程银质奖"。

为确保小浪底库区移民外迁安置，1993 年经水利部批复，由河南河务局代建、历时 8 年之久的温孟滩移民工程在河南黄河温县、孟州沿线展开。温孟滩移民安置区总面积 53 平方公里，工程包括新修河道整治工程 118 道坝，新修防护堤 32.4 公里，加固堤坝 20.8 公里，淤填改土面积 32.15 平方公里，总投资 5.68 亿元，安置移民 4 万余人。利用改良黄河滩区土地、采取工程措施安置移民，在国内是一次成功的探索，既扩大了土地资源，改善了当地生态环境，又解决了移民安置问题，得到世界银行专家的肯定，并荣获 2005 年度中国水利工程优质奖。

21 世纪初期，作为确保黄河防洪安全的重要屏障，黄河标准化堤防建设应运而生。2003 年 4 月，河南黄河一期标准化堤防在黄河花园口堤段展开试点建设，2004 年 1 月全面开工。2005 年 4 月 28 日，经近万名建设者 500 多个昼夜的苦战，河南黄河南岸郑州至开封总长 159.162 公里的标准化堤防全线建成，累计完成土方 6178 万立方米、石方 25 万立方米，搬迁安置人口 1.6 万人。工程完工后，堤顶宽度达到 12 米，淤背区淤宽至 100 米，达到 2000 年设防水位。河南黄河一期标准化堤防工程建成，为郑州、开封两市的防洪安全以及贾鲁河和沙颖河以东、涡河和沱河以西、淮河以北约 2.8 万平方公里区域、1600 万人民的生命财产安全提供了重要屏障，同时改善了沿黄两岸抢险交通现状和生态环境，为河南境内增添了一道亮丽的风景线，为当地优化投资环境，综合开发、集约化经营创造了条件。开封、郑州标准化堤防工程相继荣膺"中国水利工程优质大禹奖"。

"十一五"期间，国家进一步加大防洪工程建设力度，河南黄河二期标准化堤防、新一轮河道整治及亚行贷款项目建设累计投资 30 亿元。各级河务部门紧紧依靠地方政府开展移民拆迁，建设单位严格执行工程基本建设"四项制度"，组织精干力量攻坚克难，协作奋战，5 年间累计完成土方 9700 万立方米、石方 252 万立方米、混凝土 11 万立方米，建成标准化堤防 138 公里，新续建河道工程 271 道坝、改建 153 道坝，加高改建险工 72 道坝；亚行项目全部完成竣工验收。

2012 年，河南黄河近期防洪工程建设获国家发改委批复，该工程建设项目 29 项 8 大类、投资 19.04 亿元。面对项目多、时间紧、任务重、要求高、资金支

河南封丘曹岗引黄淤背固堤（左图），河南兰考护滩控导工程（右图）　河南河务局供图

付压力大的严峻形势，"十二五"期间，河南河务局按照黄委统一部署，成立工程建设中心，对防洪工程建设负总责，新的工程建设管理体制开始运行，所有项目按直管、委托管理或联合管理模式操作，首次将黄河防洪工程建设用地移民工作交地方政府实施，创新工程融资模式，积极推行代建制等。历经 5 年大投入、大建设，河南黄河近期防洪工程全部完工或完成主体工程，防洪薄弱环节明显加强，基础设施进一步夯实。

河南黄河"十三五"防洪工程建设总投资 36.62 亿元，包括黄河下游"十三五"防洪工程、沁河治理、金堤河治理、渠村闸除险加固等，是河南治黄历史上项目最集中、规模最大、标准最高、时间最紧、要求最严的一轮投资建设，河南黄河防洪工程建设进入了前所未有的建设高峰期。经此次建设，河南黄河下游将形成完善的防洪工程体系，黄河下游肆虐的大洪水将被套上坚实的"笼头"。

40 年间，伴随着黄河小浪底水利枢纽、沁河河口村水库等重大防洪工程兴建，由水利枢纽工程、堤防、河道整治工程和分滞洪区等组成的河南黄河防洪工程体系进一步得到完善，黄河下游控制和管理洪水能力大大提升，为河南沿黄地区群众生命财产安全和供水、粮食、生态安全提供了更加有力的保障。

科学防控　确保大河安澜

改革开放 40 年来，在历届河南省委、省政府和沿黄各级党委、政府高度重视下，河南黄河防汛逐步形成了以沿黄人民群众、人民解放军和武警官兵、专业治黄队伍紧密结合的"三位一体"军民联防体系，依靠工程措施和非工程措施，全省党政军民众志成城，严密防守，相继战胜了 1982 年黄河洪水、"96·8"洪水，取得了兰考蔡集抗洪抢险的重大胜利，确保了黄河岁岁安澜。

1982年7月29日至8月2日，三花干支流区间4万多平方公里突然暴雨连连，局部地区降大暴雨。8月2日，花园口站出现15300立方米每秒洪水，是黄河下游有实测资料以来仅次于1958年的大洪水，沁河小董站洪峰流量4130立方米每秒，超过沁河4000立方米每秒防御标准。这次洪水主要来自三门峡以下，干支流并涨、汇流快、来势猛、水量大、洪水持续时间长，对黄河堤防威胁很大。

当时中共"十二大"召开在即，中央高度重视防御这场黄河大洪水，黄河防总根据降雨和来水情况及时进行全面部署，河南省委省政府组织沿黄30万军民上堤防守。这次暴雨洪水中心在伊河流域，经陆浑水库拦蓄，伊河最大流量从4400多立方米每秒削减为820立方米每秒。8月6日22时起，山东东平湖开闸分洪，8月9日洪峰安全入海。整个洪水期间下游堤防几乎全线偎水，堤根水深最深达6米，但堤防险情较1958年为轻，没有发生特别重大险情。洪水漫滩后，下游河势控导工程在不少坝垛漫顶情况下，仍然有效地控制了主流，河势没有发生大的变化。这表明第三次大修堤为战胜洪水奠定了物质基础，也验证了"上拦下排，两岸分滞"防洪方针的正确；同时也暴露出三门峡以下黄河干支流缺少控制工程，下游仍然存在严重洪水威胁，尽快充实下游防洪工程体系成为当时黄河治理的迫切需要。

1996年8月5日，花园口站出现最大洪峰流量为7860立方米每秒洪水，这是黄河上的一场中常洪水，但其表现却十分异常。洪峰从花园口到孙口传播历时224.5小时，是同流量级洪水平均传播时间的4.7倍。洪水在夹河滩以上河段全线超过历史最高水位，花园口洪水位为94.73米，比1982年15300立方米每秒的洪水位偏高0.14米。洪水期间河南临黄大堤偎水长度达350公里，占总长的63%，偎水深度一般在2～4米。洪水推进过程中，115万多名群众（含堤外）受灾，灾害程度超过1958年、1982年等年份。

在抗洪抢险及滩区救护的紧张时刻，国务院领导对抗洪救灾作出"领导、队伍、物资、通信、后勤保障五到位"的重要指示，国家防总检查组赶赴抢险一线指导抗洪救灾，并紧急调运200只橡皮舟支援抗洪。河南省党政领导带领有关负责同志到郑州、新乡、焦作、开封河段查看水情河势，现场指挥。河南省军区、驻豫部队和武警部队先后出动6400余名官兵，384部车辆、120多只冲锋舟、橡皮筏奔赴抗洪一线，抢护防洪工程，营救滩区群众。黄河防总、河南省防指及河南河务局紧急调集防汛料物，全力组织抗洪抢险和群众迁安转移。黄河现代化抢险装备和技术充分发挥威力，防汛抢险新材料、新坝型、新机具、新技术应用取得明显效果。经过沿河抗洪军民连续奋战，洪峰于22日安全入海。

这场表现异常洪水，带给人们诸多启示。一是洪水威胁依然是国家的心腹之患。二是黄河下游河道整治工程尚不完善，中小洪水也有可能溃决、漫滩。三是滩区安全建设需进一步加强。四是 20 世纪 90 年代黄河下游出现了十分不利的河床边界条件，应当高度重视，采取积极治理措施。

2003 年受"华西秋雨"影响，黄河下游形成长达两个多月的秋汛，河南黄河 91 处河道工程 728 道坝垛累计出险 4195 坝次，其中重大险情 13 处，特别是兰考蔡集黄河险情尤为严重。党和国家领导人作出重要批示，要求组织抗洪抢险，确保被围困群众安全，努力减少受灾损失。国家防总、黄河防总和河南省委、省政府高度重视，指导成立抢险救灾组织，河南河务局专业机动抢险队、驻豫部队和武警官兵连同 2500 多名群防队员，驻守蔡集抢险救灾一线，抢险累计共用柳料 312.39 万公斤、石料 1.62 万立方米，历时一个多月的蔡集险情得到彻底控制。据统计，在整个蔡集控导工程抢护过程中，共抢险 315 坝次，用石 3.16 万立方米，抢险次数之多，用石量之大，在黄河抢险史上实属罕见。

河南河务局与沿黄各级党政军民一道，赢得了黄河岁岁安澜，防洪减灾直接经济效益达数千亿元，为黄河下游黄淮海大平原经济社会稳定持续发展起到了重要保障作用。

引黄供水　泽润中原大地

黄河水资源是河南省最大客水资源，在 1987 年国务院批准的《黄河可供水量分配方案》中，分配给河南黄河干支流耗水量指标为 55.4 亿立方米。改革开放 40 年来，河南累计引用黄河水 1105 亿立方米，为促进中原崛起、河南振兴、富民强省提供了重要水资源保障。

改革开放以来，河南引黄灌溉事业得到了快速发展。随着黄河下游第三次大复堤，河南省完成了部分险闸、虹吸和提灌站改扩建。2001 年小浪底水利枢纽工程建成运用，下游灌溉保证率由以前的 32% 提高到 75%。截至目前，全省已建成大中型引黄灌区 26 处，各类引黄取水工程 71 处，设计灌溉面积 2362 万亩，有效灌溉面积 1280 万亩，抗旱补源面积 893 万亩，放淤改土面积 172 万亩。

为城市和工业供水是黄河服务沿黄地区经济社会的又一大贡献。1958 年开封首开此举，随后郑州、新乡、濮阳等沿黄区域缺水城市也相继开展了引黄供水工作，郑州铝厂、中原油田、洛阳中石化等大中型企业也从源源不断的黄河水中受益。为缓解京津地区的严重缺水状况，1973—2001 年，通过人民胜利渠等，向天津紧急调黄河水近 50 亿立方米。

黄河占河南全省入境水资源总量的近 90%，已成为中原地区经济社会发展的重要支撑。特别是近年来，河南省多次遭遇严重旱情，河务部门强化科学调度，应急供水，确保沿黄灌区粮食丰收。

2009 年春，河南省遭受冬春连旱，5000 多万亩小麦受旱。河南河务局把灌区引黄抗旱作为头等大事，积极报请黄委加大小浪底水库下泄流量，投入400多万元资金用于引渠清淤及引黄涵闸维修，科学调度河南黄河境内水量。累计引黄供水近6.93亿立方米，灌溉受旱小麦776万亩次，为"中国粮仓"仓廪丰实做出了积极贡献。

2011年春，河南省面临50年一遇特大干旱考验。河南河务局启动河南黄河Ⅱ级抗旱应急响应，累计引黄供水10.03亿立方米，引黄灌溉630.30万亩次，抗旱补源面积183.83万亩。这一年，河南河务局加强水资源优化配置和科学调度，全局引水突破35亿立方米，创历史新高，为沿黄工农业生产、城市生活和生态用水提供了强有力的水资源保障。

2013年，河南河务局全力支援沿黄春季抗旱浇麦和秋季抗旱种麦工作，40座引黄口门开启，日均引水2000万立方米，圆满完成了省政府安排的抗旱督导任务，全年引水37.4亿立方米（含引黄入冀9000万立方米），为河南粮食连年增产丰收再立新功。

2014年，河南遭遇63年以来最严重夏旱。河南河务局及时启动Ⅲ级抗旱应急响应，派出了抗旱督导工作组，提高了涵闸引水保证率，使距离较远的内黄、民权、杞县、鄢陵等非沿黄县（市）也用上了黄河水。抗旱期间累计引水12.35亿立方米，全年共引水34.7亿立方米，河南粮食产量实现"十一连增"，河南河务局所做工作得到河南省委、省政府充分肯定。

随着河南经济社会迅猛发展，沿黄城市供水区域及规模进一步扩大，先后建设了长垣、温县、武陟、巩义等引黄供水工程，巩义豫联集团二期供水、民权、巩义大唐等新上工业项目引黄供水已进入实际运作阶段。同时，河南省利用现有引黄灌区四通八达的渠系引黄补源、引蓄调度，兴建了郑州龙湖等31处引黄调

2013年7月，郑州豫联供水工程建成投入运行　于澜摄影

蓄工程，总投资 42.4 亿元的引黄入冀补淀工程建成通水。

为支持河南沿黄经济社会可持续发展，做好黄河洪水资源化利用，河南河务局加快推进牛口峪引黄工程建设，做好河南省引黄"四大灌区"前期工作，并编制完成了《河南黄河引黄水闸提高引水能力改建方案》，将张菜园、红旗等 17 座引黄水闸列入下游引黄水闸改（重）建项目，进一步提升供水保障能力。

滔滔黄河水，不仅滋润着沿黄灌区 2000 多万亩农田，而且成为沿黄及受水区 12 个地市、105 个县（市、区）生产生活、工业和生态用水的重要来源，有力支撑着沿黄地区乃至全省经济社会发展。

依法治河　实现人水和谐

实现黄河安澜无羔、奔流不息，需要全面推进依法治河管河。

改革开放以来，随着沿黄经济社会快速发展，河南黄河呈现出涉河项目逐渐增加、利益关系错综复杂的局面。结合新形势新需求，河南河务局强力推进地方性配套法规和规范性文件出台，坚持依法治河、依法管河，规范涉河行为，强力推动了河南黄河治理开发与管理保护沿着法治化轨道健康发展。

1982 年，河南在沿黄省区中率先颁布了《河南省黄河工程管理条例》。结合河南黄河实际情况，于 1998 年 4 月、2011 年 1 月、2017 年 11 月做了三次修正，进一步完善了黄河河道管理法律依据，落实事权责任，形成了多部门执法合力。

《中华人民共和国防洪法》和《中华人民共和国防汛条例》的颁布实施，对河南黄河防洪工作提出了新的更高的要求。由于河南黄河具有"地上悬河"、滩区人口众多等特殊、复杂情况，亟须地方性法规进行具体规范和操作细化，2005 年河南河务局在充分调研的基础上，开始起草《河南省黄河防汛条例》（初稿）。2016 年 11 月 18 日，历时 12 年之久的《河南省黄河防汛条例》通过省人大常委会审议，2017 年 3 月 1 日起施行。条例的出台，使地方行政首长负责制得到充分贯彻落实，强调了黄河防汛国家、地方和受益者三级投入机制，对黄河滩区规范利用、违

2016 年 11 月，河南省人大常委会审议通过《河南省黄河防汛条例》　钱定坤摄影

章建筑清除、禁止向黄河河道倾倒垃圾等问题进行了清晰明确的规定，将黄河防汛从行政措施上升到法律手段。

为加强黄河河道管理，河南省政府于1992年颁布实施了《河南省黄河河道管理办法》。随着沿黄地区经济社会的快速发展，省政府于1984年4月、2011年1月进行了两次修订。结合河南省粮食核心区、中原经济区、郑州航空港经济综合实验区建设等国家战略的推进，经河南省人民政府第三次修订的《河南省黄河河道管理办法》于2018年3月9日起施行，新修订的《河南省黄河河道管理办法》补充完善了河长制、滩区居民迁建等内容，将对保障黄河河道防洪安全、发挥黄河河道及治黄工程的综合效益起到积极作用。

1990年，按照全国水利工作会议关于成立水利执法体系的要求，经黄委批准，河南河务局成立水政处，各市县河务局设立水政机构。1998年11月，河南黄河第一支水政监察专职执法队伍——原阳河务局水政监察大队正式挂牌成立，至1999年底，河南黄河水政监察专职执法队伍基本建成。

多年来，河南黄河各级水政监察专职执法队伍按照有法必依、执法必严、违法必究的原则，认真履行水行政管理职责，严肃查处各类水事违法案件。对于重大水事违法案件，采取挂牌督办、与地方政府有关部门联合执法等措施，有力地维护了水事秩序。

2003年6月初河南黄河历史上最大的一次清障行动打响，截至7月2日，河南黄河共清除阻水片林26674亩，拆除违章建筑6000多平方米，清除广告牌、木桩、钢网等行洪障碍38处，对鱼塘及开挖沟壑进行了回填。

2008年6月，黄河下游河道出现擅自采淘铁砂活动，非法采砂船最多时达1500多只。黄河防总、河南省防汛抗旱指挥部先后采取有效措施，责令采淘铁砂人员立即停止采淘铁砂活动，并于当年8月29日在全省河段组织当地安全、公安、海事、水利、河务等有关单位采取统一行动，集中清除采铁砂船只。9月2日，所有非法采铁砂船只被清理出黄河河道。

2007年起，配合河南省政府对滩区砖瓦窑厂进行规范整顿，截至2012年12月底，郑州、开封、新乡、焦作、濮阳5个省辖市的13个县（区）共关闭拆除黄河滩区黏土砖瓦窑厂1011座，复垦土地49840余亩，全面完成了黄河滩区黏土砖瓦窑厂关闭拆除任务。

2013年以来，随着近年来城镇化进程的加快，城市规模急剧扩张，向河南黄河河道内倾倒建筑垃圾的现象不时出现。河南河务局提请河南省下发了《关于进一步加强黄河河道内开发建设管理工作的通知》和《关于严禁向黄河河道倾倒建筑垃圾的通知》，沿黄各级政府、省政府有关部门坚决制止向黄河河道倾倒垃圾的严重违法行为，确保了黄河防洪安全、水资源安全和生态安全。

2017年3月，结合中央环保督查整改行动，河南黄河涉及环保整改的31家采砂企业的 281 万立方米砂石料、4207 米输砂管道全部清除，受到河南省政府的充分肯定。河南河务局提出建立黄河河道采砂管理联防联控机制指导意见，督促沿黄 22 个县（市、区）初步建立了河长制框架下的河道采砂管理联防联控长效机制。

党的十八大以来，河南河务局全面贯彻落实《中共中央关于全面推进依法治国若干重大问题的决定》《水利部关于全面加强依法治水管水的实施意见》，深化水行政执法体制改革，以增强基层执法力量为切入点，加强执法能力和执法信息化建设，组建专职水政监察大队 26 支、支队 1 支，全局专职水政执法监察人员编制达到 351 人。结合河南黄河河长制全面推进，加之多年普法宣传教育以及一系列行之有效的措施，形成了职责清晰、分工明确、高效协调的水利综合执法工作机制，初步构建起河南黄河依法治河管河的新格局。

科学技术　引领治黄突破

改革开放 40 年来，河南治黄工作者遵循不同时期治河方略，牢牢把握自然规律、河流演变规律和经济社会发展需求，不断加深对黄河特性的认识，因时而变、顺势而为，结合河南治黄实践，开启了从传统治河向现代治河的成功转变。

泥沙研究是黄河治理的重要基础研究，河南河务局在改革开放初期大规模放淤固堤的基础上，相继开展了"二级悬河"治理试验工程、切滩导流、移动式抢险坝体研究等，为河南黄河下游游荡性河道整治开辟了新的领域和空间，取得了显著的经济效益、社会效益和生态效益。

2003 年开展黄河下游"二级悬河"治理试验
李庆文摄影

河南河务局不断增加科技投入，开展联合攻关，积极引进和运用先进的科技手段和最新科技成果，在堤防除险加固、大型机械化抢险、防汛抢险新技术新材料应用、黄河水资源优化调度、黄河防汛会商系统等方面，取得了一批重大科技成果，移动造浆充填长管袋技术、大型防汛抢险机械和河势查勘系统三个项目被列入水利部重点投资推广项目。"水利国有资产管理信息系统"已在全国水利行业得到推广，"机械筑埽技术""旋铣式成槽机"等一批成果被列入水利部科技推广中心《水利先进实用技术重点推广指导目录》，承担实施了"重复组装式导流桩坝应急抢险技术研究与示范""高含沙水流远距离管道输送技术试验研究"等水利部公益性行业科研专项，为河南治黄事业提供了源源不断的智力支持。

近年来，河南河务局科技工作紧紧围绕防洪减灾、河道治理、水资源利用、防洪工程建设与管理、黄河下游滩区治理等河南治黄的热点难点问题，积极开展原始创新、集成创新和引进消化吸收再创新，优秀科研成果不断涌现，其中"潜吸式扰沙船的研制与应用"获得河南省科技进步奖二等奖，"黄河下游移动式不抢险潜坝应用研究"荣获水利部大禹水利科学技术二等奖，"大型机械在黄河防洪抢险中的应用研究""黄河下游游荡性河段切滩导流技术研究""HJXK-1型超长边坡渠道削坡开槽机的研制与应用"荣获水利部大禹水利科学技术三等奖。作为主要完成单位参研的"黄河下游游荡性河道河势演变机理及整治方案研究""黄河河道整治工程根石探测技术研究与应用""远距离泥沙输送装备及加压泵站系统研制"荣获水利部大禹水利科学技术一、二、三等奖。全局共获得省部级以上科技奖项27项。

加快推进信息化与河南治黄事业的深度融合发展，河南河务局基本建成了通信系统、计算机网络、数据存储、基础设施、电子政务、异地会商等信息系统，防汛抗旱会商中心、水调分中心先后投入了使用，先后建成"黄河水资源管理与调度系统"，实现了对黄河水资源的有效利用；"堤坝安全监测系统"改变了传统查险报险方式，为抢早抢小争取了主动。河南"数字黄河"为推进河南黄河治理体系和治理能力现代化提供了有力的信息保障和服务支撑。

生态黄河　让中原更加出彩

党的十八大以来，以习近平同志为核心的党中央引领生态文明建设，提出了坚持"节水优先、空间均衡、系统治理、两手发力"十六字治水方针。河南河务局以维护黄河健康生命为己任，围绕建设河南生态大省，以建立最严格的水资源管理制度为主要抓手，以推进河南黄河河长制为契机，全力推进黄河生态文明建设，母亲河奔流不息、安澜无恙的生态画卷，正在中原大地铺展。

自2004年河南黄河标准化堤防建设正式启动以来，河南黄河生态景观线建设坚持一张蓝图绘到底，截至目前，在黄河河南段全长711公里两岸大堤以及河道工程上，种植各类林木1500万余棵，在黄河两岸大堤构筑了一道绿色生态屏障，由过去黄沙漫天变成绿林覆盖、郁郁葱葱，在提高堤防抗洪能力的同时，为沿黄城市生态和人居环境持续改善、经济发展作出了重大贡献。

近年来，河南沿黄各地高度重视黄河水资源在水生态文明建设中的作用，相继启动黄河水生态战略，科学编制城市生态水系规划，优化水资源配置，加大水系生态修复，加快城区水系贯通，通过实施水生态综合治理，逐步恢复城市河流生态功能，致力实现河畅水清、岸洁景美、人水和谐，为城镇居民创造一个宜居宜业的生活环境。

为使河南沿黄地区天蓝、水清、地绿，河南河务局结合沿黄各地经济社会发展和生态文明建设需求，积极构建黄河滩区生态涵养带，科学制定供水发展规划，推进实施引黄调蓄工程建设、引黄入冀补淀、郑州引黄生态水系规划、明清黄河故道供水开发、沿黄城乡生态水系用水等，打造区域生态格局，优化自然禀赋，提高环境承载能力，让生态黄河托起"美丽河南"。

2015年12月，引黄入冀补淀工程河南段开工，缓解河北用水之困，是引黄入冀补淀工程的建设初衷。横空出世的国家雄安新区战略，则为这项工程赋予更为宏大的历史使命。在雄安新区"蓝绿交织、清新明亮、水城共融"的构想中，河南黄河水资源无疑是承载希望的"源头"。作为引黄入冀补淀工程的重要合作方和建设方，河南河务局遵循黄委和河南省委、省政府的要求，大力支持工程建设，于2017年11月实现试通水，确保一渠清水如期送达白洋淀，在推进雄安新区建设这个历史性工程的"大考"中交出了优异答卷。

不忘初心　砥砺前行

改革开放40年来，河南黄河万余名干部职工作为黄河治理开发的骨干力量，始终秉承"团结、务实、开拓、拼搏、奉献"的黄河精神，长期坚守和奋战在治黄一线，积极投身开发黄河、建设黄河、保护黄河的重大实践，黄河为害的局面得到扭转，成为一条利民之河、安澜之河。

在做好治黄业务的同时，河南河务局积极承担社会责任，全力参与四川汶川特大地震、甘肃舟曲特大山洪泥石流等灾区重大应急抢险救援。全力支持黄河滩区百万群众脱贫致富，助力沿黄地区经济社会可持续发展，以实际行动诠释了"献身、求实、负责"的水利精神，彰显了河南黄河万余名职工无私大爱的民生情怀。

为支撑河南治黄事业健康发展，河南河务局一手抓治黄，一手抓经济，弥补事业经费不足、稳定治黄职工队伍。截至2017年底，全局企业实现利润总额近亿元，供水产业发展持续稳步提升，河南黄河产业经济实力大大增强，职工生产生活条件明显改善。河南黄河干部职工工作有奔头、生活有尊严，事业发展更有力量。

党的十八大以来，河南河务局严格落实中央全面从严治党要求，从思想教育、干部管理、作风要求、组织建设、制度执行等方面，坚持围绕中心、服务大局，规范管理、加快发展，重点发力、落在实处，以党的建设高质量推动河南治黄事业发展高质量。狠抓党的建设和党风廉政建设，严格制度执行，强化责任担当，牢记治黄初心，确保更好地完成各项治黄任务；持续推进队伍结构调整，积极探索建设一支与事业发展相适应的结构合理、素质优良、本领高强的河南治黄队伍；河南河务局以党建为引领，在"规范管理、加快发展"上敢担当、善作为，为河南治黄改革发展不断深化提供了坚强的政治保障和强大的精神力量。

40年不懈奋斗，40年创新发展，河南治黄事业取得了历史性成就，相继收获了"河南省文明单位""全国防汛抗旱先进集体""中华全国总工会抗震救灾重建家园工人先锋号""全国水利抗震救灾先进集体""全国水利工程大禹奖""全国绿化模范单位""全国五一劳动奖状""全国文明单位"以及河南省委、省政府"支持抗旱保丰收先进单位""目标管理先进单位"等荣誉，谱写了一曲讲文明、促发展、惠民生的壮丽长歌。

改革开放40年来，河南治黄事业虽然取得了历史性的伟大成就。但黄河作为世界上最为复杂难治的河流，许多自然规律尚未被人们认识和掌握，尤其是河南黄河地处下游"豆腐腰"段，河道形态极为复杂，具有不同于其他江河和黄河其他河段的突出特点，"二级悬河"形势严峻，黄河河道宽浅散乱，游荡不定，滩区内还有120多万常住人口，河道管理工作中还存在诸多亟待解决的问题，河南黄河治理开发与管理的任务艰巨繁重，实现河南黄河长治久安依然任重而道远。

新时代催人奋进，新征程重任在肩。河南黄河一万三千余名干部职工不忘初心，牢记使命，坚持以习近平新时代中国特色社会主义思想为指导，全面贯彻党的十九大精神，积极践行"维护黄河健康生命、促进流域人水和谐"治黄思路和"规范管理、加快发展"总体要求，紧紧围绕"基层为本、民生为重"的管理理念，以"业务立局、经济保障、从严治党、队伍建设"为重点，坚持防汛抗旱并重，治理开发并举，服务社会与自身发展同步，统筹兼顾，持续求进，全面提升新时代河南黄河治理体系与治理能力现代化水平，努力实现河南黄河河流健康、民生发展、生态文明，为决胜全面小康、让中原更加出彩做出新的贡献。

河南黄河河务局　　执笔人：祖士保

黄土高原主色调由"黄"转"绿"

——改革开放40年黄河上中游管理局改革发展综述

　　"我家住在黄土高坡，大风从坡上刮过。"20世纪80年代，一首风靡大江南北的《黄土高坡》，唱出了西北人的豪迈与粗犷，也让黄色成为描摹黄土高原的底色。

　　如今，"山坡坡上栽树崖畔畔青，黄土高坡有了好风景；黄沙那个不起尘少见，林果绕村绿满山……"婉转悠长的信天游，道出了黄土高原生态发生的深刻变化，更彰显出改革开放40年生态建设取得的显著成就。

黄土高原披上绿色盛装　　上中游管理局供图

40 年来，黄土高原水土保持坚持统一规划，因地制宜，分区施策，工程措施、植物措施、耕作措施有机结合，走过了从点到面、从单一措施到综合治理、从重点治理为主到治理与预防监督并重的不平凡历程，持续推动生产、生活与生态融合发展，在广袤的黄土地上掀开了一幅又一幅绿色发展与机制创新良性互动、交相辉映的壮丽画卷，"天蓝、山绿、水清、民富"的美好愿景正向我们走来。

40 年水土保持生态建设开拓探索

改革开放以来，党和国家始终高度重视黄土高原地区水土流失治理，将其作为确保黄河长治久安的根本措施和服务民生、发展区域经济的基础工程，纳入国民经济发展计划。恢复黄河中游水土保持委员会、成立黄河中游治理局，在国家有关部门和流域省（区）的大力支持和共同努力下，初步形成了较为完善的水土保持规划、治理、科研、监督、监测体系，相继实施了一系列水土流失重点防治工程，推动黄土高原地区水土保持发生了全局性、历史性转折和深刻变化。大致经历了四个阶段：

第一阶段为 20 世纪 80 年代，以小流域为单元的水土流失综合治理蓬勃开展。1980 年 4 月，水利部在山西省吉县召开全国小流域治理工作座谈会，以小流域为单元进行水土流失综合治理的技术路线在黄土高原地区全面推开。随着农村联产承包责任制的建立和完善，1981 年河曲县农民苗混瞒首开"户包治理小流域"的先例，敲响了水土保持领域技术创新与机制改革深度融合的时代钟声。"户包治理小流域"把"一家一户"这个社会最基本的经济单元与"小流域"这个水土流失最基本的自然单元紧密结合、同向发力，开创了"千家万户治理千沟万壑"的崭新局面。《水土保持工作条例》《开发建设晋陕蒙接壤地区水土保持规定》颁布施行，率先在晋陕蒙接壤地区开展水土保持监督执法试点。《黄河流

多沙粗沙区治理（绥德谷坊小流域）　上中游管理局供图

域黄土高原地区水土保持专项治理规划》《窟野河、秃尾河、孤山川流域综合治理规划》等编制完成，《水土保持治沟骨干工程暂行技术规范》发布，黄河中游小流域综合治理试点、治沟骨干工程试点以及无定河、三川河、皇甫川、定西县等全国八大片重点治理工程启动实施，呈现出以重点带动面上治理开发的新格局。

第二阶段为 20 世纪 90 年代，依法保护与治理步入轨道。1991 年 6 月 29 日，《中华人民共和国水土保持法》颁布施行，确立了"预防为主、全面规划、综合防治、因地制宜、加强管理、注重效益"的方针，水土保持工作走上了预防为主的法治化轨道。《黄河流域水土保持规划》作为《全国水土保持规划纲要》的支撑附件一并获国务院批复，黄土高原子午岭、六盘山林区被列为国家重点预防保护区，晋陕蒙接壤地区被列为国家重点监督区，河口镇到龙门区间 21 条支流被列为国家重点治理区，治沟骨干工程被列为国家重点建设工程项目。《黄河流域水土保持四大重点治理区二期治理五年规划》《黄河流域黄土高原水土保持建设规划》《黄河流域水土保持藉河示范区工程总体规划》编制完成，《水土保持综合治理技术规范》发布，《黄河流域水土保持工程建设项目管理办法》印发实施，重点治理区二期、沙棘示范区等项目相继实施，黄土高原水土保持世界银行贷款项目首次利用外资、首次按照基本建设程序开展水土保持项目前期准备、首次在水土保持项目中开展全面的监测评价工作，一期项目被世界银行誉为世行农业项目的"旗帜工程"，为我国利用外资进行水土保持生态建设积累了经验。流域水土保持综合治理迈入了项目带动、重点突破、整体推进的新阶段。

第三阶段为 21 世纪初期，注重生态修复的综合治理全面启动。2002 年，在陕西、甘肃、四川三省前期开展退耕还林试点的基础上，国务院印发《关于进一步完善退耕还林政策措施的若干意见》，全面启动退耕还林工程。顺应时代发展，调整水土保持治理思路，更加注重依靠生态自我修复能力恢复植被。坚持把预防监督放在更加重要的位置，落实机构人员，健全法规体系，依法监督管

陕西绥德黄土高原退耕还林　上中游管理局供图

理，有效遏制了人为水土流失。加强水土保持监测能力建设，建立健全流域水土保持监测体系。《开发建设项目水土保持设施验收技术规程》、水土保持综合治理技术规范系列标准修订发布，黄河中游多沙粗沙区区域界定成果发布，《黄河粗泥沙集中来源区拦沙工程一期项目建议书》获国家发改委批复。坚持抓大不放小、抓封不放治，水土保持逐步纳入国家基本建设程序管理，认真实施黄土高原淤地坝建设、晋陕蒙砒砂岩区沙棘生态工程、坡耕地水土流失综合治理等国家水土保持重点工程，积极开展水土保持示范区建设，黄土高原水土保持生态建设步入快车道，对改善生态环境、促进人民群众脱贫致富奔小康及减少入黄泥沙发挥了重要作用。

第四阶段为党的十八大以来，生态文明思想引领高标准系统治理。党的十八大将生态文明建设纳入中国特色社会主义建设"五位一体"总体布局。黄河上中游地区紧抓历史机遇，认真贯彻习近平生态文明思想，持续深化水土保持改革，不断健全完善水土保持法规制度体系。《全国水土保持规划（2015—2030年）》《黄河流域综合规划（2012—2030年）》获国务院批复，《水土保持工程施工监理规范》发布，流域省（区）水土保持规划基本完成。强化协调管理，组织召开黄河中游水土保持委员会第十二次、第十三次会议，积极推进《黄土高原地区综合治理规划大纲（2010—2030年）》等落地实施，黄河粗泥沙集中来源区拦沙工程一期项目可研审批前置条件全部办理完成，"无定河及窟野河流域水生态修复与治理实施方案"列入"全国重点区域水生态修复与治理实施方案"。以黄土高原病险淤地坝除险加固、黄土高原沟壑区"固沟保塬"综合治理等国家水土保持重点工程为龙头，示范带动全面治理，累计完成新增水土流失治理面积 6.3 万平方公里，治理小流域 2200 多条，加固淤地坝 1600 多座，助力 250 多万人脱贫。构建绿色发展生态体系，全面落实政府主体责任，强化事中事后监管，扎实推进生产建设项目"天地一体化"与国家水土保持重点工程"图斑精细化"信息化监管，全面加强水土流失动态监测与监测站网建设，充分发挥规划科研的示范引领作用，有力推动黄土高原水土保持由高速发展转向高质量发展。

40 年水土保持生态建设铸就辉煌

40 年来，黄河上中游地区积极推进水土流失综合防治，强化水土保持监督监测，推广应用新技术、新模式，全社会水土保持意识和法制观念不断增强，流域水土保持事业取得长足发展，为推动区域经济社会可持续发展发挥了重要作用。

一是水土流失明显减轻。经过多年的持续治理和大规模的自然修复、封育保护，初步治理水土流失面积 22 多万平方公里，建成淤地坝 5.9 万多座、基本农田 550 万公顷，一些重点治理区、重点小流域治理程度达 70% 以上，水土流失面积减少、程度减轻，生态环境明显改善。中国科学院"黄土高原生态工程生态成效综合评估"成果显示，2000—2010年，黄土高原地区土壤侵蚀强度整体呈显著下降趋势，尤以黄土丘陵沟壑区和黄土高原沟壑区变化最大，其中中度以上侵蚀区以每年100～300吨每平方公里的速度在减少。2012年7月21日，黄河一级支流皇甫川流域突降暴雨，与1989年同期暴雨的降雨量、雨强和分布都十分相近，但洪峰流量、次洪量和次洪输沙量仅相当于1989年的40%～44%，水土保持措施固土保水、拦截泥沙作用十分明显。据测算，近20多年间平均每年拦减入黄泥沙4亿多吨，有效减缓了下游河床淤积抬高速度，用水处理成本降低，为黄河安澜及水资源有效开发利用奠定了基础。

二是绿色成为黄土高原的主色调。坚持山水田林路统一规划，多部门协调合作，通过大面积封育保护、造林种草、退耕还林还草等植被建设与恢复措施，黄土高原林草植被面积大幅增加，林草植被覆盖率普遍增加10%～30%，昔日沟壑纵横、缺林少绿，如今郁郁葱葱，江山如画，生态环境明显好转，山川大地的基调完成了一场从"黄"到"绿"的色彩嬗变。陕西省大力实施水土保持和生态修复工程，累计治理水土流失面积7.82万平方公里，绿色版图向北延伸400多公里，实现了生态环境由"整体恶化、局部好转"向"总体好转、局部良性循环"的根本转变。延安市通过持续"治黄"，累计治理水土流失面积1.97万平方公里，水土流失综合治理程度由1998年的27%提高到2016年的68%，林草植被覆盖率由2000年的46%提高到2016年的67.7%，走出了一条"绿水青山"与"金山银山"相融相生、红色文化与生态文明交相辉映的绿色崛起之路。全国退耕还林第一县吴起，经过20余年的绿色革命与艰苦奋斗，山绿了，水清了，全县林草覆盖率由1997年的19.2%提高到72.9%，土壤年侵蚀模数由1997年的每平方公里1.53万吨下降到0.5万吨，先后被授予"国家生态示范县""全国绿化模范县"、全国第二家"水土保持生态文明县"、首批"全国生态文明示范工程试点县"等多项荣誉，被各国专家赞为生态治理的奇迹。

三是群众获得感增强。坡耕地改梯田，使跑土、跑水、跑肥的"三跑地"变成保土、保水、保肥的"三保地"；配套建设的田间道路、渠系排水工程，提高了农业生产保收能力和机械化程

梁家河知青淤地坝　孙太旻摄影

度，使富余劳动力从农业生产中解放出来，从事二、三产业，拓宽了增收渠道。淤地坝建设，增加了高产稳产的优质耕地，有效蓄积、利用地表径流，对解决水资源匮乏地区农民生活和生产用水发挥着重要作用；坝顶成为连接沟壑两岸的桥梁，改善了交通条件，方便了群众生产生活，促进了物资交流和商品经济发展。修建的水窖、涝池、谷坊等小型水利水保工程，对解决人畜饮水、防治沟道侵蚀具有重要作用。苹果、红枣、花椒等干鲜果品产业带建设，以及规模化、集约化畜牧业发展模式的推行，为促进农业增效、农民增收、农村发展创造了条件。水土保持科技示范园为水土保持科普教育和自然生态体验提供了户外教室和实践基地，也为人们休闲旅游观光提供了好去处。西安汉城湖国家水土保持科技示范园，原为古漕运河道改建的"团结水库"，水又黑又臭，岸边杂草垃圾，经过截污引清、清淤护坡、造林绿化，建成乔灌草护坡、鱼鳞坑、水平阶地、水保宣传长廊、模拟径流小区、水土保持科普体验馆等60余处水保措施及展示内容，从"丑小鸭"变身"白天鹅"，成为集防洪保安、园林景观、水域生态、文物保护为一体的西安旅游新地标。

四是依法防治全面推进。1988年10月1日，经国务院批准，原国家计委、水利部联合发布迄今为止全国唯一的、跨省区的水土保持区域性法规《开发建设晋陕蒙接壤地区水土保持规定》，并率先在该区开展水土保持监督执法试点，在机构建设、法规制定、人员培训、执法程序等方面作了大量有益探索，为水土保持预防监督全面推开提供了经验，被誉为水土保持法制化管理的"试验田"。黄河上中游流域水土保持工作由此走上依法预防、依法治理、依法管护、依法监督的轨道。2011年《中华人民共和国水土保持法》修订施行，与此同时，流域各省（区）相继修订省级水土保持法实施办法或条例，完善了补偿费征收使用、初步设计管理、行政处罚自由裁量等方面的规章制度，自上而下、更加完备的水土保持法律法规制度体系基本建成。顺应国家"放管服"改革要求，全面落实监管责任，积极应用卫星遥感、无人机等信息化手段，推进生产建设项目"天地一体化"动态监管，有力地推动了"三同时"制度落实，人为水土流失得到有效遏制。据不完全统计，"十二五"期间，黄河上中游地区审批并实施水土保持方案1万多个，查处违法案件400余起，106个县（区）按期达到全国水土保持监督管理能力建设标准并通过验收，连续7年实现部批生产建设项目水保督查全覆盖。青海—西藏±400千伏直流联网工程、陕煤集团神木柠条塔矿井获评首批国家水土保持生态文明工程，水土保持依法防治工作展现出新气象新作为。

五是监测信息化迈出坚实步伐。1998年，水利部"黄土高原严重水土流失区生态农业动态监测系统技术引进"项目启动实施。2002年以来，依托全国水土保持监测网络和信息系统建设，基本建成以西安黄河流域水土保持生态环境监测中心、郑州终端站和晋陕蒙、天水、西峰、榆林直属监测分中心为主，以11个省（区）

监测总站、35个地（市）监测分站为辅的监测网络。先后开展黄土高原水土保持世行贷款项目监测评价、黄河流域水土保持遥感普查、黄土高原小流域坝系水土保持监测、黄河中游多沙粗沙区重点支流水土保持动态监测等项目，编制完成国内第一套综合性水土保持数据库标准——《黄河流域水土保持信息编码规定》《水土保持生态环境监测数据库表结构及数据字典》，率先开发出三维可视化信息系统、黄土高原淤地坝管理信息系统、黄土高原淤地坝辅助设计等水土保持应用系统，信息整合和资源共享稳步推进。以科技为先导，加强水土保持监测关键技术等方面的应用与研究，着力提升监测对生产建设项目、水土保持重点工程信息化监管的基础支撑功效。尤其是2013年以来开展的黄河流域（片）全国水土流失动态监测与公告项目，获取了不同区域、不同精度的水土保持措施、植被覆盖、土地利用、土壤侵蚀等信息，以及各水土流失类型区典型小流域和监测点降水、径流、泥沙等数据，为国家宏观决策、流域治理开发决策等提供了有效数据支撑，为水土保持目标责任考核及生态价值评估、生态安全预警、生态文明评价考核等提供了可操作、可量化、可考核的途径与方法。

六是水土保持生态文明理念成为社会共识。理念决定思路，理念引导发展。从"改土为主"的治理模式到以小流域为单元的综合治理，再到以法治建设和生态经济可持续发展为目标的全面发展阶段，广大水土流失地区的人民群众亲眼看到了水土流失治理取得的成绩，切身感受到了水土保持带来的好处，亲身领悟到既要金山银山更要绿水青山的道理，防治水土流失的决心和信心更加坚定。随着水土保持国策宣传教育进党校、进学校、进社区、进农村、进工矿活动的不断深入开展，水土保持科技示范园等宣传教育平台的建立完善，水土保持生态文明理念逐渐深入人心。各级政府和有关部门保护和建设良好生态环境的紧迫感、责任感明显增强，社会力量和企业大户主动参与、投入水土流失治理的越来越多，生产建设项目依法履行水土保持义务的自觉性显著提高，形成了流域上下人人参与、支持水土保持的良好局面。

40年水土保持生态建设实践真知

40年来，黄土高原地区蹚出了一条适合实际的水土保持生态建设与保护之路，从不同方面、不同层次作了许多有益探索，积累了大量经验，也为区域生态文明建设、乡村振兴战略实施奠定了基础、提供了实践启示。

一是在防治理念上，坚持"绿水青山就是金山银山"。黄土高原水土保持始终坚持节约优先、保护优先、自然修复为主的方针，牢固树立尊重自然、顺应自然、保护自然的生态文明理念，注重引导人民群众转换生产方式、生活方式，转到绿色发展、循环发展、低碳发展的轨道上来，实现了生态环境保护与群众生活富足的双赢。40年的实践生动地阐述了经济发展与生态环境保护的关系，揭示了保护生态环境就是保护生产力、改善生态环境就是发展生产力的道理，指明了经济发展与环境保护协同共生的新路径。有"苦瘠甲天下"之称的甘肃省定西市安定区，历史上生态环境恶劣，水土流失面积占总面积的91%，改革开放以来，坚持"水保立区"战略，坚持以小流域为单元的技术路线，创新建立了"荒山封禁造林、坡地退耕种草、梯田覆膜种薯、沟道筑坝拦蓄，村村路电畅通、户户窖池配套，家家建棚养畜、人人创业致富"的治理开发模式；把水保生态建设与扶贫开发、结构调整、产业发展和农民增收相结合，大力培育马铃薯特色产业和"草畜沼肥"循环经济模式，初步走出了一条生态与经济良性互动的可持续发展之路。

二是在防治体系上，坚持山水田林路村综合治理。40年来，小流域综合治理在理论、实践、技术、机制等方面不断创新和发展，实现了从零星的分散治理到以小流域为单元的集中连片治理，从单一措施治理到按流域统一规划、多项措施优化配置综合治理，从防护型治理到生态经济型治理，从数量扩张型到质量效益型的重大转变。在减少水土流失、改善生态环境的同时，最大限度地提高了土地资源利用率和生产力，解决了群众的生产和生活问题，实现了水土资源的优化配置、有效保护和永续利用，极大地促进了经济、社会、生态环境协调可持续发展。顺应新时代人民群众对美好生活的需求，积极推进生态清洁小流域建设，打造小流域综合治理升级版，助力国家脱贫攻坚战略与乡村振兴战略。陕西省铜川市以美丽乡村建设为目标，以生态清洁小流域建设为抓手，按照"山顶—山坡—山脚—村庄—农田—河谷"的顺序，设置生态修复区、生态治理区和生态保护区三道防线，协同推进生态修复、小流域综合治理、河道综合整治、面源污染治理、生态农业建设、人居环境综合整治、水土流失和水环境监测，实现了生态宜居与生活富裕的有机统一。

三是在防治方略上，坚持依法依规推进。最严密的法治、最严格的制度是生态环境建设的有力保证。流域管理机构、省、市、县四级水土保持监督管理体系及协调联动机制逐步建立并完善，形成合力进一步强化了监督管理。水土保持法实施办法或条例、补偿费征收使用、生态补偿机制、违法违规行为查处等法规制度和水土保持方案审批、监督检查、设施验收等技术标准体系逐步健全完善，为依法依规监管奠定了法治基础。建立生产建设项目水土保持监督检查体系，全面履行水土保持监管职责，严肃查处和制止各种违法违规行为，促进了生产建设单位依法履行水土流失防治主体责任，维护了水土保持法律法规的严肃性和权威性。卫星遥感、无人机等新技术的应用，信息化动态监管的推行，提升了监管效能与水平，确保了监管无遗漏、不缺位。陕西省全面推动水土保持监督管理工作向纵深发展，不断探索监管新思路、新举措，在督促生产建设单位做好人为水土流失防治的同时，率先建立煤炭石油天然气水土保持补偿机制，累计征收补偿费 80 亿元，实施省级水土保持补偿费返还治理项目 700 多个，治理水土流失面积 3300 多平方公里，涌现出神东矿区、榆阳区谢家峁等一大批样板工程，示范带动了区域生态环境的恢复与重建。

四是在防治机制上，坚持联动共治。水土保持是一项社会性、群众性很强的公益事业，涉及各行各业，不仅需要各级政府的坚强领导，还需要多部门各行业协调配合，以及广大干部群众积极支持和参与。黄土高原地区水土流失综合防治在充分发挥公共财政主渠道作用的同时，创新工程建设管理和投入机制，积极引导民间资本、金融资本参与水土流失治理。按照科学引导、积极扶持、依法管理、保护权益的原则，对民间资本投入水土流失治理在资金、技术等方面予以扶持，民间资本投入逐年增加，初步形成了"治理主体多元化、投入来源多样化"的格局。截至 2017 年底，山西省已发展民营水土保持治理开发户 30 万户，累计投入治理资金约 35 亿元，治理开发"四荒" 8200 平方公里，为加快水土流失治理步伐、带动农民脱贫致富作出了重要贡献。甘肃省天水市在藉河示范区一、二期项目建设中，充分发挥"搭台与集成"作用，按照各投其资、各负其责、各记其功的原则，整合项目资金，形成了"水保搭台、政府导演、各部门协作、全社会参与、同唱一台戏"的良好局面。

新时代黄土高原水土保持砥砺前行

当前，中国特色社会主义进入新时代，社会主要矛盾已经转化为人民日益增长的美好生活需要和不平衡不充分的发展之间的矛盾。习近平总书记在全国生态环境保护大会上强调，要自觉把经济社会发展同生态文明建设统筹起来，加大力度推进生态文明建设、解决生态环境问题，推动我国生态文明建设迈上新台阶。水土保持作为生态文明建设的重要内容，是山丘区经济社会发展的生命线。但从目前来看，黄河流域上中游水土保持虽然取得了显著成效，但仍存在不平衡不充分的问题。水土保持治理成效还不够稳固，优质生态产品提供不足，与人民群众的期盼仍有差距；水土保持社会管理与实行最严格的生态环境保护制度要求相比仍不够到位；水土保持制度体系与建立系统完整的生态文明制度体系要求相比仍不够健全；水土保持治理体系和治理能力现代化与生态文明建设中担负的重要任务相比仍不适应。这都说明，黄河上中游流域生态环境十分脆弱的局面还没有根本改变，水土流失严重依然是制约区域经济社会可持续发展的重要因素，水土保持工作依然任重道远。

新时代黄河上中游水土保持工作，要以习近平新时代中国特色社会主义思想和党的十九大精神为指导，以建设美丽黄土高原为总目标，践行绿水青山就是金山银山理念，统筹山水林田湖草系统治理，全面推进水土流失综合防治体系和防治能力现代化，为流域人民美好生活提供更多优质生态产品，创造更加适宜的生产生活条件，为实施乡村振兴战略、加快流域生态文明建设、推动流域经济社会持续健康发展提供重要支撑。

新时代黄河上中游水土保持的主要方略和工作目标是：坚守节约优先、保护优先、自然恢复为主的方针，充分发挥大自然的力量，促进生态修复，打造人与自然和谐共生的格局，彻底完成从征服自然、损害自然、破坏自然向尊重自然、顺应自然、保护自然的转变，还自然以宁静、和谐、美丽。到 2020 年，黄河多沙粗沙区等重点防治区水土流失得到有效治理，黄土高原中型以上病险淤地坝除险加固一期工程全部完成，流域内人为水土流失得到有效控制，水土流失面积和强度持续下降，水土流失状况总体改善，水土流失治理体系和治理能力现代化取得重大进展。到 2035 年，国家级和省级重点防治地区水土流失得到全面治理，黄土高原病险淤地坝除险加固全部完成，流域内人为水土流失得到全面控制，水土流失面积和强度大幅下降，水土流失状况根本好转，水土流失治理体系和治理能力现代化基本实现。

做好新时代黄河上中游水土保持工作，必须加强规划引领，更加注重发挥水

甘肃庄浪梯田建设　上中游管理局供图

土保持的整体效益和综合功能，加快构建严密的水土保持规划体系；必须结合水土保持区划、水土流失特点和经济社会发展需求，因地制宜、因害设防，统筹山水林田湖草系统治理，加快构建完善的水土流失治理体系；必须把"智慧水保"建设作为推进流域水土保持信息化的着力点和突破口，全面提升水土保持监测能力，加快构建科学的水土保持技术支撑体系；必须牢固树立法治思维，全面落实水土保持生态建设政府主体责任，加快构建严格的水土保持监管体系。黄河上中游管理局作为黄土高原地区水土保持"代言人"，将深入贯彻落实"节水优先、空间均衡、系统治理、两手发力"十六字治水方针，不忘初心、力行致远，牢记使命、奋发有为，认真履行流域管理职责，全力推动美丽黄土高原建设、构建黄河上中游生态安全屏障。

第一，落实最严格的水土保持管控。推广应用高分遥感、无人机技术，加快实现生产建设项目水土保持"天地一体化"和国家水土保持重点工程"图斑精细化"监管流域全覆盖，探索建立流域与区域动态监管协作机制，推进水土保持监管能力现代化。加强事中事后监管，推动地方水行政主管部门监管责任与生产建设项目水土流失防治责任落实。协调推动水土保持生态红线划定并严格落实。全面加强淤地坝安全运用监管，督促落实好淤地坝管护责任，确保人民群众生命财产安全和淤地坝工程安全。

第二，推进监测和信息化建设。扎实开展黄河流域（片）全国水土流失动态监测项目，协调推动流域各省（区）水土流失动态监测全覆盖，定量掌握流域、重点区域和特殊区域水土流失状况及变化情况，为生态文明宏观决策、安全预警、评价考核、责任追究提供有力支撑。推进水土保持信息系统和数据库的互联互通、资源共享，加快建立动态反馈、智能决策的水土保持发展新模式。加快构建全要素生态环境监测体系，完善黄土高原水土保持监测网络，提升监测立体化、自动化和智能化水平。

第三，加强水土保持科技创新。加强水土流失原型观测与规律研究，增加观测内容，创新观测方法，提高观测质量，让观测数据服务重大课题研究与治黄重大决策。加强水土保持科技交流与合作，联合开展水土流失机制与趋势预测、生态修复及治理模式、减沙效益等方面的基础研究，综合评估黄土高原水土流失综合治理成效，精准把握新时代黄土高原治理思路与方略。加快科技成果转化，加强科技示范与推广，推动实用技术、高新技术应用，为区域生态文明建设提供支撑服务。

第四，注重发挥流域综合协调职能。认真履行流域管理及黄河中游水土保持委员会办公室职能，聚焦流域生态建设与保护重大关键问题，加强调查研究与协调指导。坚持山水林田湖草生命共同体理念，协调推动黄河源区等重点预防区以及多沙粗沙区、十大孔兑等重点治理区生态系统保护和修复重大工程启动实施；

建立不同类型、不同尺度的生态文明示范区，典型示范、辐射带动全流域水土流失治理工作提速增效。创新宣传方式，不断深化水土保持国策宣传教育，多渠道、全方位宣传黄土高原水土保持生态建设与保护的举措和成效，深度挖掘好典型、好经验，努力营造全社会积极参与、共同支持水土保持的良好氛围。

历史成就辉煌，时代呼唤担当。黄河上中游地区将站在新的起点上，把握时代脉搏，顺应发展潮流，努力发挥自身优势，继续发扬水保人的优良传统，不忘责任使命，勇于担当作为，持续发力、久久为功，让黄土高原绿起来、美起来、富起来！

黄河上中游管理局　　执笔人：马永来

潮起云霞曙　弱水春晖浓

——改革开放 40 年黑河流域管理局改革发展综述

黑河，绵延 928 公里的中国第二大内陆河，横亘在辽阔的西北腹地，南溯白雪冰莹的祁连山，中润"塞上江南"金张掖，北注内蒙古额济纳旗居延海。

黑河，滋养了青海、甘肃、内蒙古三省（区）的生灵万物，流淌着千年丝绸之路的繁华胜景，造就了农耕文明与游牧文明交错相处、交相辉映的绚丽瑰宝。

黑河，伴随着改革开放的春潮，重焕新生、逐梦前行。

失色·大漠双璧

作为一条在极度缺水地区跋涉的河流，"有水是绿洲，无水是荒漠"的宿命和水资源供需的二元矛盾，始终是黑河治理必须直面和克服的难题。

20 世纪 50 年代至 90 年代，随着经济社会发展和人口快速膨胀，黑河水资源供需矛盾日益尖锐，流域一度爆发严重生态危机，大漠双璧东、西居延海相继干涸褪色。

——河道断流，湖泊干涸，地下水位下降，生态环境恶化。断流时间由 20 世纪 50 年代的约 100 天延长至 1999 年的 200 多天，断流长度逐年增加，尾闾湖泊西、东居延海水面面积 20 世纪 50 年代分别为 267 平方公里和 35 平方公里，先后于 1961 年和 1992 年枯竭。下游地下水位 40 年间下降约 6 米，多处泉眼和沼泽地消失。

——林木死亡，天然林面积大幅度减少。下游胡杨林面积由 20 世纪 50 年代的 75 万亩锐减至 1999 年的 34 万亩。航片和 TM 影像资料显示，20 世纪 80 年代至 1994 年，黑河植被覆盖面积大于 70% 的林地减少了 288 万亩，年均减少约 21 万亩，仍存的天然林木中，成、幼林比例失调，病腐残林多，生存力极差。

——草地严重退化。20 世纪 80 年代以来，下游三角洲地区植被覆盖大于 70% 的林灌草甸地减少了约 78%，覆盖度介于 30%～70% 的湖盆、低地、沼泽草甸地减少了约 40%；覆盖度小于 30% 的荒漠草地和戈壁、沙漠面积却增加了 68%。草木植物种类大幅度减少，向荒漠草地群落演变。沙进人退，居民的生存空间日渐缩小。

——土地沙漠化和沙尘暴危害加剧。下游额济纳旗植被覆盖率小于 10% 的戈壁、沙漠面积约增加了 462 平方公里，平均每年增加 23.1 平方公里。随着水域、植被和沙化等下垫面的劣变，也逐渐引发气候演变，少雨、高温、多沙暴天气逐年增多。

大漠双璧黯然失色，下游生态频频告急。200 多年前历经万难东归祖国的蒙古族土尔扈特部后裔面临再失家园的尴尬境地。同时，居延绿洲没落成为我国西北地区沙源之一，新疆东部、甘肃河西走廊、宁夏地区和内蒙古西部地区受其直接影响，并波及东北、西北、华北和华东地区，危及京包、兰新铁路大动脉，范围达 200 万平方公里。

代言·保卫黑河

黑河流域出现的生态危机和水资源问题引起了党中央、国务院的高度重视。

1996 年 4 月 12 日，黄河水利委员会成立黑河流域管理局筹备组。1999 年 3 月 15 日，水利部根据中央机构编制委员会办公室批复，成立水利部黄河水利委员会黑河流域管理局。2000 年 1 月 26 日，黑河流域管理局在甘肃省兰州市挂牌成立，参公编制 30 人，规格为正厅局级，隶属黄委。

至此，黑河正式有了自己的代言人。

2010 年 12 月 22 日，根据黄委人劳局批复，黑河水资源与生态保护研究中心成立，事业编制 15 人，规格为正处级，隶属黑河流域管理局。

2015 年 8 月 26 日，根据《黄委关于印发黑河黄藏寺水利枢纽工程建设管理中心（局）主要职责机构设置和人员编制规定的通知》，成立黑河黄藏寺水利枢纽工程建设管理中心（局），事业编制 33 人，规格为副厅级，隶属黑河流域管理局。

研究中心和建管中心的相继成立，使黑河流域管理局作为流域代言人的角色和定位日臻完善。

治理·应时启程

在黑河流域管理局紧锣密鼓筹备的同时，水利部和黄委也抓紧组织力量开展黑河水资源问题及其对策措施研究。

2000 年 5 月，时任国务院总理的朱镕基同志作出指示：黑河的问题很严重，新疆塔里木河问题也同样严重，这些事水利部来抓。

2001 年 2 月，国务院召开第 94 次总理办公会议，听取水利部关于《黑河水资源问题及其对策》的汇报。5 月 25 日，水利部向国务院报送《黑河流域近期治理规划》的请示。同年 8 月 3 日，国务院正式批复《黑河流域近期治理规划》，要求实施流域综合治理，坚持以生态系统建设和保护为根本，以水资源的科学管理、合理配置、高效利用为核心，上、中、下游统筹考虑，工程措施和非工程措施紧密结合，生态建设与经济发展相协调，科学安排生活、生产和生态用水。《黑河流域近期治理规划》共安排 119 个单项工程，总投资 23.76 亿元。2004 年 8 月水利部批复《黑河流域东风场区近期治理规划》，安排 19 个单项工程，投资 3.5 亿元。

2011 年，《黑河流域近期治理规划》和《黑河流域东风场区近期治理规划》安排的建设内容圆满完成。黑河上游草地围栏、天然林封育效果良好；中游生态呈现总体稳定趋势；下游生态明显恢复、局地气候有了一定改善，东居延海及其周边生态变化明显；黑河水量调度系统顺利建成并投入使用；东风场区行洪安全和生态环境等明显改观，国家航天事业和国防试验安全得到了进一步保障。

《黑河调水及近期治理后评价》结果显示，流域近期治理工程经济净现值为 16.6 亿元，投资回收期为 7 年，内部收益率为 23%。项目的实施提高了上游地区水源涵养能力，推动了中游地区节水型社会建设和经济结构调整，增强了下游水量配置的效果；增强了项目区农田防洪、抗旱等防御自然灾害能力，缓解了水事矛盾。

黑河流域近期治理取得的成效只能满足应急之需，黑河水资源管理基础还不稳固，流域的生态环境依然脆弱。为从根本上改善流域生态环境，促进全流域经济、社会与生态的协调和可持续发展，2008 年 10 月水利部批复启动编制《黑河流域综合规划》。

2008 年 11 月，《黑河流域综合规划任务书》编制完成并上报水利部，翌年 12 月，水利部批复该任务书。历时 5 年，经过多轮修改，2014 年 12 月，水规总院向水利部报送了《黑河流域综合规划》审查意见。

2015 年 6 月，环保部批复了《黑河流域综合规划环境影响报告书》。隔年 9 月，黄委组织流域相关省（区）和部队，完成《黑河流域综合规划》修改意见征求和协调等工作，10 月修改完毕后报送水利部审批。

惟其艰难，方显珍贵；惟其磨砺，始得玉成。为实现黑河的长治久安和流域的可持续发展，黑河管理局推动《黑河流域综合规划》尽早批复并付诸实施矢志不渝。

调度·接力驰援

立足流域极度缺水的现实，将宝贵的水资源管理好、分配好、调度好是国家的重托、人民的期盼、现实的抉择，更是黑河管理局义不容辞的使命。

1997 年 12 月，经国务院审批，水利部转发了不同来水情况下的《黑河干流水量分配方案》，对不同丰枯水年条件下的水量分配方案作出明确规定，即当莺落峡多年平均来水 15.8 亿立方米时，正义峡下泄水量 9.5 亿立方米。"九七分水方案"由此载入黑河治理史册。

2001 年 8 月，国务院批复的《黑河流域近期治理规划》规定：流域内各省（自治区）实行区域用水总量控制行政首长负责制，各级人民政府按照黑河管理局制订的年度分水计划，负责各自辖区用配水管理。

2009 年 5 月，水利部第 38 号部长令发布了《黑河干流水量调度管理办法》，办法对黑河干流水量调度的原则、管理体制、调度责任制、调度方案编制发布、应急水量调度、监督检查等作出了明确规定。

黑河水资源管理与调度依循年总量控制原则。根据调度年内已发生时段的莺落峡水文断面来水和正义峡水文断面下泄情况，对余留期调度计划滚动修正。按"九七分水方案"，以莺落峡水文断面实测来水量，计算正义峡断面应下泄水量，正义峡断面少下泄水量的误差不得超过年度应下泄水量的 5%。

目标已经明确，但具体操作层面没有先例可循，没有成功经验可以复制，必须在缺乏控制性调蓄工程、调度手段单一、地方抵触情绪突出等夹缝中闯出一条新路。

在深入分析黑河水资源时空分布规律的基础上，黑河管理局开创性地利用上游来水高峰期和中游农业灌溉间歇期的有利"窗口"，采取"全线闭口、集中下泄"措施，一路向北集中向下游输水。

2000 年 8 月 21 日，黑河实施了历史上第一次干流省际调水，断流多年的黑河下游额济纳旗驻地河段 10 月 3 日恢复过流，我国西北内陆河第一次成功实现水量统一调度，尾闾群众盛装相迎，欢呼雀跃。

2002 年 7 月 17 日和 9 月 22 日，黑河下泄水头两次流归干涸 10 年之久的东居延海，形成水面面积 23.8 平方公里。

2003 年成功调水到达西居延海，连续干涸 42 年之久的西居延海过水面积达 100 多平方公里，黑河干流全线贯通行水。

根据国务院第 94 次总理办公会议精神，黑河水量调度要按照"分步实施、逐步到位"的原则，仅用 3 年时间就实现了国务院批准的分水方案。即当莺落峡断面多年平均来水 15.8 亿立方米时，正义峡断面下泄水量指标，由 2000 年的 8.0 亿立方米增长到 2001 年的 8.3 亿立方米、2002 年的 9.0 亿立方米，2003 年实现了国务院确定的 9.5 亿立方米分水目标。

2004 年，黑河水量调度由应急转入常规，周期由半年转为全年，并提出"确保实现国务院分水指标，确保东居延海进水"的调度目标。"两个确保"成为黑河人熟稔于心的圭臬。

喜报接踵而至，2005 年历史性地实现东居延海全年不干涸；2006 年东居延海首次春季进水，生态功能部分得到恢复。

将适量的生态水送到最需要的地方。2008 年以来，黑河水量统一调度由常规调度跃升至生态水量调度，编制了生态调度指标体系，根据生态需求和来水过程，合理配置水量，最大限度发挥水资源生态效益。

筑梦远未停歇，2016 年，尝试开展春季融冰水水量调度，实现了春季下游东、西居延海两次全线过水。

2017 年，黑河管理局深入开展用水需求调研，加强与地方各级水务部门的沟通协商，首次召开一般调度期水量调度工作会议。

一路栉风沐雨，一路探索前行。黑河管理局走出了一条流域统一管理与区域管理相结合，断面总量控制与用配水管理相衔接，统一调度与协商协调相促进，集中调水与大小均水相统一，联合督查与分级负责相配套的西北内陆河调度新模式。

其一，科学制定调度方案，及时召开各类水量调度会议，加强实时调度和协商协调力度，确保调度方案的贯彻落实。

其二，开创性地实施"全线闭口、集中下泄"措施，并适时采取限制引水和洪水调度措施，有效增加正义峡断面下泄水量。

其三，实现了由半年调度向全年调度、由应急调度向常规调度的华丽嬗变。

其四，注重过程控制，加大春季调水工作力度，提高了春季水量配置比例，生态水量调度探索与实践逐步深入。

其五，建立健全监督检查制度，实施了分级负责、分级督查，流域机构督查和联合督查相配套的督查制度。

其六，实行水量调度行政首长负责制，向社会公布黑河各级水量调度行政首长责任人和联系人名单，接受社会监督。

其七，强化水量调度法规和科技支撑能力建设，以法定规章办法为依据，建设黑河水量调度管理等信息系统，开展黑河中下游生态环境变化等相关技术研究，为水资源统一管理与调度提供综合保障。

绽放·生命活力

实施水量统一调度特别是党的十八大以来，黑河水资源配置不断优化，流域供水安全基本确保，下游生态环境恶化趋势有效遏制，区域生态环境初步改善，产生了巨大的生态效益和社会效益。

据统计，自黑河实施统一调度18年来，累计进入下游（正义峡断面）水量201.29亿立方米，年均11.18亿立方米，较20世纪90年代增加了3.40亿立方米；累计进入额济纳绿洲（狼心山断面）水量109.32亿立方米，年均6.07亿立方米，较20世纪90年代增加了2.54亿立方米。

随着进入黑河下游水量的增加，下游河道断流天数逐年减少。下游额济纳绿洲狼心山断面，1995—1999年平均断流天数为250天左右，实施统一调度后，18年平均断流天数为132天，较20世纪90年代减少了近120天，近5年平均断流天数82天，较20世纪90年代减少近170天，2016—2017年断流天数仅为12天，黑河完整的生命轮廓日渐清晰。

黑河流域生态环境改善也有效减少了我国西北、华北地区沙尘暴发生概率，治理前13年（1987—1999年）年均沙尘暴发生次数5.85次，治理后18年（2000—2017年）年均沙尘暴发生次数为3.02次，年均减少2.83次，"沙起额济纳"已然恍若隔世。

尾闾东居延海实现连续14年不干涸，水域面积常年保持在40平方公里左右。

干涸的东居延海　黑河管理局供图

黑河实施水量统一调度后，东居延海的浩瀚湖面　黑河管理局供图

东居延海的连续进水，对补充湖周边地下水、保护湿地、有效恢复生态和保护湖区生物种群具有决定性的重要意义。

干涸多年的东居延海正从一个寸草不生的盐碱地逐渐恢复为以多种动植物物种共存为主的湿地生态系统，越来越多的珍稀野生鸟类流连于此，东居延海作为迁徙途中的驿站和栖息地、繁殖地，候鸟迁徙时节，数万只鸟儿在居延海湿地集群待迁。经监测，目前居延海湿地鸟类达 73 种，栖息候鸟数量有 3 万余只，最大种群雁类已达 3000 多只。

下游额济纳绿洲相关区域地下水均有不同程度回升，平均回升近 1 米。一度濒临枯死的胡杨、柽柳得到抢救性保护，胡杨的最大胸径年生长量增加了 2.72 毫米，以草地、胡杨林和灌木林为主的绿洲面积增加了 100 平方公里。额济纳绿洲森林覆盖率由统一调度前的 2.89% 提高至 4.3%，植被覆盖度由 7% 提高至 10%，草场植被盖度提高了 18.3%，林下伴生物种由原先的苦豆子、芦苇、碱草等逐渐演替为甘草、芨芨草、沙拐枣等适口性优良的牧草；沿河两岸近 300 万亩濒临枯死的柽柳得到了抢救性保护，胡杨林面积由 39 万亩增加到了 44.41 万亩。

久旱的胡杨林得到灌溉，更显秀丽风姿　黑河管理局供图

中科院地理科学与资源研究所《额济纳旗地下水位埋深观测及动态分析》显示：黑河下游地下水位整体呈抬升趋势，额济纳绿洲生态环境持续恶化趋势得到遏止，局部地区生态环境明显好转，额济纳绿洲由此走上生态良性演替之路。

随着额济纳绿洲生态系统的恢复和改善，当地人民生产生活条件明显提高，民族团结和边疆安全有效巩固，胡杨旅游产业和边贸经济愈加繁荣，极大加快了当地第二、三产业的发展，提高了农牧民收入。

据统计，调度开始的 2000 年，额济纳旗旅游人数 3.8 万人次，旅游综合收入 212.8 万元；2017 年旅游人数 501.32 万人次，旅游综合收入 51.03 亿元。与 2000 年相比，旅游人数增加了 132 倍，旅游综合收入增加了 2398 倍。

中游张掖地区以水定需、以水定产、以水定发展的倒逼效应日益显现，经济结构调整和农业节水灌溉如火如荼。膜下滴灌、高标准低压管灌、远程自动化控制以及农业水价改革和现代水权交易制度等，赋予了当地经济发展新动能。

灌区七成以上的农田改为制种玉米，成为我国最大的地（市）级玉米制种基地，张掖市种子销量占全国同类市场份额的 4 成左右，制种玉米较以前种植小麦每亩增加收入 1500 元左右。

随着节水护水观念的深入人心，张掖境内的生态环境得到有效保护，总面积达 4 万多公顷的张掖黑河湿地被列入国家级自然保护区。

产业升级、农民增收、生态改善……金张掖的绿色发展之路越走越宽。

王牌·兴水要枢

依靠"全线闭口、集中下泄"的水量调度措施，流域生态环境保护和经济社会可持续发展取得了明显成效。但从长远来看，维护黑河健康生命、促进流域人水和谐，仍需要综合施策，而建设骨干调蓄工程，是合理配置、高效利用黑河水资源最直接、最有效的措施。

早在 2001 年国务院批复的《黑河流域近期治理规划》中即明确提出，力争在 2010 年前后开工建设干流骨干调蓄水库，提高对水资源的时空调控能力。

为合理确定黑河干流骨干工程的开发次序，从 2002 年起，经过《黑河干流骨干工程布局规划》《黑河水资源开发利用保护规划》《黑河黄藏寺、正义峡水利枢纽建设规模与开发次序专题论证报告》《黑河流域综合规划》等多轮论证，最终确定先行开发建设黄藏寺水利枢纽工程。

2013 年 10 月，国家发展改革委以发改农经〔2013〕2142 号文对黄藏寺水利枢纽工程项目建议书进行了批复。

2014 年 5 月，国务院总理李克强主持召开国务院常务会议，部署加快推进节水供水重大水利工程建设，会议确定"在今明年和'十三五'期间分步建设纳入规划的 172 项重大水利枢纽工程"，黄藏寺水利枢纽工程位列其中。

2015 年 10 月，国家发展改革委正式批复黄藏寺水利枢纽工程可行性研究报告。

2016 年 3 月 29 日，黄藏寺水利枢纽工程动员大会在青海省祁连县举行，黑河流域综合治理迎来新的里程碑。同年 4 月，水利部批复了黄藏寺水利枢纽初步设

2016 年黑河黄藏寺水利枢纽工程开工建设　蒲飞摄影

计报告。确定黄藏寺水利枢纽为大（2）型水利工程，最大坝高 123 米，水库总库容 4.03 亿立方米，核定工程总投资 28.52 亿元。4 月 26 日，黄藏寺工程正式进入施工阶段。

万事开头难，黄藏寺水利枢纽位于青海、甘肃两省交界的少数民族聚集地区，涉及林业、草地、耕地等不同土地性质权属，建设程序复杂，手续办理不易，工作阻隔重重、艰难曲折。

在水利部和黄委党组的亲切关怀和具体指导下，黑河管理局上下勠力同心、克难攻坚，黄藏寺建管中心干部职工舍小家顾大家，全力推进工程建设。

2017 年，提前实现导流洞全断面贯通，对外道路前 7 公里、后 3 公里和交通隧洞全线贯通。胜利完成移民款项支付 5350 万元，达到年度投资计划的 95%，被水利部领导赞誉为"2018 年最好的新年礼物"。

截至 2018 年 10 月 10 日，临时交通工程全部完成，永久交通工程已完成形象进度的约 80%。砂石料加工及混凝土生产工程完成形象进度的 97%。导流洞工程施工全部完成，并已通过投入使用验收。35 千伏临时用电工程和 1 标、2 标 10千伏高压线已完成并运行。祁连运行管理营地主体工程已通过地方政府验收，累计完成工程建设投资 119827.80 万元，预算执行累计完成 120101.17 万元。

假以时日，黄藏寺水利枢纽正式建成并投入运用，实现国务院批复的《黑河水量分配方案》会更加精准，中游 19 座平原水库将被替代，耗用水量减少和输水效率提高形成的正向"剪刀差"，将使灌区供水和生态需水保证率明显提高。福泽两岸的崭新黑河必将为流域防洪安全、供水安全、粮食安全、生态安全提供更加坚强有力的支撑保障。

法治·佑河之盾

据《甘州府志》和《甘肃七区纪要》记载，早在清朝雍正年间，陕甘巡抚年羹尧即首定黑河"均水制度"，并借强大的军事力量加以实施。中华人民共和国成立后，仍沿用均水制度，并进行了多次修订。

但均水制主要是为了消弭黑河甘肃境内的农业用水矛盾，上中下游水资源整体配置特别是下游额济纳旗的生态用水一直没有制度保障。

2000年，黑河管理局成立之初，即将制定规章作为重中之重，召集甘肃省、内蒙古自治区水利厅召开水事协调会，经过充分论证、反复修改，形成《黑河干流省际用水水事协调规约》，并成立了内陆河第一个水事协调小组，负责水事问题协调及有关决定执行情况的监督检查，研究有关协调方案和处理意见。同年5月，《黑河干流水量调度管理暂行办法》获得水利部批准，初步建立了调度原则、权限、监督管理等一系列制度，对于维护黑河水量调度秩序、完成国务院批准的水量分配方案起到了重要作用。

2006年，在认真总结黑河水量统一调度实践经验的基础上，水利部广泛征求流域各省（区）和相关单位的意见，对《黑河干流水量调度管理暂行办法》进行了修订。

2009年，水利部以部长令的形式颁布《黑河干流水量调度管理办法》，为建立黑河水量调度长效机制提供了适合有效的规章制度，这同时也是国家层面针对黑河水量调度管理"量身打造"的第一部规章。

之后，黑河管理局将立法的目光转向具有更高法律效力的《黑河流域管理条例》。

十年磨剑图破壁。2008—2017年，先后开展了《黑河流域管理条例立法建议书》等11项基础性政研项目，并将研究成果汇编成册，编制了《黑河管理局流域立法前期研究成果梳理总结和下一步工作计划的报告》，明确了后续《黑河流域管理条例》立法工作推进的思路和方向。

为确保流域水事秩序正常有序，黑河水行政执法和水法治宣传始终没有放松。

每年集中调水期间黑河管理局均派出水政监察人员与甘、蒙两省（区）水利厅督查人员组成联合督查组，采取巡回和驻守督查相结合的方式，围绕计划用水落实、计量设施运行、电调服从水调执行情况等，对中下游农业取水工程引退水和水电站蓄泄水情况进行了现场督查，及时查处、制止违规引水和不严格执行调度指令等行为。深入流域认真开展普法宣传，利用"世界水日""中国水周"和国家宪法日专题活动，依托法治专题讲座、问卷答题和新媒体平台，开展普法工作。法治力量愈发成为黑河流域管理的靓丽风景。

科研·潜心笃行

跨部门、多学科联合攻关，黑河科研在水量调度相关研究、水资源及生态保护关键技术研究、水利工程相关研究及信息化服务开发研究等方面取得突破性进展，为黑河流域治理开发与管理提供决策依据和技术支撑。

与清华大学、黄科院合作开展"黑河干流水量分配方案分析评价及优化研究"，自主开展"黑河干流正义峡—狼心山河道蒸发渗漏损失量调查分析""东居延海库容测量""黑河干流八九十三月不间断连续调水模式综合评价"等项目研究，参与清华大学、黄科院开展"水权框架下黑河流域治理的水文—生态—经济过程耦合与演化""基于水库群多目标调度的黑河复杂水资源系统配置研究"等国家自然科学基金项目研究。

2016 年 12 月，黑河水资源与生态保护研究中心成功注册为国家自然科学基金依托单位，其科研人员具备了申请国家自然科学基金的资格，为黑河管理局基础研究工作提供了更广阔的平台。

2018 年，黑河管理局提出"一库一带一湖"建设并编制了重点任务实施方案，将重点科研项目纳入其中，新时代黑河治理保护与管理事业现代化前景壮阔、大有可为。

一系列的科研求索获得丰硕成果。黑河管理局参与完成的"黑河调水与近期治理后评价综合研究"获水利部"大禹奖"二等奖，"面向生态的黑河下游水资源配置方案研究"获黄委科技进步一等奖，"黑河干流不同调度模式实践及评价"等 3 项研究成果获黄委科技进步二等奖。

信息化浪潮是一场注定相遇的深刻变革，黑河治理保护与管理事业紧踏时代节拍。建成"黑河水量调度管理系统"，初步实现了黑河水量调度管理工作的正规化和规范化。强化黑河流域水资源监控能力建设，初步建立以黑河流域水资源管理日常业务为核心的黑河流域水资源管理系统。

2018 年，《黑河水利信息化规划》启动编制，通过智慧流域关键技术与示范研究，黑河流域大数据系统平台、黑河智慧流域综合决策关键技术与流域生态水文经济综合仿真平台蓝图舒展。

发展·民生要务

发展是实现黑河治理体系和治理能力现代化的重要基石，也是改善干部职工工作生活条件的第一要务，黑河管理局始终对此高度重视。特别是近年来在"规范管理、加快发展"总体要求的指引下，黑河管理局发展进入了快车道，被评为黄委"2017年度绩效考核先进单位",获得"2017年度经济考核一等奖"。

河以人兴、业由才举。黑河管理局筹备组建之初,黄委党组就将人才队伍建设摆在黑河治理保护与管理可持续发展的优先位置。近20年来,在黄委党组的亲切关怀和全河各级的大力支持下,先后有36名优秀干部赴黑河管理局任职、挂职,他们充分发挥管理、技术等方面的特长和优势,在一张白纸的基础上为黑河流域治理、水量调度、工程建设、综合管理等各方面付出了艰辛努力、发挥了巨大作用、做出了突出贡献,他们矢志奋斗、忘我拼搏、甘于奉献,奔波忙碌的身影嵌入流域14.29万平方公里的广袤大地。同时,通过工作中的"传帮带",为黑河管理局自身人才建设厚植了土壤、培育了良木、留下了传颂至今的良好作风。

全面推行目标管理。自2017年起,每年年初围绕黄委党组决策部署和对黑河管理局的工作要求,全面梳理年度重点任务,及时制定工作目标,细化分解具体任务并纳入目标考核体系,描绘好一年工作的"施工图"。同时规范完善《黑河黄藏寺水利枢纽工程建设再监督工作暂行办法》等20余项制度,将制度执行情况纳入目标管理考核体系定期进行考评,初步形成了靠制度管人、按流程办事、用绩效考核的助推发展新模式。

不断扩展发展领域。按照"近远结合"构想,制定黑河管理局"十三五"发展规划和"促进规范管理、加快经济发展"指导意见。以流域治理和经济发展相融合为切入点,科学谋划水库经济、基础科研、施工与监理、多种经营、设计咨询五大经济发展板块,明确今后经济发展方向。成功申报设计乙级和测绘丙级资质,扩增两个资质,为经济加快发展搭建了新平台。仅2017年就承揽技术服务项目近20项,职工收入水平稳步提高,办公区工作环境明显改善。

花若盛开,蝴蝶自来。建局之初,百业待举,黑河管理局借用兄弟单位办公用房以解燃眉之需。2001年4月,购置一层商品楼,自此正式有了安身之所。2017年10月,成功以较低的价格,通过市场招拍挂的方式竞得10亩兰州基地建设用地,由此解决了困扰多年黑河管理局的大事,为后续办公场所"腾笼升级"奠定了基础。

在此基础上,翌年3月获得国有建设用地不动产权证,4月兰州市有关部门对项目立项,5月取得建设用地规划许可证,目前正办理工程规划许可证,兰州基地开工建设正在紧锣密鼓推进之中。

塑心·党建先行

前行不忘初心,固本方能出新。黑河管理局成立以来,始终将党建作为一切工作的生命线,着力为黑河治理保护管理事业提供坚强政治保障。

党的十八大以来，按照中央要求和黄委部署，先后扎实开展了党的群众路线教育实践活动、"三严三实"专题教育、"两学一做"学习教育等，着力以习近平新时代中国特色社会主义思想武装头脑，坚决维护以习近平同志为核心的党中央权威和集中统一领导。

如何进一步答好强化党建这道"必选题""首选题"，2017年黑河管理局党组决定结合单位发展实际和干部职工思想现状，在全局范围深入开展"调整思路，转变观念，改进作风"大讨论活动，力求以党建筑牢发展基石、以发展深化党建成果，通过党的建设和事业发展双轮驱动、两手发力提升全局干部职工的思想素质、理论水平、工作能力和作风表现。

大讨论活动从思想、观念、作风、责任、能力、执行6个方面查找不足、深化认识、开展研讨，组织"我为单位献一策"，征集原始意见建议86条，经过梳理归纳为科学管理等5方面27条，举办5场交流分享会与2场劳模事迹报告会，并以正式文件形式向黄委机关党委报送活动总结。

大讨论活动的蓬勃开展，为强化党建工作、加快单位发展步伐、增强业务能力营造了良好氛围。黑河管理局黄藏寺建管中心党支部荣获首批"黄河先锋党支部"荣誉称号。

……

2018年2月7日，黄委主任、党组书记全程参加指导黑河管理局党组民主生活会时强调，要紧紧围绕"维护黑河健康生命，促进流域人水和谐"治理理念，积极打好水量调度、黄藏寺工程建设、兰州基地建设三张牌，努力打造西北内陆河流域管理的标杆和典范。

春天里，弱水畔，马莲花开。

新时代，黑河人，风帆再举！

黑河流域管理局　　执笔人：张　帆　董　瑞

四十载步履不停　新时代征程再启

——改革开放 40 年水文局改革发展综述

2018 年，是改革开放 40 周年。这 40 年，伴随着国家改革开放的伟大进程，黄河水文也发生了巨大的变化。广大干部职工思想不断解放、改革持续深入，取得了在机构改革、站网建设、测报能力、科学技术、经济开发、文化建设等方面的累累硕果，为黄河治理开发和流域经济社会的发展提供了有力支撑，在"维护黄河健康生命，促进流域人水和谐"的协奏曲中写下了精彩的乐章。

探索改革，水文机构日益完善

机构改革是体制性改革。水文机构的改革、发展和完善是水文事业发展的基础。改革开放以来，黄河水文机构经历了从黄委水文处到水文局、从"水文局—水文总站—水文站"三级管理模式到"水文局—基层局—勘测局（队）—水文站"四级管理模式的重大变革。随着业务的发展，水文局内设机构不断充实和完善，对水文事业的发展产生了深刻而持久的影响。

1978 年，水电部水文局提出，对当时的水文测站管理体制进行改革，实行"水文勘测站队结合"，以解决水文一线管理工作和职工生产生活中存在的诸多问题。1984—1991 年，水文局有西宁、府谷等首批 8 个水文水资源勘测队相继建立，收效明显。

所谓"站队结合"，就是在原来水文总站（现水文水资源局）直接管理水文站的基础上增加勘测队（现勘测局）这个层级，勘测队驻设在县城或以上城市，就近管辖若干水文站。其主要目的：一是解决水文站既是水文一线职工的工作场所，也是其生活驻地，工作条件艰苦、生活困难突出的问题，稳定职工队伍。由于水文站地处偏僻，站点分散，又没有在城市建立生活基地，造成了职工就医、住房、子女上学和就业难等问题。二是大大缩小总站直接管理水文站的空间距离和管理范围，提高对水文站的管理效能。

孙口水文站原站房　水文局供图

同时，非汛期，水文站职工可以集中到勘测局机关开展资料整编、学习培训和交流等。三是为"驻测＋巡测"测验方式的改革提供前提条件。驻巡结合是黄河水文发展的必由之路。此外，由于人才、资源、技术相对集中，且在城市驻设，有利于水文基层单位发展经济。

这项改革得到各级单位和广大职工的积极支持和配合，进展顺利，至1998年，全局5个水文水资源局共设立勘测局16个，完全达到了预期的目标。此后，又相继成立了信息中心、研究院等业务单位以及黄河水文设计院、科技公司等一批技术服务和仪器研发与推广企业。

经济社会的快速发展给水文工作也带来了新问题，水文工作秩序和权益日益受到干扰和侵害。随着依法治国的不断深入，国家涉及水文的法律法规等法制建设不断完善，依法查处水文方面的违法违规行为有了法制保障。1990年，水文局系统建立了水政监察机构，分别在水文局、基层局及勘测局成立水政监察总队、支队和大队，其成为黄河水文机构中一支重要的新生力量。多年来，黄河水文水政机构及队伍的建设为水文工作的保驾护航发挥了重要而特殊的作用，是水文改革的新亮点。

经过40年改革，黄委水文局已是集黄河流域水文管理、水文水政监察、水文监测、水情预报、科学研究、规划设计、仪器研发等于一身，功能较为

孙口水文站新站房　龙虎摄影

完备、机构日趋完善的单位。截至 2017 年底，在职职工 2099 人、离退休职工 1471 人。

优化站网，支撑能力逐步增强

水文站网是水文测验的战略部署。中华人民共和国成立前，黄河流域的水文站网有一定发展，但十分缓慢，甚至有时停顿不前。中华人民共和国成立后，在 20 世纪 50 年代，国家处于经济建设发展时期，治黄工作迫切需要水文资料，全河基本水文站 1949 年 39 处，1955 年增加到 173 处，1960 年又上升到 362 处，全流域站网密度已达到 2079 平方公里每站。但是，在 20 世纪 60 年代，黄河水文站网经历了低谷，一批水文站被撤销或停测。到 20 世纪 70-80 年代，为适应黄河治理开发的需要和流域经济社会的发展，又逐步恢复发展。

改革开放以来，水文站网稳步发展。黄河水文站网建设围绕增加测验项目、改善测验条件、改进测验设施、提高测验精度、完善服务功能下功夫，水文站点既有量的增加，也有质的提升。省界断面从无到有，测验断面从疏到密，还为水质监测、地下水监测、水量调度、水库调蓄增设了水文站点和观测项目。据 2005 年黄河水文站网普查成果，黄河流域有水文站 381 处，站网平均密度达 1971 平方公里每站。

目前，水文局所属水文站共 137 处、水位站 83 处、雨量站 889 处、蒸发站 37 处、潮水位站 19 处、水质监测断面 83 处、水环境监测中心 5 个、水库河道淤积测验断面 690 处、黄河三角洲附近海区测验断面 130 处。初步建成了覆盖黄河流域大部分河流与地区、布局较为合理、观测项目齐全、整体功能较强的水文站网体系，进一步增强了水文支撑黄河防汛抗旱、水资源调度与管理、水资源保护及泥沙调控等能力。

厚植根基，测报能力显著提升

水文测报工作专业性强、对科技的依赖度高。针对改革开放前黄河水文测报设施简陋、设备简单、手段落后、自动化程度低等状况，水文局不断推进依靠科技提升测报能力的工作，取得了显著成效。

中华人民共和国成立前和中华人民共和国成立初期，多数水文站由于测验设施简陋，汛期较大洪水测量以浮标法为主，特大洪水常用比降法估算洪峰流量。后来，测船、缆车、流速仪过河缆道设施因地制宜在测站普及，为测站改进测验方法、提高测报能力创造了条件，使测验效率大大提高。如青铜峡站 1954 年用抛锚法实测洪峰流量 3460 立方米每秒，测流历时为 5 小时。1981 年用吊船过河缆道实测洪峰流量 5710 立方米每秒，测流历时为 1 小时 15 分，缩短历时 3/4。高村站 1958 年实测洪峰流量 17400 立方米每秒，历时 10 小时 50 分，1982 年用吊船过河缆道实测洪峰流量 12300 立方米每秒，历时 1 小时 40 分，缩短历时 9/10。

2002 年起，水文局在全河开展水文测报水平升级，加快了黄河水文现代化建设进程。全自动缆道测流系统、水文缆道升降吊箱、基于 Web 技术的黄河水文站网设计与开发、水位数据处理系统等的开发应用提高了黄河水文测报的效率。特别是决定在全河选择 20 个水文站作为试点，启动黄河水文测报自动化建设，为水文现代化建设在全河铺开奠定基础，已取得重大突破。2002 年作为试点站的黄河上游兰州水文站及中游黑石关、白马寺、龙门等水文站全自动缆道测流系统已经建成并投入使用。2002 年 6 月 15 日，黄河上第一座初具数字化规模的水文站——花园口水文新站正式启用。

2016 年，黄委党组对水文工作提出三点要求：一要不断提升水文测报能力，充分利用现代技术手段，推进水文技术提升，不断提升水文测报工作的现代化水平。二要提升水文服务社会的能力，以水利和社会的需求为牵引，通过积极主动服务社会提高自身发展能力。三要提升基层职工综合素质，勇于担当起肩上的重任，促进水文健康和谐发展。水文局开启了强化创新应用、深化测验改革，强力推进黄河水文测报能力持续提升的工作。

目前，民和站在全河率先实现了"7+1"在线监测，即水位、流量、泥沙、降雨、蒸发、水温和水质 7 个水文要素全自动化在线监测和测验河段监视监控。以前几个小时才能完成的工作，现在只要几分钟就可以完成。兰州站安装了侧扫雷达，实现了全天候、连续自动河流流量监测。花园口站、泺口站实现"智慧变身"，初步具备黄河防汛抗旱前线指挥部功能。

这些重点水文站的变化只是黄河水文发展的一个缩影。

40 年来，黄河水文观测技术已经由

三维激光扫描仪等先进设备在水文测报中得到应用　水文局供图

传统的人工观测手段逐步向利用新技术自动采集水文数据的观测自动化迈进。

在监测方面，水位站、雨量站均已实现自动测报；振动式测沙仪和激光粒度分析仪在泥沙在线监测和泥沙分析中得到广泛应用；GPS、测深仪普遍应用于河道测验。同位素在线测沙仪、电磁流速仪等仪器研发取得突破。冰凌测验采用驻测和巡测相结合，每年巡测里程达 2 万余公里。

在信息处理和传输方面，全面建成以北斗卫星、亚洲五号卫星、计算机网络和移动通信相结合的水情报汛网，实现了黄河流域雨水情实时传输和自动处理。报汛能力显著增强，据统计，中央报汛站从 2009 年的 516 处增加到 2018 年的 2963 处；汛期信息量由 2009 年的 13.9 万份增至 2017 年的 1004 万份，雨量报汛频次由 2 小时缩短至 30 分钟，30 分钟到报率始终保持在 95% 以上。

在预报方面，研发了黄河中尺度短期数值气温预报模式、中尺度暴雨预报模式，实现暴雨和气温中短期数值预报，为黄河流域定量定点降水预报提供重要依据。小花间分布式水文预报模型的应用提升了洪水过程预报和节点预报水平。建立了黄河洪水预报系统（包含 52 个预报方案），预报站点向支流延伸，建立了基于水文学和热力学方法的冰凌预报模型，进一步拓展了黄河洪水预报范围和能力。探索了吴堡、龙门水文站洪水含沙量过程预报模式。黄委水情会商可视化支持系统、基于卫星的黄河河源区水资源监测和河流预报系统等已投入运行。

此外，还组建了黄河流域水文应急监测总队（国家北方水文应急监测总队）和 3 个支队，多波束测深仪、无人机航测、三维激光扫描测量、相控阵 ADCP 等新技术新设备投入使用，有效提升了黄河水文应急监测能力。

迎风破浪，全面支撑治黄事业

2004 年，花园口水文站三条测船在断面一字排开抢测洪水　龙虎摄影

黄河水文测报为科学高效防汛抗旱减灾、保护人民生命财产安全、实现洪水资源化管理提供了及时可靠的决策依据，成功战胜了 1982 年 8 月出现的黄河花园口站建站以来第二大洪水、1996 年 8 月发生的黄河花园口站历史最高水位的特异洪水、2012 年发生的黄河上中游 30 年来最大洪水等各级洪水。

2012 年的"七下八上"，

在每一位黄河水文职工眼里，除了来势汹汹的暴雨洪水，再无其他。黄河中游多地多次遭遇暴雨，干支流洪水交织，1号、2号洪峰接踵而至；上游超过2000立方米每秒的大流量、高水位过程长时间持续，局地暴雨洪水不甘示弱，形成3号洪峰；下游为缓解干流水库防汛压力，小浪底水库继汛前调水调沙之后，在"七下八上"的防汛关键期，再度实施水沙调控。从黄河源到入海口，形成近30年来罕见的长历时、大流量的洪水过程。洪水面前，水文队伍无惧危险，鏖战在风口浪尖，为防汛决策获取第一手宝贵的资料。

在中游支流，佳芦河申家湾水文站可谓险情环生。7月27日至28日，连续出现两场1971年以来的最大洪水。进出站道路被冲垮，水文站挡土墙被冲毁，库房、发电机房进水严重，发电机损坏，观测路被冲毁，水尺被冲走。该站的4名职工，其中3位年近60岁，他们没有因暴雨洪水而退却。泥水涌入职工宿舍，地面积水迅速淹没床铺，大家快速将重要行李移到桌顶、柜顶等高处后便迅速返回各自岗位，严阵以待。按照分工，大家把测洪用的浮标、取沙用的沙桶等准备齐全，在缺水断电、设施设备损毁严重的情况下，认真施测洪水。黄委中游水文水资源局多渠道与他们联系，给站上送水送饭，并派几名年轻人到达水文站，协助站上职工进行洪水测报。佳县水位站租住的窑洞倒塌，远程视频监控设备损坏，在此紧要关头，水位观测员坚守在水尺边，每12分钟用手机报一次水位，坚持了10多个小时。

在中游干流吴堡站，水文职工更是接连经受住了洪峰流量分别为4440、10600立方米每秒和7580立方米每秒的3场大洪水的考验。自27日上午9时起涨，至28日下午4时多，一天多的时间内共施测流量16次。

干流龙门站，这里是黄河干流编号洪峰标准站之一，1号洪峰于28日7时36分出现，洪峰流量7620立方米每秒，为1996年以来最大洪峰。2号洪峰出现在29日0时30分，洪峰流量5740立方米每秒。洪峰出现在夜间，夜色下，两台探照灯劈开笼罩着测验断面的黑暗，水文职工在滚滚的浪涛中捕捉洪峰的形迹。中游暴雨，这里

2012年中游洪水，吴堡站抢测洪峰　甄晓俊摄影

却是暑盛闷热，每一轮的测验因洪水的肆虐显得异常复杂和艰难。洪水在狭窄的

河道中奔腾咆哮，一浪高过一浪。危险还在其次，洪水所挟带的大量漂浮物，给测验带来极大的困难。载着流速仪的铅鱼刚一接触水面，便被洪浪掀起，飘摇不定。流速仪被洪流打坏、铅鱼被钢丝绳缠绕、水草过多导致无法采用流速仪法测验……危机四伏，困难重重。

与中游洪水陡涨陡落相异，上游洪水在蓄势已久后，紧紧跟随着中游干流1号、2号洪峰，在一场强降雨中爆发。3号洪峰从兰州发力，狠狠冲刷着上游逾千公里的河道，给淤积严重、近二三十年没有经过大洪水的宁蒙河段造成很大压力。

上游洪水以缓涨缓落、洪量大为特点。宁蒙河段自7月下旬以来一直处于高水位、大流量运行状态，各站均出现多年不遇洪水。在内蒙古河段三湖河口站，8月4日出现该站历史汛期第三高水位1020.62米，高出"81·9"洪水5500立方米每秒流量相应水位0.65米。8月12日又出现1989年以来最大流量2430立方米每秒。

在黄河全线，水文人与洪魔搏斗，与洪水赛跑，即使身处险境，多处水文站受到重创，水文设施设备遭受严重水毁，大家依然全力以赴，确保做到"测得到、测得准、报得出、报得快"。

黄河之汛情，最难防的除了伏秋大汛，还有凌汛。黄河凌汛历史上给人们带来很大的灾难，素有"伏汛好抢凌汛难防""凌汛决口河官无罪"之说。

黄河防凌重在宁蒙。2003年正式成立了宁蒙水文水资源局，掌握凌情的途径与手段不断丰富，目前，在黄河宁夏至内蒙古河段已形成固定水文断面人工监测、固定断面遥测、人工动态巡测和卫星遥感监测相结合的全方位、多层次、多方式的防凌立体监测体系，巡测方式也实现了由传统的固守防御向现代化的全河段流动监测的转变。不断提升改进的巡测仪器、交通工具，使凌情巡测时效性与技术含量不断提升，由被动防凌转向主动防凌。中尺度数值模式（MM5）、卫星遥感技术等先进技术和设备投入气象预报和冰情巡测，有效提升了黄河防凌水文测报的科技含量和时效性。特别是该局首次启用多旋翼无人机开展宁蒙河段冰情巡测，拍摄重点河段的凌情，并通过4G无线网络实时传输至各级防凌决策部门和领导，为水文巡测插上了"翅膀"，既突破了人工观测的局限性，解决了巡测人员无法抵达危险河段观测的问题，又具有携带轻便、操控简单、成像清晰等特点，提高了观测质量。多年来，黄河水文准确预报了凌汛期径流情势和流凌、封开河时间，为成功防御严重凌汛提供了及时准确的决策依据。

测报能力不断提升，不仅有效减轻了职工的劳动强度，而且极大地提高了工作效率和测报精度，为黄河防汛抗旱、水量调度、调水调沙、小北干流放淤等治黄实践提供了重要的技术支撑。

改革开放以来，水文局不断强化水文测报质量管理，巩固提高服务防汛抗旱的能力和水平。尤其是自1999年，黄委实施全河水量统一调度以来，黄委水文局从讲政治的高度对待防断流测报任务，按照"精心预测，精心调度，精心监督，精心协调"的要求开展原型观测，测报工作量达实施水量调度之前同期的 3 ~ 5 倍，为确保黄河不断流提供了可靠的支撑，做出了应有的贡献。近 10 年来，先后准确监测预报了 2008—2009 年冬春季流域性特大旱灾、2011 年冬旱和 2014 年黄河中下游地区严重伏旱。

2012 年开始实施黄河水文测验优化方式改革。对中小河流二、三类精度水文站历年水文资料进行科学分析和监测方案的优化论证，通过探索并实践测验方式改革，制定了《水文站测验方式优化方案编制与实施技术导则》，选取试点逐步扩大，先后对 25 个站实施测验方式优化，进一步提升了测报效率。

在历次调水调沙中，认真制定测报方案，密切跟踪监测洪水演进过程，滚动制作黄河中游地区降水预报和中下游主要控制站短期洪水预报，全程监测了小浪底库区异重流产生、演进和出库过程。在利用和优化桃汛洪水冲刷降低潼关高程试验中，开展了原型观测和分析评估工作，及时论证确定潼关高程，深入分析潼关高程变化。积极开展小北干流放淤试验原型观测。完成了黄河口生态调水及 2010 年首次刁口河流路恢复过流水文监测。

积极开展了黄河中游多沙粗沙区水土流失动态监测工作。全面完成了三门峡、小浪底水库及下游河道、河口滨海区统一性测验。

随着流域经济发展对水资源需求的越来越大，黄河水资源供需矛盾日趋尖锐。为此，黄委水文局在加强水量调度中低水测报的同时，还开展了年度干流主要站（区）旬、月径流预报和重点支流渭河、沁河月预报，为黄河水量统一调度提供了可靠决策依据。

全面完成水质监测任务，5 个水环境监测中心在全国水利系统水质监测质量评定考核中获得 3 个优秀、2 个优良的优异成绩。成功预警监测伊洛河、渭河等 68 起水污染突发事件。在 2008 年北京奥运会和 2009 年国庆 60 周年期间，还承担了沿黄各主要城市供水水源地和黄河干流主要饮用水水源地相应河段水质安全保障监测任务，为确保黄河水质安全作出了突出贡献。

由黄委水文局负责汇编的 13 卷 14 册《水文年鉴》资料，成果质量始终保持优秀水平，《宁蒙测区》第 4 卷第 2 册为全国唯一连续 5 年无差错卷册。圆满完成全国水利普查黄河流域（片）河湖普查任务，取得河源、河口、流域面积界定等一批新成果。完成新疆艾比湖、博斯腾湖、乌伦古湖、赛里木湖和青海扎陵湖、鄂陵湖容积测量，取得宝贵测量成果。

受水利部水文局委托，由黄委水文局主编完成的《水文设施工程施工规程》《水文测量规范》《水文调查规范》被批准为水利行业标准。

按要求完成《水文年鉴》恢复刊印及《黄河水资源公报》《黄河泥沙公报》《中国水资源公报》《中国河流泥沙公报》中黄河部分的编制工作。

科技引领，奏响创新时代强音

改革开放以来，尤其是 21 世纪以来，开放的中国以更加自信的姿态融入世界，开放的黄河也更加积极地走向世界。"数字黄河""模型黄河""原型黄河"共同演绎现代治河的精彩篇章。

黄河水文也主动面向世界敞开胸怀，分批组织人员赴国外考察、交流、培训和联合开展科研，与世界 10 多个国家和地区的国际组织、流域管理机构和科研单位建立了友好和谐的合作关系，国际合作渠道不断拓宽。

组织开展了与芬兰、荷兰、美国、澳大利亚、意大利等世界多国和联合国教科文组织、国际水文计划政府间理事会、国际原子能机构、世界银行、亚洲开发银行等国际组织与机构之间的项目合作与技术交流，完成了中芬"黄河下游河冰数学模型及防凌措施的开发和研究"、世界银行项目"小浪底防凌作用的数学分析"、中芬黄河下游防洪减灾项目"黄河水库河道地形（断面）测量系统"等国际合作项目。与国际原子能机构、澳大利亚合作"应用同位素水文技术进行黑河流域地下水资源评价（黑河流域地下水与地表水转换规律研究项目）"，与意大利合作黄河洪水管理亚行贷款项目"水文气象耦合预报系统"，与美国合作黄河洪水管理亚行贷款项目"下游水文测验设备改造"，与荷兰合作"建立基于卫星的黄河流域水监测和洪水预报系统"……花园口水文站作为黄河水文现代化对外展示的窗口，先后迎送美国、日本、荷兰、加拿大等国外来宾数百人次。

2009 年，制定实施了《黄河水文科技创新五年工作计划》，共安排 3 批 30 个创新项目，截至目前已有 16 项成果投入生产运用并发挥效益。非接触式微波测流仪、电磁流速仪等 59 项科技成果在全河推广应用。

在基础研究方面成绩显著，"黄河吴龙区间主要站洪水含沙量过程预报技术"等 3 个项目入选水利部公益性科研专项，"黄河中游河川径流锐减驱动力及人为调控效应研究"等 2 项"十二五"国家科技支撑计划项目研究得到专家高度评价。国家科技支撑计划项目"黄河上中游河川径流变化主要驱动力及其贡献"和"黄河流域特征值修订"成果通过鉴定，分别达到国际领先和先进水平。从 2012 年开始，连续 3 年主动开展了汛期水沙情势和凌汛情势跟踪研究工作，获得黄委充分肯定。3 个水利部公益性科研专项、2 个"十二五"国家科技支撑计划项目取得阶段性研究成果。

"十一五"以来，黄委水文局共获国家科技进步奖 1 项、大禹水利科学技术奖 12 项、国土资源部科技进步奖 1 项、河南省科技进步奖 1 项、黄委科技进步奖 18 项，通过黄委三新认证 151 项。2014 年被黄委评为科技成果推广应用先进单位。

40 年来，黄委水文局以需求为牵引，实施创新驱动战略，同位素测沙仪完成产品试验机生产，泥沙在线监测等技术难题取得突破，动态泥沙粒形分析技术成果达到国际先进水平，推进了科技创新和业务工作的深度融合。

加快发展，职工收入稳步增长

经过多次制度改革，黄河水文工资制度越来越科学合理，职工的收入如芝麻开花节节高。1985 年建立了以职务工资为主的结构工资制；1993 年结合行业特点建立了不同类型的分类工资制度和正常的增资机制；2002 年机构改革工作平稳顺利完成，理顺了机构，界定了职能，实现了内部政、事、企分开，优化了人员结构；2005 年试行人员聘用制度改革，建立了能上能下、能进能出的用人机制，有利于实现事业单位用人上的双向选择，有效地调动了职工的积极性和创造性；2006 年实行岗位绩效工资制度，完善津贴补贴制度，调整离退休人员待遇，建立了体现事业单位特点的收入分配制度；2011 年，黄委水文局作为黄委的第一批试点单位，进行了岗位设置管理改革，进一步推动事业单位人员聘用制度改革，转换用人机制，为继续积极稳妥推进事业单位人事制度改革和发展打下了良好基础。

改革开放以来，水文局党组认识到，搞好经济工作不仅是推动水文事业发展、提高综合服务能力的可靠保障，也是改善职工生活、实现行业脱贫和职工富裕的有效途径。水文业务定额和水文基本建设投资虽然在预算资金总量上有了较大幅度的提高，但增量主要来源于水文测报专项经费和基本建设经费，真正用于职工工资等方面的基本支出经费却无明显增加，每年经费缺口依然存在。在探索、实践、总结、完善的过程中，黄委水文局逐步形成了"一手抓业务，一手抓经济，两手抓两手都要硬"的指导思想，不断强化经济管理，积极争取财政资金，努力拓展外部市场，水文经济总量明显增加，在保障事业发展、稳定职工队伍和改善职工生产生活条件方面发挥了重要作用。

近年来，水文局持续深入开展"规范管理，加快发展"建设，逐步构建了财务管理、预算管理、经营管理等制度体系，局属企业不断完善内控制度，管理更加规范科学。通过努力，局属企业资质升级取得重大突破，河南黄河水文勘测设计院获建设部水文专业设计和水利部建设项目水资源论证、水资源调查评价 3 个甲级资质；黄河水文勘察测绘局具有甲级测绘资质证书和乙级勘察资质证书；监理公司工程监理资质升为乙级，基层延续申请取得了水文水资源调查评价甲级资质，三门峡库区水文水资源局获得河南省唯一船舶设计资质，并取得三级 II 类钢质一般船舶生产的河南省最高资质。

针对黄河水文点多、线长、面广、人员分散等特点，水文局在认真研究国家相关政策、密切关注水文技术服务市场的基础上，将分散的人才、设备、资质、资料和技术等经营资源进行整合，组建规模化的经营团队，搭建集团化的创收平台，集中优势资源，形成竞争合力，将企业做大做强，提高整体经营创收水平。截至 2018 年 8 月底，经过进一步企业清理整合，共有企业 13 家，按不同性质划分，其中：一级企业 12 家，二级企业 1 家；全资企业 6 家，控股企业 7 家；全民所有制企业 4 家，有限责任制公司 9 家；绝对控股 12 家，相对控股 1 家。2017 年全局经济总量实现 7.51 亿元。财政拨款 4.03 亿元（不含基建投资），较 2012 年增加 46%，人员经费、公用经费和住房公积金较 2012 年有了大幅度提高；行政事业费项目的财政拨款基本满足水文测报、水质监测、水资源管理等涉及水文测报业务所需的经费需求；经营创收收入 3.48 亿元，有效地弥补了水文事业经费的不足，职工收入稳步增长，保障了职工队伍的稳定。

和谐发展，水文谱写精彩乐章

泱泱大河绕九州，见证了治黄事业蓬勃发展和水文文化的繁衍与兴盛。

在郑州北郊的黄河水文展厅，大大小小上百幅图片定格下一个个重要的水文瞬间，百余件文物展示着水文发展的足迹。

过去，职工工作生活条件差，就医、找对象、子女上学和就业难等问题突出。"远看像要饭的，近来像烧炭的，跟前一看是水文站的""晴天一身土，雨天一身泥""献了青春献终身，献了终身献子孙"……透过这些顺口溜可审视到黄河水文艰辛创业的缩影。

1978 年以来，黄河水文职工生产生活条件发生了巨变，物质文明和精神文明携手共进，在大河上下处处盛开着艳丽的文明之花。

20 世纪 90 年代中期以前，黄河水文的主要任务是为防汛服务，在这一历史时期里，黄河水文职工战胜了历次黄河大水，在长期的生活磨砺中，打造了一支"召之即来，来之能战，战无不胜"的水文队伍。

进入 21 世纪，随着服务治黄实践深入开展和流域经济社会发展的业务拓展，黄河水文赢得了越来越多的重视和关注。通过 2018 年央视春节特别节目《非常年夜饭》悬崖上的春节、湖南广播电视台《我爱你中国之搏浪黄河英雄气》，人们加深了对黄河水文的了解。不论是在莽莽青藏高原的黄河源区，还是在深山大峡，亦或在烟波浩淼的渤海湾，水文人守定大河，他们数十年如一日坚定执着地守望，赢得了世人的肯定和赞扬。

2009 年黄委水文局荣获"全国五一劳动奖状"，水文局工会荣获"全国水利系统职工文化工作先进集体"荣誉称号。2013 年黄委水文局机关成功连创省级文明单位。2015 年黄河工会水文局委员会被评为"全国模范职工之家"。目前，全局现有全国文明单位 1 个、全国水利文明单位 2 个、省级文明单位 5 个、全国文明水文站 5 个、黄委文明单位 12 个及文明处室 3 个。114 位水文职工荣获省部级以上荣誉称号，其中，田双印同志 2015 年被评为全国先进工作者，2016 年被推选为全国农林水利气象工会兼职副主席。

黄河水文人在长年累月的生产实践中，凝聚成了"艰苦奋斗，无私奉献，严细求实，团结开拓"的黄河水文精神。"黑山峡之鹰"王定学、"独耳英雄"卢振甫、"玛多打冰机"谢会贵、"水文赤子"田双印……他们用平凡的人生谱写着精彩的水文故事，黄河水文精神在传承中不断发扬光大。

以《水文感动黄河》《守望大河》《九曲风铃》等报告文学为代表的既继承民族传统又有时代精神的一批优秀黄河水文文化成果，生动反映和展示了黄河水文人核心价值观和精神风貌，为这条万里长河营造了绚丽的风景。

改革开放 40 年来，黄河水文在防汛测报中发挥了难以估量的巨大社会效益，采集和积累了数以亿万计的水文数据，为黄河流域经济建设和社会发展做出了不可磨灭的贡献！

党的十九大以来，中国迈进新的时代。黄委水文局也明确了新时期的发展目标是：以习近平新时代中国特色社会主义思想为指引，积极践行"维护黄河健康生命，促进流域人水和谐"治黄思路，全面落实"规范管理，加快发展"总体要求，着力构建布局合理、功能完善的黄河水文站网体系，方式多样、高效可靠的黄河水文监测体系，方案科学、准确及时的黄河水文预测预报体系，开放包容、研用融合的黄河水文科技创新体系，技术先进、方便快捷的黄河水文信息服务体系，运行规范、竞争有序的黄河水文经济体系，特色鲜明、团结向上的黄河水文文化体系，结构优化、充满活力的黄河水文人才队伍体系，形成管理科学、支撑有力、服务全面、和谐发展的新格局。

新时代，再出发。黄河水文将凝心聚力，稳抓机遇，规范管理，加快发展，全力建设智慧水文、富强水文、美好水文，在大河奔涌的浪潮中，再建新功，再展辉煌！

　　水文局　　执笔人：杨晋芳　张海锋　杨国伟　彭　飞
　　　　　　　　　　　王雪晶　陈毓莹

鼎新风华 40 年

——改革开放 40 年黄河流域水资源保护局改革发展综述

　　历史，总是在一些特殊年份给人们以汲取智慧、继续前行的力量。

——习近平

　　40 年改革开放历史，是中国社会自我扬弃、自我改造，艰难蜕变走向成熟的过程。将黄河水资源保护发展历程与改革开放 40 年的时间轴叠加，可以发现，黄河水资源保护事业的开启和重要转折，几乎同步于改革开放的激荡起伏，偕行于中国社会进步的抉择和流域社会发展对黄河治理保护的需要。

　　40 年大河奔腾，记录着跋涉者不断求索的足迹，承载着经历者奋斗的喜悦，昭示着治水兴水波澜壮阔的篇章。让我们把镜头定格在这一段特定时空，由表及里、由远及近，在纷繁的过往中探求其内在逻辑，寻找实现未来蓝图的必然。

应时而生　初创者的倾力前行（1975—1985 年）

　　这一时期是萌芽初创阶段。黄河水资源保护从无到有，在队伍建设、站网布局、科学研究等方面实现起步。

　　——"治黄新军"的报到。相较于其他河流，黄河的水污染这一新问题最早受到国家关注。1975 年，国务院环境保护领导小组指出：水资源保护是一项新的工作，要首先研究黄河的水源保护问题。

　　这一年，国内第一个流域水资源保护机构——"黄河水源保护办公室"宣告诞生，最初职责主要围绕水质监测、污染源调查开展。一项崭新事业走上从无到有、从小到大、从弱到强的发展之路。

1978 年，改革开放元年。黄河干流及主要支流入黄口水质监测工作正式开展，黄河水资源保护迈出了开启山林的第一步，成为黄河治理开发不可或缺的新生力量。"黄河水质监测中心站（现黄河流域水环境监测中心）"和"黄河水源保护科学研究所（现黄河水资源保护科学研究院）"同年成立，建立了延续至今的监督管理、水质监测、科学研究"三驾马车"齐头并进的黄河水资源保护事业基础格局。

——水质监测与科研早期实践。1978 年，国务院环境保护领导小组和水利电力部正式批准实施《黄河水系水质监测站网和监测工作规划》，使黄河水系水质监测站网成为最早运行的流域监测网络之一。1979 年，黄委所属 7 个水质分析室（兰州、青铜峡、包头、吴堡、三门峡、郑州、济南）扩建为黄河水源保护监测站，形成了黄河干流水质监测体系的雏形。

在复杂性和特殊性堪称世界之最的黄河上，开拓一项系统性、技术性都很强的业务领域，科技支撑的重要性不言而喻。黄河多泥沙的特性，使得水质监测技术工作比清水河流更为复杂。为保证监测数据的科学性，事业的初创者们在石板搭就的试验台上，依靠简陋的试验设备，反复检验比对，寻找泥沙对监测因子的影响；他们翻山越岭，寻找典型稳定的采样断面。1981 年，《黄河水系水质污染测定方法》开始在黄河流域各水质监测站试行，多泥沙河流水质监测迈出稳健的一步。

20 世纪 80 年代早期，流域经济总量和经济社会用水量、废污水量均相对较小，水污染问题并不突出，满足Ⅲ类水质断面的河长占 80% 以上，黄河干流水环境质量较好。

——黄河污染防治早期探索。1975 年机构建立之初，队伍刚刚组建，十几人的水源办公室便全员出动，分组走访流域 8 个省（区），了解黄河水系污染情况，征求防治污染意见。第二年再次对流域内西宁、兰州、银川等 8 个重点城市和泰安地区 324 个大中型工矿企业和污染严重的小型企

20 世纪 80 年代召开的黄河水质现状报告会　水资源保护局供图

业废污水、污染物开展调查研究，形成了《污染源调查资料》《黄河污染示意图》《重点市（地区）污染源示意图》。

水资源保护迈出的每一步，都根植于大的经济社会发展背景变化。1983 年，第二次全国环境保护工作会议正式将环境保护确定为一项基本国策，纳入国民经

济和社会发展计划。1984 年，全国人大常委会通过《中华人民共和国水污染防治法》，解决环境保护、污染防治等重大环境问题进入了法制化轨道。1983 年，城乡建设环境保护部、水利电力部对流域水源保护局（办）实行双重领导，黄河环境保护工作接受两部领导，黄河水资源保护工作在国家层面得到进一步重视加强。

这一阶段，伴随着改革开放对经济建设强劲的牵引，各行各业蓬勃发展，改革开放在曲折探寻中愈发充满活力与信心。黄河水资源保护早期实践在技术手段、人员机构、经济条件不完备和十分有限的情况下，孜孜以求，延伸和拓展了黄河治理开发、利用保护事业格局。

歧路追寻 探索者的初心牢记（1985—1999 年）

这一时期是探寻积聚阶段。黄河水资源保护面对经济社会复苏带来的黄河环境问题，在法律法规尚不完备的情况下主动行使保护职责。

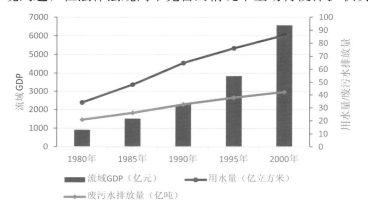

1980—2000 年黄河流域 GDP 与用水量、废污水排放量变化

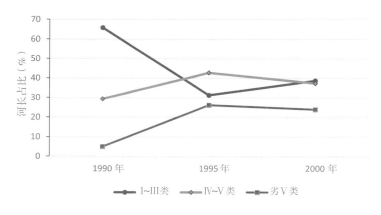

1990—2000 年黄河流域主要年份水质变化

——以问题为导向，水资源保护羽翼渐丰。20 世纪 80 年代，改革开放全面推进，经济建设如火如荼。而法制化程度、管理理念、市场配置能力还没有完全适应新的变化，利益驱动的短期行为，地方保护主义、粗放生产模式未能有效遏制，水资源保护出现了管理困难和无力约束的局面。

至 20 世纪 80 年代中后期，水污染问题凸显。1985—1995 年的 10 年间，是黄河水资源供需矛盾尖锐，干支流水质类别急剧下降的 10 年。黄河重点河段及主要支流水质普遍超标，水污染局部问题逐渐成为流域问题。监测资料记载，20世纪90年代，黄河流域干、支流水质Ⅰ～Ⅲ类断面占 65.8%，水质劣于Ⅲ类断面占 34.2%，其中水质劣Ⅴ类断面占 4.9%。

为扭转日益严重的水污染趋势，国家加快环境和水立法步伐。1988年，第六届全国人民代表大会常务委员会通过《中华人民共和国水法》；1989年，第七届全国人民代表大会常务委员会通过《中华人民共和国环境保护法》。加之1986年《建设项目环境保护管理办法》及1993年《取水许可制度实施办法》等一批行政规章的颁布，初步构建了水资源保护法规体系雏形。

1988年，历时3年，第一部《黄河水资源保护规划》编制完成。标志着黄河的治理保护已从单纯水质改善转向水质与水量联合保护，为改革开放过程中的黄河水资源保护工作提供了指导思想。困顿中的摸索前行有了科学的顶层规划设计。

流域水资源保护机构也在这一时期快速发展成长。1990年，黄河水资源保护办公室正式更名为"水利电力部、城乡建设环境保护部黄河水资源保护局"；1992年，再次更名为"水利部、国家环保局黄河流域水资源保护局"。机构的调整完善，体现出国家对黄河水资源保护的重视程度不断提高。

但值得注意的是，流域水资源保护机构的法律地位和职能配置在这一阶段依然不够明晰，基于保护母亲河的使命感和责任感，黄河水资源保护工作者在这一时期仍积极进行了各项探索和实践。

——协同监管中的主动履职。《中华人民共和国水污染防治法》规定，重要江河的水资源保护机构，结合各自职责，协同环境保护部门对水污染防治实施监督管理。因此，这一时期的黄河流域水资源保护工作主要围绕水利电力部、城乡建设环境保护部下达的监督管理职责和任务展开。

黄河流域水资源保护局主动思考，积极作为，与地方环保部门一道开展污染源调查，协同地方开展水污染防治和处置。在这期间，参与地方人大组织的水污染防治法执法检查，参与地方环保部门组织的关停"十五小""小造纸"等工业污染源等取得实效。在"东平湖死鱼事故""洛河金堆城钼业公司尾矿库泄漏事故"等重大水污染事件中，积极协同当地环保、水利等部门，开展调查、监测、报告。20世纪90年代中期，配合黄委开展取水许可水质管理，参与沿黄新、扩、改建工程建设环境影响报告书审查与"三同时"执行情况检查，自1993年起，探索开展流域入河排污口调查，探索开展黄河干流纳污量调查等，黄河水资源保护从早期单一的水化学分析和污染源调查向协同水污染防治、取水许可水质管理、流域入河排污口调查、黄河干流纳污量等多部门、多种类调查延伸。

这一期间的经验积累，为21世纪以水功能区管理为核心的黄河流域水资源保护监督管理全面推行奠定了基础。

——推进水质监测网络体系与监测能力建设。1985年、1997年，黄河流域水资源保护局分别开展了第二次、第三次黄河流域水质站网规划和流域省界水体监测站网规划。至 2002 年，黄河流域（含西北内陆河）从 1975 年的 53 个水质监测断面增长至 445 个，黄河干流、重要支流入黄口、省界建立起较为完善的监测网络。

黄河水质监测技术、分析方法及标准的科学研究持续深入。原子吸收分光光度计增设紫外、可见分光光度系统开发研究等近百项成果，将水质监测从简单的水化学分析，向更加精密、测定范围更广的仪器分析推进。针对水样预处理对泥沙吸附污染物析出影响，1997 年，《多泥沙河流水环境样品采集及预处理技术规程》编写完成，为流域水环境监测制定了详细的行业标准；第二次、第三次黄河流域地表水水质现状调查与评价先后展开。这些成果为扭转这一时期水污染严重的严峻形势提供了坚实的科技支撑。

改革开放早期，尽管水质不断恶化让人痛心疾首、忧心如焚，但是黄河水资源保护工作者仍以坚定的信念，不断锻造壮大事业格局，积极应对黄河治理保护面临的新的困难和挑战。

重压无惧　勇敢者的砥砺奋进（1999—2012 年）

这一时期是积极奋进阶段，经济社会发展与政府管理理念在碰撞中不断理性，流域水资源保护机构的法律地位和职能以法律形式界定和明确，黄河水资源保护勇于探索实践，实现发展。

——立足新《水法》，建立黄河流域水资源保护管理新理念。流域长期粗放的经济发展模式和监管滞后，造成工业污染物排放强度"高"，城市生活污水净化处理率"低"，农业面源污染控制治理"难"。黄河以占全国河川径流量 2% 的水资源，承纳了全国 6% 的废物水排放量和 8% 的入河污染物量（未计算面源污染物量），加之天然径流量多年持续偏枯，生态需水、自净水量与黄河防洪、生产生活用水难以协调，"十五"前后，黄河受纳的污染物量已超出自身水环境承载能力。水污染加剧、生态失衡等一系列环境矛盾集中爆发。

1999 年 1—4 月，因黄河干流龙门以下近千公里河道水质急剧恶化，三门峡、济南、濮阳、东营市等城市生活、工业取水被迫停止。郑州市水厂、开封市水厂启用应急备用水源，减少从黄河引水，引黄济青（青岛）涵闸也因黄河水质超过工业、生活用水标准而关闭。

2002 年 7—12 月，黄河主要来水区实际来水量 136 亿立方米，为有实测资料以来最枯水平，而当年各类废污水入河总量约为 42 亿立方米，黄河水质在两相夹击之下，几乎失去盘桓腾挪空间。数据显示，2002 年黄河干流水质 I～III 类断面所占比例仅为 29%，水质劣 V 类断面上升至 51.8%。黄河自身的生存危机令流域经济发展、社会秩序稳定、生态系统安全面临着前所未有的巨大压力。

改革发展中出现的问题，只有依靠进一步的改革创新来解决。加快完善法律法规体系建设，规范经济社会发展秩序，成为促进持续健康发展的重要任务。2002 年，国家重新修订颁布《中华人民共和国水法》，流域水资源保护行使监督管理职能有了法律依据。

立足新《水法》赋予新的水资源保护职能，黄河流域水资源保护局提出加快流域水资源保护管理体系和管理能力现代化建设，实现"从以往以水质监测为主向以监督管理为主转变""从以往比较注重微观管理向注重流域层面宏观管理转变"。"两个转变"，为这一时期的黄河流域水资源保护探索与实践提供了思路引导。

——以水功能区管理为核心，先行探索监督管理新模式。2002—2005 年，黄河来水持续偏枯，废污水入黄总量居高不下，第七次引黄济津被迫提前终止。水污染危机如一柄悬着的达摩克利斯之剑，考验着黄河水资源保护队伍的勇气决断、智慧担当。

一系列危机应对措施应时而生。2002 年《黄河重大水污染事件报告办法》出台；2003 年《黄河重大水污染应急调查处理规定》颁布，以"早发现、早报告、早处理"为宗旨，以快速应对为准则，以流域与区域、水利与环保部门联合协同为机制，黄委在水利系统率先建立起突发性水污染事件快速反应机制，成功应对了 2004 年"6·26"内蒙古河段重大水污染事件、2006 年"1·5"洛河油污染事件、2009 年"1·3"干流西霞院河段油污染事件等多起突发水污染事件，成为这一阶段黄河水资源保护监督管理的一大亮点。

突发性水污染事件快速反应机制治疗的是黄河痼疾之"标"，如要治"本"，还需全面研究黄河水污染错综复杂的来源和成因，落实新《水法》确立的以水功能区管理为核心的水资源保护制度，实现水资源量、质结合，功能要求与保护要求相结合的"抓源治本"，尽快破解水污染困局。为此黄河流域水资源保护局携手流域（片）各省区，对黄河干支流水系和湖泊开展了水功能区划。所划分的不同类型的水功能区，用来指导约束水资源开发利用和保护的实践活动，遏制无序利用、随意排放，满足合理开发利用需求。

基于水功能区分级管理规定，入河污染物限排与水质安全成为黄河水资源保护监督管理一项新的工作抓手。2003 年，水文部门预测上半年黄河来水量将严重偏枯。为遏制黄河龙门以下河段水质恶化趋势，保障第八次引黄济津任务胜利完成，在黄河旱情紧急情况下，黄河流域水资源保护局依法首次向陕西、山西、河南、山东四省提出干流龙门以下河段入河污染物总量限排预案，限定龙门以下 6 条重要支流、10 家重点排污口入黄污染物浓度和排放量。这次主动出击，使龙门以下干流水质明显好转，支流污染得到控制，位山闸断面水质保持在 Ⅱ～Ⅲ 类，满足了引黄济津水质要求。此成功经验被水利部称赞为依法保护水资源，实施水量水

开展入河排污联合执法检查　殷维琳摄影

质动态监管的创新之举。

以"量"管取水口，以"质"管排污口，抓好"一出一进"，是黄河水资源管理的关键。2004年水利部颁布《入河排污口监督管理办法》。"十一五"期间，黄河流域水资源保护局通过严格入河排污口设置审批，创新开展入河排污联合执法检查，推动形成多部门联合、流域与区域协作管控机制，较大程度改善了入河排污口设置排放无序的状况。

由于城市生活污水处理率低，工业废水不能稳定达标排放，导致几千公里的黄河两岸沟壑荒滩甚至水下，隐藏着不少违法设置的排污口和超标排污行为。黄河水资源保护监管人员哪里脏臭去哪里，白天放清水就半夜查，厂区戒备森严就乔装打扮查，一个个违法事实被取样监测查证、通报。2011年，黄河流域在全国率先启动流域入河排污口全面核查。共涉及1829个排污口，获得基础数据10万余个，基本摸清了全流域排污口家底，为水功能区科学管理打牢了基础。

这一阶段，黄河水资源保护监督管理成为"三驾马车"强劲的牵引驱动力量，各项事业拓展、应用探索、能力建设不断突破发展难题，砥砺前行。

——紧贴监督管理需求，锻造事业支撑能力。黄河水质监测工作紧贴监督管理技术服务要求，建立"常规监测与自动监测相结合、定点监测与机动巡测相结合、定时监测与实时监测相结合，加强和完善监督性监测"的水质监测新模式。并通过国家"948"国外先进技术引进、"实验室自动化改造引进""黄河水资源保护信息系统建设"等项目，在较短时间内实现关键技术和能力迅速提升。"十五""十一五"期间国家持续对黄河水环境监测中心投资，队伍精干、设备精良、功能齐全的多元化监测体系建成，实施的省界、供水水源地、水功能区、水量调度监测基本掌握了黄河水系水质状况。

科学监管的另一项重要支撑，是黄河水资源保护应用研究。生产实践中的每一个难点与热点问题背后，都是几十个科研项目，几代科研人延续数十年的不懈探求。为了在不断流基础上促进黄河生态系统的良性修复，黄河水生态保护技术研究、水资源统一管理调度在21世纪初同步开展。"十五""十一五"期间，黄河环境流研究、黄河三角洲湿地生态需水综合研究、黄河干支流重要河段功能性不断流指标研究、河湖健康一期试点评估、河口生态效益评估等一批科研项目，在研究黄河老问题的同时，开启了黄河流域水生态保护和修复研究。

水资源监测保护手段不断进步　水资源保护局供图

21 世纪以来的黄河水资源保护工作，积极响应流域社会发展与管理需求，探索建立以水功能区管理为核心的水资源保护新模式，推进入河排污口监管体制机制改革与创新，多项具有开拓意义的实践获得突破，担负起了为母亲河健康代言的大任。

——流域水资源保护初现成效。"十一五"期间，黄河流域的水资源保护和水污染防治规划得到了更切实的落实，流域排污总量持平及污染物浓度降低。同时以黄河水量统一调度为平台的水量水质并重兼顾，改善优化提高了河道纳污能力。在"维持黄河健康生命"理念引领下，黄河流域水生态保护和修复研究与实践不断深入，重要生态敏感地区生态环境恶化的趋势有所改善。

黄河，也在悄然回应着人们的努力和期盼。以 2005 年为转折，黄河干流水质呈好转趋势。2009 年至今，干流没有劣 V 类水出现；至 2012 年，干流水质 I ～ III 类断面所占比例上升至 88.2%，主要支流主要污染物浓度也有较大幅度的降低。黄河流域水质总体恶化趋势初步得到遏制，为保障流域供水安全与生态安全做出了重大贡献。

乘势腾飞　攻坚者的大道之行（2012—2018 年）

这一时期是深化攻坚阶段，基于最严格水资源管理制度和水生态文明建设治水新思路、新目标，黄河水资源保护事业不断深化改革、创新发展。

——新时代，新使命，新担当。2012 年 11 月，党的十八大首次将生态文明建设作为"五位一体"总体布局的一个重要部分。水生态文明是生态文明的重要组成和基础保障，从源头上扭转水生态环境恶化趋势，促进人水和谐，成为建设美丽中国的重要基础和支撑。

2012 年 1 月，水利部批复黄河流域水资源保护局"三定规定"。新"三定规定"在职能配置、机构设置与人员编制方面的拓展和加强，为黄河水资源保护提供了强有力的体制保障。作为水生态文明建设任务的直接承担者，流域水资源保护机构使命光荣，责任重大。

黄河流域水资源保护局准确把握水利改革发展方向和重点，积极践行"维护黄河健康生命，促进流域人水和谐"治黄工作思路，提出了"事业立本、能力保障、规范管理、加快发展"黄河水资源保护工作意见，不断攻坚克难，深入研究推进黄河水资源和水生态保护工作。

——最严格水资源管理制度有效落实。2013 年，国务院出台《实行最严格水资源管理制度考核办法》，水功能区纳污红线管理成为流域水资源保护工作重心之一。为落实有关要求，制定了黄河流域（片）重要江河湖泊水功能区纳污能力核定和分阶段限制排污总量控制方案；建立和完善水功能区和入河排污口分级分类管理体系，强化入河排污口监管；加强饮用水水源地达标建设管理，切实提高了黄河流域水功能区限制纳污红线管理水平与考核支撑能力。

为满足水功能区水质目标考核管理，实现对重点河段的实时监控、应急监测、全覆盖监测，黄河水质监测持续加强直属监测机构和共建共管实验室建设运行管理，切实提高重要省界和水功能区水质监测断面监控能力。至 2017 年，黄委和流域各省（区）水利部门共实施水质监测断面 628 个，黄河流域省界监测覆盖率 100%，流域（片）重要水功能区监测覆盖率提升至 97.4%。2017 年汇编水质监测数据达 24 万余个。饮用水监测、地下水监测、水生态监测、纳污红线考核监测等业务的拓展，满足了流域水生态文明建设多类型水质信息需要。

——"河长制"流域水资源保护工作全面推进。2017 年新春伊始，习总书记向全国人民宣布："每一条河流都要有河长了"。全面推行河长制六大任务与水资源管理和保护密切相关，为黄河水资源保护事业发展带来新的机遇和挑战。

水资源保护局深入研究河长制相关政策，探索新形势下水资源保护管理模式，提出黄河流域水资源与水生态保护工作清单，编制流域"一河一策"方案水资源与水生态保护意见，助推黄河水资源保护和河长制管理模式创新，促进水资源、水环境和水生态统筹保护。参加了河长制工作督导检查，跟踪了解流域（片）各水资源保护、水污染防治、水环境治理、水生态修复等工作任务实施情况。编制《河长制工作手册》，并将"水功能区管理情况"等 3 项督办意见纳入黄委流域河长制督查清单；有效推进流域（片）水资源保护工作落实。

——全力做好规划及重大水利工程环境工作。历时 5 年完成的流域（片）水资源保护规划通过水利部审查，确定"保护优先和黄河资源与生态协同保护"原则，制定"流域资源与生态管控协同管理"对策，黄河水资源保护规划范围逐渐由流域扩展到干流重要河段以及无定河、窟野河等重要支流，水资源保护规划体系日趋完善，黄河流域水资源保护和河湖健康保障体系的目标蓝图正在形成。

2014 年 5 月以来，承担 10 余项重点治黄工程项目环境影响评价、环保设计以及重大环境问题专题研究前期工作。黄河"十三五"下游防洪、黑河黄藏寺环境专题研究及工程环评前期工作完成，黑山峡、古贤前期环境工作取得重要成果，为治黄重大水利工程建设发挥环境效益提供了有力支撑。针对古贤项目突出的环境制约问题，努力加强与国家有关部委和相关省区的工作协调，强化与国内专业机构合作，初步形成各专题核心成果。

以印发实施《黄河水利工程建设项目环境保护管理办法》为契机，深入落实委管水利工程建设项目环境保护管理职能，加强在建重大水利工程环保"三同时"执行情况检查，及时跟进环境监测、环境监理，开创了流域机构直管水利工程环境管理的先例。

——推进流域水生态文明建设与实践。党的十八大、十九大为生态文明建设和绿色发展规划出科学明晰的路线图。随着生态文明建设不断深化，河长制带来新的环境与资源管理模式转变，黄河流域水资源保护、水生态保护任务愈来愈清晰。

"十二五"开局之年，"黄河流域主要河湖水生态保护与修复规划"编制完成。"规划"提出要以建设黄河水生态文明为目标开展一系列生态保护与修复工作。在河源，水源涵养区被限制开发；在上游，基于水资源条件以水定规模的保护要求被提出；在中下游及河口，黄河水量统一调度、生态调度、敏感区生态修复等系列实践活动相继实施。

一幅青山绿水、江山如画的黄河生态文明建设美好图景，正在神州大地铺展。

在城市，为推动优美宜居环境创建，自 2013 年下半年开始，黄河流域水资源保护局先后跟踪协调两批全国水生态文明城市试点创建工作，配合水利部开展水生态文明城市第一批试点验收和第二批试点城市推进工作。流域试点城市以水利建设为龙头带动各行业开展节约用水、水污染防治、生态修复、河湖水系连通等建设，城市生态系统质量整体改善，水文化各具特色，产生了较好的社会效益及生态效益。

在河流，始于 2010 年的全国重要河湖健康评估工作有序推进。黄河水资源保护工作者先后选择小浪底—利津河段、小浪底水库库区、宁夏内蒙古河段以及黄河小北干流河段开展了两期河湖健康评估工作，为河流检测，为湿地把脉，将黄河水功能、水质、水量、水生态等"健康指数"纳入全方位监控，研究探索建立黄河生命健康的科学评估体系。黄河大北干流河段健康评估工作也正在紧锣密鼓地进行。

在河口，早期开展的刁口河故道及尾闾湿地补水生态效果监测及评估等一系列保护与修复研究工作不断延展。2015 年，启动建设了流域第一个水生态监测及评估体系——"黄河河口三角洲水生态监测及评估"。经过持续不断的建设，在黄河三角洲渔洼以下 2000 余平方公里的区域，形成 22 条样带 80 个监测点位的水生态监测网，包含 20 个地下水监测井的站网及 34 个近海水生态监测点位，为新形势下流域水资源管理和水生态保护提供了示范。

新时代赋予的黄河水资源、水生态保护各项新使命中，生态流量工作是至关重要的一环。黄河流域水资源保护局研究界定了资源性缺水区域生态流量内涵和工作思路。2017 年，水利部批复了《黄河下游生态流量试点工作实施方案》，将生态流量纳入黄河水量调度计划。2017 年、2018 年，在鱼类繁殖孵化以及河道、河口湿地植被发芽生长关键时期，黄委通过调节黄河骨干水库下泄流量，控制重点生态断面流量，构建适宜的生态生境，成功实施了敏感期生态流量调度实践，深入推进了以生态保护为目标的黄河功能性不断流实践。

锲而不舍，金石可镂。如今，黄河淡水湿地面积稳步增长，沙鸥翔集，锦鳞游泳，奏响了生态复苏的渔舟唱晚。干流城市饮用水水源地、黄河下游及河口三角洲、渤海黄河口水域等受损生境和环境的修复工作得到积极推进，生态环境恶化的趋势基本得到遏制。水生态文明建设已在黄河流域取得良好开局。

40 年，足以使朝气蓬勃的年轻人青丝生华发；40 年，也能令一项事业从青涩长成"不惑"。在一代又一代勤勤恳恳、任劳任怨的水资源保护者的殷勤呵护下，水资源保护事业才得以从萌芽初发成长得枝繁叶茂。

2008 年，汶川抗震救灾，水资源保护局组成灾区供水应急监测组，奉命开赴第一线。移动实验室千里驰援，黄河水资源保护工作者在余震不断的环境中坚持 20 余天，完成了灾区饮用水水质监测任务，被中华全国总工会表彰为"抗震救灾重建家园工人先锋队"。

2010 年元旦，渭河出现严重油污染事故，污染水团进入三门峡库区，沿河数十万百姓用水安全受到威胁，他们顶着刺骨的河风昼夜坚守 15 天，终于换来了母亲河的康复安宁。

正是这无数个通宵达旦的不眠不休，无数次历经挫折后的锲而不舍，成就了黄河水资源保护工作的诸多"第一个"：

第一个适用于高含沙河流的水质自动监测站实现水利系统在大江大河实施水质自动监测"零"的突破；

第一个国内用于流域水资源保护的数字化监控中心成立；

第一个在水利系统建立突发性水污染事件快速反应机制；

第一个依据《水法》提出主要污染物入河总量限制排放意见；

第一个落实省界缓冲区监督管理职能和入河排污联合执法检查；

第一个探索沿河新兴工业园区水资源保护监督管理；

……

"全国水利先进集体""全国水利系统水资源工作先进集体""全国青年文明号""全国模范职工之家""大禹水利科学技术奖一等奖"，多项荣誉记录着这个集体一路走过的风风雨雨，也标志着黄河水资源保护队伍已成长为保护母亲河的中坚力量。

黄河在我国生态文明建设格局中举足轻重。然而流域脆弱的生态环境、巨大的发展压力，决定了黄河水资源、水生态保护任务的艰巨性、长期性和复杂性。大河安澜代代相承，新时期，黄河水资源保护工作者有信心也有决心和能力举起新时代的旗帜，将保护母亲河的使命薪火相传，在建设流域山青水净、河畅湖美的美好家园大道上，积极探索，前行不辍！

黄河流域水资源保护局　　执笔人：殷维琳　张依依

破浪前行谋发展　砥砺奋进保安澜
——改革开放 40 年黄委经济工作综述

1978 年，党的十一届三中全会召开，中国共产党用改革开放的伟大宣示把中国带入一个崭新时代。40 年来，黄河治理顺应水利改革发展，成功实现了伏秋大汛岁岁安澜，让千年"害河"变"利河"，正演奏着人水和谐的时代强音。40 年来，黄委综合经营从无到有，在实践中摸索前行，在摸索中发展壮大，为保障治黄事业发展和稳定治黄队伍做出了重大贡献。

解放思想　经济工作的地位和作用越发凸显

改革开放吹响了思想解放的号角，也开启了水利改革发展的新篇章，催生了水利综合经营这一新兴事业。

在计划经济体制下，黄委承担全流域防洪工程的建设管理和治黄基础工作，为国民经济发展和社会稳定提供防洪安全和水资源保证。黄河的工程建设和人员机构经费长期靠国家拨款。党的十一届三中全会以后，经济体制改革不断深化，水利事业经费统收统支体制打破，治黄事业经费不足问题日益突出，而黄委自身经济基础十分薄弱，治黄发展受到影响，开展综合经营成为必选项。

改革开放之初，人们对水利综合经营的认识未及时跟上形势变化，认为搞综合经营会影响到工程管理。1978 年，水电部在湖南省桃源县召开的全国水利工程管理会议，让水利人吃下了定心丸。会议号召学习桃源县水利管理和开展综合经营的经验，充分证明了开展综合经营和工程管理并不是对立的，而是相辅相成的。桃源会议为水利综合经营正式在水利管理单位上了"户口"，取得了合法地位，黄委综合经营工作由此起步。

全国综合经营工作的迅速开展，得到了中央有关部门重视。1979年底，水利部、财政部和国家水产总局联合召开了全国养鱼和综合经营会议，明确了开展综合经营是水利管理的基本任务之一，要作为水利系统的一个行业进行管理。为落实这方面要求，1985年1月，黄委综合计划处设立生产经营科，负责生产开发经营项目，标志着黄委综合经营工作正式展开。1986年3月成立综合经营管理办公室，由单纯的搞项目转向对全河综合经营工作的服务、指导、扶持、规划、协调。随后全河各级都建立了相应的综合经营管理机构，形成了自上而下的领导管理体系。

实践是检验认识正确与否的唯一标准。经过广大职工的努力，黄委经营工作从工程管理单位发端，在勘测、设计、水文、水保、科研、教育、卫生等方面全方位铺开，经营范围也由过去的单一种植业，发展到养殖、水、农、工、商、游、科教咨询、服务等多面开花，遍及全系统。1989年，全河综合经营年总产值已突破1亿元，随着进入了全国水利系统综合经营前10名。当年由综合经营单位（企业）支付工资的国家职工6283人，支付金额1050万元，弥补了部分事业经费开支。

20世纪90年代，随着社会主义市场经济体制的建立，全委对经济工作的认识不断深化，开始突破经营的范畴，提出了建立和发展黄河产业经济的新思路，黄委水利经济步入快速发展时期。"八五"期间，全河经营产值以每年32%的速度递增，利润年递增速度为38%。1998年"三江"大水之后，国家加大了水利基础设施建设的投资力度。全河上下以发展工程施工、勘测设计咨询为重点，带动其他产业共同发展，经济总量保持较快增长。

随着综合经营行业管理范围的逐步扩大，任务加重，为适应行业管理需要，1990年10月黄委成立综合经营管理局；1995年，成立黄委经济工作领导小组办公室，主要负责组织制定经济发展规划、主持经营开发项目可行性研究论证并实施立项决策、组织开展经济发展重大政策研究等任务。2003年2月，黄委经济发展管理局正式成立，主要负责黄委经济发展的宏观管理和行业指导、研究和编制黄委经济发展战略（规划）、履行黄委直管国有经营性资产出资人代表职责并行使投资主体职能、推动委属企业建立现代企业制度、负责组织由黄委直接投资的经营项目论证并组织实施、负责管理黄委直属公司、负责委属单位经济发展目标的制定和考核等，黄委经济发展驶入快车道。

40年间，黄河经济的规模和作用都发生了巨大的变化，持续保持了良好发展态势。全河由河产收入不到30万元发展到2017年经营总收入158亿元。2017年底，全河拥有独资、控股企业176家，账面资产总额204亿元、净资产60亿元；系统内企业身份职工9300人，长期聘用人员2500人。

黄河经济的大力发展弥补了事业经费不足，提高了职工收入水平，安置了事业单位富余人员，促进了水管体制改革的顺利实施，为稳定治黄队伍，促进治黄工作做出了积极贡献。2017年全河经济工作会议明确指出，要把黄河的事情办好，就要在推进治黄事业快速发展的同时加快经济发展步伐。全委对经济工作在治黄事业发展中的地位和作用已形成共识，全河上下对经济发展更多惠及民生充满期待。

规划先行　黄委经济发展更加理性

行业管理水平的高低直接影响着全河经济的发展，促进全河经济健康发展是全河经济行业管理部门一直不懈追求的目标。

黄委经营工作起步晚、底子薄、基础差，怎么搞综合经营，没有经验可循，20世纪80年代受经济发展过热的影响，综合经营上项目过多过快，经验不足，管理跟不上，一些项目经济效益不佳。1990年，按照调整巩固、稳步发展的方针，对全河综合经营开展"清项目、清资金、清效益、清债权债务"工作，通过清理排队，对管理不好、经济亏损的项目，帮助分析原因，加强领导，对一些没有发展前途、生产不对路或选项有失误的项目，坚决关停并转，甩掉包袱、轻装上阵。

治标还需治本。分析发展中出现的问题，症结在于缺乏符合实际的总体发展规划，对经济的发展缺乏前瞻性和战略性研究，发展思路、发展方向和总体布局不明确，经营行为带有较大随意性和盲目性。2003年，黄委党组明确提出，经济发展必须有一个符合实际的经济发展规划作指导。

黄委经济发展规划　经管局供图

新成立的经管局直接牵头，组成编写组深入调研，摸清家底，开展专题研究，不断论证，编制了《黄河水利委员会经济发展规划》。这是黄委出台的第一部经济发展纲领性文件，规划提出了经济发展总体思路、目标、重点和保障措施，重点解决经济体制和运行机制不适应经济发展需要、产业结构不合理、企业发展缺乏后劲、经营管理人才匮乏等突出问题，谋划了黄河经济的可持续发展之路。

"规划先行"更需"规划长行"。近年来，黄委陆续出台了《黄河水利委员会2009—2010年经济发展计划》《黄河水利委员会经济发展"十二五"规划》《黄河水利委员会经济发展"十三五"规划纲要》，并分别于1988年、1995年、2003年、

2007 年、2012 年、2017 年召开了全河经济工作会议（座谈会），引导全河各级单位聚焦主要矛盾、认清自身优势、抢抓发展机遇、理清思路目标。经济发展规划的实施，为黄委经济发展指明了方向。沿着规划制定的路径目标，黄委经济发展步履铿锵，经济效益、发展质量、可持续发展能力实现了质的飞跃。"十一五"末期全河实现经济总收入 80.8 亿元，是 2005 年的 2.03 倍，增长率为 103%，年均增长速度为 19.4%。"十二五"期间，全河共实现经营总收入 664 亿元，较"十一五"增长 87%；累计实现利润总额较"十一五"增长 41%。

深化改革　经济管理运行进一步规范

改革的核心是制度设计。黄委经济发展应该走什么样的路子，不仅需要实践、认识、再实践、再认识的过程，还需要通过一系列科学管理制度来规范。

2012 年，全河有水利水电工程施工企业 67 家，其中：总承包一级资质企业 21 家、二级资质企业 35 家、三级资质企业 6 家、无资质企业 5 家。为切实推动企业规范管理、控制风险，实行联合重组、资源整合，优化产业结构，提高发展质量和效益，形成有利于发展的体制和机制，经管局就施工企业发展现状、运行中存在的主要问题、施工企业规范管理与资源整合等内容，对委属单位和部分施工企业进行了调研，制定了《关于促进施工企业规范管理与资源整合的指导意见》。按照"一企一策"原则，委属有关单位制定了企业清理整合方案，累计清理施工企业外设分支机构 200 多个，清理整合（含停业）施工企业 22 家。2017 年，全河有水利水电工程施工企业 45 家，其中：总承包一级资质企业 20 家、二级资质企业 23 家、三级资质企业 2 家。通过资源整合和规范管理，有效控制了企业经营风险，提高了企业竞争能力。

风险控制在企业管理运行中作用非常重要。2008 年 5 月财政部等五部委印发了《企业内部控制基本规范》，除在上市公司执行外，还鼓励非上市的大中型企业执行。2010 年 4 月，财政部、证监会等五部委联合发布了《企业内部控制配套指引》。经管局认真学习领会有关精神，进行专项调研，制定出台了《黄委关于加快构建企业内部控制体系的意见》。在意见指导下，黄河设计公司、三门峡明珠集团已基本建立起内部控制体系并开

2008 年，黄河系统施工企业发展研讨会召开
经管局供图

展内部评价工作，其他一些企业初步建立了较为可行的内部风险控制制度，有力保障了企业健康运行、良性发展。

2013年12月，水利部印发了《水利部关于加强事业单位投资企业监督管理的意见》，对规范和加强部属事业单位投资企业监督管理，防范投资风险，促进国有资产保值增值提出明确要求。为促进事企分开，规范事业单位依法依规管理投资企业，经管局成立专项调研组，就黄委事业单位投资企业法人治理结构现状，进行了实地调研，研究制定了《黄委关于加强事业单位投资企业法人治理结构建设的指导意见》，并全力推动落实，目前黄委部分施工企业已完成股份制改造，并初步建立董事会、监事会、经理层和党组织相互制衡的法人治理结构。

单个项目构成了企业发展的基础，而项目管理关系到经济效益的实现和未来发展。为加强黄委企业重大经济项目管理，控制经营风险，提高经济效益，黄委启动了企业重大经营项目巡视督查工作，制定出台了《黄委企业重大经济项目巡视督查工作办法（试行）》，确定了工作总体原则，明确了工作范围和督查重点，提出了工作实施路径，并对督查结果的运用做出了说明。要求既定，实践铺展。截至目前，已累计实地巡视督查黄委施工企业重大项目23个，合同金额累计超过34亿元。

因地制宜　自身优势进一步发挥

俗话说：靠山吃山，靠水吃水。对于黄委经济而言，这也是40年实践总结出来的重要经验。事实证明，黄委经济总量实现持续增长，正是得益于发挥了供水、土地开发、勘察设计咨询、工程施工等行业的优势。

靠什么吃什么，但能否吃出不一样的滋味还有待重新审视盘中之物。在机遇和压力面前，黄河人勇于探索创新，在立足自身优势加快发展上做出了文章。

做好供水文章。

黄河以占全国2%的径流量承担了占全国15%耕地面积和12%人口的供水任务，黄河水已成为流域内基础性的自然资源和战略性的经济资源。发展供水是黄委的天然优势。

邹平河务局培育的黄河供水模式是全河商业供水产业和黄河水资源开发利用的典范，演绎了现实中的"变水成金"。

顺着水路找财路。2002年，山东邹平县开始实施工业强县发展战略，邹平河务局紧抓邹平经济发展这个大环境下黄河水直供的重大机遇，义无反顾地投资韩店水库，并成立邹平黄河供水公司。供水公司采用民营股份制形式，成为全河第一家民营供水企业。经过15年的解放思想、艰苦奋斗，一个仅40余名职工的县级河务局创造了年收入过亿元，上缴水费上千万元的奇迹，尤其韩店水库的运营，给邹平河务局带来了巨大财富，这座"水上银行"创造的效益在反哺山东治黄事业发展的同时，最大限度地弥补了治黄经费的不足。

"邹平模式"的成功加快了黄委供水产业发展步伐，山东、河南两局积极发展远程供水、跨区供水和直供水项目，"供水大户"山东河口管理局、滨州河务局、淄博河务局加大供水管控力度，深入推进"两水分供、两水分计"，切实加强引水监督，实现水费足额征收。山东河务局拓展直供水项目，和利津陈北水库已达成合作协议，既解决了利津县国有资产长期闲置的难题，又为河务部门开辟了稳定可靠的财源。河南河务局积极推进巩义豫联水厂二期项目，开拓供水市场、拓宽供水空间。

为规范管理，黄委积极推动建立适应经济发展需要的供水经营管理体制改革，对黄委、省局、市局供水管理单位及县局闸管所进一步整合，并进一步理顺水量调度与供水生产经营的关系，促进引黄供水事业发展。同时，抓好水价政策研究、攻关工作，建立合理的水价形成机制。引黄水价调整后，通过经济手段促进了有限黄河水资源的优化配置，确保了黄河不断流，推动了黄河流域产业结构优化，促进了水资源的节约、保护和利用。2017 年，全河供水收入达到 5.6 亿元。

开展技术服务。

技术服务是一个智力投入型行业。黄委技术服务企业主要为工程项目的决策实施提供规划、选址、可行性研究、融资和招投标咨询、造价咨询、工程勘察、工程设计、项目管理、工程监理、移民监理、水资源评价、环境评价等。作为黄委人均利润最高的产业，黄委技术服务企业为黄河经济的健康发展提供了有利支撑。

黄河设计公司抢抓机遇，大力拓展工程总承包业务。依托公司多年的总承包业务积累和强大的人才技术优势，2015 年 8 月，黄河设计公司在与中国电建集团等五大综合甲级设计院的竞争中胜出，强势中标兰州水源地建设工程总承包项目。公司还陆续承揽了黑河黄藏寺、云南柴石滩、鄂北水资源配置等一批总承包项目，实现了总承包业务的重大突破。2015 年、2016 年，工程总承包新签合同额超过 85 亿元，项目遍及 10 余个省份，涵盖水利、市政、核能、建筑、交通、化工等多个行业，业务可持续性良好。上中游管理局所属规划设计院依托自身优势，积极承揽社会工程项目，取得了良好的经济效益。水文局所属水文科技公司多措并举研究销售水文科技产品，公司经营业绩逐年提高。移民局所属河南黄河移民经济开发公司坚持信誉至上、诚信经营，积极与地方政府、移民实施机构建立良好合作关系，实现效益与口碑"双赢"。

如今，黄委技术服务企业充分发挥人才、技术、设备、基础资料优势，在大力发展规划设计、工程咨询、工程监理、岩土工程、移民监理等主导产业的基础上，积极进军工程总承包、PPP、交通、市政、环境评价、水土保持、信息服务等市场，已具有较高的社会知名度和影响力。2017 年，全河技术服务企业营业总收入达到

37 亿元。

布局河产资源。

水是国民经济的命脉，水电又是清洁能源，是国家鼓励发展的产业。三门峡黄河明珠集团坚持"以电为主、多业并举"，在圆满完成黄河防汛、防凌、灌溉、供水等社会公益任务的同时加大水电开发力度，"十二五"期间实现年均发电量不低于 14 亿千瓦时，其中 2013 年三门峡水电厂实现了年发电 18.04 亿千瓦时、汛期浑水发电 4.37 亿千瓦时的历史最好成绩。

土地资源是黄河系统的又一大优势。目前，黄委拥有的土地资源面积超过 30 万亩。虽面积总量可观，但多数是淤背区，土地狭长、分散、保水保肥能力差、基础设施不完善，如何才能让其发挥应有的价值呢？

惠民河务局提供了"大崔模式"。惠民河务局辖区堤防工程长度 46.48 公里，4900 余亩淤背区全部得到开发利用。长期以来，按照"宜林则林、宜果则果、增量增效"的原则，坚持大力发展淤背区林果种植开发不动摇。到目前，已形成适生林 2700 亩、果园 1900 亩、各类苗木繁育 300 亩。通过发展淤背区林果种植，增加了经济效益，保护了生态效益，提高了防洪效益，拉动了沿黄地区的经济社会发展。

惠民河务局只是全河开发利用土地资源的一个缩影。40 年来，各级单位在如何有效开发利用土地资源上迎难而上，解放思想，立足自身实际进行了大胆尝试，探索出了一些行之有效的开发模式。以淤背区开发为重点，以建设黄河生态景观线为中心，结合黄河防洪工程（标准化堤防）建设和区域经济发展情况，因地制宜，积极培育苗圃，合理发展经济林。结合黄河下游堤防和周边城市建设需求，初步建成了一些黄河苗木培育基地，重点发展优良的乡土树种和彩叶树种，逐步形成了大中小苗阶梯式培育模式，并培育了"黄河园林"等在行业内享有较高知名度的黄河苗木绿化企业品牌。2000 年以来，委属有关单位结合黄河工程建设，深入挖掘资源优势，统筹规划，科学设计，完善基础设施建设，以水为底蕴，注入科普、历史、互动等元素，开发黄河特色旅游产品，已成功申报国家级水利风景区 22 家。这些景区体现了黄河文化、沿黄人民的精神风貌，展示了人民治黄最新成就，在维护工程安全、改善生态环境等方面发挥了积极作用，并成为沿黄城市居民假期休闲的好去处。

拓展外部市场。

1991 年党的十三届八中全会将水利定位为基础产业，即"水利是农业的命脉，是国民经济和社会发展的基础产业。兴修水利是治国安邦的百年大计"，在这一背景下，黄委工程施工企业抓住机遇，积极参加黄河和有关省区水利工程建设，资产逐年增加，资质得到提升，市场竞争能力进一步增强，外部市场占有份额不断扩大。

黄河建工集团规范管理，提高项目管理水平，突出主业，支撑公司加快发展。

面对重大项目多、管理任务重的工作实际，公司实行《重大工程项目巡视督查制度》，强力推行"四统一"项目管理模式，按照"三保三创一培养"的项目管理要求，围绕"大管理"指导思想，以"三个优化组织、四个安全建设、五个加强管理"为重点，建立了适合公司实际的项目管理体系。近年来，公司已承揽合同总额近10亿元的"国家172项重大水利工程"项目9项，年均经营总收入超过6亿元，净资产已达到3.4亿元。

进军南水北调中线干渠养护市场是黄河养护职工立足自身优势，提升黄河经济发展质量和效益的重要举措，专业的相似使黄河养护职工能够尽快熟悉业务，并努力探索总结出适应南水北调工程运行、能够更好完成日常养护管理任务的工作模式。如今，"黄河养护"的大旗飘扬在南水北调中线干渠，标志着"黄河养护"已不再拘囿于内部市场，不再因试水陌生行业而扎猛子、呛水，已经畅行在熟悉的领域。

"走出去"的黄河人更加坚定了开门治河的思想。近年来，各级单位主动作为、因势而谋、应势而动、顺势而为，主动对接地方经济社会发展，搭上地方发展的顺风车。山东济南河务局贯彻落实济南市"携河发展"战略部署，近两年来争取地方政府直接投资约5500万元；河南郑州河务局助力郑州市打造"国家级中心城市"，在区域融合发展中积极找准位置、扮演角色，近五年来争取地方政府投资8000万元。

开拓进取　委直经济在变革中稳步前行

2003年，顺应国有资产管理体制改革要求，委直经济管理和发展这一重担便落在了经管局肩上。

面对错综复杂的发展环境和深化改革各项任务，经管局坚持从研究宏观经济形势、国家政策导向及黄河流域整体规划入手，以发展战略、中短期规划为统领，科学谋划委直经济发展，推进委直经济业务转型升级。积极推进事企分离改革，通过修订完善公司章程，明确公司董事会、监事会组成及职责，完善企业法人治理结构。不断强化制度建设和改革，引导委直经济提高发展质量，通过确定科学合理的考核指标体系及奖惩机制，调动职工积极性，提升经济发展内生活力。目前，委直经济产业面有序扩展，形成工程施工、设备销售和招投标代理并存的产业格局，产业链逐步延伸，在实现国有资产安全和保值增值方面交出了一份满意的答卷。

——立足工程施工，深耕南水北调。黄河水电工程建设有限公司在20世纪90年代水利工程建设快速发展的背景下应运而生，成立以来公司立足黄河、面向全国、一业为主、多业并举，积极参与洛河故县水利枢纽、黄河小浪底水利枢纽、黄河万家寨水利枢纽等黄河水利工程建设，并先后承建山西张峰水库输水工程、汝州滕口水库除险加固工程、西藏拉萨市墨达灌区雪达干渠工程、酒泉基地河流堤防工程、广州亚运水利整治工程等一大批有代表性的系统外工程施工项目，树立了良好品牌和口碑。公司年新签合同额也由改制初期的不足 5000 万元发展到如今近 2 亿元。随着工程项目管理体制改革的不断深化，代建制逐步应用于大型水利工程施工领域，公司抢抓机遇，于 2013 年成功中标南水北调中线干线镇平代建项目，成为第一家中标南水北调项目的黄河企业。以此为开端，公司提出"盯住南水北调深耕"的思路，抓住南水北调向社会购买服务的市场机会，先后在河南分局、渠首分局、北京分局承接闸站建设、园区绿化、养护施工、应急抢险及监理等项目，积极引进新技术及新型机械设备，打造标准化养护渠段，强化现场规范化施工管理，与南水北调方面建立了良好的合作关系，取得了累计中标近亿元的良好业绩。被评为中线局维护先进单位，站稳了南水北调市场。

——拓展招标代理，服务水利建设。2000 年《中华人民共和国招标投标法》颁布实施后，招标代理行业蓬勃发展。河南黄河建设工程有限公司发挥招标代理资质优势，牢固树立服务意识，凭借严谨的工作态度和过硬的业务素质，先后承担完成了黄河下游防洪工程、黄河龙口水利枢纽水电站工程、黄河潼三段防洪工程、黄河小北干流防洪工程、日喀则地区聂拉木曲水电站工程、南水北调中线供水配套工程等招标项目 1100 多项，累计中标金额 175 亿元，受到了项目各方的一致好评，为地方经济发展和水利工程建设提供了有力支撑。

——不忘光荣使命，挺身抢险救灾。在委直经济中有这么一支特殊的队伍，这便是黄河防汛抗旱物资储备管理中心，前身是成立于 1953 年的黄委物资处及所属部门黄委二里岗仓库。20 世纪 90 年代，顺应国家改革需要，物资处撤销，百余名职工成建制转入物资公司。没了铁饭碗，身份变为企业，这些都没有让他们退缩，在工程机械代理行业拼出一方天地，代理品牌市场占有率常年居河南省前列。市场中的摸爬滚打没有让他们忘记身上最初的使命，2008 年的汶川地震，2010 年的舟曲泥石流、江西大洪水、吉林防汛抢险救灾，2011 年的湖北抗旱救灾，2013 年的黑龙江特大洪水，2017 年的湖南湘阴抗洪抢险……他们的身影多次出现

2010 年，紧急调运防汛物资空运至南昌救灾前线
经管局供图

在抢险救灾一线，累计行程 68000 多公里，在困难和灾情面前树起一面不倒的旗帜。"5·12 汶川地震黄委抗震救灾先进集体"、黄委"黄河抗洪抢险先进集体"，河南省总工会"工人先锋号"等荣誉，镌刻着他们勇于担当的光辉足迹。

——抓党建促发展，以发展强党建。市场的磨砺，抢险救灾的考验铸就了一支敢打硬仗、善打硬仗的队伍，这同时得益于党建工作的强有力保障。经管局成立以来，始终将党建作为一切工作的生命线，为经济事业发展提供坚强政治保障。党的十八大以来，扎实开展了党的群众路线教育实践活动、"三严三实"专题教育、"两学一做"学习教育等，为加快单位发展步伐，增强业务能力营造了良好氛围。全局风貌焕然一新，先后被授予全国农林水利系统和谐企事业单位、河南省先进党支部、黄委先进基层党组织等荣誉称号。黄河防汛抗旱物资储备管理中心党支部荣获首批"黄河先锋党支部"荣誉称号。

继往开来　谱写全河经济工作发展新篇章

40 年砥砺奋进，40 年春华秋实，经济情况的好转，一系列民生措施得以实施，真正做到了发展成果与职工共享。事业经费不足得到较大缓解，职工办公、生活条件快速改善；地方工资政策逐步兑现，职工收入稳步提升，幸福感进一步增强；在职及离退休职工定期享受健康检查，对困难职工开展"大病救助""困难帮扶"等帮扶活动；连续多年保障了离退休职工"两费"按时、足额发放。一件件看得见、摸得着的实事，温暖了职工的心，更激发了职工的工作热情，为凝心聚力做好治黄工作注入了生机与动力。

雄关漫道真如铁，而今迈步从头越。40 年成就来之不易，新的征程任重道远。党的十九大指出，中国特色社会主义进入新时代，我国社会主要矛盾已经转化为人民日益增长的美好生活需要和不平衡不充分的发展之间的矛盾。2017 年中央经济工作会议指出，我国经济已由高速增长阶段转向高质量发展阶段。2017 年，黄委党组提出"维护黄河健康生命，促进流域人水和谐"的治黄思路和"规范管理、加快发展"的总体要求。治黄事业的发展、治黄队伍的稳定、职工对美好生活的向往等，诸多发展需求无一不挑战着经济工作的支撑保障能力。

站在新的历史起点上，面对不断变化的新形势、不断出现的新挑战和不断涌现的新问题，黄河经济工作坚持以习近平新时代中国特色社会主义思想为指引，毫不动摇地坚持改革方向，以提高经济发展质量效益为中心，以规范管理、加快发展为重点，着力构建适应经济发展新常态的发展方式和体制机制，筑牢经济发展基础，推进黄委经济又好又快发展。

经济发展管理局　　执笔人：赵　谦　王文增　孙　彬

科技兴河　春风浩荡

——改革开放 40 年黄河水利科学研究院改革发展综述

如果说 1978 年 12 月召开的十一届三中全会，为曾经迷途的中国点亮了明灯，那么同年召开的全国科学大会就是为科技领域送来了复苏的春风。

大会奖励的 7657 项科技成果中，有 7 项属于黄科所。这个来自黄河岸边的普通治黄科研单位，从此同她的祖国母亲一样，昂首迈进了改革发展的春天。

1978 年，全国科学大会奖状　黄科院供图

一夜春风，一批学人
打造出成果、出人才的科研氛围

忽如一夜春风来，千树万树梨花开。

全国科学大会之后，黄科所科技人才培养步伐大大加快。

1978 年 10 月，黄科所的何国桢赴荷兰代尔夫特大学进修。他是改革开放初期第一批被选送出国学习的。之后，黄科所又利用世界银行贷款等国际合作项目，相继选派李文学、姜乃迁等 20 多位同志出国深造，他们学成回国后，发展壮大了黄科所科研队伍，很多人还走上了领导岗位。

1978 年 11 月，黄河泥沙研究协调小组委托清华大学举办的泥沙研究培训班开班。著名水利专家钱宁、林秉南主讲流体力学、泥沙运动理论等。黄科所的潘贤娣、程秀文、缪凤举等人参加培训，5 个月的学习之后，他们的理论水平得以提高，科研视野得以拓展，经过日后的不断努力，成为泥沙研究领域的骨干。

这一时期高考制度恢复，一届又一届，一批又一批本科生、硕士生、博士生进入黄科所，黄科所科研实力不断提升。

随着改革开放的深入，学术交流活动更加活跃。河海大学与黄科院（黄河水利委员会水利科学研究所 1991 年更名为黄河水利科学研究院，简称黄科院）合作共建的黄河研究生培养基地、人社部批准成立的黄科院博士后科研工作站，为黄科院培养高层次人才提供了平台。面向青年科研人员的黄科院院所长基金项目，促进了学科梯队建设，为学科和人才团队建设逐步完善做出了贡献。

"黄河科技讲坛""黄河青年论坛"邀请知名院士专家、青年才俊来院开展学术讲座，新的思想在此传播；"黄科院青年博士论坛""成长第一季"成为年轻人开展学术讨论的沙龙，新的成果在此交流。

40 年来，通过科研实践和理论培训、学术交流，黄科院许多优秀人才脱颖而出，其中赵业安、屈孟浩、潘贤娣、钱意颖、姚文艺、江恩慧等由于在泥沙学科中取得显著成就，荣获国际上泥沙研究学术最高奖——钱宁泥沙科学奖；赵业安 1987 年被授予"全国五一劳动奖章"，1989 年被国务院授予"全国先进工作者"称号；潘贤娣被选为第七届全国人大代表……

先后有 14 人享受国务院特殊津贴，拥有百千万人才工程国家级人选、十佳全国优秀科技工作者、国家有突出贡献中青年专家、中组部联系专家、中原学者、水利部水利科技英才、"5151 人才工程"部级人选，还有河南省科学技术带头人等。

40 年来，在国家"八五"科技攻关计划、国家科技支撑计划、国家自然科学基金、"十三五"国家重点研发计划、水利部公益性行业科研专项等国家级和省部级科研项目中，黄科院主持和主要参与完成了多项密切联系治黄生产实践的研究，有 135 项科研成果获国家、省（部）级科技奖，其中"黄河中游粗砂来源区及其对黄河下游淤积的影响""黄河下游游荡性河段整治研究""黄河调水调沙理论与实践"等 21 项成果获国家级奖励，"黄河小浪底工程关键技术研究与实践""黄河高含沙洪水模型相似律的研究"等 117 项成果分别获大禹水利科技奖、河南省科技进步奖等省部级奖励。仅近 10 年里，全院就获得国家专利 103 项，发表论文 2141 篇，其中 SCI、EI 检索论文 279 篇。

两座水库，一腔赤诚
在治黄决策关键节点提出科学依据

作为黄河治理开发的科研机构，为治黄提供科技支撑，是黄科院的初心和使命。

——研究提出潼关高程控制目标和三门峡水库运用调整方式

由于对黄河水沙规律认识不清，三门峡水库 1960 年投入运用后淤积严重。三门峡大坝面临多舛命运。1964 年 12 月，周恩来总理主持召开治黄会议。会议决定本着"敞开排沙"和"径流发电"的原则，对三门峡工程进行改建。

会后，黄科所在前期三门峡水库淤积资料分析、改建建议等研究的基础上，继续开展进一步改建必要性的观测研究、水库溢流坝段泄流排沙底孔水工模型试验、溢流坝段底孔三向光弹应力试验、水库修建前后黄河下游冲淤及输沙特性研究等一系列、长时间、多学科的综合研究。最终提出了潼关高程控制目标，找到了解决水库泥沙淤积问题的基本办法——加大泄流排沙，调水调沙，实现蓄清排浑，使有限库容在无限来沙条件下不被淤废，长期发挥综合效益。

1953 年大学毕业后就被分配到黄委泥沙所（黄科所前身）的潘贤娣，亲身经历了三门峡、小浪底水库的设计和运用。在三门峡水库改建对水库和下游河道冲淤影响的研究中，她和麦乔威、赵业安等专家提出了下游河道冲淤的计算方法，为探索多泥沙河流水库下游河床演变特点与河床冲淤规律，提供了重要的研究方法和科学手段。"不知道加了多少班，熬了多少夜！"回忆起和同事们为了三门峡水库改建而不眠不休的那些日子，潘贤娣感慨的口气里透着掩饰不住的自豪。

如今的三门峡大坝，仍巍然耸立在中流砥柱前，履行着她在黄河治理开发事业中的重要使命。

——探索创新小浪底水库设计、建设与运用的重大关键技术

"没有三门峡，就没有小浪底。"在三门峡水库经验与教训基础之上，水利专家们对小浪底水利枢纽的论证更显成熟、睿智。

20 世纪 70 年代，黄委专门成立了小浪底规划办公室，黄科所派出专家对水库设计中的泥沙问题开展研究，进行了系列试验。为了确保建筑物布置形式和电站防沙措施最优，通过枢纽悬沙模型试验六改方案，最终提出泄水建筑物"一字形"排列方案；对孔板消能洞进行了大量系统论证和浑水原型中间试验，验证了孔板消能的可行性和安全性。最终提出的多项方案，均为小浪底设计采用。

2001 年，小浪底水利枢纽主体工程完工，围绕水库不同阶段运用方式的研究仍在继续。为寻求拦沙初期最佳运用方式，黄科院基于水库来水条件偏枯等特点，

研究提出近期优选淤积形态为三角洲形态，提出"适时延长或拓展相机降水冲刷"的水库优化调度方式，从而延缓了水库淤积速度。调水调沙是实现黄河长治久安的关键举措，小浪底水库建成运用为调水调沙提供了条件。塑造异重流是调水调沙最关键的环节，黄科院研究提出了异重流排沙的临界水沙条件、异重流塑造的时间及适宜边界条件等，设计了历年异重流塑造方案，实现了减少小浪底水库淤积、优化库区淤积物组成、优化出库水沙组合等多项预期目标，为在长期枯水系列条件下保证黄河下游河道排洪能力、小浪底水库减淤及三门峡水库保持冲淤平衡发挥作用。

——深入认识黄河下游游荡性河道河势演变规律，提出整治方案

自建院（所）初期，河床演变与河道整治就是黄河科研的重点工作。1999年10月小浪底水库蓄水后，改变了进入黄河下游的流量过程及水量分配，在长期中小流量持续冲刷下，下游河道畸形河湾频繁出现，河势发生明显上提下挫现象，防洪压力增大。

2000年以后，在已有研究成果和实践的基础上，黄科院开始系统研究游荡性河道的进一步整治问题，揭示了"河性行曲"和"大水趋直、小水坐弯"等河势演变规律，提出了"分段整治、突出'节点工程'、实现游荡性河道整治的有机统一"的整治新思路，建立了工程设计指标体系，提出了工程具体布置方案以及近期实施意见。

该研究成果除直接应用于新一轮黄河游荡性河道整治外，在宁蒙河段、渭河、沁河河床演变与河道整治研究、规划及实践中也得到推广应用，并被纳入新修订出版的《水工设计手册》《泥沙手册》。

——持续开展黄河河情年度咨询研究，连年为母亲河健康把脉

2003年，为提高治黄科技含量，促进治黄科技发展，培养治黄科技人才，黄委依托黄科院启动黄河河情年度咨询工作。黄科院专门为此成立涉及多学科、关注全流域的大协作团队，10多年来持续不断、紧张有序的工作，让他们成为母亲河名副其实的"医生"。

黄科院历年向黄委党组递交的《黄河河情年度咨询报告》是根据黄河治理开发管理的迫切需求，对黄河出现的重大问题及存在的具有战略性、前瞻性和基础性的科学问题进行咨询研究，同时对国内外关于黄河问题研究的新成果及进展进行综述，从而提出对黄河规律的新认识，从政策、技术等不同层面上提出黄河治理开发管理的建议，可以说是聚焦黄河、面向公众、面向决策的年度咨询报告。

每年主汛期的结束都意味着当年咨询工作开始。研究人员跟踪分析泥沙粒径、来源、运移，分析研究洪水泥沙演变规律，探讨黄河下游河道接力冲刷等关键技术，为来年水沙调控和黄河泥沙治理提供技术支撑。

年度咨询及跟踪研究已成为黄科院的科研品牌之一，由于研究范围广，且注

重上下游之间的连续研究，对科研队伍的稳定茁壮成长非常有利，"传帮带"的治黄科研传统在这里进一步发扬光大。

一张名片，多种手段
治河技术的不断发展深化了对黄河的认识

多种研究手段的互相补充配合，映射了治黄科技的不断进步。

——"模型黄河"成为治黄科研一张闪亮的名片

多年来，黄科院一直非常重视借助模型试验手段开展实体动床模型试验，在多沙河流模拟方面位居世界前沿。

1956年，泥沙所就开始了黄河悬沙模型律的试验研究，利用1959年在室内建成的与黄河游荡特性相似的小河，开展了黄河游荡性河段的河床演变和河道整治的试验研究，为治黄提供了大量试验研究成果。

1978年，屈孟浩对黄科所多年泥沙模型试验成果进行了系统总结，撰写了《黄河动床模型的相似原理及设计方法》一文，被中国水利学会泥沙专业委员会主编的《泥沙手册》收录，并将其定名为"屈孟浩动床泥沙模型律"。黄科院利用该模型律，在室内进行了黄河下游游荡性河段河道整治试验、滚河模型试验、渠村闸分洪试验、人工淤滩模型试验、黄河三盛公枢纽泥沙模型试验、黄河北干流府谷铁桥高含沙水流动床模型试验、小浪底枢纽悬沙模型试验等多项试验，为黄河下游河道整治和黄河小浪底枢纽的修建提供了科学依据。

20世纪90年代初，江恩慧等人在总结前人研究成果的基础上，进一步提出适合一般挟沙水流与高含沙水流的黄河动床模型相似律，出版的《高含沙洪水模型相似律》一书在泥沙研究领域被广泛引用。该模型相似律对泥沙悬移相似条件提出了新的见解，同时补充了河型相似条件。张俊华等针对多沙河流水库泥沙运动特点，提出了异重流运动相似条件，并应用于三门峡、小浪底、东庄等多沙河流水库模型。

1991年2月11日晚，时任中共中央总书记、国家主席、中央军委主席的江泽民来到黄科院本部南院的试验大厅考察河道模型试验，嘱托治黄科技工作者"依靠群众，应用科技，治理黄河，造福人民"。

1992年，黄科院开始在郑州市北郊建设"模型黄河"试验基地。现已建成七座大型试验厅和两个实验室，分别模拟下游河道、三门峡库区、小浪底库区、万家寨库区等，开展基础研究、水土流失试验、水工试验等。

"模型黄河"试验基地记录着黄科院科研工作者奋进的步伐，也见证了科技对治黄起到的支撑作用。

——数学模型是河流模拟的另一个重要手段

"那个机器有五六米长，我们把它安置在一个空旷的大房间里，就是计算机室了。"泥沙所的老同志回忆起曾经用过的第一台计算机，有一种恍若隔世的感觉。

那时候，泥沙所年轻的女孩子们都擅长一种技能——打孔。计算机采用二进制计算，女孩子们在长长的纸带上按规律打上圆孔，然后送进计算机识别、运算，"读带"不顺的

2002 年，"模型黄河"上的首次调水调沙
黄科院供图

时候，还要用手往里送一送。若是运算结果不满意，纠起错来更是大工程。现在看来，笨重的 TQ-16 远谈不上方便，但与之前计算用的算盘和对数计算尺相比，还是先进多了。

梁国亭 1984 年到泥沙所参加工作，接到的第一个任务就是采购微机，并用BASIC 语言把 BCY 程序从 TQ-16 计算机导入微机。自此，黄河数学模型进入微机时代。

20 世纪 80 年代后期，黄科所用黄河实测资料对国内外一些泥沙数学模型进行验算，发现在少沙河流上使用较好的模型直接应用于黄河还存在很多问题。于是龙毓骞、钱意颖等和武汉水利电力大学合作进行了黄河下游河道变动河床洪水预报研究；后与美籍华人杨志达合作，用黄河位山河段资料对 GSTARS（流管）模型进行了验证和改进，在原型中增加了不平衡输沙方程及水流含沙量对挟沙力的影响因子。

20 世纪 90 年代以来，计算机技术发展步入快车道。"七五"期间，国家自然科学基金重大研究项目和水利部黄河水沙变化研究基金等均对一维泥沙数学模型进行了研究。"八五"期间，黄科院系统研究了水文学、水文动力学和水动力学三类数学模型，进行了大量的方案比选计算，这些模型在"九五"期间小浪底水库运用方式研究中发挥了重要作用。

进入 21 世纪，黄河数学模拟系统建设取得了前所未有的发展，开发完成水流－泥沙－水质数学模型，建成了黄河数学模拟系统平台，兼容其他各类商业数学模型软件，并建成全国水利系统第一家高性能计算中心——黄河超级计算中心。

——各种先进观测设备的应用让治黄科研如虎添翼

2016 年起，张原锋连续 3 年利用参与的美国国家自然科学基金项目，在黄河上开展床面形态、水文泥沙要素等野外观测与取样。

这是继 1958—1959 年钱宁组织黄河床面形态观测后，治黄科研人员首次利用先进测量技术对黄河游荡性河段床面进行较为系统的原型观测。张原锋采用目前国际上最先进的多波束声波测深系统、参量阵浅地层剖面系统及水沙取样等新型设备和仪器，开展多方位的床面形态野外观测。与 60 年前一根根深入黄河的测杆相比，新技术的运用让测量更为准确高效，如同对河床做 CT 检测，测船开过，河床形态便即刻出现在电脑屏幕上。

张宝森是使用各种先进仪器设备的"达人"，每年凌汛期他都会带着满满一车设备到内蒙古河段观测冰凌。传统冰层厚度测量方法要人工打开冰盖，而地质雷达不但不用开孔，甚至不需人员上冰，无人机带着它飞一圈，数据就能实时反馈到计算机上。利用走航式 ADCP 测流仪、BioSonicsDT-X 回声探测仪、无人搭载地质雷达、冰水情一体化地质雷达等先进仪器，可以快速测出冰花厚度、冰下水深、冰下流速、冰期水位、流凌期冰层流速和密度等指标，为应对冰坝、冰塞等危险情况，提供了快速获取数据的便利。

为采集大量技术数据，实现全方位冰凌动态监测，黄科院研究人员利用专门仪器在同一地点自动连续监测或在多地点同步进行自动化连续监测，让凌汛期的被动应急救灾转变为主动干预。黄河内蒙古段什么时候封河、什么时候开河？是文开河还是武开河？黄科院建立的冰凌灾害预报预警模式及黄河冰凌远程视频测量与分析系统可以提前近 2 个月给出答案。

一片黄土，一方新绿
科技助力黄土高原再现绿水青山

经过几十年努力，如今的黄土高坡，不再是风沙弥漫、满目苍凉，而是郁郁葱葱、植被遍野。这背后，是水土保持工作者经受风吹日晒的辛勤努力，更是科技工作者几十年如一日的默默付出。"小流域综合治理"在水土流失治理中立下了汗马功劳，而"小流域"的概念正是黄科院水保学科奠基人吴以敩亲自论证的。

——提出泥沙输移比，回答"为什么进行小流域治理"的问题

山坡被水流冲刷后，多少泥沙能进入支流？多少泥沙会淤积下来？以前学界对这个问题停留在定性、半定量的认识，直到 1979 年，黄科所的牟金泽、孟庆枚、缪凤举等配合黄委，对黄土丘陵沟壑区的山顶、山坡、沟道、支流进入黄河的泥沙进行全过程观测，通过大量资料分析，发现了一个至关重要的数字——丘陵沟壑区小流域泥沙输移比接近于 1。

把丘陵沟壑区的泥沙产生、侵蚀、输移规律搞清楚，从理论推导，到实测资料验证，再到最后给出公式，是从定性到定量的发展。这些重大成果为以小流域为单位的治理提供了坚实的理论基础。

——确定黄河粗泥沙集中来源区，回答"治理哪些小流域"的问题

1959 年，泥沙专家钱宁在一次野外观察时，发现历史上淤积下来的泥沙比黄河河床床面的泥沙粗得多，于是进行深入研究，提出了"对粗泥沙产区集中治理"的设想。1965 年 6 月至 1966 年 5 月，钱宁带领一批年轻人查勘黄河中游，确定了 20 多万平方公里的粗泥沙来源区。

1979 年，在钱宁工作的基础上，黄科所研究人员进一步确定了黄河每年挟带的 16 亿吨泥沙里，80% 来自黄土高原的 13 万平方公里，50% 来自 5.8 万平方公里。对粒径大于 0.05 毫米的粗泥沙的分析表明，其中 80% 来自 11 万平方公里，50% 来自 4.3 万平方公里，同时确定出了其所对应的支流。

2006 年，黄委进一步提出，要确定粗泥沙集中来源区，找到靶心的 10 环。黄科院参与了大量研究工作，与兄弟单位携手，确定了 1.88 万平方公里的粗泥沙集中来源区。这一成果在最新的《黄河流域规划》中得到应用，直接为黄河的开发治理提供了支撑。

——不断开展治理技术研究，回答"怎么治理小流域"的问题

利用水坠法筑坝是西北地区一种多快好省的土坝施工方法。1973 年起，全允杲带领黄科所会同其他单位展开长达 14 年的技术攻关，研究出既适用于黄土高原沙砾土，也适用于我国由北向南分布的各类土质的水坠法筑坝技术。

改革开放后，黄科所对淤地坝的相对稳定、拦粗排细等关键技术开展进一步研究，力求最大可能发挥淤地坝拦沙作用，使淤地坝拦沙具有可持续性。

1979 年，全国水坠坝会议代表现场观察水枪冲土情况　黄科院供图

在小流域治理的林草措施方面，通过大量科学试验，研究人员发现林草措施在一定的暴雨情况下能发挥作用，当暴雨超过一定程度，作用就不再明显，甚至会增加侵蚀。这一结论为小流域综合治理和坡沟兼治提供了依据，即统筹考虑林草、梯田、淤地坝以及其他工程措施的搭配比例。

——跟踪黄河水沙变化研究，预测未来水沙变化趋势

20 世纪 80 年代以来，黄河水沙发生了比较明显的变化，引起多方关注。

1988 年，水利部设立黄河水沙变化研究基金。黄科院在两期研究中都承担了大量组织、分析、研究工作。从那以后，国家"八五""九五""十五"攻关、

国家"十一五""十二五"科技支撑计划、国家"十三五"重点研发计划，黄科院一代人接着一代人，一个阶段接着一个阶段地持续研究水沙规律。

通过对典型支流、沟道和重点河段查勘调研，收集到丰富翔实的第一手资料，探索了黄河水沙锐减原因、水土保持的贡献程度、暴雨条件下来水来沙与近期水保综合治理的响应关系。同时也预测了未来水沙变化趋势，为各阶段治黄决策提供了依据。

——攻克水土保持的最后难关，开展砒砂岩治理研究

随着粗泥沙来源区研究深入，研究人员发现晋陕蒙接壤地区 1.67 万平方公里的砒砂岩区更显特殊，它仅占黄河流域面积的约 2%，但每年向黄河输入粗泥沙达 1 亿吨左右，占下游河道每年平均淤积量的 25%。这里是半干旱－干旱地区过渡带，是黄土－沙漠区的过渡带，草原－草甸区过渡带，水力、风力、冻融、重力侵蚀交互发生，属于生态极度脆弱区。由于缺乏有效的治理措施，砒砂岩区一直没有启动大型治理工程，成了攻克黄土高原水土流失难题的最后一道堡垒。

2013 年起，姚文艺带领的研究团队对砒砂岩区的治理展开总攻。国内十多家科研院所、科技企业、高校和当地政府部门的专家学者一道，为砒砂岩区生态系统退化与复合侵蚀互馈机制的揭示，为砒砂岩区覆土覆沙裸露区生态承载力的评估，为侵蚀阻控技术、植被恢复技术、生态安全保障技术、生态与经济协同恢复技术的提出，为砒砂岩区生态综合治理模式的构建尽心竭力。

通过国家科技支撑计划和重点研发计划项目的实施，水土流失治理逐渐实现了从单一的水土保持到水土保持与生态建设，水土保持与生态恢复、生态衍生产品开发相结合的转变，使水保学科研究范围得以拓展，学科发展得到很大促进。

一项技术，一片市场
不忘初心服务流域社会经济发展

在黄科院探索市场化的道路中，防腐抗磨技术是一个绕不过的点。

黄科院是国内最早进行抗磨蚀研究的机构之一。紧盯多泥沙河流水机过流部件磨蚀问题，研发的环氧金刚砂涂料配方与施工工艺、能源用钢及耐蚀材料等先后获得国家科学大会奖、国家发明三等奖、国家"六五"科技攻关表彰奖等国家级奖励。曾成功解决了三门峡大坝 2 个排沙洞的钢管锈蚀问题，大大延长了机组寿命。

防腐抗磨技术的发展用"三起三落"来概括绝不为过。红火的时候，全院三分之一的人搞抗磨，建有抗磨楼、抗磨实验室；落寞的时候，人走楼空，试验设备被拆除，研究没有任何经费支持。1985 年 5 月，黄科所被确定为科技体制改革试点单位。对内实行所长负责制和经费分类管理，对外逐步实行技术合同制。防

腐抗磨室实行内部承包，独立核算。防腐抗磨室里，有人转到院里其他岗位，有人离开黄科院，也有人艰难地继续科研。

郭维克从1982年大学毕业后，就一直在防腐抗磨室工作，最让他骄傲的事情有两件，一是1977年冬天一举考中武汉水利水电学院，二是对防腐抗磨技术的坚持和突破。2013年起，郭维克把防腐抗磨的"全部家底"手把手教给新入职博士，他们决定重振旗鼓，再次打开防腐抗磨的市场。万家寨水库是第一个突破点。数九寒天里，年轻科研人员们猫在水电站1号机组，戴着口罩，穿着工作服，调试、喷涂，凡事亲力亲为。项目顺利通过万家寨水电站管理局验收，获得一致好评。青铜峡、三峡、小浪底、三门峡、达克曲克……越来越多的水电站用上了黄科院的防腐抗磨材料，市场逐渐打开。市场化运作与政策支持结合，让过硬的技术真正成为单位发展壮大的支柱。黄科院为防腐抗磨技术研究配套了科技发展基金、成果推广转化示范基金，争取到了多途径资金支持。同时，把防腐抗磨技术和泥沙资源利用技术、生态护坡技术作为重点培育对象，打造黄科院拳头产品，实现产业化经营，让市场反哺科研。

水库安全鉴定是黄科院传统强势专业。黄科院开展了小浪底水利枢纽工程深覆盖层斜心墙堆石坝的地震安全性评价，先后承担了三门峡、小浪底、故县等水库大坝的安全鉴定工作。在堤坝隐患探测和建筑安全检测方面，黄科院主编了《堤防隐患

泥沙资源利用设备　黄科院供图

探测规程》《堤防工程安全评价导则》等行业或地方技术标准，彰显了行业话语权。依托黄科院技术力量成立的黄委基本建设工程质量检测中心，以良好信誉和过硬技术赢得市场，承担了郑州市轨道交通等民生工程的第三方质量检测任务，深度融入了地方经济发展。京沪高速铁路桥和三门峡黄河公铁两用大桥的防洪影响评价是黄科院为国家大型建设项目保驾护航的代表。

胸中有大义，肩头有责任。黄科院在社会公益活动中从不落后。"5·12"汶川地震、"4·25"尼泊尔地震、"7·3"皮山地震后，黄科院专家都第一时间赶赴现场，参与震损水利工程应急处置和灾后重建技术援助工作。还积极参加水利部工程质量稽查巡查，负责南水北调、黄河下游标准化堤防工程建设质量"飞检"及检测验收，每次都在最短时间内提供准确的检测数据。

一路探索，多向发展
紧跟形势不断进行学科拓展

"近年来，黄科院先后承担和完成了 41 项国家自然科学基金项目，其中 35 项负责人为中共党员，占比 85%；先后主持并参与的国家级科研项目中，党员负责人占比 78%；承担的水利部公益性行业科研专项 16 项，其中 13 项负责人为中共党员，占比 81%。8 人次获得国家科技进步奖，其中 6 人次为中共党员；21 项成果获省部级科技进步奖，其中党员牵头项目 16 项，占比 76%；33 项获黄委科技进步奖，其中党员牵头项目 26 项，占比 79%……"这一连串振奋人心的数字真实反映了黄科院党建工作在治黄科研上的促进作用。

多年来，黄科院的广大党员干部充分发挥模范带头作用，为推动治黄科研事业发展做出了成绩和贡献。"工作进行到哪里，支部活动就开展到哪里"已成为惯例，黄河源头、黄土高原、下游河道、黄河河口，都留下了黄科院党员的印记。

以先进思想为引领，黄科院不断拓展研究方向，不断优化学科布局，不断更新工作思路，为黄河的长治久安贡献智慧和力量。

——多学科、多专业集结而成的研究团队，是黄科院不断拓展研究方向的缩影

1998 年长江流域大洪水发生后，黄科院敏锐洞察到防汛抢险技术研究的重要性，1999 年 3 月，挂牌成立黄科院防汛抢险技术研究所，这是我国第一个列入科研事业单位建制的防汛抢险科技研发机构。

1999 年 4 月新乡引黄灌溉局（现引黄灌溉工程技术研究中心）划归黄科院，研究范围从黄河下游逐渐向上中游乃至西北内陆河地区扩展，研究方向包括区域水资源利用与配置、节水技术与工程、农业水土环境等。

2002 年 10 月，根据国家需求和治黄实际，黄河水利科学研究院水资源研究所成立，针对水资源管理、水权转换、河流生态需水及河流健康评价等开展研究。

2017 年，党的十九大召开后，黄科院深刻理解推进生态文明建设新使命，做好水生态学科建设；深入贯彻信息化带动现代化的发展理念，推动"智慧黄河"向前迈进。年底，黄科院将江河治理试验中心实体化，瞄准流域水生态环境研究，同时对信息工程中心实行"走出去"策略，在水利信息化领域一展拳脚。

——针对黄河生态问题的多角度、长时间研究，是黄科院积极响应国家政策的体现

在 20 世纪 90 年代黄科院与俄罗斯合作开展的"中俄大江大河河床演变及河流生态治理"研究中，通过对伏尔加河、列娜河、长江、黄河等河流的考察，提出了两国在河流治理中存在的一个共性问题——对河流生态重视不够。

随着经济社会不断发展，这一问题日益受到国家关注，黄科院的研究不断深化。为缓解水资源对经济社会和生态环境的制约，黄科院在水量调度技术、水资源优化配置、水权水市场理论等方面形成大量成果。通过"黑河干流水量分配方案分析评价及优化研究""水权框架下黑河流域治理的水文－生态－经济过程耦合与演化"等项目研究，为黑河流域科学治理、重焕生机提供了决策依据和技术支撑。"黄河干流灌区节水潜力及适宜规模研究"成果在《全国大型灌区续建配套与节水改造"十一五"规划报告》中应用。"黄河干流灌区适宜灌溉规模研究"被列入《黄河流域综合规划》。

2014 年，习近平总书记提出"节水优先、空间均衡、系统治理、两手发力"十六字治水方针，同时明确提出了亟待解决的水安全十大问题，赋予了新时期治水新内涵、新要求、新任务。黄科院将在"十六字治水方针"的指引下，密切围绕十大问题的研究，围绕黄河新情况、新问题的研究，更为合理地分配科研经费，切实把"节水优先"挺在前面，突出"系统治理"的方针，加强治水手段和措施的更新，以体制机制建设为保障，以科研团队建设为依托，确保新的研究成果源源不断涌现。

科技兴河，40 不惑；春风浩荡，波澜壮阔。从治黄科研的元老吴以敩、仝允杲，到老一辈泥沙专家赵业安、潘贤娣，到中坚力量江恩慧、姚文艺、张俊华，再到当下的年轻人，一代代黄科院人始终走在治黄工作的前列，为母亲河的岁岁安澜贡献着自己的智慧和年华，书写着黄河科研新的辉煌。

黄河水利科学研究院　　执笔人：赵何晶　乔增淼

乘风破浪潮头立　扬帆起航正当时
——改革开放 40 年黄河勘测规划设计有限公司改革发展综述

　　破茧成蝶，方能成功。改革开放 40 年特别是党的十八大以来，黄河设计公司顺应时代潮流，勇立改革潮头，不断深化改革，激发内生动能，提升发展质效，走出了一条在改革开放中不断发展壮大的康庄大道。

击楫中流，敢为人先，改革开放焕发勃勃生机

　　1978 年是中国历史上极不寻常的一年，也是黄河设计公司发展史上极不平凡的一年。经水电部批准，1978 年中共黄委临时党组决定撤销黄河规划设计大队，恢复建立黄委勘测规划设计院（简称黄委院，黄河勘测规划设计有限公司前身）。消息传来，黄河设计人无不欢欣鼓舞。

　　1979 年黄委院党委决定制订工作重点转移实施方案，在保证故县水库施工的前提下，集中力量搞好小浪底工程勘测设计大会战，并抓紧完成干流开发规划和其他生产任务。1981 年开始逐步实行独立核算和收费制度。1984 年开始试行技术经济责任制，上级安排和承担的勘察设计任务按数量、质量和规定标准取费，职工奖金通过考核分配，不搞平均主义。1986 年开始，根据国家计委等四部委通知精神，在完成国家下达的治黄勘测设计项目后，可组织职工开展每周不超过 6 小时的业余设计，收入 80% 纳入单位正常收入，20% 统筹分配给职工。1987 年开始实行院长负责制。黄委院在计划财务处设立经营科，开办了服务公司，步入了以经济工作为中心的轨道。

　　1992 年邓小平南方谈话推动了思想新解放。在积极开展国家指令性工作的同

时，黄委院各部门各单位各显神通，掀起了经营热。1995 年至 1998 年，黄委院开展了为期三年的"转机制、练内功、抓管理、上水平"活动。坚持"一业为主、两头延伸、多种经营"的方针，业务从水利水电向建筑、路桥、火电等行业拓展，设计向工程监理、工程咨询、工程总承包业务延伸，勘察向岩土工程、基础处理、桩基检测等业务延伸。锦隆公司、印刷厂等经营实体规模日益扩大。黄委院逐渐成为自负盈亏、自收自支，企业化管理的事业单位，奠定了改企的坚实基础。

世纪之交，勘察设计单位"事改企"步伐明显加快。1999 年 12 月《国务院办公厅转发建设部等部门关于工程勘察设计单位体制改革若干意见的通知》要求勘察设计单位由事业性质改为科技型企业。2000 年 9 月建设部等九部委《关于中央所属工程勘察设计单位体制改革实施方案》明确，黄委院等 6 个水利勘察设计单位改为企业。2003 年 9 月黄河勘测规划设计有限公司完成企业工商注册，实现了体制变革。

改革不是改良，不可能一帆风顺。黄委院改企也遇到不少问题。有的职工担心改为企业后，单位经济来源不稳定。有的"官本位"思想浓，留恋事业单位干部身份。思维方式、生产组织管理体制与市场经济要求尚有较大差距。公司为此开展解放思想大讨论，"早改早主动、晚改必被动、不改没出路"的思想逐渐深入人心。内部机制改革随之启动，推行全员劳动合同制，实行管理人员竞聘上岗，建立了以岗位工资为主的基本工资制度。制定发展战略，明确改企后分步走的目标，促进企业持续发展。

改革的推进，带来了开放的扩大。1980 年 4 月黄委院从法国福拉克公司引进大型钻机到小浪底工地，并组建了有名的"八〇钻机队"。8 月聘请科因·贝利埃公司等四家公司对小浪底工程进行咨询和技术协助。1985 年派出大批技术骨干赴美国柏克德公司开展小浪底工程轮廓设计。随着越来越多的水利水电等工程实践，黄委院的技术实力全面增强，开始从黄河走向全国，并取得国家对外承包工程经营资格，逐渐将"黄河设计"品牌推向世界。

随着中国特色社会主义进入新时代，黄河设计公司敏锐把握国家政策和行业形势，开拓了改革发展新阶段。2016 年黄河设计公司 60 年座谈会提出："加快推进战略转型升级，逐步形成涉及国内国际市场的勘察设计、工程总承包、资本运营'三驾马车'，全面提升工程建设全生命周期服务能力，不断增强公司的综合实力和发展后劲。"围绕战略落实，整合生态水利业务，成立水生态与景观艺术设计院；整合地质、勘探、物探、科研试验等业务，成立岩土工程事业部；成立工程总承包事业部，统筹总承包业务管理。踏着新时代节拍，黄河设计公司开创了改革新境界。

改革开放 40 年，是黄河设计公司不断解放思想、与时俱进的 40 年，是适应生产力发展要求，体制机制发生根本变革的 40 年。黄河设计公司党委书记、董事长张金良说，回首过去的 40 年，改革是最鲜明特征，正是顺应时代需要，深化改革、开拓创新，不断增强生机和活力，黄河设计公司才始终保持着蓬勃朝气和昂扬锐气。

坚守初心，担当使命，治黄生产凯歌高奏

　　黄河设计公司为服务治黄而创立，并在治黄实践中成长壮大。立足黄河、服务治黄是公司的职责所在、使命所系。1978 年以来，黄河设计公司以服务治黄为己任，演绎出了精彩绝伦的华美篇章。

　　黄河治理，规划先行。党的十一届三中全会后，治黄被列入国家的长远规划。根据 1984 年国务院批复的黄河治理开发规划修订任务书，按照黄委统一安排，1990 年黄河设计公司提出了《黄河治理开发规划报告》，进而编制了《黄河治理开发规划纲要》。1998 年开始开展了历时 3 年的《黄河的重大问题及其对策》研究工作。在广泛征求意见的基础上，完成了《关于加快黄河治理开发若干重大问题的意见》。随后以此为依据编制《黄河近期重点治理开发规划》，2002 年得到国务院批复。

　　20 世纪 80 年代以来，黄河流域水资源供需矛盾凸显，下游断流日趋频繁，流域初始水权分配提上议事日程。黄河设计公司以流域九省（区）经济社会可持续发展为目标，优化黄河水资源配置。1987 年 9 月国务院发布了《关于黄河可供水量分配方案报告的通知》。这是首个由中央政府批准的黄河可供水量分配方案，史称"八七分水方案"，对于我国江河治理与开发、管理与保护具有里程碑意义。

　　21 世纪以来，黄河设计公司作为技术牵头单位，完成了黄河流域综合规划修编、黄河流域（片）水资源综合规划、黑河流域近期治理规划、塔里木河流域综合治理规划等近百项综合规划、专项规划和专

1991 年，黄河设计公司地质人员在通天河同加坝址进行地质调查　肖扬摄影

题研究。黄河流域综合规划修编成果，点、线、面结合，长、中、近期协调，覆盖全面、重点突出。已故两院院士潘家铮曾评价说：黄河流域综合规划既考虑了实际情况，也考虑到远期的一些要求，很全面，编得很好！

　　黄河水少沙多，水沙关系不协调，是世界上最复杂难治的河流。随着黄河水沙情势变化和经济社会发展，治黄工作面临新挑战。黄河设计公司围绕热点、难点问题深入探究，开展了"维持黄河健康生命"理论框架体系建设、黄河流域历史洪水调查、黄河水沙调控体系建设、小浪底水库运用方式研究、黑山峡河段开发论证、黄河下游河道与滩区治理研究、黄河长远防洪形势及对策研究等一系列治黄重大战略问题研究，为破解治黄难题提供了决策依据。

　　一座巍巍大坝，一个旷世传奇。历经多年的期盼和呼唤，20世纪80年代黄河小浪底水利枢纽浮出水面。作为工程设计总成单位，黄河设计公司从工程规划、设计到建设、运营全程见证，几代人接力前行、呕心沥血，铸就了这座治黄史上的雄伟丰碑，创造了举世闻名的工程科技奇迹，成为黄河设计公司走向世界的金字招牌。与此同时，设计建成了故县水库、西霞院水库、河口村水库、石门坎水电站……一座座工程见证了黄河设计公司奋勇前进的历史。

　　1994年7月，由黄河设计公司作为工程设计总成单位的黄河小浪底水利枢纽主体工程开工　黄河设计公司供图

　　黄河古贤水利枢纽是黄河水沙调控体系的"王牌工程"，几代治黄人为此情牵梦绕。2000年开展项目建议书工作以来，因前期经费紧张，国家投入还不到2000万元（仅项目建议书阶段就需2亿多元）。光阴似箭，时不我待。黄河设计公司垫资数亿元开展了古贤工程内外业工作。2017年1月国家发改委要求古贤水利枢纽工程前期工作转入可行性研究阶段。黄河人的艰辛付出使古贤工程前期工作迈出关键一步，进入崭新阶段。

　　"南方水多，北方水少，如有可能，借点水来也是可以的。"自 1952 年毛泽东主席视察黄河提出"南水北调"宏伟构想以来，黄河设计公司牵头和参与了东、中、西三条调水线路的工作，为南水北调工程付出了极大心血、汗水乃至职工的宝贵生命。改革开放以来，矢志不渝开展了南水北调西线工程超前期研究、规划和项目建议书阶段的工作，目前南水北调西线这座跨世纪宏伟工程的前期工作仍在积极开展、迎难而上。

　　泾河东庄水库承载着三秦父老长久的期盼。20 世纪 50 年代以来先后 6 次启动设计工作，都因开发目标、泥沙淤积、地质岩溶"三大技术难题"而搁浅。2010 年黄河设计公司承担了新一轮工程前期工作。凭借长期在多泥沙河流治理开发中积累的丰富经验以及综合甲级设计单位的技术实力，黄河设计人逐一攻克了困扰东庄项目多年的难题。2018 年 6 月泾河东庄水利枢纽工程建设推进会召开，标志着工程进入了全面建设阶段。

　　工程总承包是一项系统工程，是总承包单位项目管理能力的综合体现。随着国家工程建设模式改革，EPC 工程总承包模式逐渐推开，吸引着各大设计院抢抓先机。早在 1998 年，黄河设计公司就承担了小浪底移民配套项目——山西中条山供水工程，并获得 2002 年中国勘察设计协会工程总承包优秀奖。新时期黄河设计公司坚持高起点、宽视野，前瞻性地开展了兰州水源地等工程总承包，打造出"黄河设计"崭新品牌。兰州水源地工程合同额 48 亿元，集取水、输水、分水、净水、供水为一体，融合水利和市政两大行业。黄河设计公司坚持将 EPC 模式与数字信息技术相融合，构筑"六个用"的战略框架，推动工程建设。《人民日报》

　　2015 年 8 月，黄河设计公司 EPC 总承包的甘肃兰州水源地建设工程开工　黄河设计公司供图

等众多媒体给予高度评价。

党的十八大以来，随着国家提出"一带一路"倡仪，黄河设计公司进一步走出国门，不断唱响"YREC"的豪迈乐章。在南美洲，号称"厄瓜多尔的三峡"——辛克雷水电站由习近平主席亲自启动发电按钮；在非洲，被誉为"纸币水电站"的几内亚凯乐塔水电站，点亮了"西非水塔"；在大洋洲，巴布亚新几内亚瑞木镍钴项目道桥，为这一世界级矿业项目开发奠定了基础；在东南亚，越南门达、马来西亚明光坝、巴基斯坦纳塔尔、老挝南湃……黄河设计公司秉承"客户利益至上，诚信服务至尊"的理念，建一项工程，树一座丰碑，交一批朋友，拓一片市场，以中国技术、中国质量、中国责任、中国信誉，在国际市场树立了"YREC"良好的品牌形象。

改革开放 40 年，是黄河设计公司潜心治黄勘察设计，促进黄河治理开发的40 年，也是强化治黄技术支撑、投身国内外基础设施建设的 40 年。正是自觉站位全局，投身人民治黄实践，服务经济社会发展，黄河勘察设计事业才能在改革开放大潮中阔步前行。

奋力开拓，勇闯市场，企业经营阔步前行

党的十一届三中全会后，黄委院很快便感到勘察设计行业变革带来的影响。随着国家试行技术经济责任制，勘察设计单位不再全管事业费，"铁饭碗"没了。当时国家经济基础薄弱，水利水电勘察设计任务严重不足。"皇粮"吃不饱，就到市场找。黄委院开始走出黄河，跨行业跨地区承担项目，弥补"事业费"不足，很快成为企业化管理的事业单位。

1992 年，邓小平南方谈话提出建立社会主义市场经济体制。乘此东风，黄委院踏上了开拓国内外市场的豪迈征程。统筹勘察设计市场开拓的工程经营处应运而生，并成立建筑设计院跨行业经营。所属单位也都把市场经营放在重要位置，并从水利水电设计跨越到新的行业。合肥、邯郸邮政大楼和三亚峰城大厦等工业与民用建筑，山西平陆、河南新安等火电厂以及公路、桥梁等行业一个个市场被攻破。地勘总队等单位利用小浪底工程建设契机承担了 GIN 灌浆、隧洞施工等任务。物探总队在周口、商丘等地打响了开拓桩基检测业务的市场之战。中条山供水、黄河张庄闸改建等工程总承包，三门峡槐坝工程监理，浙江兰溪水电站咨询等延伸业务逐渐开展起来……

企业发展如逆水行舟，不进则退。2003 年黄委院改为企业之际，市场竞争无序，行业垄断、地方保护等壁垒森严，大江大河上的重大项目基本"名花有主"。在缺乏大的在建项目支撑、项目储备不足、发展前景不明朗的局面下，黄河设计公司以改企为契机，确立了"立足黄河、面向全国、走向世界"的经营战略，把

市场领域拓展和业务领域拓宽相结合，积极开拓水利、水电、建筑、市政、生态景观、公路桥梁、轨道交通等行业。黄河设计人克难奋进，在改革发展中逐渐提升市场份额，品牌影响不断扩大，经济实力不断增强，职工收入持续增长，对社会经济发展的贡献逐年增加。

人无远虑，必有近忧。黄河设计公司领导班子并没有因为改企以来的持续发展而沾沾自喜，而是深刻认识到，要养活养好这个 4000 多人的单位，必须由单纯依靠人力、知识资本向依靠复合型资本转换，实现发展转型升级、提质增效。2016 年黄河设计公司认真梳理企业发展方向：坚持以市场为中心，以水利水电为主业，以工程总承包为发展重点，以生态环境、新能源、市政等多元化为突破，加快打造勘察设计、工程总承包、资本运营"三驾马车"竞驰局面，努力建设国内一流、国际知名的工程咨询公司。

新的业务发展战略鼓舞着黄河设计人奋发图强。全公司一盘棋，坚持以市场经营为龙头，公司领导班子成员分工负责，分别明确了分管拓展的市场区域。生产技术部、市场部、国际院分别统筹治黄前期、国内市场和国际市场，各生产业务单位分工负责，形成了立体经营、多业引领、区域负责、平台共用的经营网络体系。

抓住根本，巩固扩大水利水电主业。黄河设计公司服务治黄的同时，积极进军甘肃、云南、海南、青海、广东等市场，承担了陕西省引汉济渭工程黄三段隧洞、青海三滩、蓄集峡等一批水利水电项目的勘测、设计、咨询、监理、施工等工作。

积极推动多元发展，新兴业务多点开花。发展生态水利、新能源、地下空间等领域勘察设计业务，承担了济南穿黄隧道、呼鄂高速、郑州和洛阳地铁等项目。推进工程总承包、岩土工程，拉长业务链，承接了十几项工程总承包项目。积极开展了古贤、禹门口工程开发投资。黄河设计公司发展成为集流域和区域规划、水利、电力、生态、交通、市政、建筑等行业的勘察、设计、科研、咨询、监理、项目管理、工程总承包及投资运营为一体的综合性勘察设计企业，业务多元化架构得到巩固和扩展。

在巩固国内市场的基础上，公司放眼全球，与中电建、中水对外、葛洲坝集团等大型集团公司建立战略合作关系，并由"借船出海"到"造船出海"，市场范围扩展到亚洲、非洲、南美洲等 30 多个国家和地区。多年来，设计参建了一批关系所在国经济社会发展的重要工程项目：全球最大的未开发铜金矿蒙古奥尤陶勒盖（OT）项目的供水工程项目；赤道几内亚的"三峡工程"——吉布洛水电站以及重大基础设施项目；大型城网工程——赤几巴塔城市电网改扩建工程；被誉为刚果（金）电力重建开篇之作的宗戈Ⅱ水电站；几内亚政府优先发展的能源项目——装机 24 万千瓦的凯乐塔水电站；中国在海外承建的最大的水电站项目——厄瓜多尔科卡科多·辛克雷水电站项目等。这些工程项目得到海内外业界

黄河设计公司设计的厄瓜多尔科卡科多·辛克雷水电站　黄河设计公司供图

高度评价，也让"YREC"品牌叫响国际市场。

随着经营扩展，市场项目由少到多、由小到大，合同额由改企前的 1 亿余元，增长到 2017 年的上百亿元。年产值由 1985 年开始实行技术经济责任制时的 830 余万元，发展到 1992 年邓小平南方谈话前的 2000 多万元、2003 年改企前的 1.7 亿多元，2017 年高达 33 亿元。公司名列 2016 年全国工程勘察设计收入第 8 位、工程总承包企业完成合同额第 57 位，并跻身河南省百强企业第 85 位。

改革开放的 40 年，是黄河设计公司开拓经营、走向市场的 40 年，也是在市场中摸爬滚打、激烈竞争中发展壮大的 40 年。40 年来特别是党的十八大以来，黄河设计公司以良好的信誉赢得了更大的市场，并获得全国首批工程勘察与岩土行业诚信单位、全国水利水电勘测设计行业 AAA +级诚信单位、全国水利优秀企业等荣誉称号。黄河设计公司总经理安新代说，正是 40 年改革开放浪潮的洗礼、市场风雨的打磨，黄河设计人才能百炼成钢，成为驰名中外的工程咨询设计行业铁军。

创新驱动，强化支撑，科技兴企引领发展

黄河设计公司是一个人才、技术密集型的单位，被称为"治黄技术参谋部"。党的十一届三中全会以来，治黄事业发展日新月异，市场经济大潮风起云涌，迫切要求黄河设计公司练好内功，提升核心竞争力，迎接更大挑战。

小浪底工程以其复杂的自然条件、严格的运用要求和巨大的工程规模，成为世界坝工史上最具挑战性的工程之一。要达到枢纽开发目标，必须解决好众多重

大难题。黄河设计人创新思维，敢为人先，从小浪底与桃花峪深度比选论证、中美联合小浪底轮廓设计，再到工程初步设计、优化设计、国际招标设计和工程开工建设，融合国内外专家智慧，开展了 400 余项科学试验研究，解决了一个个世界级技术难题。小浪底工程创造了十多项世界和中国之最：国内最深的混凝土防渗墙、填筑量最大最高的壤土斜心墙堆石坝、世界坝工史上罕见的复杂进水塔群、最密集的大断面洞室群、最大的多级孔板消能泄洪洞及最大的消能水垫塘……该工程获国家优秀工程勘察设计金奖、国际堆石坝里程碑工程、新中国成立 60 周年 100 项经典暨精品工程、中国建筑工程鲁班奖、中国土木工程詹天佑奖、中国水利工程大禹奖等一系列国际国内重要奖项，成为我国水利水电建设史上具有划时代意义的里程碑。

凡事预则立，不预则废。黄河设计公司没有躺在小浪底的功劳簿上，而是顺应市场大潮矢志不渝建设创新型企业，坚持编制《科技发展规划》和《科研方向和重大课题研究指南》，形成了公司主导、专业承担、骨干负责的技术创新格局，铺就了一条行之有效的科技创新之路。经过南水北调中线、泾河东庄、沁河河口村等数十座大中型水利水电工程的洗礼，黄河设计公司不断突破自我，科技创新硕果累累，悄然改变着单位发展轨迹，造就着基业长青的光荣梦想。

着眼长远，创新机制，营造技术创新良好氛围。研究提出了加强科研项目储备和立项、加强研发平台建设与运行管理等意见，将科技创新、研发投入等与绩效考核挂钩。出台了科研项目和经费管理制度，对承担省部级以上科研项目给予 100% 配套经费资助。出台制度对取得重大科技成果有功人员给予重奖，对取得授权的专利给予奖励，极大地焕发了创新研发热情。

加大投入，提高核心技术水平，增强市场竞争能力。坚持面向重大项目和市场需求加大科研投入，解决技术难题。2017 年公司研发投入达 1.65 亿元，占公司当年销售收入的 4.97%，形成了生产带动科研、科研促进生产的良性互动局面。自 2008 年以来，黄河设计公司已连续 4 次保持国家高新技术企业资格。

推动科技创新必须搭建良好平台、构建完善的企业创新体系。近年来，黄河设计公司申报设立了博士后科研工作站、国家企业技术中心、河南省院士工作站等 7 个技术研发平台，为人才提供广阔用武之地。大力打造创新团队，成功申报了水资源配置与调度创新型科技团队、水资源环境工程博士后科研创新团队等 4 个省级创新团队。

长期的研发创新、工程实践和孜孜探求，使黄河设计公司在泥沙设计及工程应用、水沙调控技术、水资源综合利用、水库群联合调度、高坝大库勘察设计等方面形成行业领先的技术优势。城市水环境和水生态建设、海绵城市、三维设计、BIM 开发及智慧工程等技术异军突起。200 余项省部级以上科技奖励、300 余项国家专利、主编的 60 余部国家与行业标准，镌刻着企业辉煌的历史业绩，彰显着其雄厚的综合实力。

成果转化是科技创新的落脚点。近几年，黄河设计公司承担了国家 172 项节水供水重大水利工程中的近 20 个项目，面临高寒高海拔、大体积混凝土施工、防水防渗防漏等众多技术难题。公司积极开展"混凝土用 YREC 抗裂抗冻外加剂新材料""土体阻水减渗环保新材料外加剂"等新材料研发和转化应用工作，促进科技成果转化为现实生产力。仅结合兰州水源地工程总承包项目，公司就取得 20 多项 TBM 装备方面的专利技术，联合中铁装备集团打造了 TBM"大国重器"。

"功以才成，业由才广"。企业的竞争归根到底要靠人才。黄河设计公司坚持加强人才培养，在顶尖技术人才培养领域取得了丰硕成果。目前有全国工程勘察设计大师 1 人、国家新世纪百千万人才 2 人、水利部 5151 部级人才 6 人、河南省工程勘察设计大师 6 人、河南省学术技术带头人 6 人、IPMP 认证评估师 1 人、享受国务院政府特殊津贴专家 35 人。坚持借助社会智力带动创新，聘请多名院士到公司院士工作站，担任公司水沙研究、工程施工、岩土工程等领域的首席专家，把具有国际视野的专业知识和前沿技术更多地带到公司，使公司保持了更强的市场竞争实力。

改革开放 40 年是黄河设计公司创新技术、科技进步的 40 年，也是投身科学研究、硕果累累的 40 年。全国工程勘察设计大师、黄河设计公司总工程师景来红说，创新是引领发展的第一动力，抓创新就是抓发展，谋创新就是谋未来。40 年来黄河设计公司正是将提高自主创新能力作为提高核心竞争力的关键，把建设创新型企业作为面向未来的重大战略，推动了公司不断自我超越！

传承文化，从严治党，企业风貌昂扬向上

长期以来，黄河设计公司企业文化建设经历了一个由不自觉到自觉、由局部到全面、再到深化建设的过程，软实力逐步增强，促进了公司的健康发展。

从初创到改革开放初期，为黄河设计公司企业文化的历史积淀时期。老一代创业者在艰苦的勘察设计工作中，形成了以自强不息、奋发向上，团结实干、甘于奉献，严谨求实、开拓创新等为主要特点的优良传统，为"黄委院精神"的形成奠定了良好基础。

随着改革开放扩大，企业文化作为一种全新企业管理理论传入我国。20 世纪90 年代中期，正值国家重点工程小浪底建设高峰期和勘察设计行业改革起步期。设计好小浪底工程并在改革中发展，需要强大的精神动力。黄委院把培育企业文化作为重要任务有序地开展，步入了企业文化自觉创建时期。首先凝心铸魂，开展了企业精神大讨论并结合质量体系认证，提炼出"团结奉献、求实开拓、迎接挑战、争创一流"的企业精神和"技术先进、保证质量、信守合同、服务周到"

的质量方针。随后开展"榜样就在我身边"、优质服务等活动，内强素质、外塑形象，促进了小浪底等工程勘察设计任务的顺利完成，黄委院影响力逐步扩大。

2003 年改为企业后，黄河设计公司企业文化跨入全面建设时期。把握先进文化前进方向，制定了《2003—2006 年企业文化建设规划》《2006—2013 年企业文化建设规划》《关于进一步加强企业文化建设的意见》，坚持不懈全面推动企业文化建设。积极建立公司 CI 体系，建立了理念识别（MI）系统，明确了公司的使命（致力于黄河的长治久安、致力于经济社会的可持续发展）、愿景（成为富有国际竞争力的工程咨询公司）、价值观（以人为本、富裕公平，客户利益至上、诚信服务至尊）、三体系方针（以人为本、安全绿色、技术先进、产品优良、服务诚信、持续改进）。制定公司行为规范，清理完善企业制度，在视觉的展开（有形识别）和行为的渗透（无形识别）中加强企业文化建设，提升了企业形象。

2016 年，走过风雨 60 年的黄河设计公司开启企业文化深化建设时期。总结60 年发展基本经验，其中一条是吃苦耐劳、坚韧不拔，这是公司独特的文化基因。黄河设计公司进而提出了《2016—2020 年企业文化建设规划》，制定了新的发展战略，确立了新的企业愿景：成为国内一流、国际知名的工程咨询公司。在战略目标鼓舞下，黄河设计人栉风沐雨，跋山涉水，在大河上下、流域内外留下了闪光的足迹，创造了宝贵的精神财富。加强阵地建设，建立了企业展示中心、青年创客中心和职工健身中心，打造了推介公司的靓丽名片。关爱民生，统一调配科研大楼等办公楼，投入了博士后楼，开展危旧房改造，建设美丽家园，改善生产生活条件，职工获得感不断增强。在河南艺术中心连续举办职工文艺汇演，展示公司改革发展成绩，增强企业凝聚力。

作为国有企业，黄河设计公司积极履行社会责任。2008 年汶川大地震后，公司选派专家 80 多人次前往灾区参与水库应急除险方案编制等工作，公司和职工累计捐款 300 多万元，受到当地政府和群众赞扬。2010 年派出技术人员支援贵州抗旱救灾，在岩溶地区成功打出三口井，创造了全国各支援西南抗旱救灾队打井成功率之最，解决了 5 万多人、10 万头牲畜的长久饮水问题。近年来，黄河设计公司积极援疆援藏援青援渝援宁援琼，开展了大量对口帮扶、驻村扶贫工作，积极为全面建成小康社会做出贡献。

改革开放的 40 年，是黄河设计公司传承优良基因、建设企业文化，构建和谐企业、培育优秀团队精神的 40 年。黄河设计公司风貌焕然一新，软实力不断增强，呈现了持续健康、昂扬向上的发展势头，被授予全国模范职工之家、全国水利文明单位、河南省文明单位、河南省职业道德建设先进单位、河南省创建和谐劳动关系模范企业等荣誉称号。

40 年改革发展，黄河设计公司每项工作进步都离不开党的领导。长期以来特别是党的十八大以来，黄河设计公司坚持全面从严治党，把国有企业独特的组织优势，转化为公司创新优势、竞争优势、发展优势。坚持把抓好党建作为最大的政绩，成立党建工作领导小组，履行党建工作主体责任，把党建工作纳入目标考核。坚持党对国有企业的领导，修改完善公司章程，明确了党组织在公司法人治理结构中的法定地位，切实发挥把方向、管大局的作用。坚持加强理论武装，学习贯彻习近平新时代中国特色社会主义思想和党的十八大、十九大精神，牢固树立"四个意识"，增强"四个自信"，践行新发展理念，指导公司改革发展。坚持党的建设与改革同步谋划、党的组织与工作机构同步设置，构建了公司党委管8个基层党委、62个党支部、1300多名党员的党组织格局，推动了"四强"（政治引领力强、推动发展力强、改革创新力强、凝聚保障力强）党组织建设。坚持强化党员教育管理，开通了智慧红云——黄河设计公司党建 APP，将组织建在网上、党员连在线上；持续抓好"双培养"，把党员培养成骨干、把骨干培养成党员，推动党员整体素质提高。坚持党管干部原则，把好选人用人导向，利用公开选拔等形式推动干部年轻化，着力建设"政治素质好、团结协作好、工作实绩好、作风形象好"的班子。坚持抓好作风建设，开展了党的群众路线教育实践活动、"三严三实"教育，推动"两学一做"学习教育常态化制度化，结合实际开展了制度建设年、机关作风建设等活动，以党的建设高质量推动经济发展的高质量。公司党委被评为河南省先进基层党组织，所属物探院党支部被评为河南省先进党支部，公司规划院综合规划所党支部被评为黄河先锋党支部。

不畏浮云遮望眼，越是艰险越向前。新的时代改革大潮激荡神州，勘察设计行业千帆竞发。行业改制重组和融合加快，行业格局变化显著，市场竞争日趋激烈。黄河设计公司将顺势而为，乘势而进，投身更加波澜壮阔的改革浪潮，不断增添新动力、拓展新空间、创造新优势，努力建设国内一流、国际知名的工程咨询公司，为黄河治理开发和经济社会发展做出更大的贡献。

黄河勘测规划设计有限公司　　执笔人：张石中　孙俊东　樊　荣

勇立潮头踏浪行　扬帆起航再出发

——改革开放40年三门峡黄河明珠（集团）有限公司改革发展综述

40年前，改革春风吹绿了神州大地，开放号角激荡起五洲风雷。1983年7月15日，三门峡水利枢纽管理局成立，从此，伴随着波澜壮阔的黄河，一批批明珠儿女紧跟时代前进的步伐，前仆后继汇入中国改革开放的洪流，在经济建设和社会变革中，激情、责任与梦想一路照耀前行，谱写了振兴民族伟业的壮丽篇章。

巍巍大坝铸丰碑

三门峡水利枢纽，是中华人民共和国成立后在黄河上兴建的第一座以防洪为主综合利用的大型水利枢纽工程，是大江大河治理与开发的探路工程，也是除害兴利、综合开发的治黄方针的一次重大实践，更是中国共产党执政为民理念的生动实践。

"不忘初心，牢记使命"。改革开放40年来，以"大河安澜，国泰民安"为立身之本的三门峡水利枢纽管理局干部职工，牢记天职，不辱使命，挥洒汗水，奉献智慧，用行动践行着"确保黄河安澜"的庄严承诺。

特别是1983年三门峡水利枢纽管理局成立后，突出工程管理的基础地位，不断提高管理水平，加大了三门峡枢纽的防汛投入。

为达到"坝前315米高程时下泄流量为10000立方米每秒"的改建目标，1981年至2004年，继续实施泄流工程二期改建，相继打开了9～12号施工导流底孔。

整个泄流工程二期改建完成后，经过实际运用，达到了建设目的和效果。在水库水位 315 米高程下，泄洪能力可达到 9701 立方米每秒（不含机组下泄流量）；泄流排沙孔洞增至 27 个，全启（闭）时间由 18 个小时缩短到 8 小时以内，能充分发挥错峰调峰作用；对任何频率的洪水均可起到减少滞洪量、降低坝前水位的作用；在 335 米高程有效库容保持近 60 亿立方米；多次对底孔进行抗磨试验研究，利用新技术、新材料、新工艺，取得良好效果。

此后，三门峡水利枢纽管理局不断加大防汛工程建设和改造投入，工程面貌持续改善。在启闭设备的运用管理方面，完成闸门启闭系统集中控制改造工程和门机更新改造工作，实现闸门启闭的远程操作和监测，提高设备运用可靠性，使每年的启闭设备完好率和可调率均达到 100%。启动三门峡枢纽"数字枢纽"工程建设，相继完成办公自动化系统及防汛网络、水情遥测系统、枢纽防汛抗旱综合信息服务系统、视频会商系统等建设，与黄委办公自动化网络和黄河水情网络互联互通，大大提高了防汛工作科技含量，使防汛指挥决策支持体系进一步完善，实现防汛工作由传统手段向现代手段的转变。

如今，经过两次改建、三次运用方式改变的三门峡水利枢纽工程凤凰涅槃，焕发出勃勃生机，充分发挥黄河防洪、防凌、灌溉、供水、调水调沙、生态建设、发电等巨大功能，成为新中国治黄史上的一座丰碑。

防洪是三门峡水利枢纽"第一要务"，三门峡水利枢纽控制着黄河流域两大洪水来源区——河口镇至龙门区间及龙门至三门峡区间，对第三个洪水来源区三门峡至花园口区间发生的洪水起到错峰调节作用，缓解下游防洪抢险压力，减轻下游洪水灾害，减少堤防工程除险加固次数。自 1964 年以来，黄河中游曾发生

三门峡水利枢纽泄洪　王铎摄影

10000 立方米每秒以上的大洪水 6 次，由于三门峡水利枢纽及时采取措施，削减了洪峰，大大减轻了下游的防洪压力。黄河下游 60 年来岁岁安澜，三门峡大坝功不可没。

黄河凌汛，历来是威胁黄河下游河道安全的主要灾害，中华人民共和国成立前因凌汛决堤而泛滥成灾的事，几乎年年发生，决口之处几百余里一片汪洋，冰积如山，水势汹涌，淹没村庄，给下游人民的生命财产安全带来极大危害。据史料记载，仅 1883—1936 年的 54 年间，黄河下游山东境内就有 21 年发生凌汛决口。三门峡水利枢纽投入运用后，彻底扭转了这一局面，下游防凌的主要措施由以前的以防、破、分为主发展到以利用水库调节河道水量为主的新阶段。水库投运后，黄河下游出现的严重凌情有 6 次，通过三门峡水利枢纽控制下泄流量，使下游河道水量在冰盖下运行，由"武开河"变为"文开河"，均安渡无虞。

灌溉供水是三门峡水利枢纽承担的又一社会公益任务。水库建成以来，黄河下游两岸的引黄灌溉事业得到了长足发展，灌溉面积发展到 4000 多万亩。三门峡水库还是中原、胜利两大油田和沿黄城镇工业和生活用水的"生命线"，并多次实施引黄济津、引黄济青，有力地促进了这些地区工农业生产的发展。2014 年 8 月，豫西地区遭遇 1951 年有水文记录以来最严重旱情，黄河防总应急调度三门峡水库抗旱保水，及时缓解了三门峡市居民用水难题，有力保障了三门峡市城乡引黄供水的基本需求。

三门峡水库湿地是黄河河流生态系统的主要组成部分，区域内河岸、滩涂、湖泊、沼泽等丰富的湿地类型，为珍稀物种生存提供了良好的栖息环境。三门峡天鹅湖景区是河南省内唯一的国家级城市湿地公园。每年冬季，吸引数万只白天鹅等候鸟到三门峡黄河库区栖息越冬，白天鹅已经成为展示三门峡乃至河南省对外形象的一张名片。

大河翻滚的激流，在气壮山河的奔腾中，化作源源不断的清洁能源——水电。据统计，自并网发电之初至 2017 年底，三门峡水电厂共发电 502 亿千瓦时。水电专家潘家铮曾算了一笔账："1 度电 ≈ 1 斤煤"。根据国家环保总局发布的《固定污染源监测质量保证与质量控制技术规范》进行物料衡算，一吨煤燃烧至少可排放 0.48 千克二氧化硫，2.7 千克

三门峡水电厂机组扩装　明珠集团供图

烟尘。那么，这就意味着502亿千瓦时水电将减少煤炭燃烧约2510万吨，减少二氧化硫排放量12000多吨，减少烟尘排放量67000多吨。

　　"黄河斗水七沙"。对于这条世界上含沙量最大的河流，有效控制和调节水沙，从而减轻下游河道淤积，实现下游河床不抬高，对它的健康生命有着重要的意义。三门峡水利枢纽通过不断探索水库运用方式，经过"蓄水拦沙""滞洪排沙""蓄清排浑"三个阶段，特别是"蓄清

经过改建三门峡水利枢纽工程持续发挥综合效益
明珠集团供图

排浑"运用方式的成功探索，使库区泥沙达到年际间的进出库平衡，保持了长期有效库容，并为黄河小浪底、长江三峡等大型水利枢纽工程建设提供了宝贵经验。

　　2002年以来，在黄河防总组织的历次调水调沙中，三门峡水库充分发挥承上启下的关键作用，尤其是调节泥沙的关键作用，为小浪底水库塑造人工异重流并推动其排沙出库提供了强大动力，对黄河下游减淤、过洪能力增加（1800立方米每秒增至4200立方米每秒）发挥了关键作用。

　　三门峡水利枢纽——这座从泥沙中崛起、在风雨中担纲的中华人民共和国第一座大型水利枢纽工程，在起伏跌宕的命运中不断顽强地自我修正、自我完善，为保障黄河防洪安全与维护黄河健康生命发挥了中流砥柱的重要作用。两院院士、著名水利水电专家潘家铮曾这样评价它：三门峡水利工程像一座纪念碑，在这座纪念碑上，刻下了中国人民治理黄河的迫切愿望和坚定信念，刻下了为探索治黄所走过的曲折道路，刻下了为挽回败局所进行的艰苦斗争，也刻下了留给人民的宝贵经验和光明前景。

勇立潮头踏浪行

　　1983年7月15日，夏风热烈，一切都是明澈的、清晰的，整个华夏神州都在坚定地谱写着改革开放的崭新诗篇。

这一天，为加强对三门峡水利枢纽工程的管理，水电部以黄河三门峡工程局第三工程处和三门峡水电厂为基础，发文成立三门峡水利枢纽管理局（地师级），隶属于黄委。从此，枢纽工程实现了统一管理、统一建设、统一运用。这个主要承担社会效益的工程管理企业走上了"以水保电，以电养水"的艰苦探索之路。

面对改革大潮和社会主义市场经济的激烈竞争，广大干部职工敢于解放思想，不断创新观念，依靠水电优势，利用当地矿产资源，不断发展多种经营。到 1995 年，三门峡水利枢纽不仅发挥了枢纽工程防洪、防凌、灌溉、供水、发电等综合经济效益，而且涉及的产业由原来的电力、金属冶炼和养殖，扩大到进出口贸易、房地产、水电施工、物资贸易等产业，为三门峡水利枢纽管理局建立现代企业制度积累了改革和发展的经验。

1996 年，经济体制改革层层深化，宏观调控把国有企业推向风口浪尖。市场不同情弱者，发展才是硬道理。5 月 18 日，伴随着中国改革开放步伐的加快，作为水利部建立现代企业制度百家试点企业之一，"三门峡黄河明珠（集团）有限公司"（以下简称明珠集团）正式挂牌。一套班子，两块牌子，开始按公司制运作，踏上了探索建设现代企业之路的航程。从此，明珠集团扎根三门峡，从计划经济向市场经济转轨，逐步走上了艰难的现代企业探索之路。

随着企业综合实力的进一步增强，企业的经营和工程管理水平有了较大提高。20 世纪 90 年代中后期，由于受黄河来水大幅减少和管理机制不适应社会主义市场经济发展等因素的影响，企业出现经济效益下滑、负债过重的现象。

有道是沧海横流方显英雄本色。面对考验，明珠集团选择在改革中突围，在困境中自强。1999 年，明珠集团进行了"三分三改一加强"为主要内容的全方位改革。至改革完成，各子公司自主经营、自负盈亏的母子公司体制建立完善，基本上形成了科学的决策机制、有效的监督机制、奖勤罚懒的分配机制、竞争上岗的优胜劣汰用人机制和责任明确、高效运作的工作机制。在这一经营模式下，干部职工解放思想、转变观念，企业资源配置得到优化，机制体制不断完善，重新焕发出强大的活力。1999 年，明珠集团实现扭亏为盈，企业活力得到激发，企业面貌得到改观，为明珠集团健康发展奠定了基础。

劳动用工制度进一步改革，到 2004 年，明珠集团各子公司劳动用工平台体系全面建成并实施，打破了职工身份不平等，实行岗位管理、易岗易薪，干部职工解放思想、转变观念。现代企业制度不断完善，到 2010 年底，除故县局外，明珠集团所有子公司都按照公司法建立了现代企业制度。

党的十八大以来，在新的形势下，明珠集团领导班子全面分析企业面临的新情况和新变化，积极调整思路，果敢决策，确立"电力支撑、结构推动、多业并举、稳健发展"的总体工作思路。一方面，不断巩固电力生产支柱地位，积极开拓外部市场，努力提高子公司的自我发展能力；另一方面，加强内部管理，持续深化改革，推进提质增效，不断激活企业内生动力，有力推进了明珠集团的健康可持续发展。

如今的明珠集团通过体制机制改革、多元化投资、结构调整和资源整合，经济结构得到不断优化。枢纽防汛、电力生产等基础设施更加牢固，生产经营更加稳健，管理工作更加规范，干部职工队伍活力迸发，明珠集团已经阔步迈进快速发展的康庄大道。

璀璨明珠耀大河

明珠集团改革开放 40 年的发展历程，是一部承载使命、不断发展的变革史，既折射着社会变迁的时代特征，又体现着明珠集团自身特色和特有勇气。他的奋斗史带有时代的鲜活气息。

40 年来，广大干部职工聚焦于回答发展的课题，从"枢纽统一管理"到"企业转机建制，明珠集团成立"，再到"全面深化改革，调整经济结构"，这些重大课题，无不关乎明珠集团的前途命运，关乎明珠集团去往哪里、走向何方。

——在改革中发展，在困境中寻求突破。在三门峡水利枢纽管理局的基础上进行改制，不断完善体制机制，创新管理模式，转变发展方式，建立适应时代要求的现代企业制度。一届届领导班子带领职工，转变观念，迎接挑战，开创了振兴企业大发展的新局面。

——围绕发展抓党建，抓好党建促发展。回顾明珠集团的发展，党的旗帜始终在征程辉映。特别是近年来，明珠集团以提高领导班子整体效能为重点，通过党的群众路线教育实践活动、"三严三实"专题学习教育等形式，以廉政文化建设为平台，不断加强党的思想、组织、廉政和作风建设，有效发挥了基层党组织的战斗堡垒和党员先锋模范作用。

——文化是引领职工行动的指南。多年来，明珠集团大力弘扬"团结、求实、创新、高效"的企业精神，不断创新载体，丰富内容，积极推进企业文化建设。"十二五"期间，经过广大职工的艰苦创业，团结奋斗，进一步总结形成了"胸怀全局、团结协作、勇于担当、追求卓越"的具有明珠集团特色的汛期发电精神，为企业精神注入了新的活力，明珠集团也获得了"全国农林水利系统和谐企业"称号。

——职工是企业发展壮大的生力军。明珠集团始终坚持发展为了职工，发展成果由职工共享的理念，在发展经济的同时，力所能及地为职工办实事、办好事，让和谐的春风吹进每一个家庭。多年来，明珠集团持续改善职工生产生活条件，提高职工收入水平，完善了职工工资正常增长机制。

——以人为本，培育成长基因。今天的明珠集团人才辈出，模范人物不断涌现：全国劳动模范张辉带着黄河浪花的芬芳步入人民大会堂神圣的殿堂；全国水利行业首席技师张振辉身披鲜红的绶带，绶带上有远征天山的格桑花清香。

苍天不负有心人，有志者事竟成。企业通过体制改革、机制改革、结构调整和资源整合，经济结构不断得到优化，截至目前，明珠集团经营范围逐渐涵盖水力发电、水电开发与施工、冶炼与新材料、投资金融与贸易、宾馆餐饮与旅游以及房地产"六大板块"，企业经济总量与经济效益不断提升。明珠品牌在业内的影响也越来越大。如今，在明珠集团，"六大板块"齐发力，成为企业发展的强力引擎。

作为明珠集团经济支柱的电力生产，经过多年来的投资和科技攻关，创造了前所未有的辉煌业绩。电力生产作为支柱产业的地位愈加稳固，特别是近年来，明珠集团积极推进三门峡水电厂 2～5 号机组增容改造和小水电开发项目，并出击云南水电市场，成功收购云南银河水电站和建设沙坡脚水电站。目前，明珠集团水电装机规模达到 52.88 万千瓦。

如今，汇聚了水电、机电两大子公司精干力量的黄河明珠水利水电建设有限公司的整体实力和竞争力明显增强，实现了跨越式发展：在黄河之滨、湘江水畔、昆仑山下、巴蜀大地……明珠儿女拦河筑坝、装机发电、铺路架桥……在治水兴邦的伟业中树起了明珠水电的大旗。

如今，在我国对外贸易的重要口岸——天津港，一车车优质的明珠牌棕刚玉，带着千里之外黄河三门峡岸边火的激情，远销海外。

如今，在三门峡中心商务区，阳光下傲然耸立的三门峡明珠大厦吸引了众多的目光，这座城市地标性建筑，展现的是明珠儿女海纳百川的胸怀。

……

40 年来，明珠集团广大干部职工自强不息，勇于超越，砥砺前行，创造出了辉煌的业绩，为自己赢得了无数闪光的荣誉——国家科技进步一等奖、全国农林水利系统和谐企业、全国优秀水利企业等，这一项项荣誉是在企业大发展的漫漫征途上树起的一座座丰碑。

扬帆改革再出发

大坝巍峨，清波荡漾，三门峡水利枢纽如一颗明珠闪耀在黄河之上。2017 年是三门峡水利枢纽建设与管理 60 年。在纪念三门峡水利枢纽建设与管理 60 年座谈会上，指出，黄河三门峡水利枢纽的兴建为区域经济社会发展与生态文明建设提供了有力支撑，为我国水利水电事业发展贡献了重要力量，为世界多泥沙河流治理提供了有益借鉴。

黄委党组高度赞扬了三门峡水利枢纽建设与管理 60 年的光辉历程，三门峡水利枢纽建设与管理的 60 年是一部党领导人民不断探索规律、认识规律、掌握规律的治黄实践史，是一部治黄工作者和各级党委政府、人民群众同心协力、团结治河，与洪水泥沙顽强斗争并不断取得胜利的奋斗史，也是三门峡枢纽建设与管理工作者艰苦奋斗、无私奉献的创业史。

水利部党组、黄委党组的殷切关怀，极大地鼓舞了明珠集团全体干部职工对于改革和创业的如火热情。这种热情，无疑将为正在书写历史新篇章的明珠集团不断带来新的发展动能。他们坚信：伟大精神薪火相传，明珠集团必将创造更加美好的明天。

迎着中国社会进入新时代的曙光，勤劳的明珠儿女为了企业的长盛不衰和基业长青，又一次以创一流企业和亮百年明珠的雄心与自信，谋划出企业发展的方向和愿景：深入贯彻习近平新时代中国特色社会主义思想，不断汇聚起全体干部职工的巨大智慧和无穷力量，努力建设信息枢纽、智慧枢纽、安全枢纽、文明枢纽，努力建设价值型企业，努力向现代水电企业迈进。

这美好的愿景，犹如东方天际那颗耀眼的启明星，鼓舞着、引领着明珠儿女忘我地工作，坚定不移地把既定的目标、工作蓝图变为美好的现实。

回首过往志愈坚，扬帆起航再出发。我们有理由相信，明珠集团将以创一流企业和亮百年明珠的雄心与自信，以习近平新时代中国特色社会主义思想统揽工作全局，牢牢把握新的战略定位，汲取改革的源头活水，在改革开放的时代浪潮中奋楫前行。

三门峡黄河明珠（集团）有限公司　　执笔人：杨　明　李君武

<h1 style="text-align:center">紧跟改革发展步伐
开创黄委移民工作新局面</h1>

——改革开放 40 年移民局改革发展综述

黄委移民事业应全河移民工作开展的历史使命而起步，随着处理水库移民遗留问题成长，因中国改革开放和人民治黄事业蓬勃发展而壮大，通过抓住移民监理监评的机遇，砥砺奋进，不断进取，跻身行业前列。在 30 多年的发展历程中，从水利移民的角度见证了国家的发展和水库移民生产生活的日新月异。

心系库区移民安置，走开发性移民之路

从 20 世纪 50 年代起，黄河干支流上相继建成大中型水库 180 多座，大中型水库的建设淹没了大量耕地，也带来了大量移民。据对其中 24 座大型水利水电工程的统计，水库淹没耕地 183 万亩，移民 91 万人，仅三门峡、东平湖水库移民人数就达 68.2 万人。

由于社会经济发展相对落后，加之对水库移民的复杂性认识不足，在指导思想上存在着"重工程，轻移民"的倾向，补偿标准偏低，移民的生产和生活安置不到位，积累了不少遗留问题。进入 20 世纪 80 年代，水库移民问题受到党中央、国务院的高度重视，确定了水库移民工作的一些重要方针，设立了库区建设基金和库区维护基金。从 1986 年开始，由中央财政每年拨款 2.4 亿元，统筹安排处理部属水库移民遗留问题。

20 世纪 80 年代，党中央、国务院开始高度重视水库移民工作，在认真总结

过去几十年经验教训的基础上，提出了开发性移民方针，设立库区维护基金，用以解决老水库移民遗留问题。根据水利部的授权，黄委承担起三门峡（河南、山西）库区、东平湖水库移民遗留问题处理工作，开启了有计划、有步骤的移民遗留问题处理之路。

三门峡水库是我国 20 世纪 50 年代兴建的大型水利水电工程，水库淹没范围涉及陕西、河南、山西 3 省的 11 个县（市），淹没土地 90 万亩、房窑 28.8 万间。移民工作从 1956 年开始，1960 年全面展开，1965 年基本结束。全库区共迁移民 42.09 万人，其中：陕西 28.72 万人，河南 7.09 万人，山西 6.28 万人，平陆、灵宝、陕县、朝邑、潼关 5 座县城全部或部分搬迁。

为了支援水库建设，广大移民离别故土，迁徙异域他乡。1956—1958 年，陕西 3 万多移民远迁到宁夏银川地区，后因生活极度困难，加之民俗适应困难，经国务院批准于 1962 年返迁转移到陕西的合阳、富平、临潼等县安置。河南移民 7804 人曾于 1956 年到达敦煌，后逐渐返回原地重新安置。除此之外，三省大部分移民主要以集体后靠和分散插花方式安置，也有少部分移民自行投亲靠友，迁移别处。为搬迁安置三门峡水库移民，截至 1985 年，国家先后拨付移民经费 1.75 亿元，实支 1.68 亿元，人均 415 元。

三门峡水库建于"大跃进"年代，移民仓促，搬迁过程中损失严重，而安置区又来不及建设必要的基础设施，移民到安置区后无力投资发展生产，造成移民生活水平急剧下降。在移民的生产、生活尚未妥善安置的情况下，一些地方撤销了移民机构，没有给予移民足够的帮助和扶持，遗留下人畜饮水、住房、交通、医疗卫生等诸多困难和问题，长期得不到解决。

东平湖水库位于山东黄河南岸汶河汇流入黄处，是黄河下游分滞洪水的重要工程。水库建于 1958 年，设计防洪运用水位 44 米，相应蓄洪量 30.5 亿立方米，库区面积 632 平方公里，库区淹没耕地 51.2 万亩，村庄 527 个，拆毁房屋 24 万间，动迁 57405 户 278332 人。水库蓄洪前，库区人口全部迁出，其中迁往东北三省 109516 人。1960 年，东平湖水库蓄水，最高蓄水位 43.5 米，蓄水 24.5 亿立方米，水库蓄水后出现大量坝基渗水管涌、坝身漏洞裂缝、石护坡坍塌等严重险情。1963 年 10 月，国务院批准东平湖改为二级运用，修建了二级湖堤，一级湖区面积 209 平方公里，二级湖区 423 平方公里，水库运用方针是"有洪蓄洪，无洪生产"。在水库采取了新的运用方式，移民在迁安地不适应的情况下，经国家批准，部分移民返库居住，政府对返库的 23 万多人进行了有限的安置。

东平湖移民数量大，安置标准低，移民几经搬迁，家产殆尽，生活无保障。库区 27 万移民中，人均收入在 150 元以下的有 16 万多人，处境非常困难。此外，库区交通、文教、卫生事业落后，水利失修，内涝严重，生产发展极度缓慢，与周边地区相比有较大差距。由于库区移民遗留问题得不到妥善解决，移民不断上访闹事，严重影响社会的安定团结和水库的正常运用。

党的十一届三中全会以后，特别是 1986 年以后，水库移民问题逐步引起有关方面的重视。1986 年 7 月，国务院印发了《关于抓紧处理水库移民问题的通知》，标志着水库移民工作开始进入了一个新的历史阶段，工作方针改消极赔偿为积极创业，变救济生活为扶助生产，走上开发性移民之路。受水利部委托，黄委陆续编制了三门峡和东平湖水库移民遗留问题处理规划，1990 年获水利部批复，这也是三门峡和东平湖水库移民遗留问题处理的一期规划。其中，三门峡水库（河南、山西）库区移民遗留问题处理规划投资 1.16 亿元，东平湖水库规划投资 1.18 亿元，投资来源是库区建设基金。到 1995 年，经过十年扶持，黄委和库区各级移民管理机构积极贯彻国家移民工作的指导方针和战略部署，紧紧依靠当地政府，密切联系广大移民群众，认真执行规划，使库区面貌发生显著变化。移民生产生活条件显著改善、公益事业明显发展、经济开发初具规模。重点解决了人畜饮水、交通道路、农田水利、文教卫生、危房维修、供电建设等六大方面存在的突出问题，同时积极扶持移民进行经济开发，增强"造血"功能，帮助移民发展以种植业、养殖业和工副业为主的多种经济形式，取得了较好的经济效益和社会效益。遗留问题处理还促进了移民群众思想观念和精神面貌的转变，等、靠、要思想逐渐得到克服，自力更生、艰苦创业的思想深深扎根移民心中，脱贫致富的信心更加坚定。

一期规划投资结束后，国家每年继续从库区建设基金中安排资金用于处理移民遗留问题，保证了投入的持续性，并根据库区移民底子薄、基础差、贫困人口多的实际情况，安排布置编制二期规划。2000 年以后，由于管理体制的变化，两个库区的移民遗留问题处理转由各省级移民管理机构负责实施。

正是在这样的历史背景下，黄河三门峡（河南、山西库区）、东平湖水库移民遗留问题处理提上了议事日程。1986 年，经水利部批准，在黄委计划处设移民科，负责编制 1986—1995 年期间两库区移民遗留问题处理规划，并组织规划的实施及管理，拉开了黄河移民事业的序幕。

紧跟市场导向，立足流域管理，开辟移民监理监评之路

20 世纪 90 年代，随着黄河小浪底水利枢纽工程上马，征地移民工作需先行铺开，1990 年 11 月黄委成立了移民办公室（副局级，委属二级事业单位），下设综合处、库区移民管理处、计划财务处、小浪底移民处，主要负责老库区移民遗留问题处理和小浪底水库移民工作。1994 年，在水利部批复的黄委职责配置、机构设置和人员编制方案中，批准成立黄委移民局。1996 年，黄委印发了移民局的三定方案，明确了工作职责、内设机构和人员编制。作为黄河流域水库移民工作的专职管理机构，按照上级主管部门的授权和国家政策，对流域内已建、拟建和

在建水库移民工作实施管理，并承担在建工程移民监理工作。

2000 年，国家采用"水利部领导、省级负责、县为基础"的移民遗留问题处理工作管理新体制，由水利部水库移民开发局归口实行宏观管理，授权黄委进行监督指导，三省的省级移民主管机构负责组织实施。

虽然流域移民管理职能逐步弱化，但是在小浪底工程移民监理探索实践的基础上，随着万家寨、黄河下游防洪工程的陆续开工建设，黄委移民局把工作重心转移到移民监理、监评方向，按照世界银行、亚洲银行关于贷款项目移民导则要求，结合国内移民工作实际，充分发挥监理监评功能，不断完善移民管理体制，为业主和地方政府提供了有力的技术支撑，推动了工程移民管理的科学化、规范化，切实保障了移民的合法权益。同时赢得了更多的发展机会，工作触角先后延伸到嫩江流域、淮河流域和南水北调工程移民。2008 年，金融危机爆发，国家为拉动投资，陆续开工一批大型水利工程，而后，大中型水库移民开始实施后期扶持，紧紧抓住这些重大机遇，黄委移民局眼光向外，承接了外流域工程移民监理和水库移民后期扶持监测评估任务，业务范围遍布大半个中国。步入市场发展期后，经过不断锤炼，形成了品牌优、队伍强、信誉好的"黄河移民"形象。

在国家移民管理体制发展变化的背景下，黄委移民局管理职能不断弱化，生存发展面临极大困难，必须通过转变思路，把握市场导向，利用专业优势紧紧抓住机遇。小浪底水利枢纽工程移民是世行贷款项目，根据世界银行要求，在小浪底移民项目实施期间，要建立移民监理和监测评估机制，对移民搬迁安置的全过程实施监理，并对移民的社会经济发展状况进行评估，开辟了国内水库移民实施监理和社会经济评估的先例。正是抓住这个机遇，依托专业人才队伍优势，黄委移民局承揽了移民监理的业务。作为国内第一家从事水库移民监理的单位，在没有可供参考和借鉴经验的情况下，邀请专家、教授为全体职工培训世行关于非自愿移民的有关政策，并结合国内移民政策方针，主动摸索、认真研究、大胆尝试。从 1996 年 9 月起作为移民监理单位进驻现场，根据项目进展情况，分别采取巡回式和驻地式监理方式对黄河小浪底水库库区第一、二、三期涉及的河南 10 县（市）和山西 3 个县淹没区及安置区移民拆迁安置全过程的进度、质量及投资进行监理。这种监理机制的引入，是由于社会主义市场经济体制的确立，客观上要求移民安置需要贯彻等价交换原则，移民的合法权益需要得到有效维护，而作为移民安置实施主体的地方政府在组织如此复杂的系统工程时需要有专业的机构从事第三方监督，发挥制约、规范、预防、促进的功能，来支撑和完善移民安置管理体制，提升政府依法行政的科学性。正是基于这种需求，黄委移民局通过探索和实践，积累了一套行之有效的监理理论和做法，在小浪底移民搬迁安置过程中发挥了突出的作用，取得了积极的成效。小浪底移民安置工作也成为世界银行推荐的利用世行贷款项目中的成功典范。

黄委移民局作为移民监理单位参与小浪底水库移民搬迁安置工作　移民局供图

黄委移民局通过承担小浪底水利枢纽移民监理项目。锻炼了队伍，开拓了市场，开创了国内大型水库移民监理的先河，同时引来了黄河流域内其他移民监理项目。1997—2002 年受水利部万家寨工程建设管理局征地移民办委托承担了万家寨水利枢纽移民监理项目；2003—2007 年受水利部移民局委托承担三门峡（河南、山西部分）、东平湖库区计划执行情况监测评估项目；2004—2008 年受黄河洪水管理亚行贷款项目办公室委托承担了黄河洪水管理亚行贷款项目移民监测评估项目。随后，凭借移民局的工作经验和在国内移民监理行业的实力，陆续在黄河流域承担了黄河下游近期防洪工程征地移民监理项目、征地移民监测评估项目等。通过参与流域内工程移民项目，为构建科学的、符合市场规则的人性化的移民监督管理体制，满足投资人对移民项目技术服务的需求，维护移民合法权益都作出了积极贡献。同时，在理论、实践、队伍建设方面积累了大量经验和实力，在国内同行业赢得了声誉，为以后开拓黄河流域外项目奠基了坚实的基础。

抢抓发展机遇，开创移民工作新局面

2006 年，国务院颁布了《大中型水利水电工程建设征地补偿和移民安置条例》，这是在 1991 年颁布的《大中型水利水电工程建设征地补偿和移民安置条例》基础上，认真总结实践经验，坚持以"三个代表"重要思想为指导，全面贯彻落实科学发展观，从坚持工程建设、移民安置与生态保护并重，促进大中型水利水电工程建设，维护社会稳定等各方面综合分析研判，修订出台的新条例。进一步明确了移民工作管理体制，强化了移民安置规划的法律地位，提高并统一了征收耕地的土地补偿费和安置补助费标准，规范了移民安置的程序和方式，完善了移民后期扶持制度，加强了移民工作的监督管理。新条例的颁布施行，翻开了水利水电工程移民工作的新篇章，标志着移民工作全面推进依法行政，贯彻开发性移民方针，促进移民增收与库区经济发展并重的思路将贯穿移民工作全过程。条例第五十一条规定：国家对移民安置实行全过程监督评估。签订移民安置协议的地方人民政府和项目法人应当采取招标的方式，共同委托有移民安置监督评估专业能力的单位对移民搬迁进度、移民安置质量、移民资金的拨付和使用情况以及移民生活水平的恢复情况进行监督评估，被委托方应当将监督评估的情况及时向委托方报告。这就意味着在此后的水利水电工程移民安置工作中必须引入监督评估机制。

国家对水库移民的搬迁安置和后期扶持政策的不断完善，推动了移民工作的法制化、科学化和规范化水平，同时对移民工作的监督管理提出了新的要求，政府监督、社会监督和第三方监督必须协同发力，才能使移民安置工作顺利平稳实施。在此背景下，移民工作第三方监督市场逐渐大了起来，黄委移民局紧紧抓住机遇，在做好黄河流域内监理、监评项目基础上，充分发挥自身的行业优势和影响力，紧跟市场步伐，紧盯国内其他水利移民监理、监评项目，20多年来承担了多项国家级和省部级移民监理、监评项目，进一步巩固了国内移民监理、监评市场，树立了良好的黄河人形象。

首先，抓住南水北调工程上马的机遇期，承接了南水北调中线一期工程河南省丹江口库区移民安置监督评估2标，南水北调中线干线工程漳河北—古运河南征地拆迁安置监理3标，南水北调中线一期工程总干渠陶岔—沙河南段、沙河南—黄河南段征地补偿和移民安置监理6标，南水北调线路河北邯郸段、焦作段、山东段移民监督评估，南水北调东线第一期工程济南—引黄济青段工程征迁安置监理3标，南水北调中线干线（新乡段、禹长段）和配套工程（焦作、新乡段）征地移民安置监督评估。在此过程中，把10年积累的移民监理经验充分运用到南水北调征地移民监督评估，为工程建设和移民安置提供了有力的支撑。随后，凭借着技术优势，又陆续承揽了川东北油气田征地拆迁第三方监督、新疆伊犁喀什河尼勒克一级水电站工程移民监理、广西桂林漓江补水3个水库（川江、小溶江、斧子口）征地移民监理、广西长洲水电站移民设计监理、河南淇河盘石头水库移民监理、河南沙颍河水库移民监理、湖北汉江崔家营航电枢纽工程水库移民监理、黑龙江省黑龙江干流堤防工程建设征地移民安置监督评估等诸多移民监督评估项目。

其中川东北油气田征地拆迁第三方监督项目是黄委移民局下属河南黄河移民经济开发公司（以下简称黄河公司）承接的第一个水利行业外项目，该项目是中石油和美国雪佛龙公司在亚太地区最大的陆上石油天然气合作项目。在川东北项目近10年的拆迁过程中，经监督审核签字支付的补偿资金达9亿多元，没有出现任何支付问题。作为现场数十家承包商中唯一"零投诉"的公司，黄河公司多次获得美国雪佛龙公司和中石油西南分公司的嘉奖。在雪佛龙公司美国总部，在谈到黄河公司时，他们习惯性地称之为"黄河"，当他们做出重大决策时，都很重视"黄河"的意见，所有涉及第三方监督的业务只要有"黄河"出具的证明和认定书，公司就会放心、认可，成为雪佛龙公司最值得信赖的承包商。

移民监测评估是与监督评估相辅相成的一种管理手段，是项目实施的工作保障，是项目绩效度量的手段，也是项目跟踪决策的基础工作，它包括了在建水利工程移民和大中型水库移民后期扶持的监测评估，是更显示技术实力的项目类型。黄委移民局是国内较早开展此类工作的单位，从早期的黄河万家寨引黄工程征地移民监测评估开始，经过实践经验、理论成果、声誉形象的积累，逐步拓展到黄河流域外乃至全国的水利移民监测评估领域。先后承担了长江三峡工程工矿企业迁建阶段性评估、嫩江尼尔基水利枢纽工程移民监测评估、河南燕山水库移民监测评估、贵州铜仁地区社会主义新农村建设水利扶贫试点监测评估、重庆水利定点扶贫监测评估、河南淇河盘石头水库移民监测评估、全国大中型水库移民后期扶持政策实施效果监测评估以及（内蒙古自治区、陕西省、山东省、河南省、贵州省、四川省、重庆市等多省区）大中型水库移民后期扶持政策实施情况监测评估等。

后扶监测评估项目是从 2007 年起，受水利部移民局委托，分别对全国大中型水库移民后期扶持政策实施情况涉及的湖北、湖南、广西、云南、贵州等多个省（区）开展监测评估。2008—2017 年受陕西、山东、河南、内蒙古等四省（区）委托，完成四省（区）的大中型水库移民后期扶持政策实施情况监测评估工作。2017 年通过公开招投标承揽了浙江省 2017 年度大中型水库移民后扶监评项目，业务领域进一步扩大。

后扶监评不仅为国家发改委、财政部、水利部以及有关省（区）提供了客观、公正、系统、科学的技术报告，而且为各部门和各级领导提供了决策依据，得到了水利部和有关省（区）的认可和赞扬。

通过开展以上各项工作，开拓壮大了市场、锻炼了队伍、赢得了声誉，一些地方政府和项目业主主动找上门来，邀请参与他们的项目或提供技术咨询服务。如：河南省南水北调中线一期总干渠征迁安置 3 标段技术验收、黑龙江阁山水库技术咨询服务项目、内蒙古海勃湾水利枢纽工程移民安置技术咨询服务项目、洛阳后扶项目评审、山东三县移民避险解困方案编制及省方案汇总、山东省莱西市后扶项

黄委移民局跟踪调研移民产业扶持　移民局供图

目实施方案编制、新乡四县南水北调移民村强村富民规划编制等。

紧跟时代要求，开展政策理论研究，推动移民工作上台阶

自成立至今，移民局承担了世界银行、亚洲开发银行、外资项目和国内投资项目的征地拆迁安置、南水北调移民安置等大型水利水电工程移民监理等工作；承担了水利部移民局及省级移民管理机构委托的 12 个省 160 余个县的移民后期扶持监测评估工作、水利部定点扶贫监测评估工作；承担了 30 余项国家级、省部级的移民政策和水利扶贫政策研究项目；已出版 8 部与水利水电工程移民相关的图书，公开发表学术论文 100 余篇，荣获河南省科技进步二等奖、黄河水利委员会科技进步一等奖，为全河移民工作以及全国大中型水库移民工作全面、深入开展作出了突出贡献。

政策研究方面，作为水利水电工程移民领域的领跑者，移民局多年来承担了国家和地方的重大水利水电移民政策、规程规范的制定及课题研究。国家层面的主要有《大中型水库移民后期扶持政策实施情况监测评估工作纲要（试行）》《水利扶贫工作考核办法（试行）》《水库移民工作稽察手册》等 10 余项，行业及省级政策研究方面有《河南省南水北调丹江口库区移民安置验收工作实施细则》《新疆伊犁州大中型水利水电工程征地补偿和移民安置管理实施细则》《大中型水库移民后期扶持政策实施监测评估研究和工作手册》《黄河三门峡移民遗留问题处理战略研究》《中国洪水管理战略研究》等 20 余项。

黄委移民局在长期的移民工作实践中积累了丰富的经验，不断提升技术咨询服务业务，多年来，承担了多项国家级和省部级移民业务咨询项目，不但巩固发展了移民监理监评业务，而且积极开拓了全国"十一五"和"十二五"大中型水库移民后期扶持规划、贫困地区水利人才培训规划和河南省陆浑水库移民遗留问题验收技术咨询等 10 余项新业务。通过多年的业务积累，移民局大力提升专著论文发表水平，分别在《农村经济》《人民黄河》《中国水利》等期刊上发表移民学术研究论文百余篇，并出版了《工程移民监理的理论与实践》《水利水电工程移民监督评估》《民族地区水利水电工程移民与监督评估实践》《水利扶贫工作考核制度研究》等多部移民理论专著。

移民局的发展反映了国家移民政策的发展历程，不断的实践经验总结积累和持续不断的理论探索与研究，推动了移民业务工作不断创新，促进了黄河移民事业蓬勃发展，为黄河治理开发提供了必要的支撑和动力。

党的十九大确立了新时代中国特色社会主义发展方略，为今后的水利改革发展指明了方向。黄河移民事业将按照黄委党组"规范管理、加快发展"的要求，在继续做好已有在建水利水电工程项目征地移民监督评估和监测工作基础上，紧

跟市场需求，密切关注水利部以及全国各省（区）移民工作改革新动向，加强形势研判，紧跟改革发展步伐，提高政策和理论研究水平，引领业务工作取得新的突破和收获；紧跟水利部移民司部署和黄委"一点一线一滩"重点工作，紧盯市场，在科学研判形势基础上，开拓进取，主动作为，积极寻求新的业务增长点，为可持续发展奠定项目支撑。

经过近 30 年的发展、成长和积累，如今的移民局已成为黄委本级水利基建前期项目工作经费管理的关键部门、国际合作项目移民监理的优质品牌以及国内大中型水库后期扶持政策实施情况及实施效果监测评估的领导品牌，既可以为人民治黄事业提供政治素质可靠、业务能力过硬的保障，又能够为全社会提供移民监理、移民政策研究、移民监督评估、后期扶持监测评估、移民技术咨询、水利扶贫监测评估等服务。随着品牌影响力的逐步提升，移民局不断创新管理理念、及时总结丰富经验，通过与国家标准接轨、提升管理能力和项目经营水平，更好地履行单位的社会责任，合规管理，从而为黄委乃至国家移民事业发展提供更强有力的动能。

回首过去豪情满，展望未来信心足。在新时代的治黄征程中，黄河移民事业将继续深入贯彻落实党的十九大精神，不忘初心、勇立潮头、顽强拼搏、砥砺前行，努力为流域、水利乃至国家工程移民事业做出新的更大贡献！

移民局　　执笔人：魏　勇

漫漫改革发展路　悠悠后勤服务情

——改革开放 40 年机关服务局改革发展综述

　　1978 年，改革开放的春风吹绿了祖国大地；2018 年，新时代的号角铿锵，震彻寰宇。沧海一粟的 40 年，却是中国创造出一个个涅槃奇迹的 40 年，也是我们的黄河母亲生生不息、波澜壮阔的 40 年。

　　黄委机关后勤工作的发展，与人民治黄事业的发展、时代的发展，乃至整个国家的发展保持着高度的同频共振，治黄事业的腾飞为黄委后勤工作注入了勃勃生机。

筚路蓝缕启山林　万丈高楼平地起

　　1951 年 4 月，黄委设立郑州筹建工程处，1953 年 12 月黄委由开封迁至郑州办公，开启了治黄后勤在郑州安营扎寨、不断发展的征程。

　　居有暖屋四季春。

　　安居为乐业之本。改革开放前，黄委职工宿舍楼都是清一色的砖混结构，基本没有独立的卫生间、厨房，也没有暖气，仅能实现最基本的居住功能，庭院管理也存在较大问题。在 1979 年黄委《关于对宿舍区违章建筑物处理的通告》中就写到："长期以来，由于我会职工家属随意在院内乱搞违章建筑，致使我会几个宿舍区已经形成到处围墙、鸡窝、小平房等五花八门，一片混乱状态。"

　　解决和改善职工住房问题，是改革开放后治黄后勤工作的重中之重。1978—1982 年的 4 年时间里，黄委职工住房建设大干快上，成绩显著，在较短时间内完成了三宿舍 38、39 号楼，五宿舍 42、43 号楼，六宿舍 45、46 号楼，黄河医院 3、4、

5 号楼，水科所 40、41 号楼，一宿舍河南局 1 号楼等楼房建设，并着手开始二宿舍旧房改造。

在居有定所基础上，居住的舒适度也成为后勤人关注思考的一大问题。从 1983 年开始，后勤人解放思想，开始为大部分的职工住宅楼增设阳台，进行外墙粉刷，加贴厨卫瓷片，进一步改进房屋布局。

值得一提的是，1987 年，顺河路北侧建设了锅炉房，陆续向宿舍区供暖，黄委职工从此告别了围着"蜂窝煤炉"取暖过冬的日子。锅炉房不断扩大规模，成为黄委供热中心，最多时拥有 4 台燃煤锅炉、计 55 蒸吨，是郑州市屈指可数的大型自备锅炉房。

1988 年郑州市开始引入天然气，黄委第一时间与地方政府对接，利用两年时间就使所有宿舍区接通了天然气。

20 世纪 90 年代，随着国家经济能力提升，对住宅提出了更高的标准，黄委紧跟时代步伐，新建住宅均增设了圈梁、构造柱，进行了内外装饰，水、电、"两气"、闭路电视、通信线路一次到位。

到 1995 年，黄委已建成了一宿舍 49、50、51、54、61、62 号楼，三宿舍点式楼，六宿舍 47 号楼以及七宿舍 1、2、3、9 号楼等。

随着党中央进一步发展社会主义市场经济，推动国有企业改革，调整所有制结构，改善宏观调控，深化财税、金融、投资体制改革等大刀阔斧的动作，治黄后勤工作也迎来发展黄金期。1995—2015 年的 20 年间，黄委机关职工居住环境发生了天翻地覆的变化。

根据国务院《关于深化城镇住房制度改革的决定》以及地方政府的一系列政策规定，1995 年，黄委结合自身实际，出台了《黄河水利委员会驻郑单位住房制度改革实施方案》，由此拉开了房改的大幕，职工集资建房工作相继展开。

集资建房是为加快职工住房建设速度，将住房建设投资由国家、单位统包改变为国家、单位、个人合理负担。房屋建成后，按公有住房出售给职工并由职工享受全部产权。新思维、新政策、新改革，极大激发了住房建设活力，治黄后勤发展开始换挡加速。

一期集资建房首先锁定顺河路一宿舍 43、48 号院以及商城路七宿舍。1995 年 10 月，43 号院 25 号楼被拆除，正是在这里，第一栋职工集资房即 53 号楼开工建设，并于一年后拔地而起。1996 年 3 月，七宿舍 4 号楼紧随其后开工建设；1997 年 6 月，顺河路 43 号院 56、57、58、59、60 号楼以及七宿舍 8 号楼同时开工；1997 年 11 月，七宿舍 5、6 号楼开工建设，掀起了一期集资建房的高潮。

掩卷凝神，一、七宿舍区热火朝天的施工景象恍惚可见，空气中的幸福味道也仿佛弥漫在面前。那一排排坚实的脚手架、一台台高耸的塔吊承托起的正是黄委职工对美好生活的无限向往。

　　随着一期集资建房的推进，文物问题浮出水面。顺河路南侧区域是商城宫殿遗址，审批程序之烦琐、要求之高超乎想象。后勤人知难不畏难，积极奔走协调，严格履行相关程序，主动配合文物勘探，最终拿到了文物局出具的规划建设意见。砖瓦声声、工不停歇，2002 年，6 栋住宅楼投入使用。到 2003 年 5 月，七宿舍 7 号楼的竣工，标志着黄委一期集资建房首盘告捷。

　　1995 年开始，2003 年结束，一期集资建房历时八年，完成建房 802 套、建筑面积 88574 平方米，规模相当于房改前 40 多年完成的建设，754 户职工喜迁新居，住上了宽敞明亮的单元套房。良好的发展，得益于国家住房制度改革所释放出来的强大活力，得益于黄委领导对职工生活的高度关注，也得益于后勤人锲而不舍的工作作风。

　　驰而不息，发展不止。一期集资建房结束后，根据河南省省直机关及郑州市有关规定，2000 年底前停止住房实物分配，全面推行货币化补贴政策。黄委领导心系职工，未雨绸缪，抓紧时间与河南省、郑州市主要领导沟通，于 2000 年 12 月 29 日拿到了省直住房委员会关于进行二期建房的批复。2003 年 8 月 19 日，顺河路 45 号院三栋高层楼破土动工，二期集资建房正式开始。

　　二期集资建房，在黄委职工住宅建设史上超过以往，除 45 号院 3 栋高层楼外，还包括 48 号院 2 栋高层楼、1 栋多层楼以及经三路天府小区 4 栋高层楼，共计住房 972 套，总建筑面积 155966 平方米。

20 世纪 80 年代建设的住宅楼　机关服务局供图

　　在二期集资建房过程中，黄委后勤人进一步解放思想，将所建房屋套型建筑面积扩大至 120、140、160、180 平方米，使购房职工实现了政策范围内的"终极置业"。

　　2009 年 8 月，在天府小区项目尘埃落定之后，服务局组织了一次黄委最大规模的住房循环调整，广大职工的住房条件得到了不同程度的改善，基本实现了黄委职工的安居梦。

　　与改善职工居住条件同时

黄委机关宿舍区掠影　机关服务局供图

进行的还有职工住房产权证办理工作。由于时间跨度长，工程资料和购房职工个人情况变化大，办证工作困难重重。服务局高度重视，从房改启动到 2016 年，服务局为职工办理房产证 2000 多本。2016 年机关服务局增派人手，全面铺开委机关职工旧房办证工作，300 余户通过省市两级审批。进入出证环节之际，2016 年 8 月郑州市正式实施不动产登记制度，前期办证工作成果付诸东流。身陷困局，斗志不减，机关服务局内外协调、据理力争，拿到了黄委乃至郑州市第一批房改房不动产登记证。

解决职工住房困难的另一个重要途径，就是让大家享受公积金的各项政策福利。1996 年服务局开始承担住房公积金管理工作，至今服务对象已扩展到 93 个驻郑单位近 8000 位职工，累计归集公积金 15 亿余元，为职工支取公积金近 10 亿元；积极协调市内其他公积金分中心为黄委驻郑单位 500 余名职工提供贷款总额达 2.5 亿多元。2016 年 3 月，服务局争取省市有关部门和银行的帮助支持，成功开设公积金贷款业务，已为 126 名职工办理近 6000 万元住房贷款，为职工解决了燃眉之急。

更上层楼一时新。

"青春"综合楼——挺立在顺河路与顺河北街交叉口的综合楼，外观已显陈旧，这栋并不引人注意的高层楼，承载着太多治黄人的青春记忆。综合楼建成于 20 世纪 80 年代末，是黄委的第一座高层楼，也是郑州市第三栋带有电梯的高层楼，刚建成时，站在楼顶，整个城区景象尽收眼底。

与多层楼相比，高层楼的建设要复杂的多，除电梯外，还要考虑供水、供电、消防、地下室通风等系统，兼顾高标准的地基与地上建筑结构。在改革开放初期实施这样的项目，彰显了治黄后勤人敢为人先、勇于开拓的气魄。

之所以说它"青春"，是因为综合楼不仅服务于治黄工作，也是黄委机关很多"70 后""80 后"干部职工初入黄委的第一处居所。豪情万丈的莘莘学子告别校园，进入工作新环境，与志同道合的同事朋友开始新的集体生活。综合楼见证着一批批机关干部职工从青涩到成熟、从初出茅庐到独当一面，不断续写治黄事业新篇章的慷慨经历。

"中枢"防汛楼——郑州市金水路 11 号，20 世纪 50 年代苏联风格的老办公楼在历史的风霜中渐渐苍老，它们静静地望着身边的郑州市逐渐变大、变密、变得现代，也静静地期待着属于自己的破茧重生。

1996 年，黄河防汛抗旱调度指挥中心大楼成功立项。机关服务局按照要求，抽调骨干专业技术人员参加防汛办公大楼建设。在工程前期、技术工作、工程监理等方面承担了至关重要的工作任务。新的防汛抗旱指挥中心大楼为 20 层高层建筑，总建筑面积 36000 平方米，外观形似一艘乘风破浪的帆船。1999 年新建成的防汛大楼投入使用，极大地改善了委机关的办公条件。

机关大院旧貌　机关服务局供图

庄重、现代的防汛大楼巍然矗立于繁华都市中央，从建成伊始，就成为郑州市的一个地标性建筑。这座高品质的办公大楼，在郑州市率先采用了中央空调系统，高标准的国际会议厅、多功能会议室、高技术含量的远程水量调度中心，都昭示着它的与众不同。竣工当年，防汛大楼就被郑州市评定为优质工程，同时入选省会十大特色建筑。金水路11号，实现华丽转身，开始行使它新的历史使命。

为保障大楼继续"健康运行"，也进一步改善机关职工的办公环境，在水利部的支持下，2018年，经委党组决定，由机关服务局负责实施了防汛大楼应急维修工程。为了确保工程不影响机关办公，在汛期来临前完工，机关服务局抽调精干力量组成项目组集中办公，以"打好硬仗"的决心全力推进这项与时间赛跑的工程，不断优化工程施工管理方案，以"五加二、白加黑，没有节假日"的工作状态，在6个月的时间内，让防汛大楼再次焕发出勃勃生机。

"侧翼"拔地起——继防汛大楼建成之后，在拆除36号宿舍楼的基础上，2006年4月，机关服务局开始建设机关综合服务楼，该楼总建筑面积7776平方米，内设机关职工食堂、防汛会商中心等，2007年10月投入使用。机关综合服务楼的建成，进一步改善了机关办公条件。

作为治黄工作重要指挥平台的黄河防汛抗旱会商中心，2009年3月开工建设，2010年5月投入使用。经过8年的运行，会商中心各项设施运转正常，水利部及黄委领导曾多次给予好评。

2012年正式开馆迎宾的黄河博物馆作为具有一定规模和鲜明流域特色的河流博物馆。这一展现黄河神韵的新窗口，凝结着后勤人历经多年攻坚克难在征地办证、项目报建及工程实施中付出

1999年建成的防汛大楼　机关服务局供图

的心血汗水。黄河博物馆已成为弘扬黄河历史文化、传播水利科学知识、宣传人民治黄成就、树立民族自信心和自豪感的重要场所。

这一座座拔地而起的高楼，是黄委党组为改善职工办公、居住条件的民心工程，也是贯彻党中央民生为本重要思想、构建和谐社会的具体体现。

恪尽职守强保障　栉风沐雨砥砺行

40 年来，机关服务局始终以做好后勤服务为立足之本，在完善车辆保障、物业管理、幼儿保教、餐饮服务的后勤路上执着前行，奋发而为，收获了累累硕果。

这份成绩单的书写者，是一群默默无闻、甘心奉献的后勤职工，不善言辞、质朴无华的他们，以实际行动肩负起后勤人无悔无怨的责任担当；这份成绩单的见证者，则是这个团队中每一位孜孜不倦写芳华的后勤人。

"安"调度，激情抛洒长河路。车管处常爱军：从黄河源头到入海口，从青藏高原到黄淮海平原，他用车轮丈量着母亲河的长度，丈量着 79.5 万平方公里的流域面积。

源头、西线、多沙粗沙区、柴达木盆地、大柳树、黑三峡、黄藏寺、大支流河源、水文水保站、大小市县局和闸管所，母亲河的样貌，身为后勤人的他怎么会不记得！40 年来，机关服务局完成行车任务 3400 余万公里，连续多年实现安全行车无事故。驾驶员们时刻牢记"优质、高效、安全、正点"的服务宗旨，克服一切困难，以高度负责的精神和细致周到的服务出色完成了各种行车任务，多次荣获黄委嘉奖。特别是在四川汶川"5·12"大地震中，服务局先后有 9 人次、11 台车参与了抗震救灾工作，历时 123 天、行程近 5.26 万公里，车管处荣获"黄委抗震救灾先进集体"，9 名驾驶员荣获"黄委抗震救灾先进个人"荣誉称号。

"细"物管，热情牵挂万千家。房管处王加强：宿舍区保洁员——机关服务局最基层的岗位之一。他的手机被大家风趣地称成为"110"服务热线，不分白天夜晚、无论假日晴雨，为千家万户排忧解难，苦了自己却无怨无悔。

机关服务局承担着一、三、五、六、七和天府等 6 个宿舍区，12 个楼院，56 栋职工住宅楼，总建筑面积 30 多万平方米，近 3000 套住房和近 3 万平方米办公、经营房屋的管理任务。多年来，服务局不断加强物业管理，坚持以人为本的服务理念，为黄委机关宿舍区住户提供优质、文明、热情、周到的日常服务。管理求"远"，实现了宿舍区供暖、天然气、多层住宅楼自来水、1403 户住房供电移交社会管理。维修求"质"，保质保量完成各类维修 4 万余次，整修宿舍区屋面 30 余栋，面积 2 万多平方米。庭院求"美"，认真做好每个庭院、每栋住宅楼公共部位的卫生清洁和环境整治，及时修剪补种绿化植被，多个宿舍区连续 20 年保持"省级文明楼院"称号。

近年来，委机关办公区环境有了很大改观。整个大院绿草茵茵，树木葱茏，花卉斑斓，景观奇石，突出了厚重的黄河文化特点，呈现出生机盎然、整洁有序、文化氛围浓郁、文明祥和的景象。2009 年黄委机关成功创建为全国文明单位，9 年来连续通过国家级验收，保持全国文明单位称号。

"家"食堂，温情执掌手中勺。机关食堂陈长海：朴实、少言。几十年如一日的他，有了"特殊"的生物钟。清晨，朝阳升起前，机关大院的门还没大大敞开，他已准时来到食堂后厨；傍晚，晚霞已渐渐淡去，他才收拾好工装，踏上回家的路。

委机关食堂自 2008 年 6 月开业至今，在 2600 多个工作日里为职工提供了 7900 余顿餐饮。从当初在顺河路综合楼的单身职工食堂、每顿只能供应 50 人左右就餐，发展到目前日均供应 500 人次就餐。服务局时刻把"关注食品安全，关爱职工健康"的服务准则放在首位，严把食品原材料的采购关、质量关、制作关，每个环节责任到人，坚持做好每日每餐的食品留样和记录。他们日复一日地认真坚持，只为让所有就餐职工吃上满意可口、健康安全、营养均衡的餐饮。多年来，在每季度的满意度测评中，就餐职工对食堂的满意率均在 95% 以上。食堂多名职工被评为黄委调水调沙先进工作者和安全生产工作者。

2018 年，永不满足的后勤人百尺竿头更进一步，推动完成了后厨运行体制改革，努力诠释着"用心、用情、用功，打造职工家厨房"的管理理念。

"暖"幼教，真情浇灌河之花。幼儿园"园丁"们：天真顽皮的面庞后，是她们尽心用心呵护的"稚气"；笑声朗朗的精彩后，是她们耐心细心培育的"未来"。她们的名字太多，不胜枚举，而"妈妈"也正是她们共同的名字。

1954 年 5 月，在一宿舍南侧的东里路上，黄委的孩子们有了属于自己的幼儿园。最初的幼儿园，仅有 501 平方米，大、中、小各一个班，可容纳幼儿 80 人。改革开放后，国家发布《幼儿园教育纲要》，幼教事业迎来了发展的春天，得益于黄委领导对幼教事业的高度重视和大力支持，幼儿园已经发展成为拥有一万平方米校园、3 栋教学楼、19 个教学班、152 名教职工的郑州市级示范幼儿园。秉承着"一切为了孩子，服务于社会和家长"的办园宗旨，近 10 年来，黄委幼儿园接收、培育了 2000 多名幼儿；多名教师被评为省市级骨干教师、优秀教师；教师所撰写的论文有近 50 篇先后获得省、市、区奖项，并在国家级、省级刊物上发表；每年都会有多名孩子参加各类绘画比赛并取得好成绩，累计荣获奖项 400 多个。幼儿园先后获得中华全国总工会"五一巾帼标兵岗"、河南省"青年文明号"、河南省"工人先锋号"、河南省"女职工标兵岗"、黄委"青年文明号"等荣誉称号。

近几年，幼儿园依托厚重的黄河文化，不断深化环境创设，强化师资队伍建设，已经成为郑州知名幼儿园，每年的报名入园人数远超可接纳的人数，成为后勤保障工作的一张靓丽名片。

一分耕耘、一分收获。这个"崇德精业、至善惟勤"的后勤集体曾连续获得黄委目标管理一等奖、二等奖和特别嘉奖，荣获"省会人居环境示范单位""省会创建文明城市先进单位""河南省直机关后勤工作先进集体"等荣誉称号，倾情谱写着后勤服务的主旋律。

雄关漫道真如铁　而今迈步从头越

细细翻看机关服务局的发展历程：

1951年，黄委设立郑州筹建工程处；

1957年，黄委正式设立行政处；

1989年，黄委行政处升格为机关事务管理局；

1994—2009年，黄委机关事务管理局先后更名为黄河服务中心、机关服务局。

从郑州筹建工程处，到行政处，到机关事务管理局，再到机关服务局，治黄后勤先后历经了多次变革，机关服务局所承担的后勤保障职责也多次发生调整，服务保障的范围也在不断的变化，然而不变的是后勤人那颗献身治黄事业的初心，不变的是后勤人那精益求精、无私奉献的情怀。几十年来，一代代后勤人无私奉献、团结协作，围绕治黄中心主业，肩负沉甸甸的使命与责任，用自己的辛劳付出，默默地消除着机关职工的后顾之忧，犹如汩汩清泉润泽着黄河人自己的家园，为黄河治理开发与管理事业提供着必不可少的保障支撑。

进入新时期，黄委党组确立了"维护黄河健康生命，促进流域人水和谐"治河新思路，提出了"规范管理，加快发展"的总体要求，治黄工作迎来全新的发展机遇。新时期、新使命、新形势需要有新气象、新作为、新发展。

近年来，后勤人立足当前、谋划长远，提出了"精准服务、依规管理、挖潜经济、改善民生"的工作理念。这短短十六字工作理念，准确把握了"服务、管理、经济、民生"四大发展关键要素，起到了定方位、统思想、凝合力、促发展的重要作用。围绕这一理念，后勤管理改革迈出了新的更为坚定的步伐。

实施综合绩效管理改革。综合考核办法是服务局推出的一项重要举措，这个办法的核心是制定多项考评指标，将每名干部职工日常工作根据考评指标进行考核，工资的发放与考核分关联，改变了长期以来的"平均主义"，破解了干好干坏一个样的管理困局，提升了职工的工作精神面貌，增强了职工对本职工作的敬畏感。综合考核办法还注入了局属单位间竞争因素，使单位之间形成了健康的"赛跑机制"，全局比赶超的工作氛围日渐浓厚。实施综合绩效考核以来，后勤干部职工的工作积极性和主动性得以充分发挥，职工收入实现了稳步提升。

建立职工代表大会制度。保障职工参与单位管理的权利是创新民主管理方式，构建和谐劳动关系，促进单位健康发展的重要途径。2016 年初，机关服务局建立了职工代表大会制度。职代会成立以来，先后召开全体会议 6 次，征集各类提案 36 件，审议表决《三年目标规划》等办法、制度共 21 项。职代会自身建设持续推进，职工代表联系职工群众、民主恳谈会等 7 项制度相继落实，后勤职工在单位管理中拥有了更多话语权。

施行安全生产网格化管理。安全生产管理是服务局"天字一号"工程。服务局管辖范围点多面广、情况复杂，后勤设备设施种类多而且老化严重，安全生产任务繁重。服务局在反复调研、排查，摸清险点隐患的基础上，结合机关后勤实际实施了安全生产网格化管理，构建了四级责任体系，在全局划分了 171 个安全网格，做到了网中有格、格中有人、人尽其责。为进一步压实网格责任，服务局又出台了《安全生产监督管理规定》《安全生产网格责任及监督实施办法》等规章制度，提出了各级网格"两个一""三个一""四个一"管理举措，层层传导安全生产工作压力。网格化管理给服务局安全生产工作带来了深刻变化，10 余项长期难以治理的安全隐患在不到 3 年的时间里得以彻底清除。

提升后勤财务规范水平。规范高效的财务管理是后勤保障工作得以顺利推进的关键环节。服务局建立了会计核算中心，将全局各项资金进行集中管理，基本拉平了局属各单位工资、奖金的基数；增强开源节流意识，研究制定了《创收目标考核及奖惩办法》《公用经费节支管理》等制度，每年年初与局属有关单位签订经济创收任务指标和公用经费包干指标，年底考核后兑现奖惩；全面推开民主理财，印发指导意见，严格理财程序。2018 年上半年，局属各单位累计召开理财会议 70 余次，民主监督作用进一步发挥，财务规范化水平明显提升。

致力推动"互联网＋后勤"融合发展。解决后勤保障"粗"和"土"的问题，一直是服务局党委关注的重点。2016 年，服务局成立局信息化工作领导小组，制定了《黄委机关后勤管理信息化建设实施方案》，后勤信息化逐渐步入快车道。2016 年，投资 22.82 万元，实现了局属 7 个单位与黄委办公内网互联互通；2017年建成服务局档案信息管理系统，实现了文件档案电子查阅功能；防汛车辆实现网络派车；2018 年开通物业收费微信、支付宝移动支付业务，黄河菜场实现"电子一卡通"，黄委后勤在线微信管理系统投入运行；地下管网信息测绘及数据整理取得阶段成果。信息化与后勤管理服务的融合，使"数据多跑路，用户少跑腿"逐步成为现实。

绘制三年目标规划新蓝图。建立更为科学化、规范化、人性化的后勤体制机制，切实增强后勤服务保障综合实力，是践行黄委"规范管理、加快发展"的必由之路。基于此，服务局组织编制了三年目标规划（2017—2019 年），详细梳理了机关服务局现有的资产资源状况，深入分析了当前和今后一个时期后勤保障工作面临的形势与任务，确立了指导思想、基本原则和总体目标，提出了服务保障、基础建设、物业市场化推进、经济发展等 12 个方面的具体规划，明确了实施"文化建设""质量提升""创新发展"三步走的发展战略，使机关后勤发展的科学性、前瞻性和计划性明显增强。

2017 文化建设年，服务局积极弥补在文化培育上的短板，提炼出涵盖核心价值观、愿景、使命、宗旨等在内的后勤文化建设体系；首次组织了朗读会、红旗渠精神分享会；后勤职工自编自导自演，举办了后勤文艺汇演。后勤文化如春风化雨，无形中改变着后勤职工的精神面貌，后勤人腰杆更直了，脸上溢出了自信，工作的劲头更足了。宿舍区发起了环境整治攻坚战，庭院环境大为改观；商城遗址公园征迁工作取得重大成果，在金水区科教园区为黄委争下了 2.8 万平方米的商业房产。更多的改变还体现在后勤人对工作细节的严谨上、精神面貌的改变上和服务水平的提升上，黄委领导对服务局文化建设给予高度评价，黄委干部职工纷纷为后勤人点赞，在 2017 年全河绩效考核中，后勤人终于得到了久违的先进荣誉。

2018 质量提升年，服务局坚持问题导向，找短板，促提升；坚持重点突破，抓关键，谋带动。精心组织实施了防汛大楼应急维修工程，汛期前如期完成所有施工任务，实现了工期、质量、安全目标；智能后勤建设步伐进一步加快；制定了办公区四星级标准化手册，开展了党员干部戴胸牌亮承诺及挂牌包楼层活动；制定了领导干部宿舍区包院包楼实施细则；建立了宿舍区环境综合整治长效机制；聚焦房产办证"疑难杂症"研究，45 号院、天府小区及剩余旧房办证工作稳步推进；公积金 G 系统通过线上测试并投入运行；积极推进幼儿园环境创设，办园软硬件水平实现新提升，赢得广泛社会赞誉。质量提升的成效逐步呈现，机关后勤保障工作实现了新的服务升级、效能升级和品质升级。

唯改革者进，唯创新者强，唯改革创新者胜。借助改革创新思维，服务局对原招待所数十名职工进行了竞岗安置；首次将公开竞聘和选调运用于干部、人员调配；打破以往物业管理架构，形成新的业内竞争；改变了幼儿园沿袭多年的招生制度……经统计，2016 年以来，服务局累计完成改革性任务 141 项，制定修订各类规章制度 58 项。这些全新的举措不仅让服务局短期内取得了令人欣喜的转变，也为机关后勤可持续发展奠定了坚实基础。

站在改革开放 40 年的节点上，回望黄委机关后勤的漫漫发展路，会深刻地体会出，后勤事业的发展离不开国家整体的发展，大河有水小河满，中国改革开放的浩荡春风，释放出了强大的发展活力，治黄后勤在大环境的沐浴下，焕发出了空前的生命力，才有了近 40 年的快速发展。与此同时，治黄后勤事业的进步，也从一个小局部折射着中国大的发展，见证着党中央实施改革开放的远见卓识，见证着中国特色社会主义道路具有的强大生命力。

"自信人生二百年，会当击水三千里"，习近平总书记在党的十九大报告中提出，中国特色社会主义进入了新时代，这是中国发展新的历史方位，面对崭新的发展机遇与挑战，斗志昂扬的后勤人将积极贯彻黄委"规范管理、加快发展"总体要求，以更加饱满的热情，更加务实的作风，更加扎实的工作，不断开创机关后勤工作新格局，努力为治黄保障事业做出新贡献。

机关服务局　　执笔人：周旭东　石　川　王怡康

初心不改服务治黄
修行仁术救死扶伤
——改革开放40年黄河中心医院改革发展综述

  从改革开放初期黄河中心医院（以下简称黄河医院）医生看病的老五样"听诊器、血压计、体温表、显微镜、X光机"，到如今的"彩超、螺旋CT、全自动生化分析仪……"；从简陋手术室到设施齐全的现代化层流手术间；从公费医疗到全民医保，从"以药养医"到取消药品加成……黄河医院这40年，就是紧随国家医疗卫生改革开放步伐，不断深化治黄职工医疗健康服务的40年。

解放思想　拨乱反正　改革东风起步发展（1978—1991年）

  改革开放初期，黄河医院职工240人，其中卫生技术人员172人，诊疗条件简陋。受"十年动乱"影响，医院管理比较混乱。按照党的实事求是思想路线和国家卫生部"普遍整顿、全面提高、重点建设"的工作方针，黄河医院进行了治理整顿和拨乱反正。建立了党委，实行党委领导下的院长负责制，把工作中心转移到了医疗卫生上。

  这一时期，黄河医院按照国家加强经济管理、健全制度、实行岗位责任制、调动积极性的改革要求，健全组织结构和规章制度，改革分配制度，提高医疗质量，改善服务态度，逐步恢复了被"文化大革命"破坏和冲击的正常诊疗和工作秩序。

  到1983年，黄河医院外科在院长寿化山带领下得到较快发展，仅外科病房就有60张病床，胸外科手术在全省知名。1978年医院"胃大部切除术后并发症的防治""泡桐果防治慢性支气管炎研究"获河南省重大科技成果奖。

为了加强对医疗卫生工作领导，1984 年 10 月，在黄河医院编制内设立黄委卫生处，将黄委计划生育办公室归属卫生处。1990 年黄委卫生处撤销，仍保留计划生育办公室。

1985 年，国务院批转了卫生部《关于卫生工作改革若干政策问题的报告》，国家首次医疗改革启动。为适应改革要求，1987 年 3 月成立改革办公室，主要是根据当时的分配政策进行成本和奖金核算。1989 年 4 月，召开中共黄河中心医院第一次党员代表大会，对加强党的组织建设、制度建设，落实国家卫生改革政策措施进行了部署。

为改善黄委职工医疗条件，1985 年 9 月，建成了老干部病房，之后又扩建了门诊楼，在全省较早开设了心内科重症病房 CCU。同年成立急诊科，购置了大型进口 X 光机，1989 年设立了高血压、脑血管、泌尿等专科门诊。1990 年，经黄委同意，医院先期利用社会资金近 175 万元，后自筹资金 110 万元建设了新的八层病房楼，设病床 200 多张，所有住院患者搬出 1953 年建院时砖木结构老病房，住进了带有电梯宽敞明亮的新病房，大大改善了患者住院条件和医务人员工作条件，为医院进一步发展奠定了基础。

1990 年和 1991 年，水利部和黄委相继进行机构改革，财政补助从原来的全额管理、定额补助、结余留用改为差额补贴。

科学管理　服务治黄　率先创建二级甲等（1991—1996 年）

1989 年，国家卫生部启动第一周期等级医院评审，黄河医院紧抓达标上等契机，加强科学管理，大搞基础设施建设。

在这一阶段，先后购进了核磁共振扫描仪、彩色多普勒超声诊断仪、全自动生化分析仪等国内先进的医疗设备，医疗条件和诊疗技术上了一个新台阶。1991 年新病房楼启用，医院的规模第一次得到扩大，病床扩充到 332 张，有 10 个临床科室、20 个二级学科和 6 个医技检查科室，形成门类基本齐全、功能相对完善的中型医院，在当时郑州各医院中，医疗设备和住院环境名列前茅。

1989 年起，医院对照等级医院标准积极开展争创工作，先后通过市、省两级评审，1993 年成为河南省首批国家二级甲等综合医院。之后，又相继创建成为省级文明单位、护理达标医院和"爱婴医院"。

在发展医院业务的同时，积极履行黄委职工医院职能，分别在 1987 年和 1991 年，派出两批医疗队分赴天水、兰州、西宁、西峰、绥德等基层单位，为 3500 余名黄河职工进行健康体检。1991 年和 1992 年先后开办了黄河基层医务人员影像检验学习班和急症学习班，配发了医疗设备，为提高基层医务人员素质，

1993 年 12 月，黄河医院晋升二级甲等医院　金琪摄影

充实基础设备发挥了积极作用。1993 年，卫生部北京老年病研究所分所心血管研究中心在医院挂牌，当年成立的康复病房开始收治病人。1995 年，开始为黄河小浪底工程提供环境评价、卫生防疫和移民体检服务。

1995 年，年轻的黄河中学职工陈刚患消化道大出血，病情凶险，生命垂危。从其入院到解除特护脱离危险的半个多月里，全身血液换了 5 遍。医院成立紧急抢救小组，调度一切手段和资源挽救患者生命，医护人员 24 小时不离病人身边，随时观察出血情况，监测生命体征，及时调整抢救方案，最终打赢了这场生命争夺战。

市场冲击　公疗改革　克服困难迎难而上（1996—2001 年）

随着改革开放进程加快，群众生活水平逐渐改善，医疗服务需求日益增长。在当时公费医疗体制下，一人公疗全家吃药的现象屡禁不止，黄委驻郑单位职工医疗费逐年递增，成为各单位的"经济负担"。1996 年，黄委印发《黄委会驻郑单位公费医疗管理办法》，职工医疗费"基数包干、节约归己、超基数按比例分段报销"，职工看病费用受到限制，医院门诊、住院诊疗数量明显下降，业务萎缩。

这一时期，公立医院受市场经济影响，医疗卫生资源配置不合理问题越来越突出，大量人才和资金流入了政府开办的大医院，同时公立医院市场化、商业化，公益性受到影响。黄河医院因与黄委业务性质上的差异，人才引进受到制约，在业务管理上与卫生行政管理部门渐行渐远，与社会医院差距开始拉大。

面对诸多困难，医院从内部进行了多项改革措施，尽力保持医疗业务发展并积极服务治黄。1997 年开始在临床病区推行责任制护理，病人获得了整体的、相对连续的护理，护士工作的独立性增强，医患沟通增加。1998 年成立黄委会急救中心，开通内线电话"120"，为治黄职工建立生命绿色通道。1999 年，黄河防汛总指挥部办公室批准医院成立黄河防汛机动抢险医疗队，医院正式纳入黄河防汛抢险队伍序列。1999 年医院投入大量人力，有效救治了黄委幼儿园 130 多名幼儿的爆发性痢疾。医院心内科首次开展了心脏起搏器安装的介入手术。成立社区科，初步开展社区卫生服务，2001 年，成立黄委商城路小区社区卫生服务站。

1999 年 11 月，医院召开中共黄河中心医院第二次全体党员大会。大会确定医院要主动适应社会主义医疗卫生体制改革，倡导病人至上、质量第一、严谨求实、团结进取的"黄医精神"，按照科技兴院、专家治院、院长管院、职工爱院的办院方针，采取理顺关系、健全制度、加强管理、改善服务、提高质量、增加效益的工作措施，共渡难关，把医院事业全面推向 21 世纪。

顺应医改　抢抓机遇　救死扶伤彰显风采（2001—2013 年）

1998 年 12 月，国务院作出《关于建立城镇职工基本医疗保险制度的决定》后，城镇职工基本医疗保险制度建设在全国稳步推进。黄河医院顺应医保政策积极争取，2001 年 10 月成为省直职工基本医疗保险定点医院。之后又相继成为郑州市城镇职工和居民基本医疗保险、省直机关离休干部、新型农村合作医疗定点医院，中国人寿太平洋保险股份有限公司商业保险定点医院。由于国家医保制度建立，患者就医负担下降，医院服务量上升，医疗收入稳定提高。

2001 年，经黄委与河南省人民政府协调，黄河医院重新纳入河南省卫生厅行业领导，改变了原来省市两级卫生行政机关交叉管理的不利状态，医院管理逐步走上正轨。建立健全了医疗质量、病案质量、医疗事故技术鉴定、感染管理、药事管理等业务管理组织，完善了院长查房、三级医师查房、三查七对、术前术后讨论、首诊负责等 10 项管理制度。2002 年 6 月，按照黄委《关于黄河中心医院"三定"方案的批复》，医院进行机构改革，设职能部门 9 个，临床科室 11 个，医技科室 9 个。

2002 年急诊科正式并入郑州市"120"急救网络。2003 年成立准分子治疗中心，开展"白内障复明工程"，实施首例双膝关节表面置换手术；1000 毫安数字化多功能 X 光胃肠机投入使用，成立了介入科，为内科传统治疗添加了新手段。2004 年 6 月，成立河南省唯实司法鉴定中心，为社会提供司法鉴定服务。2006 年成立河南省骨科学会足踝外科专业组会诊中心。2006 年首次与以色列国际知名心脏介入专家合作，实施了两例重症冠心病患者高难度的经皮冠状动脉成形术和支架植入术。

2003 年，医院相继出台《绩效工资实施方案》《成本核算办法》等一系列激励措施，调动了医务人员积极性，医疗收入明显增长。从 2005 年起，贯彻黄委关于事业单位试行人员聘用制度的实施意见，全员签订聘用合同。

2003 年 4 月，"非典"在全国蔓延，按照委领导"确保黄委一方平安、确保医务人员无一人感染"的指示精神，全力以赴投入到抗击"非典"工作中。为驻郑各单位实施消毒防疫，为近 4000 名黄河职工和 12600 名群众注射防疫针，对职工进行科普教育，消除恐慌心理。在明知感染危险的情况下，医务工作者不顾个人安危，置生死于度外，用生命践行医者的责任和本色。黄河医院巡回医疗队受河南省卫生厅指派，为漯河市的舞阳、临颍、郾城3个县44个乡镇卫生院医务人员进行防控培训，帮助组建3个县级医院、44个乡镇卫生院"发热"门诊及"留观室"。在医院急诊科改建的"发热门诊"中，20多名医护人员"与世隔离"工作生活了20多天，与家人见面只能通过电话或远远地隔着窗户。18批计180人次的医疗小分队，参加了310国道、开洛高速公路收费站路口的排查工作。"非典"过后，黄河医院荣获省会防"非典"先进集体称号。

2003年8月底到10月初，受"华西秋雨"影响，黄河流域发生历史上少见的秋汛。受黄河防总指派，黄河防汛机动抢险医疗队奔赴河南蔡集控导工程一线。由于连天雨水，生活艰苦，已坚守在坝上20多天的黄委各级指挥员和技术人员普遍体质下降，感冒、腹泻的人比较多，刚刚安顿下来的医疗队员马上开展工作，白天肩背药箱诊治病情、分发药品、宣传卫生防病知识，夜间就在帐篷里搭起简易诊台，为前来寻医问药的同志诊病疗伤。在20天时间里共巡诊1000多人次，治疗400多人次。

2007年夏季，河南省卢氏县遭遇两场百年一遇强降雨，山洪肆虐，救灾及灾后防病形势十分严峻。接河南省卫生厅指令，8月4日，医院防汛救灾医疗队连夜赶赴灾区。队员每天徒步跋涉于被山洪、泥石流、山体滑坡冲毁的道路上十几小时，肩扛食品和药品，到卢氏县3个乡卫生院和村庄，指导开展消杀、水源监测、防病救灾工作。车陷了大家推，轮胎扎了自己换，路没了自己垫，饿了在卫生院或在村民家里吃碗捞面条，啃一口馒头。正值盛夏，他们顾不上蚊虫叮咬，也顾不上浑身泥水，一心只想着多救治几个病人。

2008年黄河医院医护人员在汶川地震灾区提供医疗服务　金琪摄影

2008年，四川汶川发生"5·12"大地震后，医院防疫医疗队携带救护车、医疗和防疫器械以及大量药品，随黄河防总抗震救灾机动抢险队赴四川。抢险期间，医疗队员冒着余震危险，配置消毒和灭蚊蝇药水约300万毫升，灭蝇灭蚊300余次，消毒面积100余万平方米，对600多人进行防疫培训，诊治1000多人次。震区天气闷热潮湿，极易发生疫情，5 月 24 日上午，又增派出 4 名防疫队员和一辆救护车，携带近 2 吨物资赴四川支援，不仅解决了前方医疗保健、卫生防疫和生活急需，还给队员带来思想鼓励和精神安慰。抗震救灾工作结束后，黄河医院被全国妇联授予"全国三八红旗集体"，被水利部和黄委授予"抗震救灾先进集体"，被中国教科文卫体工会授予"抗震救灾工人先锋号"等荣誉称号。

2009 年 3 月，河南省手足口病防治形势严峻，5 岁以下儿童是防治的重点。3 月 23 日，黄委领导要求医院和幼儿园，切实做好防治手足口病各项措施。医院立即采取防控措施，急购 5 套移动紫外线空气消毒设备和部分消毒药物，对幼儿园教室进行空气和物品消毒。一名儿科医生每天在幼儿园进行晨检，对教师进行手足口病防控指导和培训。黄委幼儿园无一人感染，没有停园。

随着全民医保实施，患者医疗需求旺盛，省会各家医院不断扩充规模，抢占医疗市场。医院依据业务发展需要和门诊楼危房的实际，2006 年向黄委申请门诊部危房改建和手术室及手术科室病房建设项目获批。其中危房改建工程建筑面积 4500 平方米，获立项资金 1503 万元；手术室及手术科室病房建设资金由医院自筹解决，自筹资金中有 1100 万元由职工个

2010 年启用的现代化门诊综合楼　金琪摄影

人先期集资垫付，充分显示出了职工以院为家的主人翁意识。新建门诊综合楼改善了门诊就诊条件，建成了现代化层流无菌手术室和外科病房，改善了住院治疗条件。2010 年 9 年 29 日举行门诊综合楼启用仪式，医院规模继 1991 年之后再次扩大，病床从 332 张扩充达到 578 张。

2007 年 11 月，黄河医院第三次全体党员大会召开，确定了医院"十一五"的发展目标。深入贯彻落实科学发展观，艰苦奋斗、艰苦创业，按照河南省综合医院管理评价标准，结合黄委目标管理考核内容，继续加强医院内涵建设，大力加强党委领导班子思想作风建设和党员队伍建设，加大医疗专业技术人才培养和引进力度，巩固专科特色和品牌，继续扶持有发展潜力的专业科室，培育重点专科，形成自身优势和特色。着力培养业务技术骨干，使专业队伍形成梯次配置，增强发展后劲。继续加强医院管理，深化改革和创新，改善医疗服务和各项服务设施，真正把"以病人为中心"的服务意识和各项服务措施落到实处。

2008 年主办了足踝外科新进展暨河南省第一届足踝外科学术交流会、郑州市医学会康复专业委员会第七届换届会议暨学术会议、中华航海医学与高气压医学杂志定稿会等大型专业学术会议。2010 年河南省卫生厅批准黄河医院成立肿瘤综合微创治疗中心。

2009 年 4 月，国家《深化医药卫生体制改革的意见》启动了新一轮医疗改革，提出要把基本医疗卫生制度作为公共产品向全民提供，强调政府投入责任，保证公立医院公益性。

2011 年，按照等级医院建设要求，黄河医院重建临床医疗体系，对临床科室设置进行调整，对内科、外科各病区按专业进行设置，按疾病分类收治住院病人，科学推进临床医疗管理。同年 12 月开展了岗位设置工作。

2006—2013 年间，按照河南省卫生厅的要求，持续开展了"医院管理年""医疗质量万里行""三好一满意"活动，规范医疗护理管理质量，保证医疗安全。这期间，医院相继更新升级了核磁共振扫描系统，增添了螺旋 CT、数字胃肠 X 光机、彩色 B 超等大型医疗设备，更新了部分临床科室的常规检查治疗设备，硬件水平的提高促进了临床业务开展。2008 年、2009 年医院连续两年荣获黄委目标管理二等奖，2012 年获全省医院管理持续改进医疗服务的表彰，2013 年被全国总工会授予"全国模范职工之家"荣誉称号。

理顺关系　规范管理　不忘初心服务病患（2013 年至今）

十八大以来，国家相继出台了《全国医疗卫生服务体系规划纲要》《促进健康服务业发展的若干意见》等 20 多个深化医药卫生改革的相关政策和规定。"十三五"规划建议中更加明确提出了推进健康中国建设，深化医药卫生体制改革，推进医药分开，实行分级诊疗，建立基本医疗卫生制度和现代医院管理制度的新目标。

2016 年全国卫生与健康大会上，习近平主席强调，没有全民健康，就没有全面小康。要把人民健康放在优先发展的战略地位，以普及健康生活、优化健康服务、完善健康保障、建设健康环境、发展健康产业为重点，加快推进健康中国建设，努力全方位、全周期保障人民健康。

作为黄委职工医院，医院一直以服务治黄工作、服务治黄职工为己任。改革开放后，在做好黄河基层单位巡回医疗队工作的同时，还相继承担多次南水北调西线工程勘察的医疗保健服务，全国水利厅局长会议、黄河国际论坛等大型活动的医疗保障工作，完成了 2006 年国家领导人考察调研黄河、2008 年水利部科技委"黄河下游滩区安全与发展问题"考察组黄河滩区调研、黄委"三江源"考察等重大活动的医疗保障服务，受到领导和专家好评。医院防汛医疗抢险队自 1998

年成立以来，汛前进行防汛医疗抢险演练，汛期严阵以待。做好黄委职工日常医疗保健和体检服务，每年为职工健康体检 7000 余人次。每年两次对黄委防汛指挥大楼进行卫生防疫，每年对黄河中学、黄委幼儿园进行传染病防治宣传和防控指导。

黄委党组十分关心医院发展，2015 年黄委党组要求医院新领导班子，树立以病人为中心的服务理念，健全质量与安全管理组织和考评体系；深化医院内部改革，优化绩效考核，加强优势科室建设，加大拔尖人才引进和业务技术骨干培养；积极探索医疗服务新路径，建立特色医疗服务模式，为黄委职工提供优质贴心的医疗健康服务。

按照黄委领导历次调研对医院的工作要求，黄河医院水文局水资源局社区卫生服务站和黄科院社区卫生服务站相继成立，黄河中学、黄委幼儿园校医园医工作也基本由医院承担，与老年大学卫生服务站、驻郑机关巡诊、委机关离退休老同志健康管理、职工健康体检健康教育一起，搭建起了驻郑机关和社区卫生服务框架，成立了黄河职工健康管理中心，开展了到基层河务局的"走基层送健康"活动。

2015 年 4 月，黄河医院召开第四次党员代表大会。要求按照党的十八大提出的为群众提供安全有效、方便价廉的公共卫生和基本医疗服务的要求，深入推进医院体制机制改革，内强质量、外塑形象，科学规划，重点突破，整体推进，不断开创医院发展新局面。

近几年来，以河南省卫生计生委"十大指标"目标监管和大型医院巡查工作为抓手，不断加强内涵建设。通过加大医疗核心制度执行和落实，建立预防使用抗菌素科主任守门员制度，出台临床路径管理暂行办法，制定患者病情评估、手术风险评估、手术分级授权等制度，全面推行优质护理服务、责任制整体护理服务模式，健全医院感染防控体系等措施，医疗护理质量、安全和运行指标持续改进。畅通急诊绿色通道，调整门诊布局和服务流程，实行多种方式预约诊疗服务。对患者进行满意度调查，切实维护患者合法权益，患者总体满意度始终保持在 95%以上。

各医疗科室积极开展新技术、新业务应用，提高科研能力，成为河南省首批准予开展综合介入诊疗技术、口腔种植技术的医院。消化内科、骨科成为医院重点专科，康复科、产科成为特色专科。激光治疗下肢静脉曲张及无痛治疗肛肠疾病技术成为普外科业务亮点；心内科开展心肺康复治疗取得可喜进展；无痛胃肠镜检查及镜下治疗、"吞咽"障碍康复治疗技术，在郑州市具有较高知名度；"疼痛""双心"专科门诊影响渐大。参加了各大医院的 11 个专科技术联盟。

经过 40 年改革开放的发展，医院已拥有开放病床 578 张，临床病区 16 个，临床二级学科 26 个，专业体系基本完善。在职职工近 800 人，业务用房及附属用房达到 3.44 万平方米，固定资产 2.50 亿元，年医疗收入 1.5 亿元，职工收入逐年提高。

医院"十三五"规划纲要分析指出，政府开办的公立医院，按照区域卫生发展规划，市场定位、发展方向已经明确，各类"医联体"为分级诊疗布局，"抱团抗压取暖"能力增强，人才竞争十分激烈，技术进步突飞猛进，管理和服务进一步改善。作为职工医院，面临的竞争态势十分严峻。按照国家有关要求，黄河医院 2017 年取消了药品加成，"以药养医"机制成为"过去时"，医保按病种付费成为"现在时"。这些综合改革措施，对医院管理能力是极大的考验。

面对形势和任务，医院对今后主要工作做出安排。一是抓重点，落实卫生方针。巩固公立医院综合改革成效，切实落实按病种付费、药品购销"两票制"等新的改革措施。按照分级诊疗新格局，紧密医疗联合体、专科联盟的技术协作关系，主动承接三级医院恢复期、康复期患者，巩固和提高常见病、多发病、急危重症患者的诊治能力和质量水平。二是补短板，破解运营制约。启动建立现代医院管理制度三年计划，补齐现代管理能力短板。遵照行业标准，控制好关键指标，补齐运营效益低短板。提高信息化应用水平，实现医疗信息、管理信息、健康信息等系统的集成，满足黄委职工健康服务、区域医疗协同需要，补齐信息化滞后短板。三是强弱项，优化资源结构。整合内部医疗资源，拓展业务范围，对神经运动康复、心肺康复等资源进行整合，弥补单个专业诊疗薄弱能力。着力提高经济、财务管理能力，优化取消药品加成、耗材加成后的收入结构，弥补效益薄弱现状。四是惠民生，改善就医体验。变"患者追着服务跑"为"服务围着患者转"，切实改进患者就医体验。继续做好驻郑职工健康保健服务，每年至少对委属驻郑单位进行一次体检后健康教育，推进具有黄委特色的家庭医生签约服务，扩大对驻郑单位宿舍区、社区卫生服务覆盖面，推行黄委职工"住院＋社区＋居家"三位一体康复服务模式。"康馨病房"要为治黄老领导、老专家提供优质住院诊疗条件和环境。密切与河南省人民医院等医院联盟联系，在医疗技术上进行深度合作，为医院学科建设保驾护航。

医院"十三五"规划目标指出，到 2020 年，要按照国家深化卫生体制机制改革措施和黄委党组规范管理、加快发展总要求，牢牢抓住发展第一要务不放松，用改革的思路和办法破解难题，化解矛盾，为黄委职工及社区居民提供优质、便捷医疗服务。不断夯实二级甲等医院基础，与上级医院建立双向转诊关系。在保障现有业务稳步提高的同时，在健康体检、社区服务、康复医学、医养结合方面闯出一条业务新路，将医院建设发展为重点专科与特色专科明显，具有现代医院管理能力、较高技术水平和运营水平的二级甲等综合医院，逐步具备三级医院申报条件。使医院事业进步、职工受益，使职工对外有"面子"，在内得实惠。

　　黄河中心医院近 40 年建设和发展历程，见证了国家医疗改革 40 年历程。沐雨经风的历史才令人难忘，由弱到强的创业方受人敬仰，40 年改革开放的拼搏，锤炼了黄医人的意志和品质，汇聚了黄医人的智慧和汗水，救死扶伤的医风永远让人乐道，白衣天使的德业万世流芳！在纪念改革开放 40 年的时刻，回望已经扬眉走过的奋进历程，抬头展望未来蓝图，黄医人仍任重道远，全体员工将认真践行人民医生职责，以服务治黄为己任，继续更好地为黄河人和广大患者的身体健康而努力工作，为医院的明天再次谱写壮丽的篇章！

　　黄河中心医院　　执笔人：金　琪

与改革同行　咏黄河涛声
——改革开放 40 年新闻宣传出版中心改革发展综述

1978 年，新的历史征程全面开启，改革开放春风吹遍大江南北。

伴随着改革开放，人民治黄事业飞速发展。

携着露珠的清新，带着油墨的芬芳，黄委新闻宣传出版人叠印着治黄发展的曲折与辉煌，见证着不同时代的沧桑与巨变，记载了黄河人的光荣与梦想……

聚势谋远负使命　波涛蓄势起涓滴

日复一日，年复一年。

改革春风 40 载，斗转星移，在历史长河中只是弹指一挥间，然而，对黄河新闻宣传工作者来说，却是一段从无到有、厚积薄发的成长历程。

1987 年 10 月一个明媚的早晨，治黄新闻宣传机构化掌为拳，敲击出这条大河最绚美的音符。岁月静静淌过，当年种下的嫩芽已长成大树，目前已发展为水利行业媒体种类最齐全、素材资源最丰富、综合实力最强大的专业宣传机构，形成了报纸、网络、电视、图书、期刊、志书年鉴、文博展览等多样化传媒矩阵。

高楼万丈平地起。黄委新闻宣传出版中心（以下简称宣传中心）成立之初，只有 30 多个人，可谓白手起家，一穷二白，只在当时黄委办公楼二楼有几间办公室。经过几代人几十年的坚守、努力，治黄宣传出版工作从铅与火、光与电到数与网，经过 30 多年持续发展和不断创新，见证和展示了治黄方略的艰辛探索、治黄发展的伟大进程。

宣传中心成长于行业改革发展之中，三十多年来与治黄事业命运与共。难能可贵的是，始终牢记自己的宣传职责，秉承"坚持正确导向、服务治黄事业、探索改革思路、贴近职工生活"的宗旨，忠实记录治黄发展历程，客观反映治黄改革成果，激情弘扬事业宝贵精神，做治黄事业的"喉舌、窗口、园地"，做行业报刊的"排头兵"，积极为治黄改革发展营造良好舆论氛围，得到上下一致好评。

黄委的宣传出版事业，最早可追溯至1949年的《新黄河》。旗下"一报四刊"都共同见证了改革开放的伟大意义、巨大成就和成功经验。让我们留在记忆里的，不仅仅是排列整齐的数字，也不应仅仅是庄严肃穆的大事记，而应该是一段段镌刻着时代印痕的治黄故事。

新时期的宣传出版事业，以《黄河报》1984年创办为标志。作为黄委机关报，全国统一刊号，从创刊之初的周报到后来每周三期，面向流域省区发行，2016年改扩版，正式出版了《黄河报生态周刊》。黄河网，始建于2001年，在治黄新闻宣传中，黄河报（网）充分发挥报网一体化的优势，治黄新闻第一时间通过黄河网权威发布，重大活动报网及时跟进宣传，确保了宣传的时效性。除大力宣传治河新理念、重大治黄活动外，黄河网聚焦基层、关注民生，从不同视角宣传治黄各条战线的生动实践以及基层职工艰苦奋斗的精神面貌。网站每天的自发新闻稿件30条左右。及时全面的治黄宣传工作收到了良好的社会效果。

《黄河报》与黄河网、《中国水利报》黄河记者站合署办公，一体化运作。黄河记者站每年在《中国水利报》刊发稿件180篇左右（其中头版约15篇），在中国水利网发稿350篇左右。

黄河有线电视台，始建于1989年，主要承担治黄工作视频拍摄及宣传，承担各类电视专题片制作，是中央电视台50家地方台联盟之一。每年在中央电视台《新闻联播》等重要栏目播发新闻10条左右，年制作电视专题片10多部，截至目前，已积累了5000多小时的视频资料。

黄河水利出版社成立于1994年，国家二级出版社。共出版了4000多种科技图书和教材等，30多种图书被列为国家重点图书出版规划，2种图书获得国家出版基金项目资助。

《人民黄河》杂志，创办于1949年，全国中文核心期刊，中国科技核心期刊，水利部和河南省优秀期刊，河南省自然科学一级期刊。《人民黄河》由复刊初始的季刊，到1992年改为双月刊，再到1996年改为月刊，共发表文章12000多篇，形成了蕴藏丰富治黄论述、记录不同时期治黄方略、汇集众多治黄成果的文献宝藏。

《中国水土保持》杂志，创办于1980年，是水利部水保司委托黄委主办的全国水土保持工作指导性刊物。30多年来，几代办刊人默默无闻、呕心沥血、孜孜以求，使《中国水土保持》由一本没有名气的新刊，发展成为全国水土保持领域知名专业期刊，逐步形成了融政策性、技术性、实用性、知识性和资料性于一体的风格。

《黄河　黄土　黄种人》杂志，是目前全国水利期刊中发行量最大的综合文化类期刊，是河南省社科类一级期刊，分上、中、下旬刊三个版本出版，上旬刊《黄种人》、中旬刊《华夏文明》、下旬刊《水与中国》。

黄河志总编辑室（黄河年鉴社），承担志书编撰和年鉴出版，另办一内部资料性季刊《黄河史志资料》。首部《黄河志》编撰历时 18 年（1981—1998 年），完成了 11 卷 800 万字的系列志书，其中《黄河防洪志》获目前志书类唯一的全国"五个一工程"奖。《黄河年鉴》连续获得第五届、第六届全国年鉴编校质量检查评比一等奖，是全国优秀年鉴。

黄河博物馆，1955 年创办，先后接待过毛泽东等多位党和国家领导人、外国政要及各界人士数百万人，是海内外了解黄河和治黄工作的重要窗口。目前新馆接待国内外观众 30 多万人次。黄河博物馆陈列展览获河南省优秀陈列展览奖，132 件馆藏文物得到国家级鉴定。

近年来，宣传中心充分整合各类媒体资源，创办黄河纪元传媒有限公司，成立黄河文化研究与交流中心、策划部（黄河国际论坛秘书处），加强大型活动策划组织力度，增强舆论引导和宣传效果；参与中央电视台黄河调水调沙大型直播活动；组织国家主流媒体及大型社会公众媒体，先后策划实施了黄河国际论坛、丝路水脉、人民治理黄河 70 年、黄河黑河调水生态行等一系列重大专题宣传活动，影响广泛而深远；主办"黄河文明与中华民族伟大复兴"专家座谈会，取得丰硕成果。

2015 年 10 月，丝路水脉第一季"丝路·明珠——寻找丝绸之路经济带节水典范"大型采访活动在洛阳启动　宣传中心供图

紧扣时代脉动　书写炫美华章

哪里有新闻，哪里就有新闻宣传工作者的身影！

新闻宣传工作者不辞辛苦、不怕烦琐，一篇篇或犀利或温暖的报道、一帧帧凝聚着思想与内容的视频图片、一页页饱含心血的图书，无不展现出黄河新闻人精益求精的品格。

30多年砥砺奋进，新闻宣传出版中心满载收获⋯⋯

多年来，依托类型多样、功能各异的媒体，大力宣传黄委党组决策部署和治黄事业取得的成效，及时跟进黄河防汛防凌抗旱、水量调度、调水调沙、水土保持等重大活动，见证了不同时期治黄改革发展的足迹。同时，锻炼了一支能征惯战的新闻宣传出版队伍，储存了丰富的治黄史料，积累了较为成熟的媒体运行管理经验。

在治黄改革的征程中，新闻宣传出版中心积极鼓与呼，勇当排头兵。可以说，透过新闻宣传出版中心这扇窗户，人们看到了万马奔腾的改革场景，听到了振聋发聩的黄河涛声，触到了波澜壮阔的时代脉搏。

40年来，黄委作为全流域水事管理机构的职能逐渐强化，治黄工作社会化参与度也日益提高。因此，治黄对社会、社会对治黄，信息双向需求大大提高，工作难度和强度显著增加，而人员条件、经济条件及其他工作条件却又十分有限。为适应治黄新形势需要，新闻宣传出版中心改革创新，迎接一个又一个挑战，克服一个又一个困难，积极扩展现有媒体容量，新辟多项常年性宣传项目。

多年来，新闻宣传出版中心始终坚持"政治家办报办刊，规范化管理，多元化发展"的方针和原则，开拓创新，与时俱进。始终坚持内容为王、质量为本，始终坚定"以质量求生存，以质量求发展"的理念，坚持"三贴近"，深化"走转改"，大力倡导清新朴实、生动鲜活、言简意赅的文风，不断增强报道的亲和力、吸引力、感染力。

新闻宣传出版中心顺应宣传行业发展需求，积极推进文化体制改革，准确把握媒体发展趋势，积极推进报网融合，坚持走传统媒体与新兴媒体融合发展之路；不断调研和分析读者需求与市场变化，及时调整思路拓展服务平台，竭力为读者提供精准化服务。

新闻宣传出版中心充分发挥内牵外联作用，围绕治黄热点、重点开展了一系列面向社会的重大宣传活动。

有这样一支队伍，他们常年奔波于大河上下，用文字、用声音、用镜头记录平凡故事，关注基层冷暖，传播和谐之声，时刻准备着，永远在路上，这是黄河报社一线记者最真实的工作写照。

黄河报社（网站），总共才 40 人，既要办好周三报，还要办好黄河网、水利报记者站，遇有突发事件、重大活动更要派出不少记者、编辑深入一线，全程跟踪，工作强度可想而知。

30 多年来，黄河报（网）始终关注基层，根植一线。深知唯有将细致入微的个人体验、群众心声汇流，才能真实、立体、生动地谱写出基层的史诗。

多少个夜晚、多少个周末、多少个"国庆""五一"假期，记者在一线采访，编辑在内业编稿，已经数不清了。

黄河报社采编人员牢牢把握正确舆论导向，紧密围绕治黄中心工作，不辞辛劳，不辍笔耕，见证了治黄事业的发展进步，记录了治黄思路的传承创新。

抗洪抢险、抗震救灾、西南大旱、舟曲泥石流……黄河新闻人冲上最前线，用笔墨凝聚情感，用汗水浇铸精神，书写了黄河人的拼搏奉献。

聚焦民生，关切热点，传递温暖。黄河报社采编人员以准确敏锐的视角发现黄河故事，用饱含深情的笔触传播黄河声音，采写了一批有温度、有力度的新闻作品，唱响了主旋律，打好了主动仗，为治黄事业加快发展营造了良好氛围。

《黄河报》自创刊以来出版报纸 3500 多期（含 8 期试刊），约 10700 万字。

黄河网 2001 年建成，中间经过四次改版，现已成为黄委的政府综合门户网站。截至 2018 年 6 月，共发布各类文字信息 15 万篇，文字量近 2 亿，制作各类专题 100 多个。发布各类图片新闻 2500 余条，图片量 32000 余幅，视频新闻 11000 余条。

黄河网微信从 2015 年 7 月开始对外推送，截至 2018 年 6 月，共推送 810 期，信息近 1400 条，图片 9000 余张。

舆情监测从 2010 年 3 月开始运行，共编制舆情报告 3030 余期，12000 余条，已成为黄委各单位负责人及相关部门每天必看的内容。

一张报纸，记录了一个时代的温度；一张报纸，见证了黄河儿女的求索。

黄河有线电视台，也是治黄宣传队伍的重要组成部分。他们充满活力、敢打敢拼，常年奔波于大河上下，用镜头关注着基层的冷暖。

经过 20 多年持续发展，黄河有线电视台形成了水利系统唯一较为完整、专业、系统的电视制播体系，打造了一支专业制作队伍，生产了一批有影响的宣传产品。目前，黄河有线电视台已建成高清化视频采集、编辑制作、播出传输体系，拥有数字化影像媒体资源管理系统，积累保存了大量重要治黄音像资料，成为黄河视频资源中心和治黄电视宣传技术平台。

多年来，黄河有线电视台新闻节目采用量逐年增加，近 3 年在央视不同频道年均播发新闻 20 条以上。多次完成上级交办的大型电视录播任务，平均每年摄制电视宣传片 20 余部，共向国内外发行、交流电视专题片 100 余部，获国家级、省部级奖励 30 多项。承制的电视专题片《必由之路》被中组部指定为干部培训教材，摄制完成水利部三集电视纪录片《水准》，摄制完成黄河专题片《黄河宁天下平》

《西线梦》《天赐古贤》、黑河专题片《兴水之枢》、塔里木河专题片《葱岭明珠》、伊犁河专题片《脉动伊犁》、珠江专题片《飞"阅"大藤峡》等，有效服务了水生态文明建设大局。围绕各级申报全国文明单位、国家级水利风景区、国家级水管单位、全国绿化单位等，推出了一批有内涵、有思想、有创新、有影响的电视专题片。

自创办以来，自播新闻16000余条，电视剧3300集，专题片360部、450集，制作黄河专题片360部，直播全河视频会议50场，配合中央电视台制作并播出新闻200条，在央视及地方台播出专题片30部。有线电视网用户达6000余户。

治黄科技图书的出版，是推动治黄科技进步的有力工具，也是宝贵治黄知识和黄河历史地理人文的有效载体。

黄河水利出版社，遵循"为黄河治理开发服务，为水利事业服务"的办社宗旨，经过24年的探索和拼搏，如今已发展成为年出书300多种的重要水利及黄河图书出版基地，编辑出版了一批有影响的黄河水利精品图书，形成系统的"黄河书系"，也是全国出版黄河类图书最多、最全的出版社。黄河水利出版事业不但推动了治黄科技的进步，进一步扩大了黄河在国内外的影响，还在名社如林的中国出版行业奠定了自己牢固的地位，树立了自己独特的品牌。

期刊是一个集体共同协作完成的一项作品，它的品位和质量渗透着每一位参与者的辛劳和汗水。

《人民黄河》始终是治黄理念和治黄手段进步的风向标，从"关于黄河河源的大讨论"到王化云、钱宁倡导的"黄学"研究，到"对黄河下游治理方略的讨论"，到"黄河中游多沙粗沙区的界定"，到"黄河调水调沙功能和效益分析"，《人民黄河》汇集了王化云、张光斗、钱宁、谢鉴衡、徐乾清、黄万里、张仁、刘善建、方宗岱、麦乔威、李保如、徐福龄、韩其为等上百位水利、治黄名家的研究成果，很多论著被众多媒体转载和引用。1982年王化云主任的文章《大家都来研究"黄学"》被《人民日报》海外版报道，1984年《光明日报》转载了《人民黄河》关于黄河源大讨论的若干文章，并以"黄河源究竟在哪里"加了编者按，在国内外学界影响深远。多数成果及论述在当今治黄工作中仍发挥着指导借鉴作用。同时，一批批治黄工作者通过总结成果、凝练实践，不断提高治黄业务水平，从而成为治黄专家，《人民黄河》也被誉为培养治理黄河专家的摇篮。

《中国水土保持》的成长一直伴随着改革开放后中国水土保持事业的发展，记录着我国水土流失综合治理的每一个足迹，同时也形成了一系列水土保持理论成果。从创刊到2018年6月，《中国水土保持》共出版435期，发行总数超过330万册，共发表文章9500余篇，合计4700多万字。所发表的文章涵盖了水土保持生态建设、预防监督、生态修复、监测评价、新技术应用、水土流失规律试验研究、工作探索、基础理论探讨等等，不少文章至今被引用，有的文章历经久远依然闪耀理论光辉，引领着水土保持工作具体实践。

《黄河　黄土　黄种人》上旬刊以"黄种人"为重心，积极讴歌时代精神、讲好人物故事，努力为全面提高人口素质、促进社会和谐鼓与呼；中旬刊扎根"黄土"，致力于黄河文化的研究与传播、华夏文明的探源与传承，发表的许多文章，观点新颖独到，在国内历史文化界引起强烈反响；下旬刊立足"黄河"围绕"水"，通过立体解读水与社会之间的种种联系，向社会各界广泛传播人水和谐现代治水理念，被誉为"水利系统一张精美的文化名片"。

修志问道，以启未来。黄河史志，是传承黄河文明的纽带和展示当代治黄成就的载体，它为推动黄河流域经济社会发展发挥着重要的存史、资政、育人作用。

"宏篇垂青史，深情寄黄河"。为中华民族的母亲河作志，编纂出版一部通达古今几千年的《黄河志》，堪称是治黄史上的一项盛举。首部《黄河志》共11卷，约800万字，各卷自成一册，全书以志为主体，兼有述、记、传、录等体裁，并有大量图表及珍贵的历史和当代的照片穿插其中。经过广大编志工作者的努力，1991年《黄河志》开始分卷出版，至1998年11卷全部出齐，编纂历时18年。首部《黄河志》不仅是一部全面总结古今治黄经验、探索黄河规律的志书，一部弘扬黄河文化丰富内涵的力作，还是一部融合历史教育、国情教育、爱国主义教育为一体的优秀教材。

1995年创刊的《黄河年鉴》，是黄委创办的又一重要志鉴文化产品。它全面、系统地反映黄河治理和开发、黄河流域社会经济发展信息，能够及时地、动态地反映黄河治理开发的全过程以及黄河流域和西北地区水电建设各方面的最新成就和发展趋势。同时期成立的黄河年鉴社，与黄河志总编辑室属两块牌子、一套人马，主要承担黄委修志编鉴和指导委属基层单位修志、开展黄河史志鉴研究等工作。

黄河志总编辑室数十年如一日，坚守岗位、开拓进取，兢兢业业、无私奉献。他们以编志工作者的使命感和责任感，默守寂寞与清贫，在编志实践中观察、体验、读书、思考，表现了热爱黄河、热爱修志事业的博大情怀和执著的敬业精神。

博物馆事业是一项教育世人、惠及子孙的千秋伟业，需要一代代的同仁甘于寂寞、潜心钻研、无私奉献。欣慰的是60多年来黄河博物馆传承了一个良好的工作作风，那就是"坚守、团结、拼搏、干事"，他们为筹备一个精彩展览殚精竭虑，为征集一件有价值的文物奔波数千里，为圆满完成每一次重要接待精心准备，为编写博物馆新馆陈列内容秉烛熬夜，孜孜以求而不弃，长此以往永不悔。

如今的黄河博物馆已成为对公众开展国情、水情、河情教育的重要载体。开馆以来，已接待上至国家领导下至普通百姓在内的30多万国内外观众。

各类期刊出版总期数1443期（卷），总字数21772多万字，完成治黄展览240期（次），标准版面7000块。

岁月更迭，时代前行，不变的是新闻宣传出版人的奋斗精神、实干担当。

脚上沾满泥土　心中充满真情

阳光灿烂，脚下的这片土地每天都有新的映像。

我们与时代同行，紧跟治黄发展步伐和媒体发展趋势，团结拼搏，奋发进取，使各项事业发展迈上了新的台阶。

当年黄河畔的一叶小舟，如今已是治黄宣传的"航母"。曾经的油印小报，已成长为一报一网四刊、拥有全媒体矩阵的现代宣传媒介。

一报四刊连续多年获得省级以上荣誉。黄河报（网）曾荣获中国新闻奖一次，连续多年荣获河南新闻奖一等奖；《人民黄河》连续 8 次入选全国中文核心期刊；《中国水土保持》2000—2011 年入选全国中文核心期刊，1996 年被水利部评为全国水利系统优秀科技期刊，河南省自然科学一级期刊；《黄河　黄土　黄种人》1997 年被国家指定为唯一赠送中国人民解放军驻香港部队阅读刊物，2011 年获得"河南省第四届社科期刊二十佳"提名奖，至今已连续 9 年保持河南省"一级期刊"称号；《黄河年鉴》曾获中国年鉴奖、全国年鉴编校质量检查评比特等奖。

此外，黄河有线电视台获国家级、省部级奖励 30 多项；黄河博物馆是中国青年科技创新教育基地、国家水情教育基地；黄河水利出版社获得的图书奖项囊括国家几乎所有图书大奖。

每一篇文章、每一个专栏、每一块版面、每一幅照片、每一本图书、每一次讲述，都像是一朵浪花，飞珠溅玉，晶莹剔透，映射着一代代新闻宣传人为了治黄事业继往开来、无怨无悔的热血情怀。

冰上采访　宣传中心供图

2008 年，汶川地震发生后，当大多数人还沉浸在震惊与悲痛中时，黄河报社、黄河有线电视台的记者已经跟随黄河防总派出的第一机动抢险队赶赴前线，投入到对灾情的报道中去了。灾情就是命令。他们白天跟抢险队员一道出生入死并肩战斗，夜里赶往最近的网吧、电视台采写、编辑传送当天所采访、拍摄的珍贵画面，强烈的余震，飞石、塌方、险路，都不曾阻挡他们的脚步。第一时间记录抢险队员们的英勇，第一时间报道抗震救灾的进度，是他们作为前线记者的最大责任。

2009年，当人们在大好春光里结伴春游的时候，新闻宣传工作者又要跟随黄委派出的支援西南抗旱救灾队伍，开始抗旱打井的宣传报道了。在接近三个月的时间里，他们轮流值守在贵州最贫困的毕节地区，为了抓拍到第一口井水喷涌而出的瞬间，他们全天24小时待命，甚至在凌晨时分仍然坚守工地实时拍摄。

数九寒冬，在海拔4000多米的雪域高原，新闻宣传工作者驱车数千公里，忍受着强烈的高原反应和零下30摄氏度的刺骨严寒，赶往被称作万里黄河第一站的玛多水文站，采访报道坚守在那里30余年的水文职工谢会贵。冬天的玛多格外难熬，到了夜晚，更是头痛欲裂难以成眠，但他们却待了整整七天，全景再现出谢会贵打冰测流的工作场景，留下了黄河源区大量珍贵翔实的影像资料。

炎炎烈日，新闻宣传工作者顶着接近40摄氏度的高温，来回奔波于调水调沙现场。电视上人们看到的小浪底水库异重流涌上水面的奇观，是由新闻宣传工作者扛着十几斤重的摄像器材，忍着蚊虫叮咬，甚至是冒着生命危险，漂泊在库区深处的冲锋舟上完成的。当他们用摄像机完整记录可以载入治黄史册的异重流出库时，这才想起来，为了等这一时刻，已经有两顿没吃饭了。

其实，类似的事情还有很多。这些事件如此平凡，甚至有些微不足道。但是，每当听到有人说起是因为收看了谢会贵的事迹而不禁感叹伟大的黄河精神时，当听到有人说因为看了调水调沙的报道而更加了解现代黄河治理的气魄时，当看到鲜活生动的作品在央视、中国水利网、《黄河报》上播出、发表时，那一刻，新闻宣传工作者觉得所做的一切都是无比值得的。是的，为守护母亲河而自豪，因治黄宣传摇旗呐喊而荣耀。

如今的黄河水利出版社副社长岳德军，是中国工程院院士、河流泥沙研究泰斗谢鉴衡教授指导的研究生，先后在黄河水利科学研究院、黄委办公室以及宣传中心工作，无论做什么工作都全心投入、任劳任怨，并取得优异成绩。2006年被新闻出版总署评为编审职称，2014年9月他从1000余万从业人员中脱颖而出，当选全国新闻出版行业领军人才，并纳入国家新闻出版广电总局统一管理。

2003年7月，他完成了《治理黄河思辨与践行》一书的文字和图片编辑工作后，为了让这本对治黄具有重大指导意义的图书及早面世，及时发挥作用，在半个月时间里，他四赴北京。第一次抵京时，为尽快打印出彩样，他与美术编辑一下火车就直奔制版公司。两人坐在电脑旁，一个字一个字地检查，一张图一张图地看，公司里安排四个操作人员轮班修改，整整干了24个小时。困了就用凉水冲冲脸，用手掐掐大腿；累了就站起来走上几分钟。尽管如此，极度疲劳的他还是两次从椅子上跌下。当改完全部稿件时，已是次日8点多。他担任责编的这本专著出版后，在国内引起重大反响，《光明日报》等发表了评论文章。鉴于该书的影响和意义，中国水利水电出版社和黄河水利出版社决定申报中国图书奖，材料的准备又落到他的头上，而且要求2天内完成。接到通知，他马上从北京赶回郑州，两天只休息了不到6个小时，全身心投入资料整编，并约请曾对该书给予高度评价的国内著名水利专家撰写了多篇评论文章，其中包括中国科学院院士和中国工程院院士的书评。到第三天，整个人瘦了一圈，眼圈发黑，眼睛发红，嘴角起泡，经过大剂量服药，十多天时间才渐渐恢复正常。

2003年7月，黄河博物馆得到消息，黄河历史上最大的洪水刻记碑将淹没在小浪底库区。"道光二十三，洪水涨上天，冲走太阳渡，捎带万锦滩"，为了不使1843年这块珍贵的文物碑刻流失，几名同志当即顶着炎炎烈日赶到河南省渑池县东柳窝村进行征集。村子位于大山峡谷底部，只有一条沿着悬崖峭壁的崎岖小道能够通行，他们坐着一辆拖拉机前往，车子摇摇摆摆，感觉一不小心就会掉下去，一路上大家提心吊胆。更令人焦虑的是，当地堆积了大量泥沙，想要寻找一块石刻并非易事，所幸得到当地百姓帮助才在傍晚找到。返程途中，大家轮流扛着石刻，汗流浃背，回到县城，已是夜里11点多，但只要他们看着这块珍贵石刻，心里头满是喜悦和欣慰。

对文博工作者而言，这样的经历还有很多，例如去壶口瀑布采集山西鳄化石、去小浪底坝址采集硅化木化石等。每一次征集文物的过程既不诗意也不浪漫，途中的经历不只是辛劳而是堪称惊险！但是，博物馆职工靠着"咬定青山不放松"的精神，终于在2012年9月27日如期迎来了盛大的新馆开馆仪式！

这一切，如同一把历史标尺，上面镌刻着改革开放40年来宣传中心的辉煌历程。

进入新媒体、融媒体时代，我们再次站在了新的起跑线上，带着纯洁的初心、成长的收获、满腔的激情、未来的憧憬各就各位，从黄河精神中汲取奋进力量，从时代风潮中寻找创新灵感，大力推进内容、渠道、平台等方面深度融合，加快数字化、网络化、移动化的转型步伐，为治黄改革发展续写新的精彩华章。

新闻宣传出版中心　　执笔人：黄　峰　郝　鹏

凝聚智慧　创造传奇
——改革开放 40 年信息中心改革发展综述

　　大河滔滔飞奔入东海，信息化踏波逐浪弄潮头。从黄河上第一条黄河报汛电话线路开通，到"数字黄河"工程框架体系基本形成，再到今天"智慧黄河"铿锵起步，黄河上这支顽强拼搏的信息化队伍紧紧围绕治黄中心工作，紧跟时代潮流，凝心聚力，奋勇拼搏，推动治黄信息化获得了长足的发展，为治黄事业改革发展贡献了智慧与力量。

改革春风拂大河　信息科技香花开

　　改革开放以来，信息中心始终将治黄信息化改革发展的使命扛在肩上，秉承"团结、务实、开拓、拼搏、奉献"的黄河精神，牢牢抓住治黄工作跳动的脉搏，大胆探索，勇于创新，为治黄信息化事业不懈奋斗。

　　适应治黄需要，信息化的机构和队伍不断发展壮大。早期成立了三花项目组、计算中心筹备组和遥感中心筹备组，1977 年 7 月黄委通信总站成立，1994 年更名为黄委会通信管理局；1986 年 6 月，在原黄河三门峡至花园口区间洪水预警预报系统项目办的基础上，成立了黄委防汛自动化测报计算中心，1997 年 3 月更名为黄委信息中心。

　　路漫漫其修远兮，吾将上下而求索。初期阶段，信息化建设工作艰辛而坎坷，信息中心的同志们不惧困难，一点一滴开展建设、积累经验和成果。早期大力推进黄河通信建设，相继建成了沿黄河两岸走向的两条有线通信干线，在黄河防汛、报汛、抗洪抢险中起到了重要作用。到 20 世纪 90 年代末，黄河通信已发展成为有线、无线、微波等多种手段并用的综合通信网。1999 年黄河有线全部拆除，黄河结束了有线干线通信。与此同时，无线通信不断发展壮大，尤其改革开放以后，黄河通信建设得到长足发展。1983 年建成郑州—五指岭—洛阳—鸦岭—陆浑的无线通信电路。1986 年与河南省电业局信息中心合作建设了郑（州）—三（门峡）数字微波电路，东起郑州西至三门峡大坝，全长 322.1 公里，共设 13 个微波站，为三花间及三门

2003 年投入使用的黄河防汛应急通信车
信息中心供图

峡库区各水文站传递水雨情报提供了可靠的通信主干道。1994 年建设了郑（州）—济（南）微波通信干线，全长 440 公里，设 19 个微波站；建成黄河移动通信网，共 8 个基站，覆盖黄河下游大部分地（市）县河务局。1997 年建设了一点多址微波，解决了黄河下游地（市）河务局与县级河务局的通信问题。1998 年为解决县级河务局至险工、险点、闸门的通信，建设了黄河下游无线接入网。1999 年建成黄河下游堤防查险报险专用通信网，共 32 个基站、覆盖黄河下游 790 公里的河道。2001 年设计了郑州到济南 SDH 数字微波系统。

黄河遥感技术应用研究于 20 世纪 70 年代较早展开。1988 年开创性地开展了黄河下游航空遥感监测洪水图像远距离实时传输试验，在国内尚属首次。1989 年完成不同比例尺全国土壤侵蚀图，被全国农业区划图集收编。同时积极探索开展无人机凌情遥感监测、黄河下游河道主溜线遥感解译技术研究、河道洪障遥感调查和动态对比监测。测绘黄河下游重点堤防地形图，为治黄工作提供支撑。开展洪水遥感监测，在防汛工作中发挥越来越重要的作用。1996 年 8 月 5 日，花园口出现流量为 7600 立方米每秒的第一号洪峰，信息中心利用遥感技术编辑洪水录像片，并绘制洪水淹没范围图，为决策提供了依据。

同时，鉴于黄河多泥沙的特性和治黄工作的特殊需求，适用于黄河的应用系统需要黄河人自己去努力开发。面对错综复杂的信息系统开发工作，信息中心同志们埋头苦干，攻克了一道道技术难题。1981 年至 1985 年，先后开发完成了"改善黄河三花间实时遥测洪水预报系统"和"黄河下游洪水预报调度系统"，为实现防汛工作决策科学化、调度现代化奠定了基础。同时逐步建设了黄河水情信息计算机网络系统和 NOVELL 网络系统，为防汛部门检索雨水情信息提供了支撑。

1989 年开展了三门峡水利枢纽综合自动化系统总体规划设计和有关系统建设。通过积极研发新技术，成功研制遥测电子水尺，建成了下游水位遥测系统。开发了下游防洪防凌决策支持系统，获得了国家"八五"科技攻关重大科技成果奖。建成小花间（小浪底至花园口区间）暴雨洪水预警预报系统，提高了洪水预报精度、缩短了预报时间。建成了远程异地会商系统，可与国家防办、水利部、长江委等进行异地会商。开发了黄河下游工情险情会商系统，在防汛工作中发挥重要作用，该成果曾获得"全国水利信息化技术与建设成果交流展示会优秀应用软件奖"。

治黄事业不断深入发展，对信息化提出了高要求和新需求，黄河信息人紧紧跟随治黄脚步，不停思考，不断探索，积极适应新形势新要求，吸收、积累、沉淀、提高，不断提升服务与保障水平，努力奋进，铿锵前行。

信息化驶上快车道 "数字黄河"竞风流

黄委党组对信息化工作一直放在心里、抓在手上。2001 年，委党组提出开展"数字黄河"工程建设，治黄信息化进入全面、快速发展阶段。为适应治黄信息化发展和"数字黄河"工程建设需要，2002 年 4 月，黄委通信管理局与信息中心合并组建新的黄委信息中心。

黄河信息人不负重任，编制组"以我为主、博采众长"，精心编制"数字黄河"工程规划，开展了大量的调研、咨询和修改完善工作。2003 年，《"数字黄河"工程规划》报告正式得到批复。在其指导下，治黄信息化实现跨越式发展。

经过多年不懈努力和大力建设，建成了水利行业最大的通信专网、计算机广域网和水利行业第一家数据中心；黄河防汛抗旱、水量调度、工程管理和电子政务等六大应用系统初步建成，在黄河防洪防凌、水资源管理、水行政管理及政务办公等工作中发挥了重要作用。与治黄改革发展相适应的"数字黄河"工程框架体系初步形成，一时间成为水利同行竞相学习观摩的样板。"数字黄河"工程研究与应用也因此获得大禹水利科学技术一等奖。

随着"数字黄河"工程推进，遥感技术应用进一步深入。开发建设了凌情、洪水、墒情、河道清障等遥感监测系统。构建了黄河下游河势遥感监测技术体系。不断攻克技术难题，实现了全天候漫滩洪水监测。每年度开展凌情遥感监测，全力支持黄河防凌工作。通过实施黄河水政监察基础设施项目，大大提升了水政执法工作的信息化水平。利用卫星遥感监测河口湿地保护区生态环境情况，助力河口治理。开展土壤墒情遥感监测，为水调工作提供信息支撑。研究建立了防洪防凌、河道清障、河势监测等相应的解译算法。开发了滩区洪水风险图地理信息系统，遥感技术在治黄中的应用支撑能力显著提升。

黑岗口上延工程

黑岗口险工

遥感监测技术在水政执法中得到应用　信息中心供图

通信网络逐步完善。建成总长 681 公里、支线总长 940 公里的黄河下游防汛 SDH 数字微波通信干线，组成四级通信网络，贯穿黄委与省局、市局、县局直至堤防涵闸，实现语音、数据、图像等综合业务信息传输的全覆盖。初步形成了上达水利部、下连 17 个委属单位，覆盖黄委各级管理单位和流域内重要水库、水利枢纽的通信专网，在历次抗洪抢险中发挥了重要作用。

数据存储与共享管理体系逐步形成。建成黄河数据中心，对黄委主要生产数据实行统一管理、统一备份。通过不断完善技术和制度体系，初步建成黄河数据交换及共享服务平台；不断跟踪研究新技术，结合承担的水利财务管理信息系统建设，完成水利财务分中心和水利异地备份中心建设。目前，主存储量达到 220 TB，备份存储量达到 230 TB。

计算机网络系统发展迅速。基本建成了从网管中心、各大局、地市局到县局的四级计算机广域网络，并延伸到涵闸；实现了全部委属单位广域计算机网络连接，并通过专线实现了与水利部、有关电力公司、水利枢纽和重要军区等单位的网络互联。联网服务器达 300 余套，联网计算机 12000 余台。通过防汛计算机网络、郑三微波电路及电子政务内网改建项目，进一步优化了网络。

高度重视、不断提高网络安全保障水平。逐步建立了核心网络与骨干节点的边界访问控制系统、入侵防护系统等，初步建成核心域、分支接入域和 Internet 接入域安全防护体系。开展了黄委信息安全等级保护系统建设，成为率先开展该项目的两个流域机构之一，有效提升了网络与信息安全管理水平和技术防护能力。

不断扩展和完善，六大应用系统初步建成。通过黄河下游工情险情会商、防汛调度信息监视、综合决策会商等子系统建设，初步建成防汛减灾系统，实现了对雨水情监测、洪水预报、防汛会商、物资管理等防汛业务的有力支撑，在历年防汛抢险、决策会商中发挥了重要作用。参与国家防汛抗旱指挥系统黄委项目建设，进一步完善了有关功能。开发了黄河下游滩区迁安救护微信平台系统，服务社会与滩区百姓。

聚焦治黄主业，积极参与到国家防汛抗旱指挥系统二期建设中，努力推进国家水资源监控能力二期建设。在水调一期、二期项目建设中，积极完成所承担的任务，为水量调度计划管理、引水信息实时监测和引黄涵闸远程监控业务提供支持，提升了黄河水量调度的管理水平，增强了黄河防断流的快速应变能力。参与黑河水量调度管理系统建设，有效提高了黑河水量调度的科技决策能力。建成黄河防洪调度综合决策会商支持系统、黄河防汛组织指挥管理系统、黄委视频安防监控等应用系统，同时不断完善已建系统、促进整合应用。

建设工管系统，促进工程管理信息化和现代化，为黄河水利工程的建设管理和维护管理提供技术支撑。建设电子政务系统，开发了机关办公自动化系统、社会公众（政务公开）系统和黄河网门户网站，覆盖黄委日常办公各个领域，基本满足黄河职工现代化办公的需要。初步实现了委机关政务内网用户的统一管理、安全登录、无纸化公文流转、审批以及与水利部机关内网的互联互通。

此外，还建成了黄委异地视频会议系统，黄委机关可与河南局、山东局等12个委属单位召开视频会议；建设了涵闸视频监视、上游内蒙古河段防凌、下游山东河段防凌、重要水库视频监视等有关视频监视系统。针对管理信息化建设的薄弱环节，开展了黄委在线督查系统、离退休职工管理系统及移民局移动办公系统建设。完成了黄委机关电子公文流转及移动办公系统建设，实现了公文的移动端办理、签发、综合查询及维护等功能。

资源整合先行试 "六个一"成果领潮流

当今时代，信息化席卷全球。信息技术迅速渗透到社会生产生活的方方面面，彻底颠覆了以往的生产生活方式。信息化已成为世界各国抢占科技发展的制高点。

党中央高度重视信息化工作。党的十八大确立了"新型工业化、信息化、城镇化、农业现代化"四化同步的发展战略，把信息化水平大幅提升纳入全面建成小康社会的目标之一。2014年中央网络安全与信息化领导小组成立，习总书记在中央网信领导小组第一次会议上指出，"没有网络安全，就没有国家安全""没有信息化，就没有现代化"，把网络与信息安全提升到了国家安全战略的高度。十八届五中全会提出"创新、协调、绿色、开放、共享"五大发展理念，进一步提出要"实施网络强国战略，实施'互联网＋'行动计划，发展分享经济，实施国家大数据战略"。

信息资源整合共享成为时代发展的必然趋势。《"十三五"国家信息化规划》

将"打破信息壁垒和'孤岛'，构建统一高效、互联互通、安全可靠的国家数据资源体系"等列入重点工作。

面对新形势新要求，黄委党组认真贯彻落实党的十八大和习总书记系列重要讲话精神，结合治黄实际，审时度势，积极适应国家信息化发展要求，明确由信息中心行使黄委网络安全和信息化工作领导小组办公室的职能，把推进资源整合共享和业务应用协同确立为重点努力方向，强调要适应"四化同步"发展战略，加强顶层设计，从治黄全局和战略高度推动信息化与治黄工作深度融合、同步发展。加快推动信息资源共享，着力扭转"数据资源碎片化"和"应用资源碎片化"的局面，站在实现黄河治理体系和治理能力现代化的高度，果断提出了"六个一"的重点工作任务，为信息化工作指明了方向。

"六个一"各项工作紧密联系，是一个有机的整体，符合国家、水利部信息资源整合共享的趋势和要求。信息中心作为黄委信息化建设管理部门，牢牢把握委党组的安排部署，深刻认识肩负的历史使命，深入思考全面深化改革及治黄发展对信息化提出的新要求，抢抓机遇，深入研究《全国水利信息化规划》及《水利信息化资源整合共享顶层设计》，站在更高的高度，以更宽阔的视野，精心谋划黄委信息化发展，组织编制了《黄河水利信息化发展战略》《黄河水利信息化发展"十三五"专项规划》《黄委信息资源整合共享实施方案》，作为信息化工作的重要指导。

谨记黄委党组的嘱托，信息中心"扎实推进信息化与治黄工作深度融合""勇于突破体制机制障碍，大力推动信息资源共享"，精心谋划，迅速行动，先后奔赴北京、广州、福建等地深入调研，多次召开专家咨询会，与水利部专家、全国知名院校和科研机构等单位加强交流，针对"一张图""一个库"等建设工作梳理思路、完善方案。

建设过程中，没有现成的经验可供借鉴，只有在摸索中前进，在建设中完善。信息中心深刻领悟委党组的精神和要求，毅然肩负起黄委网信领导小组办公室的职责和行业管理、技术支撑的重任，坚定目标，努力克服组织协调和技术攻关等方面的重重困难，一步步扎实推动"六个一"工作向前掘进。

在委机关部门和委属有关兄弟单位的大力支持下,通过不懈努力,"一张图""一个库"等信息化"六个一"建设管理成果显现，初步构建了以应用为核心、黄委统一的资源共享大平台、政务业务大数据框架和综合信息门户大系统，形成了"大平台共享、大数据慧治、大系统共治"的格局，探索出了一条突出应用的信息化资源整合的路子，在防汛抗旱、水资源监控、水土保持等治黄重点领域取得了扎实成效，信息化水平得到全面提升，有力推动了黄河治理体系和治理能力的现代化进程。在促进和带动传统水利向现代水利转变、服务和支撑水利改革发展方面发挥了重要作用。在新的历史阶段，治黄信息化又抢先跨出了意义重大的一步。

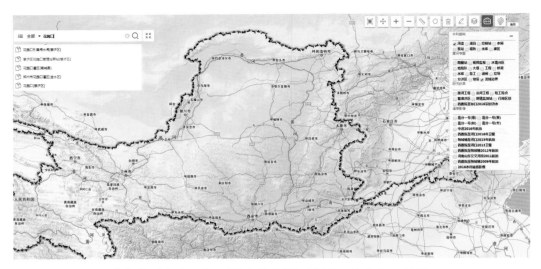

信息化"六个一"工程中的黄河一张图　信息中心供图

其中，"一张图"初步搭建了统一的地理信息公共服务平台和服务门户，黄委已有部分地理空间数据得到整合，黄河流域水利普查典型应用初步上线，为全委提供了统一的"黄河地图"服务。

"一个库"在有关单位配合协作下，将水资源公报、水文气象等重要数据集中到黄委数据中心，为业务应用提供信息资源共享服务。开发完善了黄委数据交换共享平台及黄委数据服务门户，可为全河提供数据查询服务。发布了数据资源共享目录，修订颁布了《黄委信息资源共享管理办法》等制度，初步搭建了黄河数据中心云平台系统。

打造"一门户"，集成了防汛、水调等 10 多个主要业务系统，实现了单点登录和用户统一管理。开发上线了综合信息服务门户系统，初步实现对人事、财务、计划等政务信息和水调、防汛、建管等 11 大类业务信息的聚合展现。

搭建"一平台"，在整合的基础上，对原有系统内部、相关系统之间的数据按照需求重新进行整理抽取与综合分析，形成决策层需要的专业监测数据和信息成果，在综合监控系统集成显示，实现对预算执行进度、大额资金变动、收入、资产等财务状况，以及重大工程建设、工情险情、水政管理等的动态监管。

精心织结"一张网"，实现了包括山东、河南、山西、陕西四省河务局县级及以上约 100 个单位与黄委视频会议的互联互通，并可实现移动端接入。整合了黄河防汛防凌视频监视系统、水量调度视频监视系统等应用系统 1000 多路监控视频资源，实现了上至龙羊峡下至利津的沿河水调、防汛等业务系统视频资源的联通共享、移动端显示及应用调用。

"一个单位来抓"卓见成效，行业管理工作有序开展。初步建立了有效的工作机制，黄委网信工作会议定期召开，研究部署网信重点工作。梳理完善《黄委信息化项目建设管理办法》等制度和技术标准。与流域省（区）的交流逐步加强，网络与信息安全得到强化，信息保密和软件正版化工作取得初步成绩。建立了黄委网络信息安全通报机制，组织开展各类技术培训，强化责任落实与技术支撑，不断提升黄委网络安全保障能力。

"六个一"成果已经发挥出在传统模式下难以比拟的作用，为加快实现黄河治理体系和治理能力现代化提供了有力支撑。

规范管理强保障　加快发展阔步行

规范管理和加快发展是鸟之两翼、车之两轮，两者不可或缺、不可偏废。按照委党组"规范管理、加快发展"的工作要求，聚焦问题破解体制机制难题，积极推进内部改革。提出了完善激励约束机制、促进干事创业等方面的相关措施。制定深化改革实施方案，明确责任和目标。

规范运行维护管理，提升保障水平，对于保障信息系统安全稳定运行、发挥应有效益至关重要。随着治黄工作对信息化依赖程度和要求越来越高，以及信息化系统规模越来越大，各类信息系统的运行维护任务越来越重。一年 365 天尤其在防洪防凌关键时期，每时每刻都要保证信息通信的安全畅通。

为做好运行维护保障工作，多年来，信息中心从体制机制建设入手规范运维管理，作为主要参与单位编制了《水利信息系统运行维护规范》，由水利部正式颁布；编制了《黄委水利信息系统运行维护管理办法》；出台了《全面加强信息系统运行维护工作的实施意见》；修订完善了《水利信息系统运行维护经费管理办法》《黄河通信行业操作管理规程》等制度。按照规范和有关制度，不断完善流程，强化过程管理，提升了运维标准化、专业化水平。

为规范运维工作流程、提高工作效率和质量，开发黄委信息系统运维管理平台，把运维管理工作贯穿起来，对外建立"一个电话""一个接口""一个界面"服务，对内形成一线调度人员、二线技术服务人员、处室负责人、中心分管领导等责任体系，责任明确，流程严谨。平台重点对有关设备、机房设施等运行状态进行实时、在线监控，即时告警，保证第一时间发现问题、处理问题。所有运维工作由平台自动记录在案，建立运维工作数据库，将运维工作的"质"和"量"全面体现出来。

不断规范和完善信息系统巡检、防汛预案修订、河势监测等工作流程及要求。每年汛前进行网络、存储及各类设施和应用系统全面监测、检查工作，及时开展应急通信联合演练，扎实备汛。进入汛期，强化应急值守，实行 7×24 小时集中值班。重点保障委机关大楼、防汛抗旱会商中心、数据中心机房以及电子政务系统、黄河网等关键环节和关键部位，及时消除隐患，确保每年各系统保障率都在99%以上。

体制机制及内部管理方面，认真梳理信息中心及内设机构的职责，向黄委提交调整方案建议并获得批复，2015年新的"三定"方案实施，进一步理清了信息中心职能定位，为单位事业长远发展奠定了坚实的基础。从作风能力、干部队伍建设、内部管理等方面苦练内功，持续提升，为扛起信息化建设与管理重任打下了坚实的基础。

不断完善内部管理机制和制度办法，逐步提高管理效能。完善科学决策机制、重要事项决策规程、"三重一大"决策制度并严格执行。深化干部人事制度改革，完善干部聘任制，推进干部轮岗交流。依托全员绩效量化考核管理体系，实行精细化管理，推进绩效管理与效能督查；强化内控机制建设，建立审计监察联席会议制度。理顺事企关系，完善公司内部制度和管理流程。强化业务学习和培训，积极研究物联网、大数据、云计算等新技术，持续提升综合发展实力和支撑保障能力。

党群组织机构进一步健全。党的建设、精神文明建设工作机制不断完善。扎实推进从严治党，结合群众路线教育实践活动、"三严三实"专题教育和"两学一做"学习教育，学习贯彻习近平新时代中国特色社会主义思想和党的十八大、十九大及历次全会精神，严格落实党风廉政建设责任制，层层压实"两个责任"；认真贯彻执行中央"八项规定"精神和水利部、黄委的实施意见、办法，扎实推进惩防体系建设，不断强化廉政风险防控管理。党员干部的廉政意识、自律意识和法纪观念明显增强，作风进一步转变，信息中心上下形成了团结奋进、干事创业的良好局面。

大力发展经济，努力改善职工生产生活条件。依托技术、人才优势，积极服务于全国水利信息化建设，开展了广东东江水资源水量水质监控系统规划设计、建设与运维，塔河流域信息化规划设计、塔河信息化整合项目建设以及新疆山洪灾害项目综合信息化服务系统建设等。业务范围涉及东江、塔河、渭河、黑河、漳河等流域。

所属洛阳通信管理处和三门峡通信管理处两个基层单位紧跟信息化发展中心工作，多年来不断完善制度，规范管理，作风能力不断提升。认真履行通信网络保障及防汛工作职责，积极利用区位优势、技术优势服务于水文、河务部门，为治黄信息化发展做出了应有的贡献。

今天，信息中心已经发展成为一个组织机构基本健全、作风能力过硬、发展实力较强的单位。多年来逐步培养造就了一支近400人，涵盖信息化采集、传输、存储、应用系统开发等全专业的信息化队伍，积累了以防汛、水资源调度管理等为核心的水利信息化业务成果，具备了承担水利信息化规划、设计、建设、运维全过程服务的能力。

回顾改革开放 40 年，治黄信息化一路高歌奋进，走出了一条特色鲜明的发展之路。由于成绩突出，被授予全国水利系统信息化工作先进集体等荣誉称号。科技创新勇攀高峰，获得多项国家科技进步奖以及大禹奖、河南省科技进步奖等数十项省部级奖项。

新时代号角催奋进　"智慧黄河"启征程

进入新时代，党的十九大报告再次强调网络强国战略，对做好网信工作提出了新要求，要求加强应用基础研究，突出技术创新，为建设科技强国、质量强国、航天强国、网络强国、交通强国、数字中国、智慧社会提供有力支撑。

黄委 2017 年网络安全和信息化工作会议指出："'十三五'期间，治黄网信工作要围绕治黄中心、强化应用、整体布局、科学统筹、重点带动，强力推进新一代信息技术在治黄工作中的深度应用，实现数据泛在感知采集、系统深度融合互联、业务决策应用高度智能，着力推动'数字黄河'向'智慧黄河'升级发展，为实现黄河治理体系和治理能力现代化提供强有力的支撑。"2018 年全河工作会议提出了编制"智慧黄河"项目建议书的任务，意味着"智慧黄河"工作正式启动。

然而，"智慧黄河"建设是一项庞大、复杂而系统的工程，需付出百倍努力，长期坚持不懈为之奋斗。信息中心深刻领悟中央网络强国战略，深入思考水利部党组提出的四大水问题及九个方面的需求，理清工作思路，大力推进黄委网信工作。

回眸过去激情满怀，展望未来信心百倍！改革开放 40 年，是中国社会经济快速发展、波澜壮阔的 40 年，在这振奋人心的历史进程中，治黄信息化事业凭借东风奋勇前行，紧紧把握治黄要求和时代脉搏，谱写了新时代精彩华章，有力地推动了黄河治理体系和治理能力的现代化进程。

风正时济，自当破浪扬帆；任重道远，还需策马扬鞭。当前，"十三五"进入承上启下的关键时期，两个 100 年奋斗目标催人奋进，网络强国战略振奋人心，智慧社会、大数据、云计算信息技术风起云涌，在这波澜壮阔的新时代，治黄信息化事业面临机遇挑战，"数字黄河"面临着向"智慧黄河"转型升级，信息化建设与综合管理工作任务艰巨、使命光荣，信息中心必将以习近平新时代中国特色社会主义思想为引领，深入贯彻落实黄委党组的安排部署，紧紧围绕治黄工作大局，开拓创新，奋勇拼搏，以更加澎湃的激情谱写绚烂的新华章，以更加坚定的步履奔向新的征程，推动实现黄河治理体系现代化与治理能力现代化。

信息中心　　执笔人：冯存华　刘瑞康　冯　云

承禹志砥砺前行奔向新时代
——改革开放 40 年山西黄河河务局改革发展综述

时光荏苒，见证芳华。改革开放 40 年来，山西黄河在人民治黄的历史长河中写下了浓墨重彩的一页。山西黄河从偏关县老牛湾入境，流经 4 个市 19 个县，全长 966 公里，占黄河全长的近五分之一。改革开放以来，伴随着国家综合国力不断增强和对治黄规律认识加深，山西治黄从起始的解决两岸纠纷、防洪保安到水沙共治、流域一体化管理，再到"维护黄河健康生命，促进流域人水和谐"，走过了很不平凡的历程。在改革开放的大潮中，山西黄河欢畅奔流，奔向人与自然和谐共生的美好明天。

团结治河，续写秦晋之好佳话

黄河小北干流是山西黄河禹门口至潼关河段的俗称，全长 132.5 公里，为晋、陕两省天然界河。一河之隔造就河东、河西。几千年来随着政权更迭两地聚散分合，留下了秦晋之好的佳话。同样，在这片土地，故事仍在继续。

该河段流经汾渭平原，河道平面形态呈哑铃状，上、下河段宽浅，滩地开阔；中段狭窄，滩地呈零星分布。水流散乱，心滩、汊流十分发育，主流摆动频繁，为典型的堆积游荡性河道，俗有"三十年河东，三十年河西"之说。主流摆动带来的不仅仅是洪水灾害，更大的灾难来自于两岸群众为争种滩地引发的矛盾纠纷。中华人民共和国成立后，1952 年，周恩来总理亲自作出了"主流划界"的指示，为日后两岸团结治河指明了方向。1968 年 9 月，国家开始有计划、大规模地开展小北干流治理。截至1984年，小北干流山西一侧共修建沿河工程14处64.658公里，有效控制了河道灾害。然而，晋陕两岸各自为政的治理体制和地方利益保护的出发点，使得一部分工程形成了事实上的阻水挑流工程，局部加剧了河势摇摆，形成了新的灾害。为此，1985 年，经国务院批准，黄委接收两岸治黄机构，分别成立黄河小北干流山西管理局和陕西管理局，对小北干流实施统一规划治理。同时，接收防洪工程 54.03 公里。

只有将主流摆动控制在一定的范围内，才能从根本上解决滩地纠纷和洪水灾害问题。1990 年，国务院以国函 26 号文批复了《黄河禹门口至潼关河段河道治导控制线规划意见》，明确了"主流"边界，要求坚决拆除严重挑流阻水工程。1993 年黄委核实，小北干流山西侧须拆除超治导线工程 3 处 4.07 公里（包括地方管理的工程 1.5 公里）。1994 年 7 月，由国家防总组织成立的清障前线领导小组和由山西省政府组织成立的领导组组织 3 处阻水挑流工程的拆除工作，克服重重阻力，历时 4 个多月最终完成

1985 年，黄河小北干流山西管理局成立
山西河务局供图

任务。同时，为确保工程拆除后不引发新的灾害，经黄委和山西省水利厅批准，新修建了 3 处护滩、护岸工程，称"改建工程"，共 4.5 公里。

主流划界是根本原则，治导控制线规划是科学遵循，清障改建是必要条件，规划治理是发展方向。1995 年后，小北干流治理进入一个新的历史阶段，无序治理、盲目开发、滩地纷争成为过去。

防洪保安，护卫人民美好家园

由于河道特性，小北干流河段洪水暴涨暴落，峰高浪急，挟裹大量泥沙，具有"揭河底"特性，常常造成高岸坍塌，村庄、滩地被毁，给沿岸人民造成深重灾难。"朝见良田千顷碧，暮已黄河滚滚流"，就是这一河段自然灾害的生动写照。山西黄河防汛的重点在小北干流河段。目前，该河段左岸运城市沿黄有 8 县 15 万人，耕种滩地 2.8 万公顷，分布有 8 处大中型提灌站。沿河有后土祠、秋风楼、普救寺等众多名胜古迹。防洪保安关系到沿岸群众生命财产安全，直接影响到经济社会发展大局。

　　山西河务局建局后，该河段河道治理开始由国家统一规划。1998 年，第一个治理规划即"'九五'可研"开始实施。到 2003 年规划工程项目全部完成，共新建、续建工程 9 处 10.55 公里，加高加固工程 8 处 12.774 公里，完成投资 1.365 亿元。第二个规划于 2013 年开始，至 2015 年全部完成，共新建、续建工程 6 处 7.715 公里，加高加固工程 2 处 2.682 公里，完成投资 1.39 亿元。截至 2015 年底，山西侧共修建防洪工程 23 处，全长 89.353 公里，其中：黄委管理的工程 19 处，总长 76.623 公里；地方政府管理的工程 4 处 5 段，长 12.73 公里。通过两次系统治理，黄河小北干流治理工程的布局初具规模，不利河势得到一定程度规顺，在防洪减灾中发挥了重要作用。但现有的工程体系仍不完整，部分河段空当很大，还不足以对河势形成有效的控制。2015 年，山西河务局编制了第三个治理规划即《黄河禹门口至潼关河段"十三五"治理工程可行性研究报告》。项目（山西侧）计划安排新建、续建控导、护岸工程 7 处 15.53 公里，工程估算投资 3.4 亿元。目前正在积极报批中，有望 2019 年实施。

　　1998 年以后，工程建设全面推行以"项目法人责任制、招标投标制和建设监理制"为主要内容的三项制度改革。山西河务局认真履行项目法人职责，强化质量控制，所有新建、加高加固工程全部一次通过竣工验收。1998 年实施的"'九五'可研"中 11 处工程被评为优良工程。2013 年实施的黄河禹门口至潼关河段近期治理工程被评为全国水利建设工程文明工地。同时，2006 年水管体制改革完成后，以"管养分离"为核心的新的工程管理体制和运行机制带来了工程管理水平

山西永济舜帝下延工程　山西河务局供图

的大幅提升，工程面貌发生了明显改观。改革以来，山西河务局改造老工程 246
道坝 34.12 公里，建成黄委示范工程（示范河务段）11 处，占全局所辖工程总数
的 52%。目前，各工程坝顶平顺，坝坡规顺，根石平整，树木成荫，绿草如茵，
备石整齐，成为人们休闲旅游的好去处。2017 年基层单位永济河务局以 951.4 分
通过水利部组织的考核验收，成为黄河中游首个国家级水管单位。

经过 30 余年的治理，小北干流防洪体系初具规模，初步理顺了该河段河势，
扼止了沿河高岸坍塌后退，基本保障了沿河滩涂开发利用成果，彻底改变了过去
黄河冲滩塌岸、村镇被迫搬迁的局面，为沿黄电灌站的引水创造了有利条件，保
护了沿河重要的文物古迹、交通道路和生产生活设施的安全，为当地的经济发展
和社会稳定提供了保障。

在完善工程防御体系的同时，山西河务局不断强化防汛非工程措施。立足于
防御中华人民共和国成立以来最大洪水和最严重凌汛，严格贯彻落实国家防总、
黄河防总及山西省防指的部署，扎实备汛，全力迎战各级洪水。强化参谋作用，
开展滩区摸底普查、河势查勘、工程普查，科学修订防洪预案，2018 年将洪水量
级由 5 级增加到 9 级，大大提升了预案的科学性和可操作性。组建专业机动抢险队、
抢险骨干队，建设了防汛抢险培训基地，每年进行集中强化培训，开展防汛抢险
演练。2017 年组织的防汛抢险演练得到黄委观摩团的一致好评。2018 年与运城
市防指共同组织了黄河滩区防汛抢险演练，为山西黄河规模最大的一次实战演练。
群防队伍全部登记造册，防汛物资储备充足。举办行政首长防汛培训班，压实各
级行政首长责任，提升防汛抢险决策能力。

山西历届省委、省政府都把黄河防汛作为一件大事，以行政首长负责制为核
心的各项防汛责任制落实到位。党政军民众志成城，严密防守，成功战胜了龙门
站 4 次上万立方米每秒洪水、3 次特大凌灾，处理了大小上百次重大险情，实现
了黄河小北干流岁岁安澜。

水沙共治，维护黄河健康生命

黄河是世界上输沙量最大、含沙量最高的河流，而 90% 的泥沙来自中游。山
西境内汇入黄河的支流大大小小有 40 多条，这些支流流经水土流失严重的黄土
丘陵沟壑区，带来大量的泥沙。山西黄河既是黄河泥沙的重灾区，也是治沙的主
战场。

黄河治理，重在治沙，关键是水沙同治。经过几十年的不断探索和实践，逐
步形成了"拦、排、放、调、挖"处理和利用泥沙的基本思路。通过水土保持减沙、
骨干水库拦沙、小北干流放淤、挖河固堤等，减少进入黄河下游的泥沙。黄土高
原地区目前已建成淤地坝 9 万多座，以及大量的小型蓄水保土工程。骨干水库群

正在加快形成，山西黄河河段现已建成万家寨、龙口、天桥 3 座水电站，未来规划布置两个重大控制性调节水库，一个是碛口水利枢纽，一个是古贤水利枢纽，总库容达 300 亿立方米。目前，古贤水利枢纽项目已进入可行性研究阶段。这些工程将进一步完善包括三门峡、小浪底水库在内的调水调沙骨干水库群，从而实现对黄河水沙关系更优化的调节和控制。与此同时，作为黄河水沙调控体系的重要环节，小北干流放淤在近些年开始登上治黄舞台。

从地理位置和河道形态来看，小北干流正好处于黄河流经的最后两段峡谷（晋陕峡谷和中条山、崤山峡谷）之间。黄河流出龙门，河床由 100 米骤然展宽到 4000 米以上，最宽处达到 18800 米，平均宽度 8870 米。河道两岸为黄土台塬，地势由内向外逐渐抬升，坡度较大，高出河床 50～70 米，从空中俯视像一个巨大的"水槽"。从公元 9 世纪以来，小北干流除向下游输送大量泥沙外，自身的河床也在持续抬高。小北干流总面积 1100 平方公里的河道面积内，滩地面积占了 682 平方公里。亿万年来的地质变化，为小北干流塑造了一个极其特殊的地理形态，也为黄河提供了一个天然的滞洪滞沙区。

随着经济社会的快速发展，河道治理力度不断加大，黄河小北干流主流摆动的区域大大缩小，冲淤平衡被打破，原本处于自然状态下缓慢抬升的河床呈现出明显淤积抬升状态。1986 年 10 月至 2004 年 10 月，小北干流河段共淤积泥沙 6.132 亿立方米，年平均淤积量为 0.34 亿立方米。泥沙淤积使河床抬升，主槽缩窄变小，过洪能力下降。目前小北干流河床和滩地临背差平均达到 1.5 米以上，平滩流量已由原来的 5000 立方米每秒下降为 3000 立方米每秒。小北干流放淤既是自身防洪减灾的需要，也是黄河水沙调控必不可少的一环。

黄委通过对天然水沙条件及其作用下小北干流河床演变规律的深入分析和研究，提出黄河小北干流放淤的治河思路，并将之作为黄河水沙调控体系中控制粗泥沙的三条防线之一。之所以是粗泥沙，是因为黄河下游河床的淤积物里面，直径大于 0.05 毫米的粗沙占有相当比重。那些极细沙或者直径小于 0.025 毫米的悬移质到下游后可以直接入海。而粗泥沙正来源于中游，其中粒径大于 0.05 毫米的粗泥沙输沙量占全河粗泥沙量的 72.5%。

小北干流广阔的滩区淤积泥沙总量可达 100 亿吨以上，相当于再造了一个小浪底水库。小北干流放淤不仅可以成为黄土高原水土保持和淤地坝治理拦截后剩余泥沙的放置地，改变黄河泥沙的空间分布，从而减少小浪底水库和下游河道的淤积，而且还能够改良小北干流两岸较为恶劣的农业耕作条件，促进沿河社会经济发展，实现人水和谐。

小北干流放淤的宏伟蓝图分三个阶段实施，第一阶段是无坝自流放淤试验，通过试验对大放淤的关键性技术和问题进行实践，积累经验，寻找解决途径。第二阶段是无坝自流放淤，是小北干流放淤的生产阶段，同时也为大放淤提供经验和技术支持。第三阶段是小北干流长期、充分发挥减沙作用的生产阶段，通过在黄河干流峡谷出口附近修建枢纽工程，壅高水位，人为增加洪水与滩区高程比降，增大放淤的面积，使放淤过程在人为控制之中。

为给大放淤提供技术参数，从 2004 年开始黄河小北干流放淤试验开始实施，并有针对性地采取了"淤粗排细"的技术方案。试验得到了国家发改委、水利部等有关部委的高度重视。水利部于 2004 年 3 月 12 日正式批复《黄河清淤疏浚小北干流放淤试验工程实施方案》。截至目前，试验总计运行 15 轮 622.25 小时，共淤积泥沙 402.75 万立方米，占设计淤积总量的 29%，其中粒径大于 0.05 毫米的粗沙 146.97 万立方米，淤积比例为 36.79%，初步实现了"淤粗排细"的关键目标，为大放淤积累了宝贵的技术和经验。黄河小北干流放淤作为黄河粗泥沙处理的重要技术手段和途径，为今后山西黄河的治理开发指明了方向。

更名升格，推进流域一体管理

从传说中的禹凿龙门导河入海到现存的唐开元大铁牛和蒲州古城遗址，虽然山西黄河治河机构史书少有记载，但人民对黄河的开发利用与管理一直没有停止过。20 世纪 70—80 年代，国家结合山西河段的特点和治理目标，通过接管和派出等形式，设立了多家管理单位。大北干流河段、小北干流、三门峡库区分别由黄委上中游管理局、黄委山西河务局、山西省三门峡库区管理局、三门峡枢纽局等单位管理。在加强山西黄河治理的同时，客观上也形成了"多龙治水"的局面。

随着经济社会的发展，河道管理的问题不断增多，河道管理部门的职能也在不断发生变化。为进一步加强流域一体化管理，黄委分别在 2002 年、2007 年将三门峡水利枢纽大坝以下和禹门口以上河段管理职能授权于山西河务局，从此，山西境内黄河河段的水行政执法、水政监察、水资源管理、水利工程建设项目的建设与管理等河道管理职能统一划归山西河务局。2009 年 12 月 31 日，黄河小北干流山西河务局更名为山西黄河河务局，升格为副局级。黄委以《关于印发山西黄河河务局主要职责机构设置和人员编制规定的通知》批复山西河务局"三定"方案。通知规定，

2009 年 12 月，山西河务局更名升格
李晓飞摄影

山西黄河河务局为水利部黄河水利委员会派出的山西黄河管理机构，在山西黄河河道管理范围内依法行使水行政管理职责，为具有行政职能的事业单位。至此，山西黄河实现了真正意义上的统一管理，这对山西黄河治理和山西河务局发展来说具有里程碑式的意义，山西黄河治理进入一个新的历史阶段。

山西黄河实现统一管理后，山西河务局作为黄委在山西省唯一派出的河务主管单位，很快成为山西省防指成员单位，与各级政府部门协调沟通更加便利与顺畅，进一步推进了河道内建设项目的统一管理、工程建设的统一规划和管理、北干流黄河水资源统一管理和调度、黄河防汛工作的全面落实和河道管理的公平与公正。

管理职能的拓展意味着更大的责任担当和更高的能力要求。升格后，山西河务局强化各方面措施，加快自身能力建设。加强治黄队伍建设，截至2018年6月底，在职职工中大专以上学历人员占到92%，中级职称以上人员近50%。深化企业改革，2016年局属企业完成公司制改建，信用等级评定为AA。经费保障率达90%以上，参公人员各项津补贴和事业人员绩效工资按政策发放到位，收入稳步增长，职工队伍稳定。依法推进民主管理、民主监督，建立健全各项规章制度，不断规范各级机关管理，文明创建率达到100%，省局机关荣获"全国水利文明单位"称号。落实全面从严治党要求，"两学一做"学习教育常态化制度化扎实推进。强化党风廉政建设"两个责任"，形成了特色鲜明的廉政风险防控体系，营造了风清气正的发展氛围。

绿色发展，促进流域人水和谐

几千年来，人们对宜居生态环境的渴求从未像今天这样强烈。社会的高速发展使"与河争水、与河争地"的现象不断加剧。河流水资源虽然大大促进了社会的发展，但过度的利用也使河流失去了部分自然功能，反过来制约了社会的发展。黄河人寻求维护河流健康生命与促进社会发展的平衡点，实现流域人水和谐的脚步从未停止过。山西黄河也不例外。

除防御洪水灾害外，水行政和水资源管理是山西河务局的另一项重要职能。改革开放以来，随着两岸矛盾纠纷的解决，防洪工程体系逐步完善，如何维护河道水事秩序，为黄河留足生存空间，同时又能促进黄河水资源合理开发利用，成为山西黄河治理的重点，水政水资源管理的地位越来越突出。1991年，黄委批准成立山西河务局水政监察处，在局机关设立水政科，各县局设立水政监察所。1999年，得到行政执法授权，组建水政监察支队。2010年，局机关设立水政水资源处（水政监察总队），成立黄河北干流管理局（水政监察支队）。多年来，山西河务局不断加强水行政管理职能，与山西各级水行政主管部门一道规范河道内建设项目管理，解决水事矛盾纠纷，规范河道采砂管理，初步构建了北干流管理体制和运行机制的基本框架，大大推进了维护山西黄河健康生命进程。落实最严格的水资源管理制度，协调服务流域地方经济发展，沿河用水安全得到保障。目前，黄河干流黄委批准发放山西黄河取水许可证共24套，批准引水总量8.5866亿立方米（含三门峡库区）。其中山西河务局监督管理18套，批准引水总量8.0646亿立方米，包括大北干流河段7套5.0155亿立方米（引水总量不含万家寨、龙口、天桥三座水电站）、小北干流10套2.9191亿立方米、小浪底库区1套0.13亿立方米。

几十年的努力已见成效，但经济社会发展仍然不断给山西治黄带来新的课题。山西水资源先天不足，人均水资源占有量仅为全国水平的17%，同时利用率低的问题也十分突出。山西将黄河作为解决水资源短缺问题的重要依托，2011年山西启动的大水网工程地表水主要来源就是黄河。目前整个山西省黄河干流在建或正在办理取水许可的项目共计6处15.95亿立方米，山西黄河干流取水指标将达26亿立方米。同时，山西58个贫困县有38个在黄河流域。有限的黄河水资源和巨大的发展需求之间的矛盾，造成侵占河道、未批先建、围河造地、弃土弃渣、违规取水等现象屡禁不绝，无证采砂等现象还一定程度存在，黄河生态空间被不断压缩。同时，山西河段处于豫、陕、蒙三省交界地带，因围河造地、违规修建涉水工程形成的水事纠纷时有发生且调处难度大，影响了河道行洪安全和社会稳定。水环境污染也十分突出，部分控制断面水质仍不能稳定达标。

山西黄河作为黄河水沙调控体系的重要环节、黄河水力梯级开发的核心区域、防洪减灾的重要屏障、省际水事纠纷预防调处敏感河段，在整个黄河治理战略布局中的作用和地位日益突出。同时，山西黄河作为山西省生态系统和土地空间的重要组成部分、重要的能源重化工基地、重点旅游开发资源，具有不可替代的资源功能、生态功能和经济功能，是山西经济发展的重要支撑。维护黄河健康生命，促进流域人水和谐关乎山西长治久安，关乎发展大计。

党的十八大以来，水利改革发展取得丰硕成果。党的十九大对水利工作作出了加强水利基础设施网络建设、推进绿色发展、加快水污染防治、实施流域环境综合治理、加大生态系统保护力度等一系列重大部署。在习近平新时代中国特色社会主义思想的指引下，水利事业发展进入新时代，山西治黄事业进入新时代。

面对时代呼唤，山西河务局树立和践行"绿水青山就是金山银山"的理念，积极推进山西黄河生态保护红线划定工作。抓住大北干流河道岸线利用规划出台机遇，配合沿黄各市县依法划定黄河及水利工程管理范围和保护范围，科学编制岸线利用规划，建立北干流河道岸线开发利用新秩序。

落实最严格的水资源管理制度，推动经济社会发展与水资源水环境承载能力相协调。实行水资源消耗总量和强度双控行动，推动黄河取水许可总量控制指标细化。全面掌握管理范围内的黄河水资源开发利用现状和存在问题，督促重大引水工程办理取水许可手续，进一步规范黄河取水申请、审批及监督管理，使有限的黄河水资源更好地为沿黄地区经济社会可持续发展服务。

推进依法治河管河，推动运城市黄河小北干流河道管理办法列入立法计划；严格水生态空间管控，严禁侵占河道的违法违规行为。加大水事违法行为查处力度，及时排查化解省际水事矛盾纠纷，维护良好水事秩序。牢固树立以人民为中心的发展思想，立足服务沿黄经济社会发展，服务乡村振兴战略，妥善处理好防洪保安与滩区发展的关系，为沿黄农业生产发展、农村生态宜居、农民生活富裕提供水资源支撑。加强滩区开发利用的政策研究，配合推进沿黄交通、水利灌溉、生态修复等重特大惠民工程项目审批，助力沿黄社会解决发展不平衡、不充分问题，使黄河真正惠及群众，造福群众。

2017年河长制在全国推行，这是党中央作出的重大战略部署，是生态文明建设领域的一场深刻变革。它为山西解决复杂水问题、维护河湖健康生命提供了政策、制度上的保障，也为解决山西黄河问题提供了重大机遇。山西河务局积极主动与地方政府沟通，建立了山西黄河河长制。牵头编制、协调指导山西黄河"一河一策"方案实施，加强对下一级黄河河长履行职责情况的监督、考核，确保河长制各项措施落地。召开沿黄县市参加的河道管理座谈会、举办水利部门干部培训班，构建省级河长领导下的与沿黄4市政府"1+4"议事协商机制，初步搭建起山西黄河管理议事交流平台。河长制推行一年多来，显示出强大的制度优势。通过河长制领导下的联合执法，新发生的水事违法行为得到迅速有效制止，历史性"老大难"问题开始全面整改并取得明显成效。围绕履行流域机构协调、指导、监督和监测职责，流域管理与区域管理相结合的山西治黄管理体制正在形成。

国兴则河兴，山西黄河治理开发的成就是国家改革开放40年来巨大成就的一个缩影。面向未来，在中华民族伟大梦想的感召下，我们相信，山西黄河一定会实现河畅、水清、岸绿、景美，河道功能永续利用，流域人水和谐。当前，山西省正在全力打造黄河长城太行三大旅游板块，黄河一号旅游干线启动。《晋陕豫黄河金三角区域合作等区域性规划》和运城市"黄河经济带"建设加快推进，黄河资源优势正在转化为山西经济社会转型发展的重要引擎。面对新时代对治黄事业提出的新任务、新使命，面对山西黄河新老问题交织的现实情况，山西河务局正以习近平新时代中国特色社会主义思想为指导，务实重干、砥砺奋进，大踏步前行在实现全面建成小康社会的大道上，为山西黄河的美好明天而不懈奋斗着。

山西黄河河务局　　　执笔人：李晓飞

乘改革东风　谱治黄新篇

——改革开放 40 年陕西黄河河务局改革发展综述

　　40 年风起云涌，40 载浪高波阔。改革开放扬帆起，完成决定当代中国命运的关键抉择，给中国带来惊世巨变。"水利兴则天下定，仓廪实而百业兴"。改革开放的 40 年也是水利发展波澜壮阔的 40 年。

　　"相约长风冲巨浪，勇立潮头唱大风"。包括陕西治黄工作者在内的一代代治黄工作者拼搏奋进，科学求实，开拓创新，谱写了一曲治黄改革与发展的辉煌赞歌，为支撑沿黄经济社会全面协调可持续发展提供了坚强有力的水利保障。伴随着治黄事业的不断发展，陕西河务局走过 33 个春秋。回望陕西黄河治理开发与管理，前行历程催人奋进，今昔变迁覆地翻天。

以人民为中心　众志成城保安澜

　　黄河小北干流流经陕西省关中东部和山西省西南部，为秦、晋的天然界河。该河段河床宽浅，水流散乱，沙洲密布，汊流丛生，冲淤变化剧烈，主槽摆动不定，为典型的堆积游荡型河道。据沿黄各县县志记载，由于主流的摆动，历史上导致秦、晋两省沿河群众争地纠纷不断发生。特别是元代中期以后，黄河泛滥愈加频繁，两岸滩地随着主流的摆动时而此增彼减，时而此减彼增，时而围于河中，时而连成一片，两岸群众为争种滩地常起纠纷。中华人民共和国成立后，为解决两岸纠纷，国务院曾有过多次指示，水利电力部（现为水利部）也曾会同晋、陕两岸地方政府研究处理，先后达成了 3 次协议。20 世纪 60 年代后期到 80 年代初，陕西、山西省纷纷开始在小北干流两岸各自修建河道及护岸工程，尽管这些工程对稳定河势、保护沿黄群众农业生产起到了一定的积极作用，但是由于两岸修工程互不通气，人为地加剧了河势变化，直接争种滩地的矛盾演变为以邻为壑、修建挑溜工程、损坏对方滩地等矛盾。在这种情况下，对该河道进行统一管理的专门机构应运而生：1985年2月，经国务院批准，黄委将两岸治黄机构接收，分别成立了黄河小北干流山西管理局和陕西管理局，对小北干流实施统一规划治理。2009年12月，经水利部批复，黄河小北干流陕西管理局正式更名为陕西黄河河务局，职能扩大到陕西黄河北干流河段。从此，陕西治黄发展史翻开了崭新的一页。

2009年12月，陕西河务局更名升格　陕西河务局供图

1985年，陕西河务局建局前，防汛工作由陕西省及其有关地、县行政和业务单位管理，有险就抢，工作未形成规范，处于被动局面。建局后，作为河务管理部门，陕西河务局始终把防洪保安作为第一要务。坚持"安全第一，常备不懈，以防为主，全力抢险"的防汛工作方针，确保了黄河小北干流防洪安全。

——1988年8月6日，黄河龙门水文站出现10200立方米每秒和9450立方米每秒两次洪峰，小北干流防洪工程在洪峰时全部临水，各项措施迅速落实到位，3611名滩区生产人员及时撤离，沿河5万余亩耕地被淹，实现零伤亡，取得了抗洪胜利。

——1996年1月，大荔牛毛湾河段结冰堆积形成冰坝，造成特大凌灾，淹没耕地17万亩，受灾人口达1.3万。面对严重的灾情，陕西河务局的干部职工连续奋战十几个昼夜，始终坚守在寒冷的工地一线，配合部队实施爆破抢险，最终控制了险情，保证了沿黄人民群众生命财产安全。

——1998年8月10日，黄河龙门水文站出现11200立方米每秒洪峰，小北干流沿河西岸不少工程由于河床淤积抬高已达不到原设计防洪能力，一些工程出现了垮坝，漫滩情况十分危急。为保护人民群众生命财产安全，陕西河务局职工坚守在防洪工程第一线观测水情、工情，直到洪水过后。

——2003年8月，在"03·8"渭河洪水期间，陕西河务局在确保黄河防汛安全的前提下，深入渭河抢险一线支援抗洪抢险，得到了省、市及灾区各级政府的通报表扬。

——2017年7月，黄河中游2017年第1号洪水来袭。陕西河务局快速反应、科学应对，认真贯彻黄河防总及陕西省、渭南市各级防汛指令，实现了抢险不跑坝、漫滩不死人的目标。而且在巡坝查险中，成功捕获了"揭河底"现象，为研究这一黄河中游特有现象提供了宝贵资料。

……

每次成功抗击洪水都是陕西河务局严阵以待、扎实备汛的结果。大汛不来，备汛不止。陕西河务局认真落实以地方行政首长负责制为核心的各项防汛责任制，建立防汛会商机制，不断完善防洪预案，开展水毁修复、河势查勘、防汛准备联合大检查、防汛知识培训、防汛物资清查核实等工作，落实社会大型抢险机械设备、备防石、群防队伍等，做好迎战洪水准备。为提高防汛抢险演练的实战性、预见性和安全性，陕西河务局每年都开展多层次、多科目、全方位、立体化的防汛培训演练，着重加强与地方防指的协同演练，着重加强专业抢险与群防队伍的协同演练，把防汛培训演练向基层

2018 年第 1 号洪水期间巡堤查险　陕西河务局供图

延伸、向一线实战延伸。2018 年，更是开展了地方行政首长培训、专业抢险队伍及群防队伍演练、滩区群众迁安救护演练、基干民兵整组点验、浮桥拆除实战演习等，全面检验和提升了各级防汛指挥决策水平和应急实战能力。

"喂！这里是防办，给个信号"。随着"嘀嗒"声响，一张张文件纸缓缓从传真机里滑出，传完一份文件大概要三四分钟，传遍所有部门单位则需要大半天。这一情景，老防汛人记忆犹新，直呼不易。而如今，文件通过微信群、QQ 群、短信平台传送，不管多少，轻松搞定。快与慢的嬗变，折射的是科技力量。近年来，陕西河务局不断强化防汛信息化建设，运行国家防汛抗旱指挥系统二期工程数据汇集平台，建成陕西黄河防汛抗旱会商中心、视频会商系统和移动办公平台，完成信息资源共享方案和数据资源共享目录，建成防汛信息查询系统，缩短了水情信息、暴雨、洪水信息的获取时间，提高了基层工区通信保障能力；在工程管理及防汛的重点河段、涉河建设项目的重点区域布控视频监测系统，集河势观测和视频监控为一体，提高防汛信息化水平和工程管理水平。

33 年来，陕西河务局先后战胜了 1988 年、1994 年、1996 年龙门站超过10000 立方米每秒的大洪水，战胜了 1996 年 1 月、2000 年 2 月两次重大凌情，

2003年8月、2012年9月两次支援地方抗洪抢险，累计工程抢险1285坝次，有效化解了黄河潼关断面的3次断流危机，在历年的抗洪抢险救灾中涌现出了许多动人事迹，充分展现了黄河人"团结、务实、开拓、拼搏、奉献"的黄河精神。

筑牢堤坝屏障　防洪景观绿岸边

防洪工程是抗洪抢险的基础，也是最前沿的防御阵地。多年来，陕西河务局始终把建好守好防洪工程作为工作的重中之重，加强工程规划和建设管理工作，不断建设和完善了小北干流防洪工程体系。建局前，黄河小北干流河段防护工程多为抢修时应急所建，工程质量较差，防洪标准偏低，一旦受主流冲击，坝体易遭破坏。1985年后，经黄委批准，陕西河务局完成了对此类工程的续建及加高加固工作，使其成为防汛抗旱的重要屏障。先后实施完成了"八六""九五""禹潼河段近期治理工程"三次河道整治规划，修建了韩城桥南下延、下峪口下延、南谢，合阳榆林、太里退建、东王下延，大荔华原、雨林、牛毛湾，潼关七里村、潼河口工程和渭河入黄流路调整工程。目前陕西河务局管辖护岸、控导工程共计15处，总长79.791公里，坝垛695座。其中直管工程总长58.723公里，坝垛508座；地管工程总长21.068公里，坝垛187座。这些工程的修建，对控导河势、保护滩岸和村庄、促进沿黄社会经济的稳定发展等都发挥着极为重要的作用，彰显了巨大的防洪效益、社会效益、经济效益。

陕西合阳榆林工程新貌　陕西河务局供图

1998年，工程建设全面推行以"项目法人责任制、招投标制和建设监理制"为主要内容的三项制度改革。陕西河务局积极履行项目法人职责，强化质量控制，新建、加高加固工程全部一次通过竣工验收。2005年，按照上级要求，陕西河务局开始"管养分离"试点工作。在改革过程中，实行择岗、竞岗、上岗，干部们耐心细致地做好政策解释工作，及时了解职工思想状况，随时解决职工反映的各类问题，做到了思想不散、秩序不乱、工作不断，保证了各项工作的顺利衔接。2006年，陕西河务局顺利完成了潼关、合阳、韩城黄河河务局三个单位的水管体制改革，实现了"机构、人员、财物"的彻底分离，形成了水管单位、维修养护公司并驾齐驱的新格局。改革后，积极探索管理运行的新机制，工程管理工作逐步向现代化管理迈进。通过示范工程和"数字工管"工程建设，不断推进工程管理工作的标准化、规范化和科学化，在示范工程建设、日常性管理、工程维护、内业管理等方面都有了长足的进步，工程管理取得了质的飞跃，工程管理水平迈上了一个新的台阶。特别是近五年来，陕西河务局按照"老人老办法、新人新办法"，加强养护公司人员管理和绩效考核，理顺管理机制，提高养护效率。

进入"十三五"，新一轮禹潼河段近期治理工程可研拉开帷幕，全力推进禹潼河段"十三五"治理工程前期工作，势在必行。陕西河务局加强与省、市、县各级人民政府及国土、环保、林业等多部门沟通联系，在环境影响评价、城乡规划选址、用地预审方面取得突破进展。可研报告通过水规总院审查，前置条件办结9项。目前，用地预审补正资料、环评报告、专题报告已分别上报自然资源部、生态环境部、农业农村部，其中黄河中游国家级水产种质资源保护区专题论证报告已获农业农村部批复。

目前陕西河务局共有全河示范工程和管护基地12处，以七里村工程为主体的"潼关黄河金三角水利风景区"被水利部命名为"国家级水利风景名胜区"；韩城的南谢工程、合阳的太里工程、潼河口工程等多处工程被评为优良工程和"文明工地"。

如今的陕西黄河岸边，一垛垛备防石整齐划一，一排排行道林傲然挺立，成为人民群众休闲的好去处，一幅人与自然和谐相处的绚丽画卷徐徐展开。

坚持依法治河　人水和谐促发展

坚持依法管河治河，是贯彻落实依法治国、履行流域监管职责、当好陕西黄河代言人的必然要求。长期以来，陕西河务局秉持法治精神，大力推进依法行政、依法治河管河进程，积极维护良好的河道秩序，保障黄河防洪安全，为流域经济社会发展提供更好的服务。

陕西河务局更名前管辖范围主要为黄河小北干流河段，管理河段全长132.5

公里，依法对黄河小北干流实施有效管理，1991 年成立了陕西河务局水政监察处，1999 年成立了陕西河务局水政监察支队。在执法过程中，坚持依法管理、依法协调、依法监督，加大依法行政和依法管理力度，规范行政许可，强化黄河河道建设项目管理，有效地维护了黄河防洪工程的完整和安全。

2009 年 12 月 31 日，水利部下发《关于印发〈黄河水利委员会主要职责机构设置和人员编制规定〉的通知》，陕西局更名为陕西黄河河务局，升格为副局级单位。黄委以《关于印发陕西黄河河务局主要职责机构设置和人员编制规定的通知》批复"三定"方案。通知规定，陕西黄河河务局为水利部黄河水利委员会派出的陕西黄河管理机构，在陕西黄河河道管理范围内依法行使水行政管理职责，为具有行政职能的事业单位。至此，陕西黄河实现了真正意义上的统一管理，更名后职能扩大到整个黄河北干流河段，管辖陕西黄河全长 723.6 公里的河道。

近年来，为加强大北干流管理，陕西河务局制定了《陕西黄河大北干流水事沟通协商制度》及《陕西黄河大北干流河道巡查报告制度》，连续 8 年召开大北干流管理座谈会，与陕西省水利厅及沿黄市、县就河道内建设项目、水资源管理等进行协商沟通，建立完善了水事沟通协商机制。组建陕西黄河大北干流水政监察支队，建立了流域与区域相结合的水行政管理模式。

为了确保河道行洪安全，陕西河务局创新水行政管理模式，协调地方政府积极推进了水行政联合执法机制建设。通过多方联动，拆除了韩城市下峪口游乐场、合阳县处女泉违章旅游设施、"黄河母亲"雕像等一批严重影响黄河行洪畅通的违章设施，维护了河道管理秩序；经常性地开展河道巡查，遏制了违法种植片林和非法采砂等水事违法案件，确保了河道畅通。自 2014 年起，将非法采砂较为集中的韩城河段作为试点，通过与地方公安、水务等部门的联合行动，对河道采砂行为进行了集中整治，总结试点经验后，在小北干流河段进行了推广，有效制止了非法采砂行为，规范了河道管理秩序。近年来，共处理水事案件 170 余起，协调水事纠纷 10 余起，发放河道内建设项目施工许可证 20 余份，确保了黄河小北干流河段正常水事秩序。

进一步加强河道内建设项目管理。陕西河务局先后对 108 国道禹门口黄河公路大桥、307 国道吴堡黄河大桥等项目进行了初审，严格项目开工前材料的审查，保证手续齐全、资料合格。项目建设期间，该局加强日常监督管理，落实度汛预案，杜绝批小建大、倾倒渣石等违规行为；定期不定期对洽吴浮桥进行专项执法检查，确保了河道行洪畅通和防洪安全。加强河道管理的同时，也为涉河建设项目的顺利实施提供了保障，为沿黄地区合理开发利用黄河水资源，大力发展社会经济做出了应有的贡献。

2016 年 12 月 11 日，《关于全面推行河长制的意见》经中央全面深化改革领导小组第 28 次会议审议后正式公布，河长制开始全面推行。2017 年，按照水利部和黄委有关要求，陕西河务局成立了河长制工作领导小组，制定工作意见，积极与沿黄各级地方政府联系，被陕西省、渭南市纳入河长制办公室成员单位；北干流管理局、各县（市）河务局也分别成为当地河长制办公室成员单位，为履行流域"四项职能"奠定了基础。推进过程中，陕西河务局积极参与、主动融入，提供陕西黄河基本情况，参与河道联合执法等；围绕"落实绿色发展理念，全面推行河长制"宣传主题，开展"世界水日""中国水周"法治宣传活动；通过建立河长制工作QQ群，每月上报工作动态，与地方部门建立良好的工作关系。

长期以来，陕西河务局严格执行《黄河水量调度条例》，严格执行水调指令和沿黄取水许可制度，协调各取水口用水需求，基本满足了用水需要，在保证黄河小北干流河段不断流的同时，按照协调、可持续发展的工作理念为沿黄社会经济发展提供优质服务。特别是面对2009年和2013年的特大旱情，该局积极协调各取水单位，最大限度地满足沿黄人民生产生活用水需求，有力支援了地方抗旱工作。

强基础提水平　协同发展惠民生

黄河的建设管理离不开一线班组和基层职工，基层建设直接影响着防汛安全和治黄事业的可持续发展。陕西河务局党组始终践行党的群众路线，践行党的宗旨意识，把职工群众放在心上。不断加强基层建设水平，逐步将基层建成管理精细规范、纪律严明、设施完善、工作舒心、环境温馨、文化丰富的"学习型、创新型、生态型、民主型、温馨型"家园，推动基层生产、生活、经济、文化建设协同发展，促进陕西治黄事业加快发展。

先后实施基层危房改建工程、基层单位饮水改造工程，积极推进"基层小家"创建活动，使一线工区面貌有了翻天覆地的变化。过去洗不上热水澡、用不上空调的工区，现在不仅有了空调、热水器，还有了电脑，通上了网络。在远离城镇的工区，还积极建设"菜篮子"工程，号召大家自己动手，开垦种菜，一线职工免费吃上"无公害"蔬菜。加强基层单位庭院建设，院内绿化、美化、亮化，布局合理，加强职工食堂管理，为一线职工创造良好的就餐环境。完善通信设施建设，订阅报纸、杂志，配备了运动器材，种植草坪、风景树等，做到三季有花、四季常青，美化了环境，提高了文明程度。一系列惠民措施的实施，使广大职工充分感受到单位的温暖，享受到事业发展带来的实惠。

加强单位民主管理，出台《陕西局党组规范民主管理的实施意见》《职工代表大会和民主管理考评工作的实施意见》《民主管理和职工代表大会工作实施细则》等制度，为民主管理工作从制度层面予以保障。加强民主理财，民主评议干部，坚持政务公开，切实保障职工的知情权、参与权，营造民主、和谐的工作氛围。坚持以人民为中心的发展理念，积极开展对口帮扶，切实解决单位内部发展不充分不均衡的问题。局属大荔河务局主动对接黄委规计局、移民局及设计公司，解放思想，转变观念，激发内生动力。机关食堂的改建，解决了职工吃饭难的问题，在经济上打了翻身仗，事业收入、职工收入明显增长，提高了干部群众的幸福指数。内部帮扶坚持问题导向，创新帮扶思路，变"一对一"为"多对一"帮扶，召开了对口帮扶推进会，建立了帮扶台账，解决局属单位实际困难，推动全局共同发展。

规范管理提素质　加快发展增实力

建局之初，陕西河务局仅有职工 105 人，干部队伍基础差，技术人员匮乏，严重制约着治黄各项工作的开展。随着时间的推移和治黄业务的深入开展，陕西河务局机构、人员队伍不断壮大，特别是近年来，结合单位实际，统筹规划，在严格执行人员编制规定的同时，根据各单位人员结构和空岗情况，通过加大公开招录招考力度等措施，新增加一批年轻职工。在干部选拔任用中坚持实绩导向、坚持基层导向、坚持担当导向、坚持作风导向的工作目标，按照"凭党性干工作、看政绩用干部"的选人用人标准，着力加强领导班子建设和干部队伍培养，通过"三严三实"专题教育、"两学一做"学习教育的开展，提高素质、凝聚力量、转变观念、树立新风，为推动治黄改革深入发展营造了风清气正的良好氛围。

在良好的用人氛围中，一批德才兼备的年轻同志脱颖而出。2014 年，在陕西黄河工程局和陕西黄河水利工程维修养护有限公司两个局属企业整合工作中，为加强企业队伍特别是干部队伍建设，增强企业负责人的责任心和归属感，把干部利益融入到单位和职工利益当中。按照公开、公平、公正的原则，经过广泛的宣传动员，采取竞争上岗选拔的方式，从局属各单位的推荐人选中，完成了局属企业领导干部的选拔任命工作。着力加强青年干部培养，选派干部参加黄委横向交流和青年干部培训，选派青年业务骨干参与古贤、黄藏寺等国家重大项目建设，在取得经济收益的同时，让青年在艰苦环境中磨砺成长。通过积极选派干部参加上级组织的培训班、青干班、座谈会等方式，不断加强干部的思想政治教育和业务培训，进一步增强单位的向心力、凝聚力，激发青年职工干事创业的热情。

加强党的建设，高度重视党建和党风廉政建设工作，成立了党建和党风廉政建设工作领导小组，局机关设立机关党委，各处室设有党支部，并结合沿黄四县（市）河务局点多线长、人员分散的实际情况，把党小组建到了基层一线工区，筑牢治黄一线战斗堡垒，为全面从严治党奠定了组织保障。特别是党的十九大召开以来，认真学习贯彻习近平新时代中国特色社会主义思想和党的十九大精神，坚持领导干部带头参加学习研讨、带头参加专题培训、带头参加网上答题，开展了不同层级、不同形式的学习培训。

坚持制度为纲，提升管理水平。先后三次对机关管理制度进行集中修订，制定了《党组议事规则》《局长办公会议事规则》《重大事项决策制度》，进一步规范了"三重一大"议事决策程序，充分发挥领导班子集体领导的作用，切实加强对权力运行的监督和制约，促进领导班子科学决策、民主决策、依法决策，初步形成科学、规范、有效的制度体系。

高度重视离退休工作，保证了"两费待遇"落实，改善离退休活动室环境，更换电视机，配备书籍，组织老同志参加全河离退休门球比赛、参观黄河防洪工程和沿黄公路等，定期召开离退休职工座谈会，鼓励他们发挥余热，为单位发展建言献策。

在抓物质文明的同时，不断深化精神文明建设，按照"重在建设，贵在坚持，务求实效"的指导方针，贴近实际、贴近生活、贴近群众，因地制宜，坚持常抓常新。积极开展丰富多彩的文体活动，活跃职工文化生活，进一步陶冶职工的道德情操，增进职工之间的友谊，促进和谐单位的构建。修建了健身房、羽毛球馆和乒乓球活动场地，总面积达到了160余平方米。

付出终有回报，陕西河务局已连续13年被陕西省授予"省级文明单位"荣誉称号，制定文明单位创建三年计划和省级文明单位标兵年度计划，所属的潼关河务局、大荔河务局、韩城河务局也相继成功创建并保持了"省级文明单位"称号，合阳河务局成功纳入省级文明单位创建体系。各项事业蓬勃发展，多年来先后获得黄委"治黄先进集体""目标管理先进单位""抗洪救灾先进集体""工程管理先进单位""经济工作先进单位"等多项荣誉。

敢立潮头唱大风，辉煌跨越三十载！33年变迁正是陕西治黄思路不断求索、不断突破、不断发展、不断完善的过程。新时代，弄潮前沿的陕西黄河人更是敢为天下先、锐意改革、勇于创新、不断进取，勇于在急风巨浪的历史砥砺中开拓前行，探索出具有时代气息、具有陕西特色的治黄之路。

陕西黄河河务局　　执笔人：赵师校　周　旭　黄婧雅

《大河春潮——改革开放四十年治黄事业发展巡礼》
编辑人员

主　　编　　李肖强
副 主 编　　彭绪鼎　陈晓磊
编　　辑　　白　波　张焯文　向建新　岳彩俊
　　　　　　李　萌　侯　娜　卞世忠　戴　钰
　　　　　　师卫宗　苗　阳　张　超　吴　阳
　　　　　　刘　静　李加加　只茂伟